8 朝倉数学大系

砂田利一・堀田良之・増田久弥 [編集]

楕円型方程式と近平衡力学系(上)
— 循環するハミルトニアン —

鈴木　貴
大塚浩史 [著]

朝倉書店

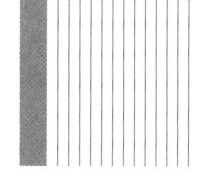

〈朝倉数学大系〉
編集委員

砂田利一
明治大学教授
東北大学名誉教授

堀田良之
東北大学名誉教授

増田久弥
東京大学名誉教授
東北大学名誉教授

まえがき

応用科学や基礎科学において，楕円型方程式は系が時間に依存しない状態（定常状態）を記述する．楕円型方程式には様々なカテゴリーがあり，それぞれに深く研究されている．本書で扱うのは非線形項が解に依存し，拡散項と競合するものである．この形は半線形と呼ばれ，一見すると簡単であるが，解の状況は非線形性と領域の形状に強く依存し，複雑な様相を呈する．例えば，解が一意に存在するとは限らず，多数存在したり，逆に存在しないこともある．

系の時間変化を全体としてみたのが力学系である．とりわけ近平衡において不安定な定常解が果たす役割は大きく，遷移的なパターンを生み出すもとになっている．従って力学系の観点から楕円型方程式をみる場合は，個別の解だけではなく解の全体，すなわち解集合を知ることが重要である．

通常，楕円型方程式は物理量や環境の指標を表すパラメータを含み，パラメータを動かすと解集合が大きく変わる．この変化は物理現象や生命動態を反映するもので，自己組織化や凝縮，超伝導相転移，相分離，ヒステレシスなどの臨界状態を誘導する原因であると解釈される．一方で楕円型方程式自身も豊かな数理構造をもち，複素関数論や幾何学，実解析学や関数空間論，無限次元位相空間のモース理論，数論など，広範な数学分野と交錯している．

本書はそれらのすべてを俯瞰したり，解説したりするものではないが，著者が長年にわたり魅せられてきたボルツマン・ポアソン方程式と呼ばれるものを中心として，そこにある，目を見張るような美しい構造と，思いがけない世界とのつながりを紹介してみたいと思う．

本書上巻において，読者はこの方程式に隠されている複素構造に導かれ，球面と平面に関わる幾何構造を見出す．そして，その非線形性がもたらす，量子化する爆発機構という顕著な現象と，その爆発機構を詳細に制御するハミルトニアンというものに出会う．

実は，量子化する爆発機構の基盤は変分構造とスケーリングとのマッチングにある．そのことに気が付くと，ボルツマン・ポアソン方程式の研究は複素変数から離れ，適用範囲が広がってさらに汎用性をもつようになる．

　驚くべきことに，もうひとつの登場者であるハミルトニアンは，点渦の統計力学に由来する．読者は，ハミルトニアンが粒子・平均場・凝縮のプロセスを通してミクロからマクロへと物質階層を循環してきたものであることを理解し，ハミルトニアンの詳細な分析を通してボルツマン・ポアソン方程式の研究がさらに深まる様子を体験するだろう．そして高次元化を例として，ハミルトニアンを介した楕円型理論の統合が示唆されるところで，本書上巻は終了するのである．

　下巻で扱うのは近平衡力学系，すなわち時間発展問題である．前半では自己重力流体の基礎方程式であるスモルコフスキー・ポアソン方程式を分析する．特に変分構造とスケーリングとのマッチングを用いた爆発解析を繰り返して，量子化する爆発機構と，ハミルトニアンによるその詳細制御が動的なレベルにまでおよんでいることを示す．

　そこでは最初に，定常状態を全質量をパラメータとするボルツマン・ポアソン方程式として定式化する．この楕円型固有値問題の解集合の量子化が，非定常での量子化する爆発機構を導く駆動力である．このことを非線形スペクトル力学という．また定常状態を定式化する過程で，場と粒子の双対性に言及する．

　下巻の後半では，この双対性が天体物理学，半導体物理学，材料科学，理論生物学の様々なモデルにおいて，どのような影響をもたらしているかを，非線形スペクトル力学を用いて分析する．すなわち，種の同一性が保たれる孤立系では空間均質化が，相の変動を伴う孤立系では相のパターン形成が，閉じた系では不安定解の多重存在による粒子密度の遷移パターンが観察される．とりわけ熱弾性に関する章の最後の節において，すべての議論が統合され，ヒステレシスという臨界現象が浮かび上がる．

　本書上下巻は強い絆で結ばれ，内的な動機を共有する一方，論理的にはまったく独立である．それぞれの構成を各巻の最初に述べ，現代物理学や偏微分方程式の議論はそのつど必要な部分だけ解説した．

　本書は最先端の研究に基づくものではあるが，専門家のみを対象としたものではない．数学研究が様々な分野に広がっていく契機となることを意図し，読者

は理論科学，応用科学，工学の幅広い層を想定している．とりわけ純粋数学，応用数学，数理科学の研究に携わる大学院生，研究者にとって，本書が興味深いものであり，鋭い示唆を与えるものであることを祈る．

　最後になったが，本書執筆の機会を与えてくださった増田久弥先生，原稿を検証していただいた多くの方々と学生諸君に厚くお礼申し上げる．

　　　2015 年 5 月吉日　　　　　　　　　　　　　　　　　　　　鈴　木　　　貴

目　　次

0. はじめに … 1

1. ボルツマン・ポアソン方程式 … 12
   1.1 複素構造 … 12
   1.2 幾何構造 … 16
   1.3 sup＋inf 不等式 … 22
   1.4 Radial な解 … 28
   1.5 ラプラス・ベルトラミ作用素 … 32
   1.6 平均値の定理 … 34
   1.7 量子化とハミルトニアン … 40
   1.8 グロッシ・高橋の定理 … 46

2. 爆発解析 … 53
   2.1 スケーリング … 53
   2.2 ブレジス・メルルの定理 … 56
   2.3 全域解〜チェン・リィの定理 … 62
   2.4 全域解〜バラッケ・パカールの定理 … 70
   2.5 リィ・シャフリエの定理 … 72
   2.6 リィ・シャフリエの定理（続） … 79
   2.7 リィの評価 … 86
   2.8 マ・ウェイの定理 … 100

3. 解集合の構造 … 107
   3.1 抽象固有値問題 … 107

3.2	固有関数の節領域と固有値の評価	111
3.3	再編理論	121
3.4	バンドル対称化	125
3.5	一意性	128
3.6	トゥルーディンガー・モーザー不等式	134
3.7	ストゥルヴェ・タランテッロの解	142
3.8	ディン・ヨスト・リィ・ワンの解	152
3.9	デルピノ・コワルチック・ムッソの解	161

4. 平均場理論 ······ 169

4.1	点渦系	169
4.2	点渦乱流平均場	174
4.3	多強度の点渦乱流平均場〜決定分布系	178
4.4	多強度の点渦乱流平均場〜確率分布系	187
4.5	モーメント展開	192
4.6	エントロピー生成最大原理	198
4.7	場の理論	205
4.8	チャーン・サイモンス理論	208
4.9	自己双対ゲージ	210

5. 漸近的非退化性 ······ 214

5.1	ボルツマン・ポアソン方程式再論	214
5.2	爆発点の影響	218
5.3	証明の手順	224
5.4	線形化固有関数の漸近形	226
5.5	ハミルトニアンの臨界点	230
5.6	遷移層での挙動	234

6. モース指数の対応 ······ 239

6.1	主定理	239

 6.2 固有値・固有関数の制御 ································ 241
 6.3 スケーリング極限の独立性 ····························· 250
 6.4 第 1 固有値から第 ℓ 固有値まで ······················· 252
 6.5 第 $\ell+1$ 固有値から第 3ℓ 固有値まで ····················· 258
 6.6 ハミルトニアンの制御 ································ 263

7. 関連する話題 ··· 265
 7.1 高次元質量量子化 ··································· 265
 7.2 楕円型特異集合 ····································· 278
 7.3 双　対　法 ··· 283

文　　献 ··· 288

索　　引 ··· 298

下 巻 略 目 次

0. はじめに

1. 近平衡力学系
    1.1 スモルコフスキー・ポアソン方程式
    1.2 ウォランスキー方程式
    1.3 2次元正規化リッチ流
    1.4 放物型特異集合

2. 量子化する爆発機構
    2.1 スモルコフスキー・ポアソン方程式再論
    2.2 弱形式とその応用
    2.3 弱解の消滅と生成
    2.4 弱スケール極限
    2.5 無限時間爆発
    2.6 内点での爆発機構
    2.7 雲の消滅
    2.8 走化性方程式系
    2.9 爆発点の単純性

3. 空間均質化
    3.1 空間均質部分
    3.2 歪対称ロッカ・ボルテラ方程式
    3.3 時間大域軌道の空間均質化
    3.4 大域的 ε 正則性
    3.5 主定理と準備
    3.6 時間大域的存在
    3.7 軌道のコンパクト性
    3.8 散逸系

4. 場と粒子の双対性
   4.1 走化性フルシステム
   4.2 トーランド双対
   4.3 エントロピー汎関数
   4.4 非平衡熱力学モデル
   4.5 相転移
   4.6 孤立系の臨界現象

5. 質量保存反応拡散系
   5.1 反応拡散系と定常解
   5.2 第1モデル
   5.3 第2モデル

6. 熱弾性
   6.1 フォーク方程式
   6.2 パブロフ理論
   6.3 半双対変分構造
   6.4 時間大域存在
   6.5 フォーク方程式再論

7. 補足
   7.1 タイムマップ
   7.2 勾配不等式
   7.3 確率測度の集中
   7.4 確率測度の集中（続）

文献

索引

第0章 はじめに

　楕円型方程式は定常状態を記述するモデルである．当然，解は時間変化しない．従ってその性質は静かで穏やかなものであるように思われる．だが数学解析から受ける印象はまったく違う．微視的にみれば時間は線形に推移する．昨日があり，今日があり，明日がある．変わってはいくが，少しずつ，同じだけで，始まりも終わりもないようにみえる．時間には始まりと終わりがあるのではないだろうか．そう考えはじめると，今の安定が見せかけのバランス（平衡）であり，いつかは遷移していくものであることに気付く．

　楕円型方程式は，本質的に遷移過程に関わるものである．内包する非線形性は空間的であるが，外部に対しては，非線形な時間制御の主体としてふるまう．動かずに動かすもの，より正確には，不安定な定常状態を場の変数で記述したものが楕円型方程式である．本書は楕円型方程式と，楕円型方程式の支配下にある近平衡力学系モデルの数理構造と数学解析を扱う．もちろん一般論を展開するわけではなく，逆に極めて限られた現象に特化している．しかし1つの道筋はある．その道筋は意外な垂直的重層をもち，やがて水平的な広がりに変容していく．この現象は，ボルツマン・ポアソン（Boltzmann-Poisson）方程式に顕著に表れるので，本書上巻はほぼこのモデルの解析に費やされている．

　ボルツマン・ポアソン方程式は簡単な形をしている．境界条件も含めた1つの例は

$$-\Delta v = \lambda e^v \quad \text{in } \Omega, \qquad v = 0 \quad \text{on } \partial\Omega \tag{1}$$

であり，Ω は 2 次元の有界領域に限る．だが (1) には多くの秘密が隠されている．そしてその秘密は，正の定数（パラメータ）λ を動かすことによって露見し

1

始める．

　入り口は複素構造である．複素変数を使うと (1) の方程式部分は積分できてしまう．これがリュービル（Liouville）積分である．リュービル積分を使って境界条件を書き表すと平面から球面への等角写像に関する線素の比，すなわち球面導関数が現れる．球面導関数を介して定義されるいくつかの幾何的計量から，曲面上の等周不等式とラプラシアンのスペクトルが導出される．すると自然に，球面上の調和関数論が確立する．

　この幾何構造が示唆するのは爆発機構の量子化である．すなわち爆発という臨界的な状況で，解は量子化した核（デルタ関数）をもつようになる．その 1 つ 1 つの量子を本書では collapse あるいは bubble という．bubble は単なる現象としてではなく，その発生のメカニズムが幾何で現れるものに類似している．その類似性から，(1) はパラメータを取り換えて

$$-\Delta v = \frac{\lambda e^v}{\int_\Omega e^v} \quad \text{in } \Omega, \qquad v = 0 \quad \text{on } \partial\Omega \tag{2}$$

の形で書く形が合理的であることがわかる．混乱を避けるため，本書では (1) をゲルファント（Gel'fand）方程式，(2) を平均場方程式と呼ぶこともある．

　この知見に従って複素変数に戻ると，(2) の解の族に対して $\lambda = 8\pi$ を基準とする爆発機構の量子化が発生していることが古典的な複素解析，すなわちモンテル（Montel）の定理と留数計算で証明できる．同時に爆発点の位置を定めるものとして，ハミルトニアン（Hamiltonian）

$$H_\ell(x_1,\ldots,x_\ell) = \frac{1}{2}\sum_{j=1}^{\ell} R(x_j) + \sum_{1 \le i < j \le \ell} G(x_i, x_j) \tag{3}$$

が現れる．ただし (3) において $G(x,y)$ はグリーン（Green）関数，$R(x)$ はロバン（Robin）関数で，どちらも領域 Ω によって定まるものである．

　実際，リュービル積分によってボルツマン・ポアソン方程式を書き換えると，境界上の線素の比を一定にするという条件のもとで，平面上の領域を球面上に等角にはめ込む問題に変換される．特に (2) において，パラメータ λ は，はめ込まれた Ω が球面上に実現する領域の面積の 8 分の 1 を表している．この構造が示唆するのは，特異極限と呼ぶ解の極限状態において，このはめ込み写像が球面

の ℓ-covering になることである．この場合，Ω を等角にはめ込む球面の全表面積が π であることから，特異極限は $\lambda = 8\pi\ell$ で実現されることになる．すなわち，(2) の爆発する解の列 $\{(\lambda_k, v_k)\}$, $\|v_k\|_\infty \to +\infty$ があるとすると，部分列に対して $\lambda_k \to \lambda_0 = 8\pi\ell$, $\ell = 1, 2, \ldots, +\infty$ でなくてはならない．さらに λ_0 が有限の場合，v_k はちょうど ℓ 個の爆発点 $x_1^*, \ldots, x_\ell^* \in \Omega$ をもち，$(x_1^*, \ldots, x_\ell^*)$ がハミルトニアン (3) の臨界点になるのである．

そもそも (1) または (2) の解集合 $\mathcal{C} = \{(\lambda, v)\}$ は，領域 Ω によって定まっているものである．しかし，この量子化する爆発機構により，解の爆発という極限状態において $\mathcal{C}$ に実現される Ω の情報がハミルトニアンに縮約されていることがわかる．以上が第 1 章のおおまかな内容であり，その掉尾を飾るのは，ハミルトニアンの制御により，凸領域では 2 点以上の爆発が起こらないという，著しい現象である．

爆発機構の量子化という現象に対して，第 2 章ではまったく異なるアプローチをとる．それが，スケール不変性を用いた爆発解析である．この方法により，(1) の研究は複素変数から離れて適用範囲が広がり，議論が汎用性をもつようになる．線形理論を用いた粗い評価であるブレジス・メルル（Brezis-Merle）の定理，moving plane 法によってスケーリング極限を分類したチェン・リィ（Chen-Li）の定理，またその線形化作用素の退化に関するバラッケ・パカール（Baraket-Pacard）の定理へと記述は進み，やがて境界条件に束縛されない解の列の爆発機構が，量子化された粒子の衝突に尽くされることを表すリィ・シャフリエ（Li-Shafrir）の定理に至る．しかしリィ・シャフリエの定理の証明では幾何構造にもどり，曲面上の等周不等式から導出されるハルナック（Harnack）不等式，すなわち $\sup + \inf$ 不等式を用いている．

次のリィ（Y.Y. Li）の評価は，境界条件のもとで爆発機構を大域的に制御する強力な結果である．本書では，moving plane を用いないリン（C.-S. Lin）の議論によって示す．この章の最後の節に，一連の結果を用いてマ・ウェイ（Ma-Wei）の定理を証明する．この定理は (2) を

$$-\Delta v = \frac{\lambda K(x) e^v}{\int_\Omega K(x) e^v} \quad \text{in } \Omega, \qquad v = 0 \quad \text{on } \partial\Omega \tag{4}$$

に置き換えた問題についても爆発機構の量子化が成り立つこと，このとき爆発

点が (3) に対応する

$$H_\ell(x_1,\ldots,x_\ell) = \frac{1}{2}\sum_{j=1}^{\ell} R(x_j) + \sum_{1\leq i<j\leq \ell} G(x_i,x_j) + \frac{1}{8\pi}\sum_{j=1}^{\ell} \log K(x_j) \quad (5)$$

の臨界点であることを示すものである.

　第3章ではその前の2つの章で解明した構造を踏まえて, (1) の解集合を調べる. 前半で解の一意性, 後半で解の存在を扱う. 一意性の解析では線形化作用素の固有値に着目する. 固有関数の節領域, 等周不等式を導出する再編理論を新しい枠組みで見直すと, $0 < \lambda < 8\pi$ において解が一意存在することを示すことができる.

　その証明から $\lambda = 8\pi$ でも古典解が存在すれば一意である. このことをトゥルーディンガー・モーザー (Trudinger-Moser) 不等式の解析に応用する. この不等式は, 汎関数

$$J_\lambda(v) = \frac{1}{2}\|\nabla v\|_2^2 - \lambda \log \int_\Omega e^v, \quad v \in H_0^1(\Omega) \quad (6)$$

の有界性のための λ の最大値が $\lambda = 8\pi$ であることを示すものである. 上述の一意性定理によって, Ω が単連結である場合には

$$\inf_{v \in H_0^1(\Omega)} J_{8\pi}(v) > -\infty \quad (7)$$

が達成されるために Ω が備えるべき必要十分条件を与えることができる. 方程式 (2) は汎関数 (6) のオイラー・ラグランジュ (Euler-Lagrange) 方程式であり, 不等式 (7) は (2) の解の存在とも関わる. このように議論が階層的に進むのが楕円型方程式論の特徴である.

　トゥルーディンガー・モーザー不等式の解析を踏まえて, 第3章後半の3つの節ではミニ・マックス法を用いた解の存在定理を扱う. 最初に mountain pass lemma (峠の補題) を用いたストゥルヴェ・タランテッロ (Struwe-Tarantello) の解を構成する. そこではパレ・スメール (Palais-Smale) 列の有界性が成り立たない除外値を, リィ・シャフリエの定理で埋め尽くす議論が現れる. 次の節では, 穴のある領域に対して, 膜状の試験関数の集合を用いたミニ・マックス法によって構成されるディン・ヨスト・リィ・ワン (Ding-Jost-Li-Wang) の解

を扱う．そこでも除外値を埋め尽くす議論を適用する．

第 3 章の最後の節でデルピノ・コワルチック・ムッソ（del Pino-Kowalczyk-Musso）の定理を述べる．この定理は，Ω が多重連結領域のときには各 $\ell = 1, 2, \ldots$ に対して ℓ を爆発点の個数とする解の族が存在するというものである．本書ではその定理の証明を 2 つにわけている．前半では，Ω の多重連結性のもとで，任意の ℓ に対するハミルトニアン $H_\ell(x_1, \ldots, x_\ell)$ は C^1 安定な臨界点 $x_* = (x_1^*, \ldots, x_\ell^*)$ をもつことを示す．後半では，その場合に $x = x_*$ の近傍で構成される近似解を用い，(1) の変分汎関数である

$$I_\lambda(v) = \frac{1}{2}\|\nabla v\|_2^2 - \lambda \int_\Omega e^v, \quad v \in H_0^1(\Omega) \tag{8}$$

が H_ℓ と C^1 等価になることを示す．この最終節は，特異部分をカットした線形化作用素に関するチェ・イマヌビロフ（Chae-Imanuvilov）評価など技術的な部分が多く，詳細な計算を省略して議論の大枠を示すにとどめている．

ハミルトニアンの臨界点が非退化である場合には，そこから古典解が生成される．これがバラッケ・パカールの解である．ハミルトニアンの臨界点と特異極限がほぼ等価であることを示す重要な結果であるが，この定理についても証明を述べることができなかった．

第 4 章では一転してボルツマン・ポアソン方程式の物理的背景を扱う．前半部分で点渦乱流平均場を解説する．本書上巻のサブタイトルであるハミルトニアンの循環の意味と，(2) をボルツマン・ポアソン方程式と呼ぶ理由がそこで明らかになる．

すなわち 1949 年の論文 [115] でオンサーガー（L. Onsager）は点渦系をハミルトン系と見なし，平衡統計力学を展開した．(3) で与えた $H = H_\ell(x_1, \ldots, x_\ell)$ は，点渦が等強度 ℓ 点の場合にオンサーガーが用いたハミルトニアンに他ならない．上述したように，本書上巻，第 1 章–第 3 章ではボルツマン・ポアソン方程式 (2) の数学解析を展開する．そこでは (2) の極限状態から (3) の臨界点を導出し，逆に (3) の臨界点から (2) の解を構成する．一方，$x_i = (x_{i1}, x_{i2}) \in \Omega$ とすると，点渦系は (3) をハミルトニアンとするハミルトン系

$$\frac{dx_{i1}}{dt} = \frac{\partial H_\ell}{\partial x_{i2}}, \quad \frac{dx_{i2}}{dt} = -\frac{\partial H_\ell}{\partial x_{i1}}, \quad 1 \leq i \leq \ell \tag{9}$$

となる．オンサーガーの定式化に従って平衡統計力学を展開すると, (2) は粒子数 $\ell \to +\infty$ で (9) が垣間みせる秩序化, すなわち粒子の定常的な平均場を記述するものであることがわかる．このプロセスはカオスの伝播といわれる現象に基づいて, ギブス（Gibbs）測度の有界性と平均場極限の解の一意性のもとで厳密証明することができる．両者はいずれも $\lambda < 8\pi$ において正しく, ここに平衡統計力学と楕円型方程式論は融合するのである．

点渦乱流平均場としてみた場合, (2) の v は全渦度を流れ関数に変換したものに由来し, λ は逆温度から定まるパラメータである．より詳細には, $\lambda > 0$ が逆温度負と対応する．オンサーガーはこの場合に乱流の秩序化が発生することを予言した, すなわち, (2) の右辺はボルツマン分布（正準統計測度）から導かれるものであり, (2) 全体がポアソン（Poisson）方程式となっているのは, 渦度と流れ関数の関係によるものである．

オンサーガーが提示した平衡統計力学の観点にたてば, 数学解析が明らかにした (2) の量子化する爆発機構とは, (9) から (2) の逆のプロセスに他ならない．それは, (3) をハミルトニアンとするハミルトン系である等強度点渦系 (9) において, 定常的な秩序形成が成就するのは負の逆温度が量子化されるときであり, その秩序はこの系のハミルトニアンの臨界点を中心とした湧き上がりとして成立することを示している．従って, 平衡状態にある多数の点渦は環境が臨界に達したときに凝縮し, 凝縮した主体はあたかも個別の点渦のようにふるまうということができる．本書はこのことを循環的階層と呼ぶ．

ボルツマン・ポアソン方程式 (2) は点渦系以外にも様々な由来をもっている．従ってその物理的背景を描写する第 4 章は, 大きく 3 つに分かれている．序盤では上述の循環的階層を述べ, さらに多強度点渦系の 2 通りの平均場モデルを導出する．序盤の平衡統計力学理論に対し, 中盤で扱うのは動的平均場理論である．モーメント展開とエントロピー生成最大原理の 2 つの方法により, 下巻の幕開けを飾るスモルコフスキー・ポアソン（Smoluchowski-Poisson）方程式と, ツァリス（Tsallis）エントロピーに付随するその高次元版を導出する．終盤では量子力学における場の理論と (2) の関係を概観し, 自己双対ゲージ場がボルツマン・ポアソン方程式と類似の形をとって現れることを示す．ただし, オンサーガーによる等強度点渦系平均場方程式と, タウベス（C.H. Taubes）による

ゲージ・シュレディンガー（Schrödinger）方程式を除いて, この章のモデリングは数学的には正当化されていない.

主として大塚が担当した第 5 章, 第 6 章は, ハミルトニアンのボルツマン・ポアソン方程式 (1) への制御がより深いところに及んでいることを示すものである. すなわち, ボルツマン・ポアソン方程式の特異極限の爆発点の位置がハミルトニアンの臨界点であったが, その臨界点が非退化であれば, 特異極限に近い古典解は線形非退化である. さらにハミルトニアンの臨界点のモース指数と特異極限に近い古典解のモース指数も対応している.

領域 Ω が (2) の解集合を規定する様態がハミルトニアン (3) に縮約されるということは, 循環的階層の原理に由来するものである. 従って, モース指数に関するこの結果は, 循環的階層の原理が爆発点の位置だけでなく, より深く特異極限周りの不安定度を示すスペクトル構造に及んでいることを示している. この 2 つの章の数学解析は細部にわたるが, 必要な道具一式は第 2 章にすべて用意されている. モース指数の対応を示す第 6 章が主要結果であるが, 現象的にも技術的にも非退化性を確立する第 5 章が基盤である. その理由, すなわち非退化性とモース指数の対応との関係は, 領域を摂動させてみるとわかりやすい.

実際, 第 3 章の後半で示すように, 領域 Ω の変形とともに, ハミルトニアンの臨界点が退化し, そのことが特異極限の分岐を引き起こす. 一方ハミルトニアンの臨界点が退化しないときは, 対応する特異極限から（おそらく）一意的で分岐しない古典解の枝が生成される. これが漸近的非退化性の示唆するものである. 一方, モース指数の対応は, 古典解が分岐するごとにその不安定度をハミルトニアンから受け継ぐことを示している. すなわち, 領域の摂動とともにハミルトニアンに発生するカタストロフィーは, そのまま特異極限に反映する. 領域の形状, ボルツマン・ポアソン方程式, ハミルトニアンがこのように直接結びついているとすれば驚くべきことである. しかし, そうでなければ, このような普遍的な法則は成り立ちえない.

本書がボルツマン・ポアソン方程式から離れるのは, ハミルトニアンとの深い絆を明らかにする第 6 章の後, 漸く第 7 章になってからである. 第 7 章では, 最初に (2) を自由境界問題として再定式化することでこの方程式が自然な形で高次元化され量子化する爆発機構が再現されること, そこでは凸領域において

境界爆発点が存在せず，内部爆発点においては collapse 質量の単純性と，その位置のハミルトン制御が実現されていることを記述する．次に再編理論の技術を裏返すことで，閉じ込められた特異集合の次元が制御されること，最後に理論物理で使われるビリアル等式とポホザエフ（Pohozaev）等式が同値であり，下巻のテーマであるルジャンドル（Legendre）変換を介した双対的な関係にあることを示す．

かくして本書上巻はボルツマン・ポアソン方程式の数理構造の解明にその大半を費やすことになったが，そのすべての研究を網羅しているわけではない．本書で解説できなかった題材の 1 つが，ガウス（Gauss）曲率と関係する幾何学である．実際，与えられたガウス曲率を実現するリーマン計量の等角変形に関するニーレンバーグ（Nirenberg）やカズダン・ワーナー（Kazdan-Warner）の問題では，Ω をコンパクト・リーマン（Riemann）面として (4) の類似物

$$-\Delta v = \lambda \left(\frac{K(x)e^v}{\int_\Omega K(x)e^v} - \frac{1}{|\Omega|} \right), \quad \int_\Omega v = 0 \qquad (10)$$

が現れる．また右辺に -4π を係数とするデルタ関数の線形和が加わる場合は渦度項と呼び，自己双対ゲージ理論では基本的なモデルとなっている[*1]．これらの問題では，最初から λ が量子化しているときの古典解が解析の対象であり，Ω の位相を定める種数（genus）と，$K(x)$ が定める計量が解集合を規定する[*2]．本書のアプローチをとるとすれば，特異極限とならずに $\lambda \in 8\pi\mathbf{N}$ をすり抜ける解を特徴づける必要がある．

次の問題は領域の位相に関するものである．ボルツマン・ポアソン方程式に関する第 1 章，第 3 章の凸領域，単連結領域，多重連結領域の記述を比較するまでもなく，一般に，領域の複雑な位相がハミルトニアンに反映され，楕円型方程式の解集合を豊かにする．本書では，デルピノ・コワルチック・ムッソの解の構成も含め，領域 $\Omega \subset \mathbf{R}^2$ が多重連結のときの解構造を詳細に述べることができなかった．多重連結領域においては，すでに点渦モデルの導出やその解析自身が興味深いテーマである[*3]．また，爆発機構の量子化により，(2) の解集合は

[*1] Tarantello [163].
[*2] Aubin [4] 第 6 章.
[*3] 多重連結領域や球面上の点渦系については坂上 [128].

$\lambda \in [0, \infty) \setminus 8\pi \mathbf{N}$ において局所コンパクトになる. その結果, 各連結成分において解集合の写像度 $d(\lambda)$ は一定となり, $d(\lambda)$ は Ω の種数によって定まる. 計算式も与えられ [34] [94], その証明には解の詳細な漸近挙動 [33] か, 大域的なモース理論 [93] が用いられる.

連立系の解明も将来に残されている. そもそも複素構造によってボルツマン・ポアソン方程式の研究を飛躍させたのは, ウェストン・モズレイ（Weston-Moseley）理論 [173] [99] [100] である. ウェストン・モズレイ理論は, 本来ボルツマン・ポアソン方方程式を摂動させた非線形項を扱うものである. 特に, 3 次元にはめ込まれる平均曲率一定曲面の構成 [172] では第 4 章で触れる sinh-ポアソン方程式が用いられている. しかし, これまでの研究の多くはボルツマン・ポアソン方程式の全域解を基準としているため, 符号の違う bubble の衝突現象が十分に解明されているとはいえない.

数理物理に現れる楕円型方程式の多くが, 拡散項と非線形項と領域だけから成り立っている. 非線形項は物理法則から最初に定められるので, それぞれの物理モデルの解のあり様を規定するのは領域の形状ということになる. この形状は数学的には次元, 位相, 幾何といった順番で抽出されてくる.

一般に, 解集合と領域の形状との関係は複雑で, 理論だけですべてをとらえきることはできないと考えられている. しかし方程式に含まれているパラメータを動かして臨界的な状態に移行すると, ハミルトニアン (3) やその類似物が現れることがある.

例としては, 空間 2 次元では複素数 $v = v(x) \in \mathbf{C}$ を未知関数とするギンツブルグ・ランダウ（Ginzburg-Landau）方程式

$$-\Delta v = \frac{1}{\varepsilon^2}(1 - |v|^2)v \quad \text{in } \Omega, \qquad v = g \quad \text{on } \partial\Omega \qquad (11)$$

において $\varepsilon \downarrow 0$ の場合 [*4)], またプラズマ方程式

$$\Delta u = \lambda u_- \quad \text{in } \Omega, \quad u = \text{constant} \quad \text{on } \partial\Omega, \quad \int_{\partial\Omega} \frac{\partial u}{\partial \nu} = I \qquad (12)$$

において $\lambda \uparrow +\infty$ の場合 [21], さらに, 今のところ純粋数学の興味からではあるが

[*4)] Suzuki and Takahashi [148] 第 1 章.

$$-\Delta u = u^p, \quad u > 0 \quad \text{in } \Omega, \quad u = 0 \quad \text{on } \partial\Omega \tag{13}$$

における $p \uparrow +\infty$ の場合 [122] [51] がある．また高次元でも，ソボレフ (Sobolev) 臨界指数に関連する楕円型方程式である山辺 (Yamabe) 方程式

$$-\Delta u = u^{\frac{n+2}{n-2}}, \quad u > 0 \quad \text{in } \Omega, \quad u = 0 \quad \text{on } \partial\Omega \tag{14}$$

と (14) に付随する様々な摂動 [123] [5]，あるいは臨界指数の自由境界問題である自己重力流体の定常状態が該当する [*5]．

様々なモデルの臨界状態においてハミルトニアンが現れるということは，ハミルトニアンが領域の形状を統一的に代弁し，臨界状態における解の構造を制御しているという様態を表している．このことは逆に個別の楕円型方程式の解構造からハミルトニアンが解明されることも意味する．従って1つのモデル研究によって得られたハミルトニアンの特質は，関連する別のモデルの解構造を規定する．ハミルトニアンを介した楕円型方程式論と幾何学や数論との融合は，次のチャレンジである [*6]．

ボルツマン・ポアソン方程式はたくさんのことを教えている．だが本書上巻では，そのもう1つの構造である，場と粒子の双対性を十分にとらえきったとはいえない．そもそもボルツマン・ポアソン方程式の意味は，(2) をポアソン部分

$$-\Delta v = u \quad \text{in } \Omega, \quad v = 0 \quad \text{on } \partial\Omega \tag{15}$$

とボルツマン部分

$$u = \frac{\lambda e^v}{\int_\Omega e^v} \tag{16}$$

に分けて書いたときにより明確となる．(2) と (15)–(16) の相違は，u を明示的に記述しただけであるが，ここから新しい視点が浮かび上がってくる．すなわち，本来 u, v に関するこの関係は，渦度と流れ関数の関係に由来するものであるが，ここで v は u が作り出すポテンシャルであると思えば，u を粒子密度，v を場と見なすことができるのである．

場と粒子の双対性がルジャンドル変換で実現されることは，熱力学や解析力

[*5] 本書上巻第7章．
[*6] 楕円型関数との関係は [89]．

学の標準的な記述にみることができる．しかしこの構造は，非平衡熱力学や理論生物学のモデルでも頻繁に現れる．本書下巻ではこのことを動的平均場理論の立場から分析する．

本書上下巻の各節において，C_i, $i = 1, 2, \ldots$ は正定数を表す．有界領域 $\Omega \subset \mathbf{R}^n$ に対し，$\mathcal{M}(\overline{\Omega}) = C(\overline{\Omega})'$ はコンパクト集合 $\overline{\Omega}$ 上の測度全体，$\rightharpoonup$ はその汎弱収束を示す．従って $\mu_k(dx) \rightharpoonup \mu(dx)$ は任意の $\varphi \in C(\overline{\Omega})$ に対して

$$\lim_{k \to \infty} \langle \mu_k(dx), \varphi \rangle = \langle \mu(dx), \varphi \rangle$$

を意味する [*7]．通常の $L^p(\Omega)$ 空間，$1 \leq p \leq \infty$ のノルムは $\|\cdot\|_p$ とし，$\omega \subset \Omega$ に局所化された場合には $\|\cdot\|_{L^p(\omega)}$ と書く．Ω 上の積分は dx を省略し，特に線積分と区別する必要がある場合には dx を記載する．被積分関数が 2 項以上をもつ場合にも最後に dx を付け，括弧は省略する．また $\rightharpoonup$ はヒルベルト (Hilbert) 空間における弱収束も示す．

本書上巻では，補題 2.7.6 の証明で高橋亮君から教示を受けた．

[*7] Folland [54] 第 7 章.

第1章　ボルツマン・ポアソン方程式

　主部が $-\Delta$ で非線形項がべき関数や指数関数で表される半線形楕円型方程式をエムデン・ファウラー（Emden-Fowler）方程式, 特に指数型非線形項をもつエムデン・ファウラー方程式をゲルファント問題, またボルツマン・ポアソン方程式などという. 特に空間2次元のボルツマン・ポアソン方程式は, 幾何や物理などの由来をもち, 深く研究されている[*1]. ボルツマン・ポアソン方程式がもつ複素構造, 幾何構造, 調和関数論は, 本書上巻の主要なテーマである, 粒子とその平均場の2つの階層の間をハミルトニアンが循環する原理を解明する糸口となる. 本章ではこれらの性質を用い, 領域の形状が解空間を制御している状況が, ハミルトニアンを通して垣間見られることを明らかにする.

1.1　複　素　構　造

　ボルツマン・ポアソン方程式の標準的な形は, $\Omega \subset \mathbf{R}^2$ を境界 $\partial\Omega$ が滑らかな有界領域とし, $u = u(x)$ を未知関数, λ を非負パラメータとする境界値問題

$$-\Delta v = \lambda e^v \quad \text{in } \Omega, \qquad v = 0 \quad \text{on } \partial\Omega \tag{1.1}$$

である. 本書では

$$-\Delta v = \frac{\lambda e^v}{\int_\Omega e^v} \quad \text{in } \Omega, \qquad v = 0 \quad \text{on } \partial\Omega \tag{1.2}$$

もボルツマン・ポアソン方程式という. (1.2) は (1.1) で単にパラメータを書き

[*1] Suzuki [143] 第3章, 第4章, 鈴木・上岡 [156] 第2章.

換えただけであり数学的には等価であるが, 物理や幾何の問題だけでなく, 解析的な性質を記述するときにも便利な形である. (1.2) を平均場方程式, またこれに対して (1.1) をゲルファント方程式ということもある.

(1.1) で $u = v + \log \lambda$ とおくと

$$-\Delta u = e^u \qquad \text{in } \Omega \tag{1.3}$$

となる. (1.3) で, 実数 $x = (x_1, x_2) \in \Omega \subset \mathbf{R}^2$ と複素数 $z = x_1 + \imath x_2 \in \mathbf{C}$ を同一視し, 共役複素数 $\overline{z} = x_1 - \imath x_2$ を用いると (1.3) は $u_{z\overline{z}} = -\frac{1}{4}e^u$ に変換される. 従って複素数値関数

$$s = u_{zz} - \frac{1}{2}u_z^2 \tag{1.4}$$

は

$$s_{\overline{z}} = u_{zz\overline{z}} - u_z u_{z\overline{z}} = -\frac{1}{4}e^u u_z + \frac{1}{4}u_z e^u = 0 \tag{1.5}$$

を満たす. (1.5) は (1.4) で定める $s = s(z, \overline{z})$ が $z \in \Omega \subset \mathbf{C}$ の正則関数 $s(z)$ であることを表している.

一方, (1.4) は u_z に関するリッカチ (**Riccati**) 方程式であり, $\varphi = e^{-u/2}$ は $\overline{z}$ を固定するごとに線形方程式

$$\varphi_{zz} + \frac{1}{2}s\varphi = 0 \tag{1.6}$$

の解となる. 1 点 $x^* = (x_1^*, x_2^*) \in \Omega$ を固定して $z^* = x_1^* + \imath x_2^*$ とおき, (1.6) の解の基本系 $\{\varphi_1(z), \varphi_2(z)\}$ を条件

$$\left(\varphi_1, \frac{\partial \varphi_1}{\partial z}\right)\bigg|_{z=z^*} = (1, 0), \quad \left(\varphi_2, \frac{\partial \varphi_2}{\partial z}\right)\bigg|_{z=z^*} = (0, 1) \tag{1.7}$$

によって定める. $\varphi_1(z), \varphi_2(z)$ は, Ω が単連結のときは z の正則関数であり, 一般には z の解析関数である. いずれの場合も, $\varphi = e^{-u/2}$ は $\overline{z}$ の (多価) 関数 $\overline{f_1}, \overline{f_2}$ を用いて局所的に

$$\varphi = e^{-u/2} = \overline{f_1}(\overline{z})\varphi_1(z) + \overline{f_2}(\overline{z})\varphi_2(z) \tag{1.8}$$

と表現される.

z に関して定数であるこれらの $\overline{f_1}(\overline{z}), \overline{f_2}(\overline{z})$ は, z についてのロンスキアン

(**Wronskian**)
$$W(g, h) = gh_z - g_z h$$
を用いて表示することができる．実際，(1.7) より
$$W(\varphi_1, \varphi_2) = \varphi_1 \varphi_{2z} - \varphi_{1z} \varphi_2 \equiv 1$$
であり，(1.8), (1.6) から
$$\overline{f_1(\overline{z})} = W(\varphi, \varphi_2) = \varphi \varphi_{2z} - \varphi_z \varphi_2$$
$$\overline{f_2(\overline{z})} = W(\varphi_1, \varphi) = \varphi_1 \varphi_z - \varphi_{1z} \varphi \tag{1.9}$$
が成り立つ．ここでは $\varphi = \varphi(z, \overline{z})$ とみていることに改めて注意する．(1.9) の左辺は z に依存しないので，$z = z^*$ とおいて右辺を求めると
$$\overline{f_1(\overline{z})} = \varphi(z^*, \overline{z}), \quad \overline{f_2(\overline{z})} = \varphi_z(z^*, \overline{z}) \tag{1.10}$$
が得られる．

次に，φ が実数値であることに注意して (1.6) の複素共役をとると，$\overline{z}$ の関数 $\overline{s}(\overline{z}) = \overline{s(z)}$ に対して
$$\varphi_{\overline{z}\overline{z}} + \frac{1}{2}\overline{s}\varphi = 0 \tag{1.11}$$
が成り立つことがわかる．(1.9) より，z を固定して (1.10) の右辺を $\overline{z}$ の関数とみたものは φ, φ_z の 1 次結合で，それらはいずれも $\overline{z}$ の関数として (1.11) を満たす．従って $\overline{f_1(\overline{z})}, \overline{f_2(\overline{z})}$ も (1.11) の解である．また同じ操作から $\overline{\varphi}_1(\overline{z}) = \overline{\varphi_1(z)}$, $\overline{\varphi}_2(\overline{z}) = \overline{\varphi_2(z)}$ で定められる関数系 $\{\overline{\varphi}_1, \overline{\varphi}_2\}$ は (1.11) の解の基本系で
$$\left(\overline{\varphi}_1, \frac{\partial \overline{\varphi}_1}{\partial \overline{z}}\right)\bigg|_{\overline{z}=\overline{z}^*} = (1, 0), \quad \left(\overline{\varphi}_2, \frac{\partial \overline{\varphi}_2}{\partial \overline{z}}\right)\bigg|_{\overline{z}=\overline{z}^*} = (0, 1)$$
を満たす．よって $\overline{z}$ の関数として，$\overline{f_1(\overline{z})}, \overline{f_2(\overline{z})}$ はともに $\overline{\varphi}_1(\overline{z})$ と $\overline{\varphi}_2(\overline{z})$ の 1 次結合になる．この 1 次結合の係数は次のように求められる．

実際，上述の $x^* = (x_1^*, x_2^*) \in \Omega$ を $u = u(x)$ の臨界点（例えば u の最大点）としてとる．すると $\nabla u(x^*) = 0$ より
$$\overline{f_1(\overline{z}^*)} = \varphi(z^*, \overline{z}^*) = e^{-u/2}\bigg|_{x=x^*}$$

$$\frac{\partial \overline{f_1}}{\partial \overline{z}}(\overline{z^*}) = \varphi_{\overline{z}}(z^*, \overline{z^*}) = \left.\frac{\partial}{\partial \overline{z}} e^{-u/2}\right|_{x=x^*} = 0$$

$$\overline{f_2}(\overline{z^*}) = \varphi_z(z^*, \overline{z^*}) = \left.\frac{\partial}{\partial z} e^{-u/2}\right|_{x=x^*} = 0$$

$$\frac{\partial \overline{f_1}}{\partial \overline{z}}(\overline{z^*}) = \varphi_{z\overline{z}}(z^*, \overline{z^*}) = \left.-\frac{1}{4}\Delta e^{-u/2}\right|_{x=x^*} = \left.-\frac{1}{8}e^{-u/2}\Delta u\right|_{x=x^*}$$

$$= \left.\frac{1}{8}e^{u/2}\right|_{x=x^*}$$

従って $c = \left.e^{-u/2}\right|_{x=x^*}$ に対して $\overline{f_1}(\overline{z}) = c\overline{\varphi_1}(\overline{z})$, $\overline{f_2}(\overline{z}) = \frac{c^{-1}}{8}\overline{\varphi}_2(\overline{z})$ であり，複素共役をとれば

$$f_1 = c\varphi_1, \quad f_2 = \frac{c^{-1}}{8}\varphi_2 \tag{1.12}$$

が得られる. (1.12) によって (1.8) は

$$e^{-u/2} = c|\varphi_1|^2 + \frac{c^{-1}}{8}|\varphi_2|^2 \tag{1.13}$$

となる.

(1.13) を $\psi_1 = c^{1/2}8^{1/4}\varphi_1$, $\psi_2 = c^{-1/2}8^{-1/4}\varphi_2$ を用いて書き直すと

$$\left(\frac{1}{8}\right)^{1/2} e^{u/2} = \left\{c\left(\frac{1}{8}\right)^{-1/2}|\varphi_1|^2 + c^{-1}\left(\frac{1}{8}\right)^{1/2}|\varphi_2|^2\right\}^{-1}$$

$$= \frac{1}{|\psi_1|^2 + |\psi_2|^2} \tag{1.14}$$

(1.14) において $F = \psi_2/\psi_1$ を用いると $W(\psi_1, \psi_2) = W(\varphi_1, \varphi_2) = 1$ より

$$\frac{|F'|}{1+|F|^2} = \frac{W(\psi_1, \psi_2)}{|\psi_1|^2 + |\psi_2|^2} = \left(\frac{1}{8}\right)^{1/2} e^{u/2} \tag{1.15}$$

となる. (1.15) の $F(z)$ を, (1.3) の $u(x)$ のリュービル積分という.

(1.15) において $u = v + \log\lambda$, $v|_{\partial\Omega} = 0$ であったので, (1.1) の境界条件は

$$\rho(F) = \frac{|F'|}{1+|F|^2} \tag{1.16}$$

を用いて $\rho(F)|_{\partial\Omega} = \left(\frac{\lambda}{8}\right)^{1/2}$ と書くことができる. $z \in \Omega \subset \mathbf{C}$ の（分岐点をもつ）解析関数 $F = F(z)$ は (1.6) の独立な解の商であり，そのシュワルツ

(**Schwarz**) 微分 $\{F; z\} = \left(\dfrac{F''}{F'}\right)' - \dfrac{1}{2}\left(\dfrac{F''}{F'}\right)^2$ は $\{F; z\} = -s$ を満たす [*2].

1.2　幾 何 構 造

(1.16) において，$\rho(F)$ は解析関数 $F = F(z)$ の球面導関数である．より詳しくは $S^2 \subset \mathbf{R}^3$ を南極 $(0,0,0)$，北極 $(0,0,1)$ の球面，$\tau : S^2 \to \mathbf{C} \cup \{\infty\}$ を **stereographic** 射影として，$\overline{F} = \tau^{-1} \circ F : \Omega \to S^2$ を（分岐点をもつ多価）等角写像とみたとき，この写像のもとで $\Omega \subset \mathbf{C} \cong \mathbf{R}^2$ 上のユークリッド (Euclid) 距離 $ds^2 = dx_1^2 + dx_2^2$, $ds = |dz|$ と S^2 上の標準的距離 $d\Sigma^2$ は関係 $d\Sigma^2 = \rho(F)^2 ds^2$, すなわち

$$\frac{d\Sigma}{ds} = \rho(F)$$

を満たす [*3]．特に S^2 に作用する任意の直交変換 T に関して $\rho(F)$ は不変であり，$T \circ \overline{F} = \overline{G}$ で定められる Ω 上の解析関数 $G = G(z)$ は $\rho(G) = \rho(F)$ を満たす．従ってボルツマン・ポアソン方程式 (1.1) は，等角写像 $\overline{F} : \Omega \to S^2$ で，条件

$$\left.\frac{d\Sigma}{ds}\right|_{\partial\Omega} = \left(\frac{\lambda}{8}\right)^{1/2} \tag{1.17}$$

を満たすものを求める問題と等価である．

$\overline{F} : \Omega \to S^2$ が分岐点をもたないとき，部分領域 $\omega \subset\subset \Omega$ に対し $\partial\omega$ の $\overline{F}$ による（はめ込みとしての）像の長さは

$$\ell_1 = \int_{\partial\omega} \rho(F) ds \tag{1.18}$$

であり，ω の（はめ込みとしての）像の面積は

$$m_1 = \int_{\omega} \rho(F)^2 dx \tag{1.19}$$

である．特に $\overline{F} : \Omega \to S^2$ が ω 上で単射である場合は，ω は S^2 の部分領域 $\tilde{\omega}$ に写される．さらに ω が単連結で $\tilde{\omega}$ が 2 次元円板と同相であるときには，ℓ_1, m_1

[*2]　Hille [73] 第 10 章．
[*3]　辻 [168] 第 7 章 5 節．

の間に S^2 上の図形に関する等周不等式

$$\ell_1^2 \geq 4m_1 (\pi - m_1) \tag{1.20}$$

が成り立つ[*4]．今の場合, S^2 のガウス曲率は 4 で全表面積が π になっていることに注意する．

(1.15)–(1.19) を用いて (1.20) を書き直す．$p = e^u$ に対して

$$\ell(\partial\omega) = \int_{\partial\omega} p^{1/2} \, ds = \sqrt{8}\ell_1, \quad m(\omega) = \int_\omega p \, dx = 8m_1 \tag{1.21}$$

とおくとこの式は

$$\ell(\partial\omega)^2 \geq \frac{1}{2} m(\omega) (8\pi - m(\omega)) \tag{1.22}$$

に変換される．(1.21)–(1.22) をボル（**Bol**）の不等式という．

実は, (1.22) は ω が単連結であったり, $\overline{F} : \Omega \to S^2$ が ω 上で単射であったりしなくても成り立つ[*5] [6] [9]．ここで u が (1.3) の解なので $\Omega \subset \mathbf{R}^2$ 上の C^2 関数 $p = p(x) > 0$ は

$$-\Delta \log p \leq p \quad \text{in } \Omega \tag{1.23}$$

を満たすことに注意する．

定理 1.1 (ボル)　(1.23) を満たす $\Omega \subset \mathbf{R}^2$ 上の C^2 関数 $p = p(x) > 0$ に対し, $\omega \subset\subset \Omega$ を任意の開集合として $\ell(\partial\omega), m(\omega)$ を (1.21) で定めるとき, 次のいずれかの条件のもとで (1.22) が成り立つ．

 1) Ω は単連結である．
 2) Ω が C^1 領域で, p は $\overline{\Omega}$ 上 C^1 かつ $\partial\Omega$ 上定数である．

Ω が単連結でない場合は (1.22) の等号は成り立たない．

定理 1.1 の証明ではネハリ（**Nehari**）の等周不等式 [107] を用いる．

定理 1.2 (ネハリ)　$\Omega \subset \mathbf{R}^2$ を単連結領域, $h = h(x)$ を Ω 上の調和関数, ω を

[*4] Burago and Zalgaller [16] 1.2.2 項．
[*5] Bandle [7] 第 4 章にもある．

Ω の部分領域とすると

$$\left(\int_{\partial\omega} e^{h/2} ds\right)^2 \geq 4\pi \int_{\omega} e^h dx \tag{1.24}$$

が成り立つ.

【証明】 仮定より, Ω 上の調和関数 $v = v(x)$, $x = (x_1, x_2)$ が存在して, $f = h + \imath v$ は $z = x_1 + \imath x_2 \in \Omega$ の正則関数となる. 次に Ω 上の正則関数 $g = g(z)$ を $g' = e^{f/2}$ となるようにとると, $|g'|^2 = e^h$ が成り立つ.

この $g(z)$ によって $\omega \subset\subset \Omega$ は自己交叉も許す平面上の領域 $\hat{\omega}$ に等角に 1 対 1 に写され

$$\int_{\partial\omega} e^{h/2} ds = \int_{\partial\omega} |g'| ds, \quad \int_{\omega} e^h dx = \int_{\omega} |g'|^2 dx$$

はそれぞれ $\partial\hat{\omega}$, $\hat{\omega}$ の長さ, 面積を表す. いくつかの平面図形に分割すれば, $\hat{\omega}$ に対しても通常の平面図形と同様の等周不等式が成り立つことがわかる. この不等式は (1.24) に他ならない. □

【定理 1.1 の証明】 ω を連続変形することで, 定理は $\partial\omega$ が C^1 の場合に帰着できる. 最初に Ω が単連結の場合を述べる. $h = h(x)$ を

$$\Delta h = 0 \quad \text{in } \omega, \quad h = \log p \quad \text{on } \partial\omega \tag{1.25}$$

によって定め, $q = pe^{-h}$ とおく. このとき (1.23) より

$$-\Delta \log q \leq qe^h \quad \text{in } \omega, \quad q = 1 \quad \text{on } \partial\omega \tag{1.26}$$

が成り立つ.

開集合 $\{q > t\} = \{x \in \omega \mid q(x) > t\}$ をとる. $t \geq 1$ に関する非増加右連続関数

$$K(t) = \int_{\{q>t\}} qe^h dx, \quad \mu(t) = \int_{\{q>t\}} e^h dx \tag{1.27}$$

に対し共面積公式 [*6] を適用して

[*6] coarea formula. 余面積公式ともいう. Evans and Gariepy [52] 第 3 章.

$$-K'(t) = \int_{\{q=t\}} \frac{qe^h}{|\nabla q|} ds = t \int_{\{q=t\}} \frac{e^h}{|\nabla q|} ds = -t\mu'(t) \quad \text{a.e. } t \qquad (1.28)$$

一方サード（**Sard**）の補題とグリーンの公式より

$$\int_{\{q>t\}} (-\Delta \log q) dx = \int_{\{q=t\}} \frac{|\nabla q|}{q} ds = \frac{1}{t} \int_{\{q=t\}} |\nabla q| \, ds \quad \text{a.e. } t > 1$$

従って (1.26) より

$$\frac{1}{t} \int_{\{q=t\}} |\nabla q| \, ds \leq \int_{\{q>t\}} qe^h dx = K(t) \quad \text{a.e. } t > 1$$

であり，シュワルツ（**Schwarz**）の不等式とネハリの等周不等式を合わせて

$$-K'(t)K(t) \geq \frac{1}{t} \int_{\{q=t\}} |\nabla q| \, ds \cdot t \int_{\{q=t\}} \frac{e^h}{|\nabla q|} ds \geq \left(\int_{\{q=t\}} e^{h/2} ds \right)^2$$

$$\geq 4\pi \int_{\{q>t\}} e^h dx = 4\pi \mu(t) \quad \text{a.e. } t > 1 \qquad (1.29)$$

となる．(1.28)–(1.29) から a.e. $t > 1$ に対して

$$\frac{d}{dt}\left\{\mu(t)t - K(t) + \frac{K(t)^2}{8\pi}\right\} = \mu(t) + \frac{1}{4\pi}K(t)K'(t) \leq 0 \qquad (1.30)$$

一方，定義から $K(t+0) = K(t) \leq K(t-0)$ であり

$$j(t) \equiv K(t) - \mu(t)t = \int_{\{q>t\}} (q-t)e^h dx \qquad (1.31)$$

は連続，すなわち $j(t+0) = j(t) = j(t-0)$ である．従って (1.30) から

$$\left[-j(t) + \frac{K(t)^2}{8\pi}\right]_{t=1}^{\infty} = j(1) - \frac{K(1)^2}{8\pi} \leq 0 \qquad (1.32)$$

が得られる．(1.32) において $K(1)^2 \leq m(\omega)^2$ かつ

$$j(1) = \int_{\{q>1\}} (q-1)e^h dx \geq \int_{\omega} (q-1)e^h dx = m(\omega) - \int_{\omega} e^h dx$$

より

$$m(\omega) - \frac{m(\omega)^2}{8\pi} \leq \int_{\omega} e^h dx \leq \frac{1}{4\pi}\left(\int_{\partial\omega} e^{h/2} ds\right)^2 = \frac{\ell(\partial\omega)^2}{4\pi}$$

従って Ω が単連結のときは (1.22) が成り立つ．

　後半の場合には，Ω を含む単連結領域 $\hat{\Omega}$ が存在する．$p = p(x)$ を Ω の外に定

数で拡張すると, 超関数の意味で

$$-\Delta \log p \leq p \quad \text{in } \hat{\Omega} \tag{1.33}$$

が成り立つ. (1.33) を用いて上述の議論をすると, 開集合 $\omega \subset\subset \Omega$ に対して (1.22) が得られる. □

定理 1.1 のボルの不等式から, 固有値問題

$$-\Delta \varphi = \nu p \varphi \quad \text{in } \Omega, \qquad \varphi = 0 \quad \text{on } \partial\Omega \tag{1.34}$$

の第 1 固有値 $\nu_1(p, \Omega)$ に関する等周不等式を導出することができる [*7]. 実際, ミニ・マックス原理により

$$\nu_1(p, \Omega) = \inf \left\{ \int_\Omega |\nabla v|^2 \, dx \mid v \in H_0^1(\Omega), \int_\Omega v^2 p \, dx = 1 \right\} \tag{1.35}$$

であり, (Ω, pds^2) を曲面と見なしたときの全面積は $\sigma = \int_\Omega p$ で与えられる.

(1.35) の $\nu_1(p, \Omega)$ と比較するのは, 全面積が同じで (1.23) で等号が成り立つ回転対称な場合, すなわち $\Omega^* = B(0, 1) \equiv \{x \in \mathbf{R}^2 \mid |x| < 1\}$ において

$$-\Delta \log p^* = p^* \quad \text{in } \Omega^*, \qquad \int_{\Omega^*} p^* dx = \sigma \tag{1.36}$$

を満たす $p^* = p^*(|x|)$ に対する固有値問題

$$-\Delta \varphi = \nu p^* \varphi \quad \text{in } \Omega^*, \qquad \varphi = 0 \quad \text{on } \partial\Omega^* \tag{1.37}$$

の第 1 固有値

$$\nu_1(p^*, \Omega^*) = \inf \left\{ \int_{\Omega^*} |\nabla v|^2 \, dx \mid v \in H_0^1(\Omega^*), \int_\Omega v^2 p^* \, dx = 1 \right\} \tag{1.38}$$

である. §1.4 で述べるように, 各 $\sigma \in (0, 8\pi)$ に対し (1.36) を満たす $p^* = p^*(|x|)$ がただ 1 つ存在する. ここでレファレンスである Ω^* は単位円である必要はなく, $\Omega^* = B(0, R), R > 0$ としても各 $\Sigma \in (0, 8\pi)$ に対して (1.36) の解 $p^* = p^*(|x|)$ がただ 1 つ存在する. このとき, (1.38) で定める $\nu_1(\Omega^*, p^*)$ は R に依存しない.

定理 1.3 (バンドル Bandle) 定理 1.1 の仮定を満たす $p \in C(\overline{\Omega})$ に対し

[*7] Bandle [7] Corollary 3.3, p.107.

$$\sigma = \int_\Omega p \, dx < 8\pi \quad \Rightarrow \quad \nu_1(p,\Omega) \geq \nu_1(p^*,\Omega^*) \tag{1.39}$$

が成り立つ．(1.39) で等号が成り立つのは Ω が円板で $p = p(|x|)$ のときであり，またそのときに限る．

定理 1.3 の証明は**再編理論**による．すなわち (1.35) の第 1 固有関数 $\varphi = \varphi(x)$ として，Ω 上正定値となるものがとれることに注意し，φ の **rearrangement**（再編）を実行する．この rearrangement は，古典的な $p \equiv 1$ の場合に関するファベル・クラーン（**Faber-Krahn**）の不等式の証明で用いられるシュワルツ（**Schwarz**）対称化に対応するもので，本書ではバンドル対称化という．

バンドル対称化ではボルの不等式を $\varphi(x)$ の各レベル集合に適用する．このとき (1.36) の $(\Omega^*, p^*) = (\Omega, p)$ に対し，$\omega \subset\subset \Omega$ が Ω の同心円であればボルの不等式 (1.21)–(1.22) は等号になり，逆に等号となるのはそのような場合に限る．このことから，$\nu_1(p,\Omega)$ と $\nu_1(p^*,\Omega^*)$ を定めるレーリー（**Reyleigh**）商を比較することができる．より詳しくは，$\varphi > 0$ in Ω, $\varphi = 0$ on $\partial\Omega$ より，各 $t > 0$ に対して開集合 $\Omega_t = \{x \in \Omega \mid \varphi(x) > t\}$ の境界は Ω の内部に含まれ

$$\partial\Omega_t \subset\subset \Omega, \quad t > 0 \tag{1.40}$$

が成り立つ．そこで Ω^* の同心円板 $\Omega_t^* \subset\subset \Omega^*$ を $\int_{\Omega_t^*} p^* dx = \int_{\Omega_t} p \, dx$ となるようにとり，$\varphi(x)$ のバンドル対称化を

$$\varphi^*(x) = \sup\{t \mid x \in \Omega_t^*\}, \quad x \in \Omega^*$$

で定める．この φ^* は $\varphi^* = \varphi^*(|x|)$, $\varphi^* > 0$ in Ω^* かつ $\varphi^* = 0$ on $\partial\Omega^*$ を満たす．共面積公式からこの変換が $(\Omega, p \, ds^2), (\Omega^*, p^* ds^2)$ 間で**等可測**となることがわかる．特に

$$\int_\Omega \varphi^2 p \, dx = \int_{\Omega^*} \varphi^{*2} p^* \, dx \tag{1.41}$$

である．またディリクレ（**Dirichlet**）ノルムの減少

$$\int_\Omega |\nabla \varphi|^2 \, dx \geq \int_{\Omega^*} |\nabla \varphi^*|^2 \, dx \tag{1.42}$$

の証明は，共面積公式によって左辺の積分を $\partial\Omega_t$ 上の線積分と $\int_0^\infty \cdot dt$ に分解

する．次に (1.40) に注意してボルの不等式を適用する．その際に，右辺についてはボルの不等式が等号で成り立つこと，またサードの補題と単調関数の微分・積分を用いて $\partial \Omega_t$ が 1 より大きい次元をもつ場合を除外する議論を適用する．

以上の再編理論とバンドル対称化法の詳細は第 3 章で解説する．

1.3 sup + inf 不等式

アレクサンドルフ（**Alexandroff**）の不等式はボルの不等式を一般化したものである．一般に等周不等式は領域の位相に依存するが，以下の議論では最も簡単な次の場合を用いる [8]．

補題 1.3.1 (アレクサンドルフ) $B = B(0,1) \subset \mathbf{R}^2$ を単位円板，$V(x) > 0$ を Ω 上の連続関数，$v = v(x)$ を $-\Delta v = V(x)e^v$ in B の解とし，$\ell = \int_{\partial B} e^{v/2} \, ds$，$m = \int_B e^v \, dx$ とおく．すると任意の $K_0 \in \mathbf{R}$ に対して

$$\ell^2 \geq (2\alpha - K_0 m)m \tag{1.43}$$

が成り立つ．ただし $K(x) = V(x)/2$ に対して

$$\alpha = 2\pi - \omega_{K_0}^+(B) > 0, \quad \omega_{K_0}^+(B) = \int_{K > K_0} (K(x) - K_0) e^v dx$$

とする．

補題 1.3.1 を $p = e^v$，$0 < p = p(x) \in C^2(B) \cap C(\overline{B})$ を用いて書き直す．$B = B(0,1) \subset \mathbf{R}^2$ 上に距離 $d\sigma^2 = p(x)ds^2$ を導入すると，ガウス曲率 K，全面積 m，境界長さ ℓ は

$$K = -\frac{\Delta \log p}{2p}, \quad m = \int_B p \, dx, \quad \ell = \int_{\partial B} p^{1/2} \, ds \tag{1.44}$$

で与えられる．補題より，$m_\mu^+(B) = \int_{\{K > \mu\}} (K(x) - \mu) p \, dx$，$\mu \in \mathbf{R}$ に対して

---

[8] 証明は Burago and Zalgalle [16] 第 1 章 2 節. Bandle [7] 第 1 章 3 節.

$$\alpha = 2\pi - m_\mu^+(B) > 0 \quad \Rightarrow \quad \ell^2 \geq (2\alpha - \mu m)m \tag{1.45}$$

となる. (1.45) において $0 < p = p(x) \in C^2(B) \cap C(\overline{B})$ が (1.23) を満たすとき $K = K(x) \leq 1/2$ であり, $\mu = 1/2$ に対して $m_\mu^+(B) = 0$. 従って (1.45) から

$$\ell^2 \geq \frac{1}{2}m(8\pi - m) \tag{1.46}$$

が成り立つ. (1.46) は B 上のボルの不等式に他ならない.

(1.23) のもとで, (1.45) をより精密に適用することができる. そのために μ_* を

$$\int_{\{K > \mu_*\}} p \, dx \leq \frac{m}{2}, \quad \int_{\{K < \mu_*\}} p \, dx \leq \frac{m}{2}$$

となるようにとる. $\{K > \mu_*\} \neq B$, $\{K < \mu_*\} \neq B$ より $\{K \leq \mu_*\} \neq \emptyset$, $\{K \geq \mu_*\} \neq \emptyset$ であり, $a, b > 0$ を定数として

$$\frac{a}{2} \leq K(x) \leq \frac{b}{2} \quad \Rightarrow \quad \frac{a}{2} \leq \mu_* \leq \frac{b}{2} \tag{1.47}$$

が成り立つ.

μ_* の定め方から $C, D \geq 0$ が存在して

$$\int_{\{K > \mu_*\}} p \, dx = \frac{m}{2} - C, \quad \int_{\{K < \mu_*\}} p \, dx = \frac{m}{2} - D$$

従って $\alpha = 2\pi - m_\mu^+(B) = 2\pi - \int_{\{K > \mu_*\}} (K - \mu_*) p \, dx$ に対して

$$\begin{aligned}
2\alpha - \mu_* m &= 4\pi - 2 \int_{\{K > \mu_*\}} (K - \mu_*) p \, dx - \mu_* m \\
&= 4\pi - 2 \int_{\{K \geq \mu_*\}} (K - \mu_*) p \, dx - \mu_* m \\
&= 4\pi - 2 \int_{\{K \geq \mu_*\}} Kp \, dx + 2\mu_* D
\end{aligned} \tag{1.48}$$

が得られる. ここで

$$\begin{aligned}
\int_{\{K < \mu_*\}} Kp \, dx &\geq \frac{a}{2} \int_{\{K < \mu_*\}} p \, dx = \frac{a}{2}\left(\frac{m}{2} - D\right) \\
&\geq \frac{a}{2b} \int_B Kp \, dx - \frac{a}{2} D
\end{aligned}$$

より

$$\int_{\{K\geq\mu_*\}} Kp\,dx \leq \left(1 - \frac{a}{2b}\right)\int_B Kp\,dx + \frac{a}{2}D \tag{1.49}$$

(1.48), (1.49) より

$$2\alpha - \mu_* m \geq 4\pi - 2\left(1 - \frac{a}{2b}\right)\int_B Kp\,dx + (2\mu_* - a)D$$
$$\geq 4\pi - 2\left(1 - \frac{a}{2b}\right)\int_B Kp\,dx \tag{1.50}$$

が成り立つ.

(1.50) より, $4\pi < \alpha_0 < \dfrac{4\pi}{1-\frac{a}{2b}}$, $\gamma_0 = 4\pi - \left(1 - \dfrac{a}{2b}\right)\alpha_0 > 0$ に対して

$$\int_B Kp\,dx \leq \frac{\alpha_0}{2} \quad \Rightarrow \quad 2\alpha - \mu_* m \geq \gamma_0 \tag{1.51}$$

となる. (1.51) から次の補題 [135] が得られる.

補題 1.3.2 (シャフリエ Shafrir)　$B = B(0,1) \subset \mathbf{R}^2$ を単位円, $a, b > 0$ を定数とすると $\alpha_0 > 4\pi$ が存在して

$$-\Delta v = V(x)e^v,\ a \leq V(x) \leq b \quad \text{in } B, \quad \int_B V(x)e^v \leq \alpha_0$$
$$\Rightarrow \quad v(0) \leq C_1 \tag{1.52}$$

となる.

【証明】　(1.52) の仮定のもとで, (1.51) を $p = e^v$, $K = V/2$ に対して適用することができる. 実際

$$f(r) = 4\pi - 2\int_{\{K>\mu_*\}\cap B_r}(K - \mu_*)p\,dx - \mu_*\int_{B_r} p\,dx$$

は $r \in [0,1)$ について非増加であるので

$$f(r) \geq f(1) = 4\pi - 2\int_{\{K>\mu_*\}}(K - \mu_*)p\,dx - \mu_*\int_B p\,dx$$
$$= 2\alpha - \mu_* m \geq \gamma_0 \tag{1.53}$$

また

$$A(r) = \int_0^r dr' \int_{\partial B(0,r')} p\,ds = \int_{B(0,r)} p\,dx$$

とおき, 各 $0 \leq r < 1$ において (1.45) を適用すると

$$A'(r) = \int_{\partial B(0,r)} p \, ds \geq \frac{1}{2\pi r} \left\{ \int_{\partial B(0,r)} p^{1/2} ds \right\}^2 \geq \frac{1}{2\pi r} f(r) A(r) \quad (1.54)$$

が得られる. (1.54) より $0 < r_0 < 1$ に対して

$$-\frac{1}{2\pi} \log r_0 \leq \int_{r_0}^{1} \frac{A'(r)}{f(r)A(r)} \, dr = \int_{r_0}^{1} \frac{1}{f(r)} \{\log A(r)\}' \, dr$$
$$= \frac{\log A(1)}{f(1)} - \frac{\log A(r_0)}{f(r_0)} + \int_{r_0}^{1} \frac{\log A(r)}{f(r)^2} f'(r) \, dr \quad (1.55)$$

(1.55) において

$$A(r_0) = \pi r_0^2 p(0)(1 + o(1)), \quad f(r_0) = 4\pi - O\left(r_0^2\right), \qquad r_0 \downarrow 0$$

より

$$\lim_{r_0 \downarrow 0} \left\{ \frac{\log A(r_0)}{f(r_0)} - \frac{1}{2\pi} \log r_0 \right\} = \lim_{r_0 \downarrow 0} \frac{1}{4\pi} \log \frac{A(r_0)}{r_0^2} = \frac{1}{4\pi} \left(\log p(0) + \log \pi \right) \quad (1.56)$$

(1.55)–(1.56) より

$$v(0) = \log p(0) \leq \frac{4\pi A(1)}{f(1)} - 4\pi \log \pi + 4\pi \int_0^1 \frac{\log A(r)}{f(r)^2} f'(r) \, dr \quad (1.57)$$

が成り立つ. (1.57) 右辺第 3 項において (1.52) の仮定から

$$A(r) \leq A(1) = \int_B p \, dx \leq \frac{1}{a} \int_B V p \, dx \leq \frac{\alpha_0}{a}$$

また (1.53) を用いると

$$\frac{\log A(r)}{f(r)^2} f'(r) = \frac{\log \frac{\alpha_0}{A(r)} + \log \frac{1}{\alpha_0}}{f(r)^2} \left(-f'(r) \right) \leq \gamma_0^{-2} \log \frac{\alpha_0}{A(r)} \cdot \left(-f'(r) \right) \quad (1.58)$$

となる. ここで (1.47) より

$$0 \leq -f'(r) = 2 \int_{\{K > \mu_*\} \cap \partial B_r} (K - \mu_*) p \, ds + \mu_* \int_{\partial B_r} p \, ds$$
$$\leq \left(\frac{3}{2} b - a \right) \int_{\partial B_r} p \, ds = \left(\frac{3}{2} b - a \right) A'(r) \quad (1.59)$$

が成り立つ．(1.58)–(1.59) において変換 $t = A(r)/\alpha_0$ を適用すれば
$$\int_0^1 \frac{\log A(r)}{f(r)^2} \cdot f'(r)\, dr \leq \gamma_0^{-2}\left(\frac{3}{2}b - a\right) \cdot \frac{1}{\alpha_0}\int_0^1 \log\frac{1}{t}\, dt < +\infty$$
となり，(1.52) の結論が得られる． □

補題 1.3.2 において，仮定が $\alpha_0 > 4\pi$ を許していることが重要である．実際，次章で述べる ε 正則性（補題 2.2.2）では，$V(x)$ の下からの評価がない場合に，$\alpha_0 < 4\pi$ に対して同様の評価を導出するが，それだけでは定理 2.2 で表されている **residual vanishing** という性質を導出することができない．すなわち (1.52) により，$V(x)$ が下から正定値で評価されているときには α_0 は 4π より大きくすることができる．さらにリィ・シャフリエの定理（定理 2.2）によって，補題 1.3.2 の $V(x)$ が $C(\overline{\Omega})$ のコンパクト族に制限されている場合には，α_0 は 8π より小さい任意の数に広げることができる．

(1.52) はそのことを示すために必要な粗い評価である．実際リィ・シャフリエの定理の証明では，補題 1.3.2 から得られる次の定理の結論（sup + inf 不等式）を，スケーリングした解について適用する．

定理 1.4 (sup + inf 不等式) 有界領域 $\Omega \subset \mathbf{R}^2$, $V = V(x) \in C(\overline{\Omega})$, コンパクト集合 $K \subset \Omega$, 定数 $a, b > 0$ に対して $c_1 = c_1(a, b) \geq 1$, $c_2 = c_2(a, b, \mathrm{dist}\,(K, \partial\Omega)) > 0$ が存在して
$$-\Delta v = V(x)e^v,\ a \leq V(x) \leq b \quad \text{in } \Omega \tag{1.60}$$
ならば
$$\sup_K v + c_1 \inf_\Omega v \leq c_2 \tag{1.61}$$
が成り立つ．

【証明】 標準的な covering（被覆）の議論により，定理は $\Omega = B(x_0, r)$, $K = \{x_0\}$, $c_2 = c_2(a, b, r)$ の場合に帰着される．また $x_0 = 0$ として
$$\tilde{v}(x) = v(rx) + 2\log r$$

とおく. $\tilde{v}(x)$ は $\Omega = B(0,1)$, $\tilde{V}(x) = V(rx)$ に対して (1.60) を満たす. 従って $\Omega = B = B(0,1)$, $K = \{0\}$ に対して定理を示せばよい. 実際この場合は (1.61) より強く

$$v(0) + \frac{1}{2\pi} \int_{\partial B} v \, ds \leq c_2 \tag{1.62}$$

が成り立つ. 以下 $\Omega = B$ に対して (1.60) のとき, (1.62) が成り立つことを示す.

補題 1.3.2 において $\alpha_0 > 4\pi$ より, $4\pi(c_1+1)/c_1 = \alpha_0$ を満たす $c_1 \geq 1$ をとる. 不等式

$$\int_B V e^v \, dx > \frac{4\pi(c_1+1)}{c_1} \tag{1.63}$$

が成り立つ場合は $r_0 \in (0,1)$ を $\int_{B(0,r_0)} V e^v dx = 4\pi(c_1+1)/c_1$ で定め, (1.63) が成り立たないときは $r_0 = 1$ とおく. いずれの場合も $0 < r_0 \leq 1$ に対して

$$\int_{B(0,r_0)} V e^v dx \leq \frac{4\pi(c_1+1)}{c_1} \tag{1.64}$$

が成り立つ.

このとき $\tilde{u}(x) = u(r_0 x) + 2\log r_0$, $\tilde{V}(x) = V(r_0 x)$ に対して (1.60) が $\Omega = B = B(0,1)$ で, また

$$\int_B \tilde{V} e^{\tilde{v}} dx \leq \frac{4\pi(c_1+1)}{c_1} = \alpha_0$$

が成り立つ. 従って補題 1.3.2 から

$$\tilde{v}(0) = v(0) + 2\log r_0 \leq c_0 \tag{1.65}$$

が得られる. ここで

$$\begin{aligned} G(r) &= v(0) + \frac{c_1}{2\pi r} \int_{\partial B(0,r)} v \, ds + 2(c_1+1) \log r \\ &= v(0) + c_1 \int_0^{2\pi} v(re^{i\theta}) \, d\theta + 2(c_1+1) \log r \end{aligned}$$

とおく. v は優調和なので $\frac{1}{2\pi r} \int_{\partial B(0,r)} v \, ds \leq v(0)$. 従って (1.65) によって

$$G(r_0) \leq (c_1+1)v(0) + 2(c_1+1)\log r_0 \leq (c_1+1)c_0 \tag{1.66}$$

となる. (1.66) において $r_0 = 1$ であれば $G(1) = v(0) + \frac{c_1}{2\pi}\int_{\partial B} v\, ds$ より (1.62) が成り立つ.

$r_0 < 1$ の場合は (1.64) であり, 従って

$$\int_{B(0,r)} Ve^v dx \geq \frac{4\pi(c_1+1)}{c_1}, \quad r_0 \leq r \leq 1 \qquad (1.67)$$

が成り立つ. ここで

$$G'(r) = c_1 \int_0^{2\pi} v_r(r,\theta)\, d\theta + \frac{2(c_1+1)}{r}$$
$$= \frac{1}{r}\left\{\frac{c_1}{2\pi}\int_{\partial B(0,r)} v_r\, ds + 2(c_1+1)\right\}$$

であり, (1.67) および

$$\int_{\partial B(0,r)} v_r\, ds = \int_{B(0,r)} \Delta v\, dx = -\int_{B(0,r)} Ve^v\, dx$$

より $G'(r) \leq 0, r_0 \leq r \leq 1$. 従って (1.66) より

$$v(0) + \frac{1}{2\pi}\int_{\partial B} v\, ds = G(1) \leq G(r_0) \leq (c_1+1)c_0$$

となり, (1.62) が得られる. □

定理 1.4 において $\|\nabla V\|_\infty \leq C_2$ を仮定すると, (1.61) が $c_1 = 1$ として成立する [12]. この形の sup+inf 不等式は次章で述べる**爆発解析**によって示すことができ, その議論は高次元の場合も有効である [*9].

1.4　Radial な 解

ギダス・ニィ・ニーレンバーグの定理 [57] により, 局所リプシッツ (Lipschitz) 連続な非線形項 $f = f(u)$ に対する半線形楕円型境界値問題の正値解

$$-\Delta v = f(v),\ v > 0\ \ \text{in}\ \Omega, \qquad v = 0\ \ \text{on}\ \partial\Omega$$

は $\Omega = B(0,R) \subset \mathbf{R}^n$ のとき **radial** (回転対称) すなわち $v = v(|x|)$ にな

[*9] 本書上巻第 7 章.

る. その証明法を **moving plane** 法という *10). ボルツマン・ポアソン方程式 (1.1) においては常に $\lambda e^v > 0$ となるため, 最大原理から Ω において $v > 0$ であり, 特に上記の結果を適用することができる. 本節では引き続き空間次元を 2 とし, $\Omega = B(0,1)$ の場合に (1.1), すなわち

$$-\Delta v = \lambda e^v \quad \text{in } B = B(0,1), \qquad v = 0 \quad \text{on } \partial B$$

の radial な解をすべて表示する.

実際, この場合 $v = v(r)$, $r = |x|$ であるから, (1.1) の方程式部分は

$$v'' + \frac{1}{r}v' + \lambda e^v = 0, \quad r > 0, \qquad v'(0) = 0 \tag{1.68}$$

に変換される. (1.1) と同様に (1.68) もスケール不変性をもっている. すなわち $v_0 = v_0(r)$ が解であるときは, 定数 $\alpha \in \mathbf{R}$ に対して

$$v_\alpha(r) = v_0(e^{\alpha/2}r) + \alpha \tag{1.69}$$

もその解となる. そこで (1.68) の特殊解 $v_0(r)$ を 1 つ定め, (1.69) で与えた $v = v_\alpha(r)$ が (1.1) の境界条件 $v_\alpha(1) = 0$, すなわち

$$v_0(e^{\alpha/2}) + \alpha = 0 \tag{1.70}$$

を満たすように $\alpha \in \mathbf{R}$ を調整する.

そのために, (1.68) にエムデン変換 (またはリュービル変換) $s = \log r$ を適用して

$$\frac{d^2}{ds^2}(v + 2s) + \lambda e^{v+2s} = 0 \tag{1.71}$$

を導出する. (1.71) で改めて $u = v + 2s + \log \lambda$ としたものは, (1.3) の空間 1 次元の場合, すなわち

$$u'' + e^u = 0, \quad -\infty < s < \infty \tag{1.72}$$

に他ならない. (1.72) から $\left\{ u'' - \frac{1}{2}(u')^2 \right\}' = 0$ となるので, 特に

$$u'' - \frac{1}{2}(u')^2 = -2 \tag{1.73}$$

---

*10) 鈴木・上岡 [156] 2 節. 本書上巻第 2 章でも全域解の分類に適用.

となる $u = u(s)$ を求める. (1.73) は 1 次元のリュービル積分と見なされることに注意する.

実際 $\ell = \dfrac{2 - u'(s/2)}{4}$ に対して (1.73) はロジスティック (成長曲線) 方程式

$$\ell' = (1 - \ell)\ell \tag{1.74}$$

であり, (1.74) の解として $\ell(s) = \dfrac{1}{2}\left(1 + \tanh\dfrac{s}{2}\right)$ を選び出すことができる. この $\ell = \ell(s)$ から (1.68) の特殊解

$$v_0 = -2\log\cosh s + \log\dfrac{2}{\lambda} - 2s = \log\left\{\dfrac{8/\lambda}{(r^2 + 1)^2}\right\}$$

を定めると, 境界条件 (1.70) は

$$\dfrac{8}{\lambda} = \dfrac{(e^\alpha + 1)^2}{e^\alpha}$$

に帰着される. すなわち $\Omega = \Omega^* \equiv \{x \in \mathbf{R}^2 \mid |x| < 1\}$ 上の (1.1) の解は

$$v = v_{\lambda\pm}^*(x) = \log\left\{\dfrac{8\beta_\pm/\lambda}{\left(1 + \beta_\pm|x|^2\right)^2}\right\}$$

$$\beta_\pm = \dfrac{4}{\lambda}\left\{1 - \dfrac{\lambda}{4} \pm \left(1 - \dfrac{\lambda}{2}\right)^{1/2}\right\} \tag{1.75}$$

によって与えられる.

表示 (1.75) により, $\lambda = 2$ のときは解はただ 1 つで

$$v_{\lambda+}^*(x) = v_{\lambda-}^*(x) = 2\log\dfrac{2}{1 + |x|^2}$$

であること, また $0 < \lambda < 2$ では解は 2 つ, $\lambda > 2$ では解は存在しないことがわかる. 一方で解の全体集合 $\mathcal{C}^* = \{(\lambda, v)\}$ は関数空間 $\mathbf{R}_+ \times C(\overline{\Omega}^*)$ の中で 1 次元多様体 (枝) になっていること, 極限状態 $\lambda \downarrow 0$ において

$$\lim_{\lambda\downarrow 0} v_{\lambda-}^*(x) = 0 \qquad \text{unif. on } \overline{\Omega}^*$$

$$\lim_{\lambda\downarrow 0} v_{\lambda+}^*(x) = 4\log\dfrac{1}{|x|} \quad \text{loc. unif. in } x \in \overline{\Omega}^* \setminus \{0\}$$

である. すなわち $\mathcal{C}^*$ の端点は $(0, 0)$ と $(0, v_*)$, ただし

$$v_*(x) = 4\log\frac{1}{|x|} \tag{1.76}$$

で成り立っている. (1.76) の $v_* = v_*(x)$ は解の**特異極限**と呼ばれるもので, 古典解の極限ではあるが $\lambda = 0$ における (1.1) の古典解ではない.

(1.75) で与えた 2 つの radial な解を

$$\left(\frac{\lambda}{8}\right)^{1/2} e^{v/2} = \left(\frac{e^u}{8}\right)^{1/2} = \frac{\mu^{1/2}}{|x|^2 + \mu}$$

$$\mu = \mu_\pm = \frac{8}{\lambda}\left(1 - \frac{\lambda}{4} \mp \sqrt{1 - \frac{\lambda}{2}}\right) = \beta_\pm^{-1} \tag{1.77}$$

と書くと, それらのリュービル積分 (1.15) は

$$C_\pm = \mu_\pm^{-1/2} = \left\{\frac{1}{\lambda}\left(4 - \lambda \pm 2\sqrt{4 - 2\lambda}\right)\right\}^{1/2}$$

に対する $F(z) = C_\pm z$ になる. $\overline{F}(\partial\Omega^*)$ のはめ込みとしての長さ, $\overline{F}(\Omega^*)$ のはめ込みとしての面積は (1.18), (1.19) で与えられ, それぞれ

$$\ell_1(\partial\Omega^*) = \int_{\partial\Omega^*} \left(\frac{\lambda e^v}{8}\right)^{1/2} ds = 2\pi\left(\frac{\lambda}{8}\right)^{1/2}$$

$$m_1(\Omega^*) = \int_{\Omega^*} \frac{\lambda e^v}{8}\, dx = \frac{\pi}{1 + \mu_\pm} = \frac{\sigma}{8}$$

従って, $\mathcal{C}^*$ に沿って解が $(0,0)$ から $(0, v_*)$ に移動する間に, σ は 0 から 8π に単調に増加する. また $\mathcal{C}^*$ 上で $\lambda = 2$ は $\sigma = 4\pi$ に対応し, λ の方は一端 0 から 2 に増加した後, 2 から 0 まで減少する.

Ω が円環領域 $A = \{x \in \mathbf{R}^2 \mid a < |x| < 1\}$, $0 < a < 1$ の場合はリュービル積分 (1.15) において $F(z) = Cz^\alpha$ という形のものをとる. この多価解析関数から (1.15) によって A 上の radial な解を陽に与えることができ, これによってすべての radial な解を分類することができる. この解をもとにして分岐理論や変分法を適用すると, (1.1) で $\lambda \downarrow 0$ とともに任意モードの解が出現して爆発し, このモード数が爆発点の個数と一致することがわかる [90] [105] [79]. 一般の多重連結領域でも, 任意に与えた個数を爆発点の数とする解が発生することも知

られている *11).

(1.1) において σ をパラメータとして書き直すと

$$-\Delta v = \frac{\sigma e^v}{\int_\Omega e^v} \quad \text{in } \Omega, \qquad v = 0 \quad \text{on } \partial\Omega \tag{1.78}$$

となり，混乱がないとして (1.78) の σ を λ に書き換えたものがボルツマン・ポアソン方程式の平均場形 (1.2)，すなわち

$$-\Delta v = \frac{\lambda e^v}{\int_\Omega e^v} \quad \text{in } \Omega, \qquad v = 0 \quad \text{on } \partial\Omega \tag{1.79}$$

である．(1.79) では λ が上述の幾何計量であるばかりでなく，点渦乱流に対する平衡統計力学の逆温度や，自己双対ゲージ理論における場と粒子のカップリング定数という物理的な意味ももつ *12).

1.5　ラプラス・ベルトラミ作用素

一般に，(1.1) の解 $v = v(x)$ が与えられたとき，その線形化作用素は

$$L_v = -\Delta - \lambda e^v, \quad D(L) = H_0^1(\Omega) \cap H^2(\Omega)$$

で表される $L^2(\Omega)$ の自己共役作用素である．分岐理論 *13) により，前節で述べた $\Omega = \Omega^*$ における解集合 $\mathcal{C}^*$ の状況は，$v^*_\lambda{}_-$，$0 < \lambda \leq 2$ の線形化安定性と関係している [45]．すなわち $L_{v^*_{\lambda_-}}$ の第 1 固有値は $0 < \lambda < 2$ において正であり，$\lambda = 2$ において 0 である．このことを，定理 1.3 で論じた $\nu_1(p^*, \Omega^*)$ について述べれば，$p^* = \lambda e^{v^*_{\lambda_-}}$ に対して $0 < \lambda < 2$ ならば $\nu_1(p^*, \Omega^*) > 1$，$\lambda = 2$ ならば $\nu_1(p^*, \Omega^*) = 1$ であることに他ならない．

表示 (1.77) を用いてこのことを書き直すと

$$\sigma = \int_{\Omega^*} p^* dx, \quad p^*(x) = \frac{8\mu}{(|x|^2 + \mu)^2}, \quad \mu > 0 \tag{1.80}$$

に対して

---

*11) デルピノ・コワルチック・ムッソの解．本書上巻第 3 章．
*12) 前者については P.-L. Lions [91] 第 4 章，Marchioro and Pulverenti [95] 第 7 章．後者については Tarantello [163] 第 1 章，Yang [175] 第 5 章．
*13) 鈴木・上岡 [156] 2.1 節，増田 [97] 第 1 部第 6 章．

$$0 < \sigma < 4\pi \quad \Rightarrow \quad \nu_1(p^*, \Omega^*) > 1 \tag{1.81}$$

従って定理 1.3 により次が得られる.

定理 1.5 定理 1.1 の仮定のもとで, $\sigma = \int_\Omega p\, dx < 4\pi$ ならば $\nu_1(p, \Omega) > 1$.

固有値問題 (1.37), (1.80) は変数分離によって陪ルジャンドル方程式に変換され, 固有値・固有関数は陪ルジャンドル関数を用いてすべて表示される. 特に (1.81) を直接示すことが可能である [*14]. 実際, (1.37), (1.80) において

$$\varphi(x) = \Phi(\xi) e^{im\theta}, \quad x = re^{i\theta}, \quad \xi = \frac{\mu - r^2}{\mu + r^2}, \quad \Lambda = 1/\nu$$

とおき, $\xi_\mu = (\mu - 1)/(\mu + 1)$ とすると

$$\begin{aligned} \left[(1-\xi^2)\Phi_\xi\right]_\xi + \left[2/\Lambda - m^2/(1-\xi^2)\right]\Phi = 0, \quad \xi_\mu < \xi < 1 \\ \Phi(1) = 1, \quad \Phi(\xi_\mu) = 0 \end{aligned} \tag{1.82}$$

が得られる. (1.82) 第 1 式が陪ルジャンドル方程式で $\Lambda = 1$, $m = 0$, $\Phi(1) = 1$ に対するこの方程式の解は一意に定まる. それを $\Phi = \Phi(\xi)$ とすれば, 第 1 固有関数の正値性[*15] より $\nu_1(p^*, \Omega^*) > 1$ は条件

$$\Phi(\xi) > 0, \quad \xi_\mu < \xi < 1 \tag{1.83}$$

と同値である. 実際, (1.82) 第 1 式および (1.83) を満たす Φ は $P_0(\xi) = \xi$ であり, (1.83) は $\xi_\mu > 0$ に他ならない. 従って (1.81) は関係

$$\sigma < 4\pi \quad \Leftrightarrow \quad \mu > 1 \quad \Leftrightarrow \quad \xi_\mu > 0$$

からも確認することができる.

陪ルジャンドル方程式は, 直交座標で書いた 3 次元のラプラシアン $\Delta = \frac{\partial^2}{\partial x_1^2} + \frac{\partial^2}{\partial x_2^2} + \frac{\partial^2}{\partial x_3^2}$ の球領域における固有値問題を, 極座標で変数分離したときに現れる. この方程式が (1.37), (1.80) から導出される理由は, $p^* = p^*(x)$

[*14] Bandle [7] 第 3 章 1.1 節.
[*15] 本書上巻第 3 章.

が関係 $\left(\dfrac{p^*}{8}\right)^{1/2} = \rho(F)$ を通してリュービル積分 $F(z) = \mu^{-1/2}z$ と結びついていることに由来する. 実際 (1.80) のもとで, 曲面 $(\Omega^*, p^* ds^2)$ は stereographic 射影 $\tau : S^2 \to \mathbf{C} \cup \{\infty\}$ によって球面 $(S^2, d\Sigma^2)$ に引き戻され, (1.37) は $\overline{\varphi} = \varphi \circ \tau$ によって

$$-\Delta_{S^2}\overline{\varphi} = \frac{\nu}{8}\overline{\varphi} \quad \text{in } \omega, \qquad \overline{\varphi} = 0 \quad \text{on } \partial\omega \tag{1.84}$$

に変換される. ただし, Δ_{S^2} は $(S^2, d\Sigma)$ 上のラプラス・ベルトラミ (**Laplace-Beltrami**) 作用素, $\omega \subset S^2$ は南極 $(0,0,0)$ を中心とする面積 σ の円盤である. 陪ルジャンドル方程式 (1.82) は $\mathbf{R}^3$ の極座標に従って (1.84) を変数分離して得られるものである[*16].

以上から, §1.2 で述べたバンドル対称化は, ガウス曲率 $1/2$ 以下の曲面上の関数に対して, レファレンス曲面を $(S^2, d\Sigma^2)$ としたシュワルツ対称化に他ならないことがわかる. すなわち定理 1.3 の仮定のもとで上述の円盤 $\omega \subset S^2$ をとり, Ω 上の関数 $\varphi = \varphi(x)$ に対し $\hat{\omega}$ 上の関数を

$$\varphi^*(x) = \sup\{t \mid x \in \omega_t\}$$

で定める. ただし ω_t は ω の同心円盤で $(S^2, d\Sigma^2)$ の面積要素 dv に対し

$$\int_{\omega_t} dv = \int_{\{\varphi > t\}} p\, dx$$

を満たすものである. このとき性質 (1.41), (1.42) は $\varphi = \varphi(x) > 0$ が Ω で C^2, $\overline{\Omega}$ で連続, $\partial\Omega$ で 0 であるならば

$$\int_\Omega \varphi^2 p\, dx = \int_\omega \varphi^{*2}\, dv, \qquad \int_\Omega |\nabla\varphi|^2\, dx \geq \int_\omega |\nabla\varphi^*|^2\, dv$$

が成り立つことを示している.

1.6　平均値の定理

リュービル積分 (1.15) は, 領域 $\Omega \subset \mathbf{R}^2$ で (1.3) が成り立つとき, 解析関数

[*16]　寺沢 [166] A.2.7 項.

$F(z)$ が存在して $\rho(F) = \left(\dfrac{e^u}{8}\right)^{1/2}$ となることを示している．これは，Ω 上の調和関数 u, $\Delta u = 0$ に対して解析関数 $F(z)$ が存在して, $u = \mathrm{Re}\, F$ となることと類似の状況である．実際，Ω 上の球面劣調和関数，球面優調和関数をそれぞれ

$$-\Delta u \leq e^u, \quad \Delta u \leq e^u$$

で定義すると，調和関数の場合と同様に平均値の定理が成り立ち，これからハルナック不等式を導出することができる [140]．

定理 1.6 (平均値の定理)　$\Omega \subset \mathbf{R}^2$ を開集合，$u = u(x)$ を Ω 上の C^2 関数とするとき

$$-\Delta u \leq e^u \quad \text{in } \Omega \tag{1.85}$$

であることと，任意の $B(x_0, r) \subset\subset \Omega$ に対して

$$u(x_0) \leq \frac{1}{|\partial B(x_0, r)|} \int_{\partial B(x_0, r)} u\, ds - 2\log\left\{1 - \frac{1}{8\pi}\int_{B(x_0, r)} e^u\, dx\right\}_+ \tag{1.86}$$

が成り立つこととは同値である．また $\Delta u \leq e^u$ in Ω であることと，任意の $B(x_0, r) \subset\subset \Omega$ に対して

$$u(x_0) \geq \frac{1}{|\partial B(x_0, r)|} \int_{\partial B(x_0, r)} u\, ds - 2\log\left\{1 + \frac{1}{8\pi}\int_{B(x_0, r)} e^u\, dx\right\}$$

が成り立つこととは同値である．

【証明】 (1.85) のもとで (1.86) が成り立つことのみを示す．(1.23) を満たす $p = e^u \in C^2(\Omega)$ と $B = B(x_0, r) \subset\subset \Omega$ に対して

$$\log p(x_0) \leq \frac{1}{|\partial B|}\int_{\partial B} \log p\, ds - 2\log\left(1 - \frac{1}{8\pi}\int_B p\, dx\right)_+ \tag{1.87}$$

となることを示せばよい．

定理 1.1 の証明において $\omega = B$ ととり，(1.25) によって調和関数 $h(x)$ を与えて $q = pe^{-h}$ とおく．(1.27), (1.31) によって $K(t)$, $\mu(t)$, $j(t) \geq 0$ を定めると，(1.32) が得られる．ここで (1.32) と同様に

も成り立つことに注意する．(1.88) は $t_0 = \max_{\overline{B}} q$ に対して

$$\mu(t) \geq \frac{K(t)^2}{t}\left(\frac{1}{K(t)} - \frac{1}{8\pi}\right), \quad 1 < t < t_0 \tag{1.89}$$

を意味する．

一方 $J(t) = \dfrac{\mu(t)}{K(t)} - \dfrac{\mu(t)}{8\pi} = \dfrac{1}{t} - \dfrac{j(t)}{tK(t)} - \dfrac{\mu(t)}{8\pi}$ は $1 < t < t_0$ において右連続

$$J(t+0) = J(t) \tag{1.90}$$

である．等式

$$J(t-0) - J(t) = \frac{j(t)}{t}\left\{\frac{1}{K(t)} - \frac{1}{K(t-0)}\right\} + \frac{1}{8\pi}\left(\mu(t) - \mu(t-0)\right)$$

$$= \frac{j(t)}{t}\left\{\frac{1}{j(t) + \mu(t)t} - \frac{1}{j(t) + \mu(t-0)t}\right\} + \frac{1}{8\pi}\left(\mu(t) - \mu(t-0)\right)$$

$$= -\left(\mu(t) - \mu(t-0)\right) \cdot \left\{\frac{j(t)}{K(t)K(t-0)} - \frac{1}{8\pi}\right\}$$

において

$$K(t-0) - K(t) = \int_{\{q=t\}} qe^h dx = t\left(\mu(t-0) - \mu(t)\right) \geq 0$$

および (1.88) を用いると

$$J(t-0) - J(t) \leq -\left(\mu(t-0) - \mu(t)\right) \cdot \left(\frac{1}{8\pi} - \frac{j(t)}{K(t)^2}\right) \leq 0 \tag{1.91}$$

さらに (1.88), (1.28) より

$$J'(t) = \mu'(t)\left(\frac{1}{K(t)} - \frac{1}{8\pi}\right) - \mu(t)\frac{K'(t)}{K(t)^2}$$

$$\geq \mu'(t) \cdot \frac{t\mu(t)}{K(t)^2} - \mu(t) \cdot \frac{K'(t)}{K(t)^2} = 0 \quad \text{a.e. } t \in (1, t_0) \tag{1.92}$$

が成り立つ．

(1.90), (1.91), (1.92), および (1.28) より $1 \leq t \leq t_0$ に対して

$$\lim_{t\uparrow t_0} J(t) = \lim_{t\downarrow 0} \frac{\mu(t)\left(1 - \frac{K(t)}{8\pi}\right)}{K(t)} = \lim_{t\uparrow t_0} \frac{\mu'(t)}{K'(t)} = \frac{1}{t_0}$$
$$\geq J(t) = \mu(t)\left(\frac{1}{K(t)} - \frac{1}{8\pi}\right) \tag{1.93}$$

となる. (1.89), (1.93) から

$$\frac{1}{t_0} \geq \frac{K(t)^2}{t}\left(\frac{1}{K(t)} - \frac{1}{8\pi}\right)_+^2 \tag{1.94}$$

となり, (1.94) において $t = 1$ とおけば

$$\frac{1}{t_0} \geq \left(1 - \frac{K(1)}{8\pi}\right)_+^2 \geq \left(1 - \frac{m}{8\pi}\right)_+^2, \quad m = \int_B p\,dx \tag{1.95}$$

が得られる. (1.95) から

$$\left(1 - \frac{m}{8\pi}\right)_+^{-2} \geq t_0 = \max_B pe^{-h} \geq p(x_0)e^{-h(x_0)}$$

従って

$$\log p(x_0) \leq h(x_0) - 2\log\left(1 - \frac{1}{8\pi}\int_B p\,dx\right)_+ \tag{1.96}$$

となる. (1.96) において, 調和関数の平均値の定理

$$h(x_0) = \frac{1}{|\partial B|}\int_{\partial B} h\,ds = \frac{1}{|\partial B|}\int_{\partial B} \log p\,ds$$

を適用すると (1.87) が得られる. □

調和関数論と同じように, 平均値の定理からハルナック不等式が得られる.

定理 1.7 (ハルナック不等式) 2次元開球 $B = B(x_0, R) \subset \mathbf{R}^2$ に対し, $v = v(x) \in C^2(B) \cap C(\overline{B})$ が

$$0 \leq -\Delta v \leq \frac{\lambda e^v}{\int_\Omega e^v}, \quad v \geq 0 \quad \text{in } B \tag{1.97}$$

を満たせば

$$v(0) \leq \frac{R+|x|}{R-|x|}v(x) - 2\log\left(1 - \frac{\lambda}{8\pi}\right)_+, \quad x \in B \tag{1.98}$$

が成り立つ.

1.6 平均値の定理 37

【証明】 (1.97) より $p = \dfrac{\lambda e^v}{\int_\Omega e^v}$ は $-\Delta \log p \leq p$ in B を満たす. (1.87) を適用すると
$$\log p(0) \leq \frac{1}{|\partial B|} \int_{\partial B} \log p \, ds - 2\log\left(1 - \frac{\lambda}{8\pi}\right)_+$$
従って
$$v(0) \leq \frac{1}{|\partial B|} \int_{\partial B} v \, ds - 2\log\left(1 - \frac{\lambda}{8\pi}\right)_+ \tag{1.99}$$
が得られる．一方 $v(x) \geq 0$ は優調和であるので
$$\begin{aligned}v(re^{i\theta}) &\geq \frac{1}{2\pi} \int_0^{2\pi} \frac{R^2 - r^2}{R^2 - 2Rr\cos(\theta - \varphi) + r^2} v(Re^{i\varphi}) \, d\varphi \\ &\geq \frac{R-r}{R+r} \frac{1}{|\partial B|} \int_{\partial B} v \, ds, \quad 0 \leq r < R\end{aligned} \tag{1.100}$$
(1.99)–(1.100) から (1.98) が得られる. □

ハルナック不等式からハルナック原理が得られるのも標準的である．

定理 1.8 (ハルナック原理) $\lambda_k > 0$ に対して $\Omega \subset \mathbf{R}^2$ は開集合, $v_k = v_k(x)$, $k = 1, 2, \ldots$ は C^2 関数で
$$0 \leq -\Delta v_k \leq \frac{\lambda_k e^{v_k}}{\int_\Omega e^{v_k}}, \quad v_k \geq 0 \quad \text{in } \Omega$$
を満たすものとすると，部分列に対して次のいずれかが成り立つ．ただし $\mathcal{S} = \{x_0 \in \Omega \mid \exists x_k \to x_0 \text{ s.t. } v_k(x_k) \to +\infty\}$ は爆発集合である．
 1) $\{v_k\}$ は Ω 上局所一様有界である．
 2) Ω 上局所一様に $v_k \to +\infty$ となる．
 3) $\mathcal{S} \neq \emptyset$ かつ $\sharp \mathcal{S} \leq \liminf_k [\lambda_k/(8\pi)]$ である．

(1.86) を用いると次の不等式 [6] を導出することもできる

定理 1.9 $B = B(0, R) \subset \mathbf{R}^2$, $R > 0$ に対し, $p = p(x) \in C(\overline{B}) \cap C^2(B)$ が $-\Delta \log p \leq p$ in B, $\int_B p \leq 4\pi$ を満たすとすれば

$$\frac{p(0)}{1+r^2 p(0)/8} \leq \frac{1}{|\partial B_r|} \int_{\partial B_r} p^{1/2} ds, \quad 0 < r < R \tag{1.101}$$

となる．

【証明】 仮定のもとで $u = \log p$, $m(r) = \int_{B(0,r)} e^u dx \leq 4\pi$, $0 < r < R$ に対して定理 1.6 が適用できる．(1.86) より

$$u(0) \leq \frac{1}{|\partial B_r|} \int_{\partial B_r} u \, ds - 2\log\left(1 - \frac{m(r)}{8\pi}\right), \quad 0 < r < R$$

であるので，エンセン (**Jensen**) の不等式により

$$p(0) \leq \left(1 - \frac{m(r)}{8\pi}\right)^{-2} \exp\left(\frac{1}{|\partial B_r|} \int_{\partial B_r} u \, ds\right)$$
$$\leq \left(1 - \frac{m(r)}{8\pi}\right)^{-2} \frac{1}{|\partial B_r|} \int_{\partial B_r} p \, ds = \frac{1}{2\pi r} \left(1 - \frac{m(r)}{8\pi}\right)^{-2} m'(r)$$

従って $m \equiv m(R) = \int_{B(0,R)} p \, dx$ に対して

$$p(0)R^2 = 2 \int_0^R p(0) r \, dr \leq \frac{1}{\pi} \int_0^R \frac{m'(r)}{(1 - m(r)/8\pi)^2} \, dr$$
$$= 8m(8\pi - m)^{-1} \tag{1.102}$$

となる．一方，ボルの不等式から

$$\ell^2 \geq \frac{1}{2} m(8\pi - m), \quad \ell = \int_{\partial B} p^{1/2} \, ds \tag{1.103}$$

である．(1.103), $m \leq 4\pi$ より 2 次方程式 $M^2 - 8\pi M + 2\ell^2 = 0$ の小さい解 $M = m_-$，すなわち $m_- = 4\pi\left(1 - \sqrt{1-j^2}\right)$, $j = \ell/(2\sqrt{2}\pi)$ に対して $m \leq m_-$ となる．従って (1.102) より

$$p(0)R^2 \leq 8m_-(8\pi - m_-)^{-1} \tag{1.104}$$

が得られる．(1.104) は $r = R$ に対する (1.101) に他ならない．R を r として上述の議論を実行すれば (1.101) が得られる． $\square$

定理 1.7, 定理 1.9 は $-\Delta v = V(x)e^v$, $u_t - \Delta u = e^u$ の解析で適用されている [32] [39] [76].

1.6 平均値の定理 39

1.7　量子化とハミルトニアン

複素構造を用いると，ボルツマン・ポアソン方程式 (1.1) の解の列に対して次の定理を示すことができる [104]．以下 $G = G(x, x')$ はグリーン関数で，$\delta_{x'} = \delta_{x'}(dx)$ を $x = x' \in \Omega$ に台をもつデルタ関数として

$$-\Delta G(\cdot, x') = \delta_{x'} \quad \text{in } \Omega, \qquad G(\cdot, x') = 0 \quad \text{on } \partial\Omega \tag{1.105}$$

で定まるものである．また

$$R(x) = \left[G(x, x') + \frac{1}{2\pi} \log |x - x'| \right]_{x' = x} \tag{1.106}$$

をロバン関数，$\ell \in \mathbf{N}$ に対して

$$H = H_\ell(x_1, \ldots, x_\ell) = \frac{1}{2} \sum_{j=1}^{\ell} R(x_j) + \sum_{1 \leq i < j \leq \ell} G(x_i, x_j) \tag{1.107}$$

を ℓ 次ハミルトニアンという．空間 2 次元では

$$\Gamma(x) = \frac{1}{2\pi} \log \frac{1}{|x|} \tag{1.108}$$

が $-\Delta$ の基本解 $-\Delta\Gamma = \delta$ であり，$x' \in \Omega$ に対して $w = G(\cdot, x') - \Gamma$ は

$$-\Delta w = 0 \quad \text{in } \Omega, \qquad w = -\Gamma(\cdot - x') \quad \text{on } \partial\Omega$$

を満たす．特に $w = w(x)$ は $\overline{\Omega}$ 上滑らかで，ロバン関数 $R = R(x)$ も Ω 上滑らかで，x が境界に近づくとき

$$R|_{\partial\Omega} = -\infty \tag{1.109}$$

となる．

定理 1.10 (質量量子化とハミルトニアン制御)　滑らかな境界 $\partial\Omega$ をもつ有界領域 $\Omega \subset \mathbf{R}^2$ において (λ_k, v_k), $k = 1, 2, \ldots$ は $\lambda = \lambda_k$, $v = v_k$ に対する (1.1) の古典解，すなわち

$$-\Delta v_k = \lambda_k e^{v_k} \quad \text{in } \Omega, \qquad v_k = 0 \quad \text{on } \partial\Omega \tag{1.110}$$

で
$$\lambda_k \downarrow 0 \qquad (1.111)$$
満たすものとする.このとき部分列と $\ell = 0, 1, \ldots, +\infty$ が存在して
$$\sigma_k \equiv \int_\Omega \lambda_k e^{v_k} dx \to 8\pi\ell \qquad (1.112)$$
となる.さらに ℓ の値に応じて $\{v_k\}$ は次の挙動をする.

1) $\ell = 0$ のときは 0 に一様収束,すなわち $\lim_{k\to\infty} \|v_k\|_\infty = 0$ が成り立つ.
2) $0 < \ell < +\infty$ のときは ℓ 点爆発,すなわち相異なる $x_j^* \in \Omega, 1 \le j \le \ell$ が存在し,$\mathcal{S} = \{x_1^*, \ldots, x_\ell^*\}$ と
$$v_0(x) = 8\pi \sum_{j=1}^\ell G(x, x_j^*) \qquad (1.113)$$
に対して
$$v_k \to v_0 \quad \text{loc. unif. in } \overline{\Omega} \setminus \mathcal{S} \qquad (1.114)$$
また $\mathcal{S}$ は $\{v_k\}$ の**爆発集合** $\mathcal{S} = \{x_0 \in \overline{\Omega} \mid \exists x_k \to x_0 \text{ s.t. } v_k(x_k) \to +\infty\}$ であり
$$\nabla_{x_j} H_\ell(x_1^*, \ldots, x_\ell^*) = 0, \quad 1 \le j \le \ell \qquad (1.115)$$
が成り立つ.
3) $\ell = +\infty$ のときは**全域爆発**,すなわち Ω 上局所一様に $v_k \to +\infty$ である.

リュービル積分により,(1.1) を (1.17) を満たす等角写像 $\overline{F} = \tau^{-1} \circ F : \Omega \to S^2$ を求める問題とみると,$\frac{\sigma}{8} = \int_\Omega \rho(F)^2 dx$ が $\overline{F}(\Omega)$ のはめ込み面積,$s = \left(\frac{\lambda}{8}\right)^{1/2} |\partial\Omega|$ が $\overline{F}(\partial\Omega)$ のはめ込み長さとなる.この場合 S^2 の表面積が π であるから,(1.112) は $s \downarrow 0$ において $\overline{F}(\Omega)$ が S^2 の ℓ-covering に折りたたまれることを表している.

ゲルファント問題 (1.110) においては,$\|v_k\|_\infty \to +\infty$ のときは必ず (1.111) を満たす [104].これに対して,平均場方程式 (1.2) では,定理 1.10 の 2 番目の場合が重要となる.以下でその部分を述べて,複素関数論を用いた証明を与え

る *17).

定理 1.11 前定理において (λ_k, v_k), $k = 1, 2, \ldots$ は $\lambda = \lambda_k$, $v = v_k$ とした (1.2) の古典解,すなわち

$$-\Delta v_k = \frac{\lambda_k e^{v_k}}{\int_\Omega e^{v_k}} \quad \text{in } \Omega, \qquad v_k = 0 \quad \text{on } \partial\Omega \tag{1.116}$$

で

$$\lim_{k \to \infty} \lambda_k = \lambda_0 \in (0, +\infty), \qquad \lim_{k \to \infty} \|v_k\|_\infty = +\infty \tag{1.117}$$

を満たすものとすると $\lambda_0 = 8\pi\ell$, $\ell \in \mathbf{N}$ となる.部分列に対して,相異なる内点 $x_1^*, \ldots, x_\ell^*$ が存在して (1.115) を満たす.$\mathcal{S} = \{x_1^*, \ldots, x_\ell^*\}$ は $\{v_k\}$ の爆発集合で,(1.113) で定める $v_0(x)$ に対して (1.114) が成り立つ.

【証明】 最初に (1.116) の右辺の L^1 ノルムが有界であることに注意して楕円型 L^1 評価 [138] [15] を適用する *18).今の場合空間次元 $n = 2$ なので

$$\|v_k\|_{W^{1,q}} = O(1), \quad 1 \leq q < 2 = \frac{n}{n-1} \tag{1.118}$$

となる.次に (1.116) に対して moving plane 法を適用する.

Ω 上 $v_k > 0$ であることを用いると,Ω が凸の場合には境界に向かって頂点をもつ一様な形状の単体の族 $A = \{T\}$ が存在し,A は $\partial\Omega$ の Ω 近傍を覆う.すなわち $\partial\Omega$ を含む開集合 $\hat{\omega}$ が存在して $\omega \equiv \Omega \cap \hat{\omega} \subset \bigcup_{T \in A} T$ が成り立つ.さらに $v_k(x)$ は各 $T \in A$ 上で,その $\partial\Omega$ に最も近い頂点 P において最大値をとるようにすることができる [57]*19).この $A = \{T\}$ は Ω だけから定まり,非線形項には依存しない.本書ではこのことを v_k の境界近傍の単調性という.$\{v_k\}$ に対する一様評価 (1.118) によって特に $\|v_k\|_1 \leq C_1$ であり,v_k の境界近傍での単調性を適用すれば

$$\|v_k\|_{L^\infty(\omega)} = O(1) \tag{1.119}$$

---

*17) 非線形項の一般化は原論文 [104] および [176].
*18) cut-off と双対法.
*19) 鈴木・上岡 [156] 2.3 節,本書上巻 §2.8 も参照.

が得られる [46].

ここまでは Ω が凸としたが，そうでない場合には $\partial\Omega$ に外接する円板をとり，その中心を原点としてケルビン（**Kelvin**）変換 [20] を適用する．空間次元が 2 であることにより，この変換によって Ω が凸でない場合でも v_k の境界近傍の単調性が得られる [57]. 従って (1.119) が成り立つ．

(1.119) を用いて (1.116) に境界近傍の楕円型評価を適用すると，$\{v_k\}$ の任意の導関数が $\partial\Omega$ の近傍で一様有界になる [21]．特に複素変数 $z = x_1 + \imath x_2$ を用いて定めた

$$s_k = v_{kzz} - \frac{1}{2}v_{kz}^2 \qquad (1.120)$$

は $\partial\Omega$ の近傍で一様有界であり，正則関数に関する**最大原理とモンテルの定理**によって，族 $\{s_k(z)\}$ は Ω で局所一様収束する部分列をもつ．以下この部分列を同じ記号で書き，$k \to \infty$ において $s_k(z) \to s_0(z)$, loc. unif. in Ω とする．変換

$$u_k = v_k + \log \lambda_k - \log \int_\Omega e^{v_k} \qquad (1.121)$$

によって

$$-\Delta u_k = e^{u_k} \quad \text{in } \Omega \qquad (1.122)$$

が得られる．(1.122) に対して §1.1 の議論を適用する．すなわち $v_k(x)$ の最大点を $x_k = (x_{1k}, x_{2k}) \in \Omega$ とし，$z_k^* = x_{1k} + \imath x_{2k}$ に対して $\varphi_{zz} + \frac{1}{2}s_k(z)\varphi = 0$ の解の基本系 $\{\varphi_{1k}(z), \varphi_{2k}(z)\}$ を

$$\left(\varphi_{1k}, \frac{\partial \varphi_{1k}}{\partial z}\right)\bigg|_{z=z_k^*} = (1, 0), \quad \left(\varphi_{2k}, \frac{\partial \varphi_{2k}}{\partial z}\right)\bigg|_{z=z_k^*} = (0, 1)$$

によって定める．このとき定数 $\tilde{c}_k = e^{-u_k(x_k)/2}$ に対して

$$e^{-u_k/2} = \tilde{c}_k |\varphi_{1k}|^2 + \frac{\tilde{c}_k^{-1}}{8}|\varphi_{2k}|^2 \qquad (1.123)$$

が成り立つ．(1.121) より，(1.123) は $c_k = e^{-v_k(x_k)/2}$, $\sigma_k = \dfrac{\lambda_k}{\int_\Omega e^{v_k}}$ に対して

---

[20] Suzuki and Senba [147] Lemma 7.5. 本書上巻第 5 章，遷移層の挙動解明も参照．
[21] 楕円型評価については Gilbarg and Trudinger [59] 第 9 章．また鈴木・上岡 [156] 1.3 節も参照．

$$e^{-v_k/2} = c_k|\varphi_{1k}|^2 + \frac{\sigma_k c_k^{-1}}{8}|\varphi_{2k}|^2 \tag{1.124}$$

を意味する.

(1.119) によって $\lim_{k\to\infty} x_k = x_0 \equiv (x_{10}, x_{20}) \in \Omega$ としてよい. 従って $z_0^* = x_{10}^* + \imath x_{20}^*$ に対して $\varphi_{zz} + \frac{1}{2}s_0(z)\varphi = 0$ の解の基本系 $\{\varphi_{10}(z), \varphi_{20}(z)\}$ を

$$\left(\varphi_{10}, \frac{\partial\varphi_{10}}{\partial z}\right)\bigg|_{z=z_0^*} = (1,0), \quad \left(\varphi_{20}, \frac{\partial\varphi_{20}}{\partial z}\right)\bigg|_{z=z_0^*} = (0,1)$$

によって定めると $\varphi_{1k} \to \varphi_{10}$, $\varphi_{2k} \to \varphi_{20}$, loc. unif. in Ω が得られる. (1.117) より $v_k(x_k) = \|v_k\|_\infty \to +\infty$. 従って (1.124) において

$$\lim_{k\to\infty} c_k = 0 \tag{1.125}$$

であり, 再び (1.119) によって

$$\lim_{k\to\infty} \sigma_k c_k^{-1} = \gamma > 0 \tag{1.126}$$

としてよく, $\{v_k\}$ の爆発集合 $\mathcal{S}$ は φ_{20} の Ω におけるゼロ点と一致する. 解析関数 $\varphi_{20}(z)$ のゼロ点は Ω では集積しないので $\mathcal{S}$ は有限集合である. また $e^{-v_0/2} = \gamma|\varphi_{20}|^2$ で定める $v_0 = v_0(x)$ に対して (1.114) が得られる. 楕円型評価からこの収束は任意の導関数を込めて成り立つ.

(1.125), (1.126) によって $\sigma_k \to 0$, 従って

$$\lim_{k\to\infty} \int_\Omega e^{v_k} = +\infty \tag{1.127}$$

である. (1.116) で極限移行すると $-\Delta v_0 = 0$ in $\Omega \setminus \mathcal{S}$, $v_0 = 0$ on $\partial\Omega$. また $v_0(x)$ は $\mathcal{S} = \{x_1^*, \ldots, x_\ell^*\}$ の各元を孤立特異点とする. このとき $v_0 \geq 0$ より $a_j > 0$, $1 \leq j \leq \ell$ が存在して

$$u_0(x) = v_0(x) + \sum_{j=1}^{\ell} a_j \log|x - x_j^*| \tag{1.128}$$

は Ω 上の調和関数 [134] である [*22].

この部分は次のように議論してもよい. まず (1.116) の右辺は部分列に対し

[*22] L^1 評価を用いてもよい. 原論文 [104].

て $\mathcal{M} = C(\overline{\Omega})'$ 上汎弱収束し, (1.127) から極限測度 $\mu(dx)$ は $\mathcal{S}$ にのみ台をもつ. 従ってそれらはデルタ関数の和 $\mu(dx) = \sum_{j=1}^{\ell} m_j \delta_{x_j^*}(dx)$ と書くことができる. 次章で述べるブレジス・メルルの定理によって $m_j > 0, 1 \leq j \leq \ell$ であり [*23], (1.116) を $v_k(x) = \int_{\Omega} G(x, x') \mu_k(x) \, dx, \mu_k(x) = \dfrac{\lambda_k e^{v_k}}{\int_{\Omega} e^{v_k}}$ として極限移行すれば

$$v_0(x) = \sum_{j=1}^{\ell} m_j G(x, x_j^*) \quad \text{in } \overline{\Omega} \setminus \mathcal{S}$$

が得られる. (1.108) で与えた基本解 $\Gamma(x)$ により, $a_j = m_j/(2\pi)$ に対して (1.128) で定めた $u_0(x)$ が Ω 上で調和になることがわかる.

さて, (1.120) において $k \to \infty$ とすると $s_0 = v_{0zz} - \dfrac{1}{2} v_{0z}^2$ であり, $s_0(z)$ は z の正則関数である. 従って右辺の $z = x_{1j}^* + \imath x_{2j}^*, x_j^* = (x_{1j}^*, x_{2j}^*)$ での特異性は除去可能である. (1.128) を用いて右辺を $z = z_j^*$ で展開すると, 2位の極が消滅することから $a_j = 4$ すなわち $m_j = 8\pi$ が, 1位の極が消滅することから (1.115) が得られる [*24]. □

(1.125), (1.126) から (1.116), (1.117) において

$$\|v_k\|_{\infty} = -2 \log \sigma_k + 2 \log \gamma + o(1), \quad \sigma_k = \frac{\lambda_k}{\int_{\Omega} e^{v_k}} \qquad (1.129)$$

が得られる. 一方次章で述べるリィ・シャフリエの定理の証明から各 x_j^*, $1 \leq j \leq \ell$ に対して $v_k(x)$ の極大点 $x = x_k^j$ で $\lim_{k \to \infty} x_k^j = x_j^*$ となるものが存在する. (1.117) で用いた起点をこの $x = x_k^j$ に変更して同じ議論をすると, $\gamma_j > 0$ が存在し (1.129) に対応した

$$v_k(x_k^j) = -2 \log \sigma_k + 2 \log \gamma_j + o(1), \quad 1 \leq j \leq \ell \qquad (1.130)$$

が得られる. (1.130) は, 各爆発点で解の族 $\{v_k\}$ に同規模の **concentration** が発生していることを示している.

[*23] 詳しくは $m_j \geq 4\pi$.
[*24] 詳細計算は原論文 [104]. 別証明は本書上巻第 2 章マ・ウェイの定理.

1.7 量子化とハミルトニアン 45

1.8 グロッシ・高橋の定理

ハミルトニアンやその類似物は，ボルツマン・ポアソン方程式だけでなく高次元も含めた様々な楕円型境界値問題において，解の爆発機構を規定する基本的なものであることが知られている．ハミルトニアンの臨界点の発生の仕方は領域の形状に由来するもので，個別の楕円型方程式に直接的に依存するものではない．すなわち個々の楕円型方程式の性質は，ハミルトニアンを通して別の楕円型方程式の性質と結びつくのである．本節では領域の凸性とハミルトニアンの関係を論じたグロッシ（**Grossi**）・高橋の定理 [65] を紹介する．

以下 $\Omega \subset \mathbf{R}^n$ は滑らかな境界 $\partial\Omega$ をもつ有界領域で $G = G(x,y)$ はグリーン関数

$$-\Delta_x G(\cdot, y) = \delta_y \quad \text{in } \Omega, \qquad G(\cdot, y) = 0 \quad \text{on } \partial\Omega, \qquad y \in \Omega \quad (1.131)$$

とする．また $-\Delta$ の基本解

$$\Gamma(x) = \begin{cases} \dfrac{1}{2\pi} \log \dfrac{1}{|x|}, & n = 2 \\ \dfrac{1}{(n-2)\omega_n} |x|^{2-n}, & n \geq 3 \end{cases} \quad (1.132)$$

をとりロバン関数

$$R(x) = [G(x,y) - \Gamma(x-y)]_{y=x} \quad (1.133)$$

を定める．ただし $\omega_n = \int_{|x|=1} d\sigma_x$ は n 次元単位球の表面積である．$V = V(x)$, $x \in \overline{\Omega}$ を C^1 関数とし，$\ell \in \mathbf{N}$ に対して $(x_1, \ldots, x_\ell) \in \Omega^\ell \setminus D$, $D = \{(x_1, \ldots, x_\ell) \mid \exists i \neq j, \ x_i = x_j\}$ で定義された一般化されたハミルトニアン

$$H_\ell(x_1, \ldots, x_\ell) = A \sum_{i=1}^\ell (R(x_i) + V(x_i)) \Lambda_i^2 + B \sum_{1 \leq i < j \leq \ell} G(x_i, x_j) \Lambda_i \Lambda_j \quad (1.134)$$

を考える．

定理 1.12 (グロッシ・高橋)　領域 Ω は凸, 関数 $R(x)+V(x)$ は下に凸であるとすると, 定数 $A,B,\Lambda_i>0$ に対して (1.134) で定めた $H_\ell(x_1,\ldots,x_\ell),\ell\geq 2$ は臨界点をもたない.

Ω が凸の場合, $R(x)$ は上に凸であり, その臨界点は唯一の非退化最大点からなる[*25) [17]. 従って空間 2 次元のボルツマン・ポアソン方程式 (1.1) において, Ω が凸であれば $\lambda\downarrow 0$ において 2 点以上の爆発はありえず, (1.112) において必ず $\ell=1$ となるばかりでなく, $R(x)$ 自身の臨界点もただ 1 つしか存在しないので, (1.1) の $\lambda\downarrow 0$ における特異極限は一意である.

ゲルファント方程式 (1.1) においては解が存在するための λ の上界がある. また $\lambda-u$ 空間において自明解 $(\lambda,u)=(0,0)$ から最小解の枝が生成され線形化安定であること, さらに任意の $\varepsilon>0$ に対して $\lambda\geq\varepsilon$ に対する解 u の L^∞ ノルムを一様に評価する定数が存在することも知られている [104][*26). これらの評価によって, 写像度を用いた標準的な議論[*27) を展開すると, Ω が凸の場合には自明解と特異極限は $\lambda-u$ 空間に実現する (1.1) の解集合の, 同一連結成分の境界に存在することがわかる.

一般に $\Omega\subset\mathbf{R}^2$ が単連結で $x_0\in\Omega$ が $R(x)$ の非退化臨界点のときは, 特異極限 $8\pi G(\cdot,x_0)$ と結合する (1.1) の古典解の枝がただ 1 つ存在する. 実際リュービル積分によってこのような解はある積分方程式の不動点となり, 縮小写像の原理からその不動点の局所一意存在が得られる [142]. 従って自明解 $(\lambda,u)=(0,0)$ だけでなく, 1 点爆発特異極限 $(\lambda,u)=(0,8\pi G(\cdot,x_0))$, $\nabla R(x_0)=0$ の近傍でも, $\nabla^2 R(x_0)$ が正則行列の場合は (1.1) の解集合が枝になっていることがわかる. 本書上巻第 5 章で述べるように, この場合は特異極限 $8\pi G(\cdot,x_0)$ から生成される (1.1) の解, $0<\lambda\ll 1$ の線形化作用素も退化しない [60][*28). また本書上巻第 6 章で述べるように $R(x)$ と解のモース指数は正確に対応する. 特に Ω が凸である場合, $0<\lambda\ll 1$ で唯一存在する (1.1) の非最小解は非退化で, モー

[*25)　$n\geq 3$ では [22]. また本書下巻第 2 章も参照.
[*26)　鈴木・上岡 [156] 2.1 節も参照.
[*27)　鈴木・上岡 [156] 2.1 節.
[*28)　変数係数については [129].

ス指数 1 をもつ.

(1.1) において $\ell = 1$ の場合に, $\sigma_k = \lambda_k \int_\Omega e^{v_k}$ が下から 8π に収束するか上から 8π に収束するかは $R(x)$ の臨界点である x_0 の性質, ひいては Ω の形状で定まる. 前者の場合は特異極限と自明解が $\lambda - u$ 空間でのただ 1 回の折れ曲がりをする枝 (1 次元多様体) の両端点になっている [141]. 一方 Ω が凸であっても扁平になると後者が発生する[*29]. 扁平な凸領域でも特異極限と自明解が 1 本の枝の両端点となっているものと考えられる.

第 2 章で述べるマ・ウェイの定理によって, 変数係数のボルツマン・ポアソン方程式
$$-\Delta v = \lambda V(x) e^v \quad \text{in } \Omega, \qquad v = 0 \quad \text{in } \partial\Omega$$
に対するハミルトニアンは
$$H_\ell(x_1, \ldots, x_\ell) = \frac{1}{2} \sum_{j=1}^{\ell} R(x_j) + \sum_{1 \leq i < j \leq \ell} G(x_i, x_j) + \frac{1}{8\pi} \sum_{j=1}^{\ell} \log V(x_j)$$
であり, 定理 1.12 によって, Ω が凸領域で $R(x) + \frac{1}{4\pi} \log V(x)$ が上に凸のときには特異極限の一意性が成り立つことがわかる.

定理 1.12 の証明では次の等式を用いる.

補題 1.8.1 (1.131) で定まるグリーン関数 $G = G(x, y)$ は $p \in \mathbf{R}^n, a, b \in \Omega$, $a \neq b$ に対し
$$\int_{\partial\Omega} (x - p) \cdot \nu_x \frac{\partial G}{\partial \nu_x}(x, a) \frac{\partial G}{\partial \nu_x}(x, b) \, d\sigma_x$$
$$= (2 - n) G(a, b) + (p - a) \cdot \nabla_x G(a, b) + (p - b) \cdot \nabla_x G(b, a) \quad (1.135)$$
を満たす.

(1.135) で $p = a$ とすると
$$\int_{\partial\Omega} (x - a) \cdot \nu_x \frac{\partial G}{\partial \nu_x}(x, a) \frac{\partial G}{\partial \nu_x}(x, b) \, d\sigma_x$$

[*29] (1.1) の解の一意性や多重存在は本書下巻第 3 章.

$$= (2-n)G(a,b) + (a-b)\cdot\nabla_x G(b,a) \tag{1.136}$$

となる. (1.133) より, $y\to x$ において $G(x,y)=\Gamma(x-y)+R(x)+o(1)$ であるので, $b\to a$ において

$$(a-b)\cdot\nabla_x G(b,a) = -(b-a)\cdot\nabla\Gamma(b-a) + o(1)$$
$$(2-n)G(a,b) = (2-n)\Gamma(b-a) + (2-n)R(a) + o(1)$$

また

$$x\cdot\nabla\Gamma(x) = \begin{cases} (2-n)\Gamma(x), & n\geq 3 \\ -\frac{1}{2\pi}, & n=2 \end{cases}$$

であるから, (1.136) より

$$\int_{\partial\Omega}(x-a)\cdot\nu_x\left\{\frac{\partial G}{\partial\nu_x}(x,a)\right\}^2 d\sigma_x = \begin{cases} (2-n)R(a), & n\geq 3 \\ \frac{1}{2\pi}, & n=2 \end{cases} \tag{1.137}$$

が得られる. (1.137) がブレジス・ペレティエ (**Brezis-Peletier**) の等式で, $n\geq 3$ における山辺方程式

$$-\Delta u = u^{\frac{n+2}{n-2}},\ u>0 \ \text{in}\ \Omega, \qquad u=0 \ \text{on}\ \partial\Omega$$

の解析で導出された [14] [68].

本書では原論文とは異なり, **穴埋め法**によって補題 1.8.1 を示す. 特に (1.135) を 2 つの等式に分けて証明する. 次の補題において (1.138) は (1.135) で $p=b$ とした特別な場合である. (1.138) に (1.139) と $b-p$ との内積をとって加えると (1.135) が得られる.

補題 1.8.2 $a,b\in\Omega$, $a\neq b$ に対して

$$\int_{\partial\Omega}[(x-b)\cdot\nu_x]\,\frac{\partial G}{\partial\nu_x}(x,a)\,\frac{\partial G}{\partial\nu_x}(a,b)\,d\sigma_x$$
$$= (2-n)G(a,b) + (b-a)\cdot\nabla_x G(a,b) \tag{1.138}$$

および

$$\int_{\partial\Omega}\nu_x\,\frac{\partial G}{\partial\nu_x}(x,a)\,\frac{\partial G}{\partial\nu_x}(x,b)\,d\sigma_x = -[\nabla_x G(a,b)+\nabla_x G(b,a)] \tag{1.139}$$

が成り立つ.

【証明】 (1.139) を示すため, $\Omega_\varepsilon = \Omega \setminus \bigl(B(a,\varepsilon) \bigcup B(b,\varepsilon)\bigr)$, $0 < \varepsilon \ll 1$, また

$$v = \nabla_x G(\cdot, b) \tag{1.140}$$

とおく. $v = v(x)$ は $x \in \Omega \setminus \{b\}$ で調和であるので

$$\int_{\Omega_\varepsilon} v\Delta G(\cdot, a) - G(\cdot, a)\Delta v \, dx = \int_{\partial\Omega_\varepsilon} v\frac{\partial G}{\partial \nu}(\cdot, a) - G(\cdot, a)\frac{\partial v}{\partial \nu} \, d\sigma$$

従って

$$\int_{\partial\Omega} v\frac{\partial G}{\partial \nu}(\cdot, a) - G(\cdot, a)\frac{\partial v}{\partial \nu} \, d\sigma = \int_{\partial B(a,\varepsilon)} v\frac{\partial G}{\partial \nu}(\cdot, a) - G(\cdot, a)\frac{\partial v}{\partial \nu} \, d\sigma$$
$$+ \int_{\partial B(b,\varepsilon)} v\frac{\partial G}{\partial \nu}(\cdot, a) - G(\cdot, a)\frac{\partial v}{\partial \nu} \, d\sigma \tag{1.141}$$

(1.141) において $G(\cdot, a)$ の境界条件 $G(\cdot, a)|_{\partial\Omega} = 0$ と $r = |x|$ に対する

$$G(x, y) = \Gamma(x-y) + K(x, y), \quad K \in C^\infty(\Omega \times \Omega)$$
$$\nabla \Gamma(x) = -\frac{1}{\omega_n |x|^{n-1}} \cdot \frac{x}{|x|}, \quad \frac{\partial}{\partial r}\nabla \Gamma(x) = \frac{n-1}{\omega_n |x|^n} \cdot \frac{x}{|x|} \tag{1.142}$$

を用いる. (1.140) より $\varepsilon \downarrow 0$ において

$$\int_{\partial\Omega} \nu_x \, \frac{\partial G}{\partial \nu_x}(x, a) \, \frac{\partial G}{\partial \nu_x}(x, b) \, d\sigma_x = -v(a) + I + o(1)$$
$$I = \int_{\partial B(b,\varepsilon)} v \, \frac{\partial G}{\partial \nu}(\cdot, a) - G(\cdot, a) \, \frac{\partial v}{\partial \nu} \, d\sigma \tag{1.143}$$

また (1.140), (1.142) より

$$I = -\frac{1}{\omega_n \varepsilon^{n-1}} \int_{\partial B(b,\varepsilon)} \nu \, \frac{\partial G}{\partial \nu}(\cdot, a) + \frac{n-1}{\varepsilon} G(x, a)\nu \, d\sigma + o(1) \tag{1.144}$$

が成り立つ. (1.144) において $\nu = (x-b)/\varepsilon$ および

$$G(x, a) = G(b, a) + (x-b) \cdot \nabla_x G(b, a) + o(\varepsilon), \quad x \in \partial B(b, \varepsilon)$$
$$\int_{\partial B(b,\varepsilon)} \nu \, d\sigma = 0, \quad \frac{1}{\omega_n \varepsilon^{n-1}} \int_{\partial B(b,\varepsilon)} \nu_i \nu_j \, d\sigma = \frac{\delta_{ij}}{n}$$

を適用すれば

$$I = -\frac{1}{\omega_n \varepsilon^{n-1}} \int_{\partial B(b,\varepsilon)} n\nu \frac{\partial G}{\partial \nu}(x,a) \, d\sigma_x + o(1)$$
$$= -\nabla_x G(b,a) + o(1) \tag{1.145}$$

(1.140), (1.143), (1.145) より (1.139) が得られる.

(1.138) を示すため

$$w(x) = (x-b) \cdot \nabla_x G(x,b) \tag{1.146}$$

とおく. $w = w(x)$ が $x \in \Omega \setminus \{b\}$ で調和であることから

$$\int_{\partial \Omega_\varepsilon} w \frac{\partial G}{\partial \nu}(\cdot, a) - G(\cdot, a) \frac{\partial w}{\partial \nu} \, d\sigma = 0$$

従って (1.143) と同様に

$$\int_{\partial \Omega} [(x-b) \cdot \nu_x] \frac{\partial G}{\partial \nu_x}(x,a) \frac{\partial G}{\partial \nu_x}(x,b) \, d\sigma_x = -w(a) + II$$
$$II = \int_{\partial B(b,\varepsilon)} w \frac{\partial G}{\partial \nu}(\cdot, a) - G(\cdot, a) \frac{\partial w}{\partial \nu} \, d\sigma \tag{1.147}$$

が得られる.

(1.147), $\varepsilon \downarrow 0$ において $w(x) = O(\varepsilon^{2-n})$, $x \in \partial B(b,\varepsilon)$ より

$$II = -\frac{1}{\varepsilon} \int_{\partial B(b,\varepsilon)} G(x,a)[(x-b) \cdot \nabla w(x)] \, d\sigma_x + o(1)$$

また (1.142) より

$$(x-b) \cdot \nabla w(x) = (x-b) \cdot \nabla \Gamma(x-b)$$
$$+ \sum_{i,j=1}^n \frac{\partial^2 \Gamma(x-b)}{\partial x_i \partial x_j}(x_i - b_i)(x_j - b_j) + o(\varepsilon) \tag{1.148}$$

(1.132) から

$$x \cdot \nabla \Gamma(x) + \sum_{i,j=1}^n \frac{\partial^2 \Gamma(x)}{\partial x_i \partial x_j} x_i x_j = (n-2)^2 \Gamma(x) \tag{1.149}$$

(1.148), (1.149), $G(b,a) = G(a,b)$ より

$$II = -\frac{(n-2)^2}{\varepsilon} \int_{\partial B(b,\varepsilon)} \Gamma(x-b) G(x,a) \, d\sigma_x + o(1)$$
$$= -(n-2) G(a,b) + o(1) \tag{1.150}$$

(1.146), (1.147), (1.150) から (1.138) が得られる. □

【定理 1.12 の証明】 $\ell \geq 2$, $(x_1^*, \ldots, x_\ell^*) \in \Omega^\ell \setminus D$. $1 \leq i \leq \ell$ に対して $\nabla_{x_i} H_\ell(x_1^*, \ldots, x_\ell^*) = 0$, すなわち

$$A(\nabla R(x_i^*) + \nabla V(x_i^*)\Lambda_i^2) + B \sum_{j \neq i} \nabla_x G(x_i^*, x_j^*)\Lambda_i \Lambda_j = 0, \quad 1 \leq i \leq \ell$$

が成り立つものとして, 左辺と $p - x_i^*$ との内積をとる. $G(x,y) = G(y,x)$ より

$$\sum_{i=1}^{\ell} \sum_{j \neq i} (p - x_i^*) \cdot \nabla_x G(x_i^*, x_j^*)\Lambda_i \Lambda_j = \sum_{1 \leq i < j \leq \ell} \{(p - x_i^*) \cdot \nabla_x G(x_i^*, x_j^*) \\ + (p - x_j^*) \cdot \nabla_y G(x_i^*, x_j^*)\}\Lambda_i \Lambda_j$$

また補題 1.8.1 より $j \neq i$ に対して

$$(p - x_i^*) \cdot \nabla_x G(x_i^*, x_j^*) + (p - x_j^*) \cdot \nabla_y G(x_i^*, x_j^*) \\ = \int_{\partial \Omega} (x - p) \cdot \nu_x \frac{\partial G}{\partial \nu_x}(x, x_i^*) \frac{\partial G}{\partial \nu_x}(x, x_j^*) \, d\sigma_x + (n-2)G(x_i^*, x_j^*) \quad (1.151)$$

(1.151) 右辺において $G(x_i^*, x_j^*) > 0$ かつ $\left.\frac{\partial G}{\partial \nu_x}(\cdot, y)\right|_{\partial \Omega} < 0$, $y \in \Omega$. また Ω は凸なので各 $p \in \Omega$, $x \in \partial \Omega$ に対して $(x - p) \cdot \nu_x \geq 0$, $(x - p) \cdot \nu_x \not\equiv 0$. 従って

$$\sum_{i=1}^{\ell} (p - x_i^*) \cdot (\nabla R(x_i^*) + \nabla V(x_i^*))\Lambda_i^2 < 0 \quad (1.152)$$

一方, 仮定より $R(x) + V(x)$ は Ω 上に凸であり, また $R|_{\partial \Omega} = -\infty$ である. 従って $R(x) + V(x)$ の最大点 $\hat{x} \in \Omega$ が存在し, $x \in \Omega$ に対して $(x - \hat{x}) \cdot (\nabla R(x) + \nabla V(x)) \leq 0$. 特に $p = \hat{x}$ に対して

$$\sum_{i=1}^{\ell} (x_i^* - p) \cdot (\nabla R(x_i^*) + \nabla V(x_i^*))\Lambda_i^2 \leq 0 \quad (1.153)$$

となる. (1.153) は (1.152) に反する. □

52 第 1 章 ボルツマン・ポアソン方程式

第2章 爆発解析

自己相似性は独立変数と従属変数を絡めた座標変換に関する不変性で，数理物理の基礎方程式はすべてこの性質をもっている．自己相似性はスケール不変性ともいい（近似）解の族のコンパクト性が失われる原因となる一方，爆発解析という一連の議論によって解空間を明らかにすることを可能にさせる．爆発解析は現在では非線形問題の解析で不可欠のものである．本章はボルツマン・ポアソン方程式に対する爆発解析の方法を解説する．

2.1 スケーリング

ボルツマン・ポアソン方程式はスケール不変性をもっている．点渦乱流やアーベリアン・ヒッグス（Abelian Higgs）理論のモデルである (1.3)，すなわち

$$-\Delta u = e^u$$

についていえば，$u(x)$ を解，$\mu > 0$ を定数としたとき

$$u^\mu(x) = u(\mu x) + 2\log \mu$$

は（定義されている領域は異なるが）同じ方程式を満たす．この構造は，前章の $\sup + \inf$ 不等式の証明でも用いている．一般にスケーリングとは独立変数を定数倍するとき，従属変数を適当に変換するともとの方程式が出現するような変換のことである．物理や幾何では対象が実体をもち，座標を定めてモデルを導出する前に存在しているので，方程式は何らかの形でこの性質をもっている．

スケール不変性をもつ数理モデルでは，固定した座標を用いて解析している

だけでは事の本質をとらえらることができないが, 逆にスケール不変性を用いてスケーリング極限を導出し, そのスケーリング極限を解析する階層的な議論, すなわち**爆発解析**が有効になってくる. 本章の目的は爆発解析を用いてボルツマン・ポアソン方程式に関する次の 2 つの定理, すなわち以下の定理 2.1 [13], 定理 2.2 [87] を証明することである.

定理 1.10 と異なり, 定理 2.1, 定理 2.2 では, 変数係数で境界条件を課さないモデルを扱う. 定理 1.10 の状況で, v_k を $v_k - \log \lambda_k$ に置き換えると, $V_k(x) \equiv 1$ として定理 2.1 や定理 2.2 を適用することができる. 変換された v_k は, 正値性をもたないので $v_k \to -\infty$ が発生する. しかし e^v は $v \leq C_1$ において有界であるので, $v_k \to -\infty$ となっても e^{v_k} は有界にとどまる. 以後 $[v]_+ = \max\{v, 0\}$ とする.

定理 2.1 (ブレジス・メルル) 有界領域 $\Omega \subset \mathbf{R}^2$ 上の関数列 $V_k = V_k(x)$, $k = 1, 2, \ldots$ は $0 \leq V_k(x) \leq C_2$ in Ω を満たし, $v_k = v_k(x)$ は

$$-\Delta v_k = V_k(x) e^{v_k} \quad \text{in } \Omega, \qquad \int_\Omega e^{v_k} \leq C_3$$

の解であるとする. このとき, 同じ記号で書く部分列に対して次のいずれかが成り立つ.

1) $\{v_k\}$ は Ω 上局所一様有界である.
2) Ω 上局所一様に $v_k \to -\infty$ である.
3) 有限集合 $\mathcal{S} = \{x_j^*\} \subset \Omega$ と $m_j \geq 4\pi$ が存在して $\Omega \setminus \mathcal{S}$ 上局所一様に $v_k \to -\infty$ かつ

$$V_k(x) e^{v_k} dx \rightharpoonup \sum_j m_j \delta_{x_j^*}(dx) \quad \text{in } \mathcal{M}(\Omega) \tag{2.1}$$

が成り立つ. また $\mathcal{S} = \{x_0 \in \Omega \mid \exists x_k \to x_0 \text{ s.t. } v_k(x_k) \to +\infty\}$, すなわち $\mathcal{S}$ は $\{v_{k+}\}$ の Ω における爆発集合である.

定理 2.1 において (2.1) は, 台 $\text{supp } \varphi = \overline{\{x \in \Omega \mid \varphi(x) \neq 0\}}$ が Ω に含まれる任意の Ω 上の連続関数 φ に対して $\lim_{k \to \infty} \int_\Omega V_k(x) e^{v_k} \cdot \varphi \, dx = \sum_j m_j \varphi(x_j)$

であることを表している.

定理 2.2 (リィ・シャフリエ)　前定理において $\{V_k\}$ が Ω 上局所一様に収束しているときは, 3 番目の場合においてすべての $x_j^* \in \mathcal{S}$ に対して $m_j \in 8\pi\mathbf{N}$ である.

　定理 2.2 は, (2.1) で出現するデルタ関数の係数が 8π の整数倍となること, すなわち 8π を基底として量子化されていることを表す. 一方定理 1.10, 定理 1.11 では各デルタ関数の質量は基底状態である 8π で規格化されていた. 従って定理 2.2 は, (2.1) において 8π で規格化されたデルタ関数の衝突が起こりえることを示している. この基本デルタ関数を **bubble** または **collapse** という. (2.1) において bubble の衝突が発生する理由は, v_k が満たす境界条件が与えられていないことにある. 定理 2.1 が線形理論に基づく粗い挙動であるのに対し, 定理 2.2 の証明はスケーリングした解に定理 2.1 を適用し, 与えられた仮定のもとで定理 2.1 を次々に改良していくものである. スケーリングを用いたこのような階層的な議論は, 爆発解析で特徴的なものである.

　定理 2.2 の応用は広範に及ぶ. 例えば, 平均場方程式 (1.2) に対して変分法を用いた解の構成をするときには, トゥルーディンガー・モーザー不等式に関連する汎関数が現れる. ミニ・マックス理論を使うとその汎関数のパレ・スメール列が得られる. この場合, パレ・スメール列の有界性が得られないので, パレ・スメール条件は成り立たない [*1]. しかし, この難点は汎関数のパラメータに対する単調性と定理 2.2 が示す爆発機構の量子化によって克服することができる [*2].

　定理 2.2 は量子化という現象が領域や係数に依存しないものであることを表している. 特に, 境界での爆発が排除される

$$-\Delta v = \lambda V(x)e^v \quad \text{in } \Omega, \qquad v = 0 \quad \text{on } \partial\Omega$$

では, 量子化しない λ の任意の範囲 $(8\pi(m-1), 8\pi m)$, $m = 1, 2, \ldots$ において

[*1]　パレ・スメール条件については鈴木・上岡 [156] 1.5 節.
[*2]　詳細は本書上巻第 3 章.

の解集合の写像度が一定であるばかりでなく, $V(x)$ の連続変形や Ω の位相を変えない摂動にも依存しない. 実際, §1.7 で述べた写像度はこの原理を用いて計算する.

2.2　ブレジス・メルルの定理

定理 2.1 の証明は線形理論に基づくもので, スケーリングを用いない. 以下 $\Omega \subset \mathbf{R}^2$ は有界領域で

$$-\Delta v = V(x)e^v, \quad 0 \leq V(x) \leq C_1 \quad \text{in } \Omega, \quad \int_\Omega e^v \leq C_2$$

が成り立つものとする. 最初に次のブレジス・メルルの不等式を示す.

補題 2.2.1　$f = f(x) \in L^1(\Omega)$ に対して

$$-\Delta v = f(x) \quad \text{in } \Omega, \qquad v = 0 \quad \text{on } \partial\Omega$$

の解 $v = v(x)$ は, 各 $0 < \delta < 4\pi$ に対して

$$\int_\Omega \exp\left(\frac{4\pi - \delta}{\|f\|_1} |v(x)|\right) dx \leq \frac{4\pi^2}{\delta} (\operatorname{diam} \Omega)^2$$

を満たす.

【証明】　$f = f(x)$ は Ω の外にゼロ拡張する. また $\Omega \subset B = B(x_0, R)$, $R = (\operatorname{diam} \Omega)/2$ をとり

$$\overline{v}(x) = \frac{1}{2\pi} \int_B \log \frac{2R}{|x - x'|} \cdot |f(x')| \, dx' \tag{2.2}$$

とおくと $-\Delta \overline{v} = |f|$ in $\mathbf{R}^2$. また $x, x' \in B$ に対し $2R/|x - x'| \geq 1$ であるから $\overline{v} \geq 0$ in B. 従って Ω 上の優調和関数 $\overline{v} \pm v$ に対する最大原理から

$$|v| \leq \overline{v} \tag{2.3}$$

が成り立ち, (2.3) より

$$\int_\Omega \exp\left(\frac{4\pi - \delta}{\|f\|_1} |v(x)|\right) dx \leq \int_\Omega \exp\left(\frac{4\pi - \delta}{\|f\|_1} \overline{v}(x)\right) dx \tag{2.4}$$

が得られる.

一方 (2.2) にエンセンの不等式を適用すると

$$\exp\left(\frac{4\pi-\delta}{\|f\|_1}\overline{v}(x)\right) = \exp\left(\int_B \frac{4\pi-\delta}{2\pi}\cdot\log\frac{2R}{|x-x'|}\cdot\frac{|f(x')|}{\|f\|_1}\,dx'\right)$$
$$\leq \int_B \left(\frac{2R}{|x-x'|}\right)^{2-\frac{\delta}{2\pi}}\frac{|f(x')|}{\|f\|_1}\,dx' \quad (2.5)$$

(2.4)–(2.5) より

$$\int_\Omega \exp\left(\frac{4\pi-\delta}{\|f\|_1}|v(x)|\right)dx \leq \int_B \frac{|f(x')|}{\|f\|_1}dx' \cdot \int_B \left(\frac{2R}{|x-x'|}\right)^{2-\frac{\delta}{2\pi}}dx$$

ここで, 任意の $x' \in B$ に対して $B = B(x_0, R) \subset B(x', 2R)$ となることより

$$\int_\Omega \exp\left(\frac{4\pi-\delta}{\|f\|_1}|v(x)|\right)dx \leq \int_B \frac{|f(x')|}{\|f\|_1}dx' \cdot \int_{B(x',2R)} \left(\frac{2R}{|x-x'|}\right)^{2-\frac{\delta}{2\pi}}dx$$
$$= \frac{4\pi^2}{\delta}(2R)^2 = \frac{4\pi^2}{\delta}(\operatorname{diam}\Omega)^2$$

となる. □

補題 2.2.1 によりいくつかの評価が得られる. ただし $v_\pm = \max(\pm v, 0)$ とする.

定理 2.3 $1 < p \leq \infty$, $\frac{1}{p} + \frac{1}{p'} = 1$ に対し $v_- \in L^1_{loc}(\mathbf{R}^2)$, $V \in L^p(\mathbf{R}^2)$, $e^v \in L^{p'}(\mathbf{R}^2)$ かつ

$$-\Delta v = V(x)e^v \quad \text{in } \mathbf{R}^2$$

ならば $v_+ \in L^\infty(\mathbf{R}^2)$ である.

【証明】 $V(x)e^v \in L^1(\mathbf{R}^2)$ は, 与えられた $\varepsilon > 0$ に対して

$$V(x)e^v = f_1 + f_2, \quad \|f_1\|_{L^1(\mathbf{R}^2)} < \varepsilon, \quad f_2 \in L^\infty(\mathbf{R}^2) \quad (2.6)$$

と分解できる. 以下 $\varepsilon \in (0, 1/p')$ とする.

$x_0 \in \mathbf{R}^2$ を固定して $B_r = B(x_0, r)$ とおき, $v_i = v_i(x)$, $i = 1, 2$ を

$$-\Delta v_i = f_i \quad \text{in } B_1, \quad v_i = 0 \quad \text{on } \partial B_1$$

で定める.補題 2.2.1 を $\delta = 4\pi - 1$ に対して適用すれば

$$\int_{B_1} \exp\left(\frac{|v_1|}{\varepsilon}\right) \leq C_3 \tag{2.7}$$

特に

$$\|v_1\|_{L^1(B_1)} \leq C_4 \tag{2.8}$$

が得られる.

楕円型評価から

$$\|v_2\|_{L^\infty(B_1)} \leq C_5 \tag{2.9}$$

であり [3],一方 $v_3 = v - v_1 - v_2$ は B_1 上調和である.調和関数の平均値の定理から

$$\|v_{3+}\|_{L^\infty(B_{1/2})} \leq C_6 \|v_{3+}\|_{L^1(B_1)} \tag{2.10}$$

さらに $v_{3+} \leq v_+ + |v_1| + |v_2|$ において

$$\int_{\mathbf{R}^2} v_+ \leq \int_{\mathbf{R}^2}(e^{v_+} - 1) \leq \int_{\{v>0\}} e^v \leq \int_{\mathbf{R}^2} e^v \leq C_7 \tag{2.11}$$

(2.8), (2.9), (2.11) より $\|v_{3+}\|_{L^1(B_1)} \leq C_8$. 従って (2.10) から

$$\|v_{3+}\|_{L^\infty(B_{1/2})} \leq C_9 \tag{2.12}$$

となる.

最後に (2.7), (2.9), (2.12) より

$$-\Delta v = V(x)e^v = V(x)e^{v_1} \cdot e^{v_2+v_3} = g \tag{2.13}$$

において $e^{v_2+v_3} \in L^\infty(B_{1/2})$, $V = V(x) \in L^p(B_1)$, $e^{v_1} \in L^{1/\varepsilon}(B_1)$. さらに $1/\varepsilon > p'$ としたので $\delta > 0$ が存在して

$$\|g\|_{L^{1+\delta}(B_{1/2})} \leq C_{10} \tag{2.14}$$

となる.

$B_{1/2}$ 上の調和関数 h を $\Delta h = 0$ in $B_{1/2}$, $h = v$ on $\partial B_{1/2}$ で定め,空間次元 $n = 2$ に注意して (2.13) に楕円型評価を適用すると

---

[3] L^p 評価とモリー (Morrey) の不等式を用いる.

$$v = w + h, \quad \|w\|_{L^\infty(B_{1/2})} \leq C_{12} \|g\|_{L^{1+\delta}(B_{1/2})} \tag{2.15}$$

さらに調和関数の平均値の定理から

$$\|h_+\|_{L^\infty(B_{1/4})} \leq C_{13} \|h_+\|_{L^1(B_{1/2})}$$
$$\leq C \left(\|v_+\|_{L^1(B_{1/2})} + \|w\|_{L^1(B_{1/2})} \right) \leq C_{14}$$

(2.14), (2.15) から x_0 に依存しない評価 $\|v_+\|_{L^\infty(B_{1/4})} \leq C_{15}$ が得られる. □

(2.6) において, $\|f_2\|_\infty$ が既知量で評価できるわけではないので, 定理 2.3 において $\|v_+\|_\infty$ の一様な評価は得られない. 次のような補題は一般に ε 正則性, 剛性 (**rigidity**), あるいは粗い評価と呼ばれている.

補題 2.2.2 (ε 正則性) $1 < p \leq \infty, 0 < \varepsilon_0 < 4\pi/p', \frac{1}{p} + \frac{1}{p'} = 1$ とし, $\Omega \subset \mathbf{R}^2$ は有界領域, $K \subset \Omega$ はコンパクト集合とすると

$$-\Delta v = V(x)e^v \quad \text{in } \Omega$$
$$\|V\|_p \leq C_{16}, \quad \|v_+\|_1 \leq C_{17}, \quad \int_\Omega |V(x)| e^v \leq \varepsilon_0$$

ならば $\|v_+\|_{L^\infty(K)} \leq C_{18}$ である.

【証明】 covering の論法から $\Omega = B_R, K = \overline{B_{R/2}}$, ただし $B_r = B(0,r)$, $r = R, R/2$ としてよい. v は v_2 を Ω 上の調和関数として $v = v_1 + v_2$,

$$-\Delta v_1 = V(x)e^v \quad \text{in } \Omega, \quad v_1 = 0 \quad \text{on } \partial\Omega$$

と分解することができる. v_2 に対しては, 平均値の定理と $v_{2+} \leq v_+ + |v_1|$ より

$$\|v_{2+}\|_{L^\infty(B_{3R/4})} \leq C_{18,R} \|v_{2+}\|_{L^1(B_R)} \leq C_{19,R} \|v_1\|_{L^1(B_R)} + C_{17} \tag{2.16}$$

一方, 仮定より $4\pi - \delta > \varepsilon_0(p' + \delta)$ となる $\delta > 0$ が存在する. 補題 2.2.1 より

$$\left\| e^{|v_1|} \right\|_{L^{p'+\delta}(B_R)} \leq C_{20} \tag{2.17}$$

(2.11) と同様に (2.17) から

$$\|v_1\|_{L^1(B_R)} \leq C_{21} \tag{2.18}$$

(2.16)–(2.18) から $\|e^v\|_{L^{p'+\delta}(B_{3R/4})} \le C_{22}$. 従って $q > 1$ が存在して

$$\|Ve^v\|_{L^q(B_{3R/4})} \le C_{23}$$

となる. 次に

$$-\Delta w_1 = V(x)e^v, \ \Delta w_2 = 0 \ \ \text{in } B_{3R/4}, \qquad w_1 = 0 \quad \text{on } \partial B_{3R/4}$$

を用いて v を $v = w_1 + w_2$ と分解し, w_1 には楕円型評価, w_2 には平均値の定理と不等式 $w_{2+} \le v_+ + |w_1|$ を適用すると $\|v_+\|_{L^\infty(B_{R/2})} \le C_{24}$ が得られる. □

以上の準備のもとで定理 2.1 を次の拡張した形で示す.

定理 2.4 $\Omega \subset \mathbf{R}^2$ を有界領域, $v_k = v_k(x)$, $k = 1, 2, \ldots$ は $V_k = V_k(x) \ge 0$ に対して

$$-\Delta v_k = V_k(x)e^{v_k} \quad \text{in } \Omega$$

を満たし, $1 < p \le \infty$ が存在して

$$\|V_k\|_p \le C_{25}, \quad \|e^{v_k}\|_{p'} \le C_{26}, \qquad k = 1, 2, \ldots$$

であるものとすると, 部分列に対し次のいずれかが成り立つ.

1) $\{v_k\}$ は Ω 上局所一様有界である.
2) Ω 上局所一様に $v_k \to -\infty$ である.
3) 有限集合 $\mathcal{S} = \{a_i\} \subset \Omega$ と $\alpha_i \ge 4\pi/p'$ が存在して $v_k \to -\infty$ loc. unif. in $\Omega \setminus \mathcal{S}$, かつ $V_k(x)e^{v_k}dx \rightharpoonup \sum_i \alpha_i \delta_{a_i}(dx)$ in $\mathcal{M}(\Omega)$ となる. さらに $\mathcal{S} = \{x_0 \in \Omega \mid \exists x_k \to x_0 \text{ s.t. } v_k(x_k) \to +\infty\}$. すなわち $\mathcal{S}$ は Ω における $\{v_{k+}\}$ の爆発集合である.

【証明】 $\{V_k(x)e^{v_k}\}$ は $L^1(\Omega)$ で有界であるから Ω 上の測度 $\mu(dx)$ が存在し, 部分列に対して $V_k e^{v_k} dx \rightharpoonup \mu(dx)$ in $\mathcal{M}(\Omega)$ が成り立つ. $\mu(\Omega) \le C_{25} \cdot C_{26}$ より $\Sigma = \{x_0 \in \Omega \mid \mu(\{x_0\}) \ge 4\pi/p'\}$ は有限集合である.

$x_0 \notin \Sigma$ に対して $\psi \in C_0^\infty(\Omega)$ で $0 \le \psi \le 1$ かつ x_0 の近傍で $\psi = 1$ となるものをとると $\int_\Omega \psi d\mu < 4\pi/p'$. よって補題 2.2.2 より $R_0 > 0$ が存在し, $k \to \infty$

において
$$\|v_{k+}\|_{L^\infty(B(x_0,R_0))} = O(1) \tag{2.19}$$
となる. (2.19) から $\mathcal{S} \subset \Sigma$ となる. 逆に $x_0 \notin \mathcal{S}$ に対して $R_0 > 0$ が存在し, $\{(v_k)_+\}$ は $B(x_0, R_0)$ で一様有界となり $\mu(\{x_0\}) = 0$, 従って $x_0 \notin \Sigma$ が得られる. すなわち $\mathcal{S} = \Sigma$ で
$$\mu(\{x_0\}) < 4\pi/p' \quad \Rightarrow \quad x_0 \notin \mathcal{S}$$
である.

最初に $\Sigma = \emptyset$ のとき, 部分列に対して定理の 1 番目か 2 番目の結論が成り立つことを示す. 再び covering と対角線論法から $\Omega = B_R$ としてよい. 仮定より $\Sigma = \mathcal{S} = \emptyset$ であるから, $\{v_{k+}\}$ は $\omega = B_{R/2}$ において一様有界である. ここで $f_k = V_k e^{v_k}$ に対して w_k を
$$-\Delta w_k = f_k \quad \text{in } \omega, \qquad w_k = 0 \quad \text{on } \partial\omega$$
で定める. $\{f_k\}$ は $L^p(\omega)$ で有界であるから, $\{w_k\}$ は ω で一様有界, 従って ω 上の調和関数 $\tilde{v}_k = v_k - w_k$ に対し $\{\tilde{v}_{k+}\}$ は ω で一様有界である. 調和関数に対するハルナック原理から, $\{\tilde{v}_k\}$ は ω で一様有界か, さもなくば ω 上一様に $\tilde{v}_k \to -\infty$ となる. これらがそれぞれ主張の 1 番目と 2 番目を与える.

一方 $\Sigma \neq \emptyset$ の場合は, 定理の 3 番目の結論が成り立つ. 実際, Σ は有限なので, 各 $x_0 \in \Sigma$ に対して $R > 0$ が存在して $\omega = B(x_0, R) \subset\subset \Omega$, $B(x_0, R) \cap \Sigma = \{x_0\}$ となる. 上述の議論から $\{v_k\}$ は $B(x_0, R) \setminus \{x_0\}$ 上局所一様有界であるか, 局所一様に $-\infty$ に発散するかいずれかである.

最初の場合は $v_k \geq -C_{27}$ on $\partial\omega$ であり, z_k を
$$-\Delta z_k = f_k \quad \text{in } \omega, \qquad z_k = -C_{27} \quad \text{on } \partial\omega \tag{2.20}$$
で定めると $v_k \geq z_k$ in ω が成り立つ. 一方, 部分列に対して $\alpha \geq 4\pi/p'$, $0 \leq f \in L^1(\omega)$ が存在して
$$f_k(x)dx \rightharpoonup \alpha\delta_{x_0}(dx) + f(x)dx \quad \text{in } \mathcal{M}(\overline{\omega}) \tag{2.21}$$
であり, (2.20), (2.21) から $\overline{\omega} \setminus \{x_0\}$ 上局所一様に $z_k \to z$ かつ

$$z(x) \geq \frac{4\pi}{p'} \cdot \frac{1}{2\pi} \log \frac{1}{|x-x_0|} - C_{28}, \quad x \in \overline{\omega} \setminus \{x_0\}$$

よってファトゥの補題から

$$+\infty = \int_{B(x_0,R)} e^{p'z} \leq \liminf_k \int_{B(x_0,R)} e^{p'v_k} \leq \liminf_k \|e^{v_k}\|_{p'}^{p'} < +\infty$$

これは矛盾である．従って，部分列に対して $B(x_0, R) \setminus \{x_0\}$ 上局所一様に $v_k \to -\infty$ であり，covering によって $L_{loc}^p(\Omega \setminus \Sigma)$ において $V_k(x)e^{v_k} \to 0$. 従って

$$\mu(dx) = \sum_i \alpha_i \delta_{a_i}(dx)$$

となる． □

2.3　全域解〜チェン・リィの定理

一般に爆発解析は次のような構成になっている．
1) 方程式のスケール不変性
2) スケーリングとプレ・スケールとの階層的な議論
3) スケール極限移行での無限遠の制御
4) スケール極限の分類

このうちでスケール極限の分類は，スケール不変性に次いで基本的な要素となる．実際スケール極限で現れるのは全空間の解で，全域解ともいう．全域解がある点に関して回転対称性をもつ場合は，方程式は動径方向を独立変数とする常微分方程式に帰着される．もともとスケール不変な問題を考えていたので，常微分方程式の解も自己相似的となり原点の値を正規化した解のスケーリングで表すことができる．従って方程式がこのような性質をもつ場合には，スケール極限は本質的に1つである．すなわち，すべての全域解は，定められた形状を対称性の中心点へ平行移動し，次にその点を中心としてスケーリングすることで表示することができる．

　$1 < p < \infty, n \geq 3$ に対する

$$-\Delta v = v^p, \quad v > 0 \quad \text{in } \mathbf{R}^n \tag{2.22}$$

について述べると, 最初に $1 < p < \frac{n+2}{n-2}$ では (2.22) の解は存在しない [58]. 逆に $p \geq \frac{n+2}{n-2}$ に対して (2.22), $v = v(|x|)$ は一意的な解をもつ. $p = \frac{n+2}{n-2}$ の場合は任意の解がある点に関して radial になる. 従って (2.22), $p = \frac{n+2}{n-2}$ の解は

$$u(x) = \left(\frac{\mu\sqrt{n(n-2)}}{\mu^2 + |x - x_0|^2}\right)^{(n-2)/2}, \quad \mu > 0, \ x_0 \in \mathbf{R}^n \tag{2.23}$$

で尽くされる [18] [36]. p が大きいとき, (2.22) の解は必ずしも回転対称性をもたない. 例えば $p = \frac{n+3}{n-1}$ の場合, (2.23) において n を $n-1$ に変更し, x を $x' = (x_2, \ldots, x_n)$ として $u = u(x')$ を定める. すると $\tilde{u}(x) = u(x')$ は回転対称でない (2.22) の解である.

本節ではボルツマン・ポアソン方程式に対する次の定理を示す.

定理 2.5 (チェン・リィ)

$$-\Delta v = e^v \quad \text{in } \mathbf{R}^2, \qquad \int_{\mathbf{R}^2} e^v < +\infty \tag{2.24}$$

の古典解 $v = v(x)$ に対して $x_0 \in \mathbf{R}^2$, $\mu > 0$ が存在して

$$v(x) = \log \frac{\mu^2}{\left(1 + \frac{\mu^2}{8}|x - x_0|^2\right)^2} \tag{2.25}$$

特に $\int_{\mathbf{R}^2} e^v = 8\pi$ である.

定理 2.5 の証明は moving plane 法による. そのために必要ないくつかの補題を準備する.

補題 2.3.1 (2.24) のもとで

$$\int_{\mathbf{R}^2} e^v \geq 8\pi \tag{2.26}$$

が成り立つ.

【証明】 $v = v(x)$ のレベル集合 $\Omega_t = \left\{x \in \mathbf{R}^2 \mid v(x) > t\right\}$ に対し, $t \in \mathbf{R}$ が $v(x)$ の臨界値でないときは

$$\int_{\Omega_t} e^v = -\int_{\Omega_t} \Delta v = \int_{\partial \Omega_t} |\nabla v|, \quad -\frac{d}{dt}|\Omega_t| = \int_{\partial \Omega_t} \frac{1}{|\nabla v|}$$

従ってシュワルツの不等式と等周不等式によって

$$\left(-\frac{d}{dt}|\Omega_t|\right) \cdot \int_{\Omega_t} e^v \geq |\partial \Omega_t|^2 \geq 4\pi |\Omega_t|$$

となり

$$\frac{d}{dt}\left(\int_{\Omega_t} e^v\right)^2 = 2\int_{\Omega_t} e^v \cdot \left(-\int_{\partial \Omega_t} \frac{e^v}{|\nabla v|}\right)$$
$$= 2e^t \cdot \frac{d}{dt}|\Omega_t| \cdot \int_{\Omega_t} e^v \leq -8\pi e^t \cdot |\Omega_t| \quad (2.27)$$

が成り立つ.

$v = v(x)$ は実解析的なので,その臨界点は孤立している. (2.27) に $\int_{-\infty}^{\infty} \cdot dt$ を作用すると

$$-\left(\int_{\mathbf{R}^2} e^v\right)^2 \leq -8\pi \int_{-\infty}^{\infty} e^t |\Omega_t|\, dt = 8\pi \int_{-\infty}^{\infty} e^t \cdot \frac{d}{dt}|\Omega_t|\, dt$$
$$= -8\pi \int_{-\infty}^{\infty} e^t dt \cdot \int_{\partial \Omega_t} \frac{1}{|\nabla v|} = 8\pi \int_{-\infty}^{\infty} \frac{d}{dt}\int_{\Omega_t} e^v = -8\pi \int_{\mathbf{R}^2} e^v$$

これより (2.26) が得られる. □

補題 2.3.2 $|x| \to \infty$ で一様に

$$\frac{v(x)}{\log |x|} \to -\frac{1}{2\pi} \int_{\mathbf{R}^2} e^v \leq -4 \quad (2.28)$$

が成り立つ.

【証明】 (2.24) 第 2 式から

$$w(x) = \frac{1}{2\pi} \int_{\mathbf{R}^2} (\log |x - y| - \log |y|) e^{v(y)}\, dy \quad (2.29)$$

は絶対収束する．実際 $\log|x-y| - \log|y| = \log\left|\dfrac{x}{|y|} - \dfrac{y}{|y|}\right|$ より

$$|y| > 2|x| \quad \Rightarrow \quad |\log|x-y| - \log|y|| \leq \log 2 \tag{2.30}$$

また $v = v(y)$ は古典解であるから，固定した $x \in \mathbf{R}^2$ に対して

$$\int_{|y|\leq 2|x|} (|\log|x-y|| + |\log|y||)\, e^{v(y)} dy < +\infty$$

よって (2.29) は絶対収束する．被積分関数の微係数についても同様で，優収束定理から $\Delta w = e^v$ in $\mathbf{R}^2$ も得られる．

次に

$$\lim_{|x|\to\infty} \frac{w(x)}{\log|x|} = \frac{1}{2\pi}\int_{\mathbf{R}^2} e^v \tag{2.31}$$

を示す．そのために

$$\lim_{|x|\to\infty} \frac{1}{\log|x|}(\log|x-y| - \log|y|) = 1, \quad \forall y \in \mathbf{R}^2\setminus\{0\} \tag{2.32}$$

に注意する．実際

$$\frac{\log|x-y|}{\log|x|} = 1 + \frac{\log\left|\dfrac{x}{|x|} - \dfrac{y}{|x|}\right|}{\log|x|} \tag{2.33}$$

より (2.32) が得られる．優収束定理を適用して (2.31) を示すため，(2.29) の被積分関数を $|x| \geq 2$ について一様に評価する．

最初に (2.30) より

$$|x| \geq 2,\ \frac{|x|}{|y|} < \frac{1}{2} \quad \Rightarrow \quad \frac{1}{\log|x|}|\log|x-y| - \log|y|| \leq 1 \tag{2.34}$$

次に (2.33) より，$|x| \geq 2$, $\dfrac{|y|}{|x|} < \dfrac{1}{2}$ ならば $\left|\dfrac{\log|x-y|}{\log|x|}\right| \leq 2$．従って $\delta > 0$ に対して

$$|x| \geq 2,\ |y| \geq \delta,\ \frac{|y|}{|x|} < \frac{1}{2}$$
$$\Rightarrow \quad \frac{1}{\log|x|}|\log|x-y| - \log|y||$$
$$\leq 2 + \frac{1}{\log|x|}\max\{\log|x| - \log 2,\ -\log\delta\} \leq C_1 \tag{2.35}$$

となる．(2.34)–(2.35) より

$$|x| \geq 2, \ |y| \geq \delta, \ |y| < \frac{1}{2}|x| \text{ or } |y| > 2|x|$$
$$\Rightarrow \quad \frac{1}{\log|x|} |\log|x-y| - \log|y|| \leq C_2 \qquad (2.36)$$

一方, $\frac{1}{2}|x| \leq |y| \leq 2|x|$ ならば $|\log|x| - \log|y|| \leq \log 2.$ 従って

$$|x| \geq 2, \ \frac{1}{2}|x| \leq |y| \leq 2|x| \quad \Rightarrow \quad \left|\frac{\log|y|}{\log|x|}\right| \leq 2$$

またこのとき (2.33) より

$$\left|\frac{\log|x-y|}{\log|x|}\right| \leq 1 + \frac{\log\left(1 + \frac{|y|}{|x|}\right)}{\log|x|} \leq 1 + \frac{\log 3}{\log 2}$$

従って

$$|x| \geq 2, \ \frac{1}{2}|x| \leq |y| \leq 2|x| \quad \Rightarrow \quad \frac{1}{\log|x|}|\log|x-y| - \log|y|| \leq C_3$$
$$(2.37)$$

以上で示した (2.29), (2.36)–(2.37), $e^v \in L^1(\mathbf{R}^2)$ により

$$\lim_{|x|\to\infty} \frac{1}{\log|x|} \int_{|y|\geq\delta} |\log|x-y| - \log|y| - 1| e^{v(y)} dy = 0 \qquad (2.38)$$

が得られる.

一方

$$\sup_{|x|\geq 2, \ |y|<1} \frac{|\log|x-y||}{\log|x|} \leq \sup_{|x|\geq 2} \frac{\log(|x|+1)}{\log|x|} < +\infty$$

であり, $v = v(x)$ は古典解であるから, C_4 が存在して

$$|x| \geq 2, \ 0 < |y| < \delta < 1$$
$$\Rightarrow \quad \frac{1}{\log|x|} \int_{|y|<\delta} |\log|x-y| - \log|y| - 1| e^{v(y)} dy$$
$$\leq C_4 \int_0^\delta r(1 + |\log r|) dr \qquad (2.39)$$

(2.38)–(2.39) より

$$\limsup_{|x|\to\infty} \frac{1}{\log|x|} \int_{\mathbf{R}^2} |\log|x-y| - \log|y| - 1| e^{v(y)} dy$$

$$\leq C_4 \int_0^\delta r(1+|\log r|)dr$$

$\delta \downarrow 0$ として (2.31) を得る.

最後に調和関数に対するリュービルの定理を用いる [*4]. 実際, 補題 2.2.2 により $v(x)$ は上から有界であり, 一方 (2.31) が成り立つので, $u = v + w$ は

$$\Delta u = 0, \qquad u(x) \leq C_5 + C_6 \log(|x|+1) \quad \text{in } \mathbf{R}^2$$

を満たす. 従って u は定数であり, 再び (2.31) から (2.28) が得られる. □

定理 2.5 の証明では, $v(x)$ がなす角が $2\pi\mathbf{Q}$ に属さない 2 つの方向について, それぞれの対称軸をもつことを示す. この対称軸の交点が (2.25) の x_0 で, $v(x)$ は x_0 を中心として回転対称となる. (2.24) の $O(2)$ と平行移動に対する不変性から, この性質を示すためには v が例えば x_1 方向の対称軸をもつことを示せばよい.

最初に補題 2.3.2 によって v は $\mathbf{R}^2$ で最大値をもつ. 平行移動して最大点は $x_1 < -3$ にあるものとしてよい. $\lambda \in \mathbf{R}$ に対して $\Sigma_\lambda = \{(x_1, x_2) \mid x_1 < \lambda\}$, $T_\lambda = \partial \Sigma_\lambda = \{(x_1, x_2) \mid x_1 = \lambda\}$ とおき, $x = (x_1, x_2)$ に対して

$$x^\lambda = (2\lambda - x_1, x_2), \ v^\lambda(x) = v(x^\lambda), \ w_\lambda(x) = v^\lambda(x) - v(x)$$

とする. また (2.28) に注意して

$$\overline{w}_\lambda(x) = w_\lambda(x)/g(x), \ g(x) = \log(|x|-1) \tag{2.40}$$

とおく.

$-\Delta v^\lambda = \exp(v^\lambda)$ より, $w_\lambda(x)$ に対しては $v(x)$ と $v(x^\lambda)$ の間の値をとる $\psi(x)$ が存在して, $-\Delta w_\lambda = e^\psi w_\lambda$ が成り立つ. また (2.40) で定める $\overline{w}_\lambda(x)$ は $x \in \Sigma_\lambda, \lambda < -2$ で定義され, そこで

$$\Delta \overline{w}_\lambda + \frac{2}{g}\nabla g \cdot \nabla \overline{w}_\lambda + \left(\exp \psi + \frac{\Delta g}{g}\right)\overline{w}_\lambda = 0 \tag{2.41}$$

を満たす.

[*4] Protter and Weinberger [119] 定理 2.29, p.130.

補題 2.3.3 $\lambda < -2$ に依存しない $R_0 > 2$ が存在して, $x_0 \in \Sigma_\lambda$ が $\overline{w}_\lambda(x)$, $x \in \Sigma_\lambda$ の負の最小点であるとすると, $|x_0| < R_0$ である.

【証明】 補題 2.3.2 と $\dfrac{\Delta g}{g} = \dfrac{-1}{|x|\,(|x|-1)^2 \log(|x|-1)}$ より $R_0 > 2$ が存在して
$$\exp v + \frac{\Delta g}{g} < 0 \quad \text{in } \mathbf{R}^2 \setminus B(0, R_0)$$
が成り立つ. 仮定 $\overline{w}_\lambda(x_0) < 0$ より $\psi(x_0) \leq \max\{v(x_0), v^\lambda(x_0)\} = v(x_0)$. 従って $|x_0| \geq R_0$ であれば
$$\exp \psi(x_0) + \frac{\Delta g}{g}(x_0) < 0 \tag{2.42}$$
(2.41) より, (2.42) のもとで $\overline{w}_\lambda(x)$, $x \in \Sigma_\lambda$ は $x = x_0$ で負の最小値をとることができない. □

【定理 2.5 の証明】 $\lambda_0 \in \mathbf{R}$ が存在して
$$v^{\lambda_0} \equiv v \tag{2.43}$$
となることを示す. 最初に
$$\lambda < -R_0 \quad \Rightarrow \quad \overline{w}_\lambda \geq 0 \quad \text{in } \Sigma_\lambda \tag{2.44}$$
に注意する. 実際, 補題 2.3.2 により $\lim\limits_{|x| \to \infty} \overline{w}_\lambda(x) = 0$ であり, (2.44) が成り立たないとすると, $\overline{w}_\lambda$ は Σ_λ で負の最小値をとり, 補題 2.3.3 に反する.

v は最大値を $x_1 < -3$ でとるので, (2.44) が任意の $\lambda \leq \lambda_0'$ で成り立つような λ_0' の最大値 λ_0 は有限である. この λ_0 に対して
$$\lambda < \lambda_0 \quad \Rightarrow \quad w_\lambda > 0 \quad \text{in } \Sigma_\lambda \tag{2.45}$$
および
$$\frac{\partial v}{\partial x_1} > 0, \; w_{\lambda_0} \equiv 0 \quad \text{in } \Sigma_{\lambda_0} \tag{2.46}$$
が成り立つ.

証明を始める前に
$$\frac{\partial v}{\partial x_1} \geq 0, \qquad x_1 \leq \lambda_0 \tag{2.47}$$

および $\lambda \leq \lambda_0$ に対して

$$w_\lambda \equiv 0 \quad \Leftrightarrow \quad \frac{\partial v}{\partial x_1} = 0 \text{ somewhere on } T_\lambda \tag{2.48}$$

であることに注意する. 実際 (2.47) は λ_0 の定義から明らかであり, (2.48) は強最大原理とホップ（Hopf）補題から得られる [*5].

(2.45) が成り立たないとする. 強最大原理から $\delta > 0$ が存在して

$$w_{\lambda_0 - \delta} \equiv 0 \quad \text{in } \Sigma_{\lambda_0 - \delta} \tag{2.49}$$

従って

$$v(\lambda_0 - 2\delta, x_2) = v(\lambda_0, x_2) \tag{2.50}$$

である. (2.50), (2.47) より

$$\frac{\partial v}{\partial x_1} = 0, \quad \lambda_0 - 2\delta \leq x_1 \leq \lambda_0 \tag{2.51}$$

従って $\frac{\partial v}{\partial x_1} = 0$ on $T_{\lambda_0 - \delta}$ となり, (2.48) から

$$w_{\lambda_0 - 2\delta} \equiv 0 \tag{2.52}$$

が成り立つ. (2.49) から (2.51), (2.52) が導出された過程を繰り返すと, $v(x)$ は x_1 に依存しないことになり, (2.24) の積分条件に反する.

(2.45) とホップ補題から

$$\lambda < \lambda_0 \quad \Rightarrow \quad \frac{\partial w_\lambda}{\partial x_1} < 0 \quad \text{on } T_\lambda \tag{2.53}$$

(2.53) から $\frac{\partial v}{\partial x_1} > 0$, $x_1 < \lambda_0$. すなわち $\frac{\partial v}{\partial x_1} > 0$ in Σ_{λ_0}.

(2.46) の最初の不等式が確立したので, v は $x_1 < \lambda_0$ について狭義単調増加, 従って $\lambda_0 < -3$ であり, $\overline{w}_\lambda(x), x \in \Sigma_\lambda$ が $\lambda < \lambda_0 + 1$ に対して定義できる. また $\overline{w}_{\lambda_0} \geq 0$ も得られている.

(2.46) 第 2 式を示すため, $\overline{w}_{\lambda_0} \not\equiv 0$ を仮定する. (2.41) に対して強最大原理とホップ補題を適用して

[*5] 最大原理, ホップ補題については鈴木・上岡 [156] 2.2 節.

$$\overline{w}_{\lambda_0} > 0 \quad \text{in } \Sigma_{\lambda_0}, \qquad \frac{\partial \overline{w}_{\lambda_0}}{\partial x_1} < 0 \quad \text{on } T_{\lambda_0} \tag{2.54}$$

が得られる．一方，λ_0 の定義から $\lambda_k \downarrow \lambda_0$ が存在して

$$\overline{w}_{\lambda_k}(x'_k) < 0, \quad \exists x'_k \in \Sigma_{\lambda_k} \tag{2.55}$$

(2.55) と補題 2.3.2 から $\overline{w}_{\lambda_k}(x), x \in \Sigma_{\lambda_k}$ の最小点は $x_k \in \Sigma_{\lambda_k}$ が存在し，補題 2.3.3 より $|x_k| \leq R_0$ を満たす．部分列をとって $x_k \to x_0$ とすると

$$x_0 \in \Sigma_{\lambda_0} \cup T_{\lambda_0}, \quad \overline{w}_{\lambda_0}(x_0) \leq 0, \quad \nabla \overline{w}_{\lambda_0}(x_0) = 0$$

となり，(2.54) に反する．(2.46) 第 2 式は (2.43) を意味するので，定理が証明された． □

2.4　全域解〜バラッケ・パカールの定理

ボルツマン・ポアソン方程式 (2.24) の解 (2.25) はパラメータ $x_0 \in \mathbf{R}^2, \mu > 0$ もっているので，これらのパラメータについて微分すればその線形化方程式

$$-\Delta w = e^v w \quad \text{in } \mathbf{R}^2$$

の解 $w = w(x)$ を得ることができる．実際，有界な解はこれらに尽きる [8]．このことを $x_0 = 0, \mu = 2$ について述べたのが次の定理で，一般の場合はその平行移動とスケーリングによって得られる．

定理 2.6 (バラッケ・パカール)　線形方程式

$$-\Delta w = \frac{8}{(1+|x|^2)^2} w \quad \text{in } \mathbf{R}^2$$

の有界な解 $w = w(x)$ は $u(x) = \log \dfrac{8}{(1+|x|^2)^2}$ に対し $\dfrac{\partial u}{\partial x_1}, \dfrac{\partial u}{\partial x_2}, x \cdot \nabla u + 2$ の線形結合である．

【証明】　$w = w(re^{i\theta}), r > 0, \theta \in S^1$ のフーリエ（**Fourier**）級数展開

$$w(x) = \sum_{n \in \mathbf{Z}} w_n(r) e^{\imath n\theta}, \quad w_n(r) = \frac{1}{2\pi} \int_0^{2\pi} w(re^{\imath \theta}) e^{-\imath n\theta} \, d\theta \tag{2.56}$$

において

$$w_n(r) = 0, \quad |n| \geq 2 \tag{2.57}$$

が成り立つことを示す.

(2.56) の積分表示から $w_n = w_n(r)$ は $r = 0$ で解析的であり

$$(w_n)_{rr} + \frac{1}{r}(w_n)_r - \frac{n^2}{r^2} w_n = -\frac{8}{(1+r^2)^2} w_n \tag{2.58}$$

を満たす. その $r = 0$ でのテーラー (Taylor) 展開を

$$w_n(r) = \sum_{k=0}^{\infty} a_k r^k$$

として (2.58) に代入すると $m > |n|$ において $a_m = 0$. 従って

$$w_n(r) = O(r^{|n|}), \quad (w_n)_r(r) = O(r^{|n|-1}), \quad r \downarrow 0 \tag{2.59}$$

となる. 実際, 確定特異点の理論から (2.59) は (2.58) で $w = O(1)$, $r \downarrow 0$ であることから得られる [*6]. 従って $t = 1/r$ と変換すると, 同様に

$$w_n(r) = O(r^{-|n|}), \quad (w_n)_r(r) = O(r^{-|n|-1}), \quad r \uparrow +\infty \tag{2.60}$$

も得られる.

(2.58), (2.59), (2.60) によって

$$\int_0^{\infty} \left\{ (w_n)_r^2 + \left(\frac{n^2}{r^2} - \frac{8}{(1+r^2)^2} \right) w_n \right\} r dr = 0 \tag{2.61}$$

(2.61) において

$$|n| \geq 2 \quad \Rightarrow \quad \frac{n^2}{r^2} - \frac{8}{(1+r^2)^2} > 0, \quad r > 0$$

より (2.57) が得られる. □

[*6] Coddington and Levinson [41] 第 4 章.

2.5 リィ・シャフリエの定理

定理 2.1 によって，定理 2.2 の証明は爆発点の近傍に局所化される．すなわち次の定理 2.7 を証明すればよい．定理 2.7 は爆発解析で示す．以下 $B = B(0, R) \subset \mathbf{R}^2$, $B_r = B(0, r)$ とおく．

定理 2.7 v_k, $V_k = V_k(x)$, $k = 1, 2, \ldots$ が

$$-\Delta v_k = V_k(x) e^{v_k}, \ V_k = V_k(x) \geq 0 \ \ \text{in } B, \qquad V_k \to V \ \ \text{in } C(\overline{B})$$

$$\max_{\overline{B}} v_k \to +\infty, \quad \max_{\overline{B} \setminus B_r} v_k \to -\infty, \ 0 < r < R$$

$$\lim_{k \to \infty} \int_B V_k e^{v_k} = \alpha, \quad \int_B e^{v_k} \leq C_1, \ k = 1, 2, \ldots$$

を満たせば $\alpha \in 8\pi \mathcal{N}$ である．

最初に次を示す．

補題 2.5.1 定理 2.7 の仮定のもとで $V(0) > 0$ が成り立つ．

【証明】 仮定より $v_k(x_k) = \|v_k\|_\infty \to +\infty$, $x_k \to 0$ となる $x_k \in B$ が存在する．そこで

$$\tilde{v}_k(x) = v_k(\delta_k x + x_k) + 2 \log \delta_k, \qquad \delta_k = e^{-v_k(x_k)/2} \to 0 \tag{2.62}$$

とおく．$\delta_k \downarrow 0$ なので，$\tilde{v}_k(x)$ は x_k を中心にして $v_k(x)$ を拡大してみていることになる．この変換のもとで

$$-\Delta \tilde{v}_k = V_k(\delta_k x + x_k) e^{\tilde{v}_k}, \ \ \tilde{v}_k \leq 0 = \tilde{v}_k(0) \ \ \text{in } B(0, R/2\delta_k)$$

$$\int_{B(0, R/2\delta_k)} e^{\tilde{v}_k} \leq C_1$$

となり，ブレジス・メルルの定理（定理2.1）が $\{\tilde{v}_k\}$ に対して適用できる．第2, 3の場合はありえないので対角線論法により $\{\tilde{v}_k\}$ は $\mathbf{R}^2$ 上局所有界である．

従って楕円型評価から v が存在して, 同じ記号で書く部分列に対して

$$\tilde{v}_k \to \tilde{v} \quad \text{loc. unif. in } \mathbf{R}^2 \tag{2.63}$$

となる. 極限関数 $\tilde{v} = \tilde{v}(x)$ は

$$-\Delta \tilde{v} = V(0)e^{\tilde{v}}, \; \tilde{v} \leq 0 = \tilde{v}(0) \quad \text{in } \mathbf{R}^2, \qquad \int_{\mathbf{R}^2} e^{\tilde{v}} \leq C_1 \tag{2.64}$$

の解で, $\mathbf{R}^2$ 上の調和関数に関するリュービルの定理から $V(0) > 0$ が得られる. □

補題 2.5.1 により, $a, b > 0$ を定数として, $k = 1, 2, \ldots$ に対して

$$a \leq V_k(x) \leq b, \quad x \in B$$

としてよい. また $v(x) = \tilde{v}(x) + \log V(0)$ に対してチェン・リィの定理が適用でき, (2.64) において $\tilde{v} = \tilde{v}(|x|)$, より詳しく

$$\tilde{v}(x) = \log \frac{1}{\left(1 + \frac{V(0)}{8}|x|^2\right)^2}, \qquad \int_{\mathbf{R}^2} V(0)e^{\tilde{v}} = 8\pi \tag{2.65}$$

が成り立つ. 収束 (2.63) は $\tilde{v}_k$ からみて遠方の挙動を検出できない. しかし, 対角線論法を用いると, (2.63), (2.65) は次のように改良されることがわかる.

補題 2.5.2 定理 2.7 の仮定のもとで

$$\|v_k\|_\infty = v_k(x_k^0) \to +\infty, \quad x_k^0 \to 0, \quad \delta_k^0 = e^{-v_k(x_k^0)/2} \to 0 \tag{2.66}$$

とする. このとき

$$r_k^0 \downarrow 0, \quad \lim_{k \to \infty} r_k^0/\delta_k^0 = +\infty \tag{2.67}$$

に対して $\displaystyle\lim_{k \to \infty} \int_{B(x_k^0, 2r_k^0)} V_k(x)e^{v_k} = 8\pi$ が成り立つ.

仮定より $\overline{B} \setminus \{0\}$ 上局所一様に $v_k \to -\infty$ であるので

$$\lim_{k \to \infty} \int_{B_{R/2} \setminus B(x_k^0, 2r_k^0)} V_k(x)e^{v_k} = 0 \tag{2.68}$$

であれば $\lim_{k\to\infty}\int_B V_k(x)e^{v_k} = 8\pi$. 従って $\alpha = 8\pi$ が得られる. この場合, (2.68) を residual vanishing と呼ぶ.

(2.68) がスケーリング $\tilde{v}_k$ の遠方挙動の要請であることは変わりない. しかしその 1 つの十分条件を, §1.3 で述べた sup+inf 不等式を用いて導出することができる. 最初に定理 1.4 をスケーリングして次の補題を示す.

補題 2.5.3 $a, b > 0$ に対して $R > 0$ に依存しない $c_1 \geq 1, c_2 > 0$ が存在して
$$-\Delta v = V(x)e^v, \quad a \leq V(x) \leq b \quad \text{in } B_R$$
ならば
$$v(0) + c_1 \inf_{\partial B_r} v + 2(c_1 + 1)\log r \leq c_2, \quad 0 < r \leq R \tag{2.69}$$
である.

【証明】 $r \in (0, R]$ に対して $\tilde{v}(x) = v(rx) + 2\log r$ とおくと
$$-\Delta \tilde{v} = V(rx)e^{\tilde{v}} \quad \text{in } B_1$$
が得られるので, sup+inf 不等式 (定理 1.4) を $\Omega = B_1, K = \{0\}$ に適用して
$$\tilde{v}(0) + c_1 \inf_{B_1} \tilde{v} \leq c_2 \tag{2.70}$$
となる. (2.70) は
$$v(0) + 2(c_1 + 1)\log r + c_1 \inf_{B_r} v \leq c_2$$
を意味するが v は優調和なので $\inf_{B_r} v = \inf_{\partial B_r} v$. これより (2.69) が得られる. □

補題 2.5.3 と独立な次の補題により, (2.69) における $\inf_{\partial B_r} v$ は $\sup_{\partial B_r} v$ に置き換えることができる. その証明は非負調和関数に対するハルナック不等式による.

補題 2.5.4 $\beta \in (0, 1)$ が存在し, $R, R_0 > 0, 0 < R_0 \leq R/4$ に依存しない $c_3 > 0$ が存在して

$$-\Delta v = V(x)e^v, \quad |V(x)| \le C_2, \quad v(x) + 2\log|x| \le C_3 \quad \text{in } B_R \setminus \overline{B_{R_0}}$$

ならば

$$\sup_{\partial B_r} v \le c_3 + \beta \inf_{\partial B_r} v + 2(\beta - 1)\log r, \quad 2R_0 \le r \le R/2 \tag{2.71}$$

である.

【証明】 $r \in [2R_0, R/2]$ に対して $\tilde{v}(x) = v(rx) + 2\log r$ とおき

$$-\Delta \tilde{v} = V(rx)e^{\tilde{v}}$$
$$\tilde{v}(x) = v(rx) + 2\log(r|x|) - 2\log|x| \le C_3 + 2\log 2$$
$$\left|V(rx)e^{\tilde{v}}\right| \le C_2 \exp(C_3 + 2\log 2) \quad \text{in } B_2 \setminus \overline{B_{1/2}} \tag{2.72}$$

を得る. (2.72) の最後の式から

$$-\Delta w = V(rx)e^{\tilde{v}} \quad \text{in } B_2 \setminus \overline{B_{1/2}}, \quad w = 0 \quad \text{on } \partial(B_2 \setminus \overline{B_{1/2}})$$

の解 w は $|w| \le C_4$ in $B_2 \setminus \overline{B_{1/2}}$ を満たす. (2.72) 第2式から $h = w - \tilde{v} + C_5$, $C_5 = C_4 + C_3 + 2\log 2$ は $B_2 \setminus \overline{B_{1/2}}$ 上の非負調和関数で, ハルナック不等式から $\beta \in (0, 1)$ が存在して

$$\beta \sup_{\partial B_1} h \le \inf_{\partial B_1} h \tag{2.73}$$

となる. (2.73) の右辺と左辺はそれぞれ

$$C_5 + C_4 - \sup_{\partial B_1} \tilde{v} = C_5 + C_4 - 2\log r - \sup_{\partial B_r} v$$
$$\beta\left(C_5 - C_4 - \inf_{\partial B_1} \tilde{v}\right) = \beta\left(C_5 - C_4 - 2\log r - \inf_{\partial B_r} v\right)$$

で評価されるので

$$\sup_{\partial B_r} v \le (1 - \beta)C_5 + (1 + \beta)C_4 + 2(\beta - 1)\log r + \beta \inf_{\partial B_r} v$$

従って (2.71) が得られる. □

補題 2.5.3, 2.5.4 を組み合わせると次の補題が得られる.

補題 2.5.5 任意の $a, b > 0$ に対して $0 < R_0 \leq R/4$ に依存しない $\gamma > 0$ が存在して

$$-\Delta v = V(x)e^v, \quad a \leq V(x) \leq b \quad \text{in } B_R$$
$$v(x) + 2\log|x| \leq C_6 \quad \text{in } B_R \setminus \overline{B_{R_0}} \tag{2.74}$$

ならば

$$e^{v(x)} \leq C_7 e^{-\gamma v(0)} \cdot |x|^{-2(\gamma+1)}, \quad 2R_0 \leq |x| \leq R/2 \tag{2.75}$$

である.

【証明】 上述の補題から, (2.74) のもとで

$$\inf_{\partial B_r} v \leq \frac{c_2}{c_1} - \frac{1}{c_1}v(0) - 2\left(1 + \frac{1}{c_1}\right)\log r, \quad 0 < r \leq R$$
$$\sup_{\partial B_r} v \leq \left(c_3 + \beta \cdot \frac{c_2}{c_1}\right) - \frac{\beta}{c_1}v(0) - 2\left(\frac{\beta}{c_1} + 1\right)\log r, \quad 2R_0 < r \leq R/2$$

が成り立ち, これから $\gamma = \beta/c_1$, $C_7 = \exp\left(c_3 + \beta \cdot \frac{c_2}{c_1}\right)$ に対して (2.75) が得られる. □

補題 2.5.5 より residual vanishing の十分条件が導出される. 実際, 補題 2.5.2 において, (2.66) に加えて

$$\sup_{x \in B \setminus B(x_k^0, r_k^0)} \left\{v_k(x) + 2\log\left|x - x_k^0\right|\right\} \leq C_8 \tag{2.76}$$

であるとすると補題 2.5.5 が適用できる. すなわち

$$e^{v_k(x)} \leq C_9 e^{-\gamma v_k(x_k)} \left|x - x_k^0\right|^{-2(\gamma+1)} \quad \text{in } B_{R/2} \setminus B(x_k, 2r_k^0) \tag{2.77}$$

であり, (2.77) から

$$\int_{B_{R/2} \setminus B(x_k^0, 2r_k^0)} V_k(x) e^{v_k} \leq b \cdot C_9 \cdot (\delta_k^0)^{2\gamma} \cdot 2\pi \cdot \int_{2r_k^0}^{+\infty} r^{-2(\gamma+1)} r \, dr$$
$$= \frac{\pi b C_9}{\gamma}(\delta_k^0/2r_k^0)^{2\gamma} \to 0 \tag{2.78}$$

となって (2.68) が得られる.

(2.76) が成り立たないときは部分列と $\{\overline{x}_k^1\} \subset \overline{B}$ が存在して

$$\sup_{x\in B\setminus B(x_k^0,r_k^0)}\left\{v_k(x)+2\log\left|x-x_k^0\right|\right\}=v_k(\overline{x}_k^1)+2\log\left|\overline{x}_k^1-x_k^0\right|\to+\infty \tag{2.79}$$

(2.79) と定理 2.7 の仮定より, 部分列に対して

$$\overline{x}_k^1\to 0,\quad v_k(\overline{x}_k^1)\to+\infty \tag{2.80}$$

また (2.79) は

$$\overline{\delta}_k^1=e^{-v_k(\overline{x}_k^1)/2},\quad m_k=\frac{|\overline{x}_k^1-x_k^0|}{\overline{\delta}_k^1} \tag{2.81}$$

に対して

$$\lim_{k\to\infty}m_k=+\infty \tag{2.82}$$

を意味する. (2.81)–(2.82) は (2.78) の導出で用いた (2.67) に対応し, (2.77) に相当することが $\overline{x}_k^1$ の周りで発生すれば, 第 2 bubble を摘出したところで residual vanishing となることを示唆している. 実際, 第 2 bubble の中心 x_k^1 は $|x_k^1-\overline{x}_k^1|=O(\overline{\delta}_k^1)$ を満たす.

このことを示すために, (2.80), (2.82) に注意して第 2 スケーリングを適用する. すなわち $|x|\leq m_k/2$ に対して

$$\left|\overline{\delta}_k^1 x+\overline{x}_k^1-x_k^0\right|\geq\left|\overline{x}_k^1-x_k^0\right|-\overline{\delta}_k^1|x|\geq\frac{1}{2}\left|\overline{x}_k^1-x_k^0\right|$$

であるから

$$\begin{aligned}\overline{v}_k^1(x)&\equiv v_k(\overline{\delta}_k^1 x+\overline{x}_k^1)+2\log\overline{\delta}_k^1\\ &\leq v_k(\overline{x}_k^1)+2\log\left|\overline{x}_k^1-x_k^0\right|-2\log\left|\overline{\delta}_k^1 x+\overline{x}_k^1-x_k^0\right|+2\log\overline{\delta}_k^1\\ &\leq v_k(\overline{x}_k^1)+2\log\overline{\delta}_k^1+2\log\left|\overline{x}_k^1-x_k^0\right|-2\log\frac{1}{2}\left|\overline{x}_k^1-x_k^0\right|\\ &=2\log 2\end{aligned}$$

となり

$$-\Delta\overline{v}_k^1=V_k(\overline{\delta}_k^1 x+\overline{x}_k^1)e^{\overline{v}_k^1},\quad \overline{v}_k^1\leq 2\log 2\ \text{ in }B_{m_k/2},\quad \overline{v}_k^1(0)=0 \tag{2.83}$$

が得られる.

(2.83) に対してブレジス・メルルの定理を適用する. 楕円型評価, (2.82), 対角線論法により部分列に対して

$$\bar{v}_k^1 \to \bar{v}^1 \quad \text{in } C_{loc}^{1,\alpha}(\mathbf{R}^2), \qquad 0 < \alpha < 1 \tag{2.84}$$

が成り立ち, チェン・リィの定理により $\mu > 0$, $\overline{x} \in \mathbf{R}^2$ が存在して, 極限関数 $\bar{v}^1 = \bar{v}^1(x)$ は

$$\bar{v}^1(x) = \log \frac{\mu^2}{\left(1 + \mu^2 a^2 |x - \overline{x}|^2\right)^2}, \quad \bar{v}^1(x) \leq 2\log 2, \qquad x \in \mathbf{R}^2$$
$$\bar{v}^1(0) = 0, \quad a = (V(0)/8)^{1/2} \tag{2.85}$$

を満たす. (2.85) において $\overline{x}$ は, 第 2 スケーリングのもとで第 2 bubble の中心が収束する行先を表している.

(2.84), (2.85) から $r_k^1 \downarrow 0$, x_k^1 を

$$\lim_{k\to\infty} r_k^1/\delta_k^1 = +\infty, \; v_k(x_k^1) = \|v_k\|_{L^\infty(B(x_k^1, 2r_k^1))} \to +\infty$$
$$\delta_k^1 = e^{-v_k(x_k^1)/2} \to 0 \tag{2.86}$$

となるように選ぶことができる. このとき (2.85) より $|x_k^1 - \overline{x}_k^1| = O(\overline{\delta}_k^1)$ および $\delta_k^1 = O(\overline{\delta}_k^1)$. 従って (2.81) から

$$C_{10} \frac{|x_k^1 - x_k^0|}{\delta_k^1} \geq \frac{|x_k^1 - x_k^0|}{\overline{\delta}_k^1} \to +\infty$$

となり, $k \gg 1$ において

$$B(x_k^1, 2r_k^1) \cap B(x_k^0, 2r_k^0) = \emptyset \tag{2.87}$$

が達成される. 第 1 bubble と同様に $\displaystyle\lim_{k\to\infty} \int_{B(x_k^1, 2r_k^1)} V_k(x) e^{v_k} = 8\pi$ であり, $r_k^j = O(d_k)$, $j = 0, 1$ も成り立つ. ここで $d_k = |x_k^1 - x_k^0|$ とおく.

評価

$$\sup\left\{ v_k(x) + 2\log \min_{j=0,1}\left|x - x_k^j\right| \; \Big| \; x \in B \setminus \bigcup_{j=0}^1 B(x_k^j, r_k^j) \right\} \leq C_{11}$$

が成り立つときは, 一般性を失わず $x_k^0 = 0$ としてスケーリング

$$\tilde{v}_k(x) = v_k(d_k x) + 2 \log d_k$$

を用いる. $\tilde{x}_k^j = x_k^j/d_k$, $\tilde{\delta}_k^j = e^{-\tilde{v}_k(\tilde{x}_k^j)/2} = \delta_k^j/d_k \to 0$, $\tilde{r}_k^j = r_k^j/d_k$ に対して

$$\tilde{x}_k^0 = 0, \ |\tilde{x}_k^1| = 1, \quad \tilde{r}_k^j/\tilde{\delta}_k^j = r_k^j/\delta_k^j \to +\infty, \ \tilde{r}_j^1 = O(1), \ j = 0, 1$$

$$\sup \left\{ \tilde{v}_k(x) + 2 \log \min_{j=0,1} \left| x - \tilde{x}_k^j \right| \ \middle| \ x \in B_{R/d_k} \setminus \bigcup_{j=0}^1 B(\tilde{x}_k^j, \tilde{r}_k^j) \right\} \le C_{11}$$

$$B(0, \tilde{r}_k^0) \cap B(\tilde{x}_k^1, \tilde{r}_k^1) = \emptyset$$

であり, ブレジス・メルルの定理 (定理 2.1) より $\lim_{k\to\infty} \tilde{x}_k^1 = \tilde{x}^1$ に対し

$$\tilde{v}_k \to -\infty \quad \text{loc. unif. in } \mathbf{R}^2 \setminus \{0, \tilde{x}^1\} \tag{2.88}$$

が成り立つ.

$\tilde{r}_k^j = O(1)$ より補題 2.5.5 を $v = \tilde{v}_k$, $1 \ll R_0 < R/\delta_k$ に対して適用することができる. 結論の評価は R, R_0 に依存しないので, $\tilde{V}_k(x) = V(d_k x)$ に対して

$$\lim_{k\to\infty} \int_{B_{R/2d_k} \setminus B_{2R_0}} \tilde{V}_k(x) e^{\tilde{v}_k} = 0$$

(2.88) と合わせると

$$\lim_{k\to\infty} \int_{B_{R/d_k}} \tilde{V}_k(x) e^{\tilde{v}_k} = \lim_{k\to\infty} \int_{B_R} V(x) e^{v_k} = 16\pi$$

となり, $\alpha = 16\pi$ が示される.

定理 2.2 の証明は, 原理的にはこのプロセスを反復することで達成される. しかし, 3 つ以上の bubble が発生したときはその concentration rate を分類する必要がある. 議論が煩雑となるので, 次節では数学的帰納法を用いて示す.

2.6 リィ・シャフリエの定理（続）

最初に下からの評価を与える.

補題 2.6.1 定理 2.7 の仮定のもとで部分列に対して $m \in \mathbf{N}$, $1 \le m \le V(0) \cdot C_1/(8\pi)$ および $0 \le j \le m-1$ に対して

$$x_k^j \in B_R, \quad \lim_{k \to \infty} x_k^j = 0, \quad \sigma_k^j > 0, \quad \lim_{k \to \infty} \sigma_k^j = +\infty$$

が存在して $\delta_k^j = e^{-v_k(x_k^j)/2}$ に対して

$$v_k(x_k^j) = \max_{B(x_k^j, \sigma_k^j \delta_k^j)} v_k \to +\infty$$

$$B(x_k^j, 2\sigma_k^j \delta_k^j) \cap B(x_k^i, 2\sigma_k^i \delta_k^i) = \emptyset, \qquad i \neq j$$

$$\left. \frac{\partial}{\partial t} v_k(tx + x_k^j) \right|_{t=1} < 0, \quad \delta_k^j \leq |x| \leq 2\sigma_k^j \delta_k^j$$

$$\lim_k \int_{B(x_k^j, 2\sigma_k^j \delta_k^j)} V_k e^{v_k} = \lim_k \int_{B(x_k^j, \sigma_k^j \delta_k^j)} V_k e^{v_k} = 8\pi$$

$$\max_{x \in \overline{B_R} \setminus \bigcup_{j=1}^{m-1} B(x_k^j, \sigma_k^j \delta_k^j)} \left\{ v_k(x) + 2 \log \min_j \left| x - x_k^j \right| \right\} \leq C_1 \qquad (2.89)$$

が成り立つ.

【証明】 $m=1$ に対して補題が成り立つのは前節で述べた通りである. すなわち補題 2.5.2 で示したように部分列に対して

$$x_k^0 \in B_R, \quad v_k(x_k^0) = \max_{\overline{B_R}} v_k, \quad x_k^0 \to 0, \quad v_k(x_k^0) \to +\infty$$

$$\tilde{v}_k^0 \to \tilde{v} \quad \text{in } C_{loc}^{1,\alpha}(\mathbf{R}^2) \qquad 0 < \alpha < 1$$

$$\tilde{v}_k^0(x) = v_k(\delta_k^0 x + x_k^0) + 2 \log \delta_k^0, \quad \tilde{v}(x) = \log \frac{1}{\left(1 + \frac{V(0)}{8} |x|^2\right)^2}$$

であり, $\sigma_k^0 = r_k^0 / \delta_k^0 \to +\infty$ かつ $\lim_{k \to \infty} \left\| \tilde{v}_k^0 - \tilde{v} \right\|_{C^{1,\alpha}\left(B_{2\sigma_k^0}\right)} = 0$ とできる. このことから

$$\int_{B(x_k^0, 2\sigma_k^0 \delta_k^0)} V_k e^{v_k} = \int_{B_{2\sigma_k^0}} V_k(\delta_k^0 \cdot + x_k^0) e^{\tilde{v}_k^0} \to 8\pi$$

$$\int_{B(x_k^0, \sigma_k^0 \delta_k^0)} V_k e^{v_k} = \int_{B_{\sigma_k^0}} V_k(\delta_k^0 \cdot + x_k^0) e^{\tilde{v}_k^0} \to 8\pi$$

$$\left. \frac{\partial}{\partial t} v_k(tx + x_k^0) \right|_{t=1} < 0, \quad \delta_k^0 \leq |x| \leq 2\sigma_k^0 \delta_k^0$$

であり, (2.89) 第 1 式, 第 3 式, 第 4 式が $j=0$ に対して成り立つ.

(2.89) 第 1 式, 第 2 式, 第 3 式, 第 4 式が $m=\ell$ に対して成り立つとする. こ

の段階で, (2.89) 第 5 式が成り立てば証明が終了する. そこでそうでないとして, 部分列に対して

$$M_k \equiv \max_{x \in \overline{B}_R}\left\{v_k(x) + 2\log \min_{0\leq j\leq \ell-1}\left|x - x_k^j\right|\right\} \to +\infty \tag{2.90}$$

を仮定する. $\max_{\overline{B}_R \setminus B_r} v_k \to -\infty$ より, このとき M_k は内点 $\overline{x}_k^\ell \in B_R$ で達成され, $v_k(\overline{x}_k^\ell) \to +\infty$ が成り立つ. 従って $\overline{x}_k^\ell \to 0$, $\overline{\delta}_k^\ell \equiv e^{-v_k(\overline{x}_k^\ell)/2} \to 0$ であり, (2.90) は

$$m_k \equiv \min_{0\leq j\leq \ell-1}\frac{\left|\overline{x}_k^\ell - x_k^j\right|}{\overline{\delta}_k^\ell} \to +\infty \tag{2.91}$$

を意味する. $|x| \leq m_k/2$ に対して

$$\min_{0\leq j\leq \ell-1}\left|\overline{x}_k^\ell + \overline{\delta}_k^\ell x - x_k^j\right| \geq \min_{0\leq j\leq \ell-1}\left|\overline{x}_k^\ell - x_k^j\right| - \overline{\delta}_k^\ell |x|$$
$$\geq \frac{1}{2}\min_{0\leq j\leq \ell-1}\left|\overline{x}_k^\ell - x_k^j\right|$$

一方

$$v_k(x) + 2\log \min_{0\leq j\leq \ell-1}\left|x - x_k^j\right| \leq v_k(\overline{x}_k^\ell) + 2\log \min_{0\leq j\leq \ell-1}\left|\overline{x}_k^\ell - x_k^j\right|$$

より

$$\overline{v}_k(x) \equiv v_k(\overline{\delta}_k^\ell x + \overline{x}_k^\ell) + 2\log \overline{\delta}_k^\ell$$
$$\leq v_k(\overline{x}_k^\ell) + 2\log \min_{0\leq j\leq \ell-1}\left|\overline{x}_k^\ell - x_k^j\right| + 2\log \overline{\delta}_k^\ell$$
$$\quad - 2\log \min_{0\leq j\leq \ell-1}\left|\overline{\delta}_k^\ell x + \overline{x}_k^\ell - x_k^j\right|$$
$$\leq v_k(\overline{x}_k^\ell) + 2\log \overline{\delta}_k^\ell + 2\log \min_{0\leq j\leq \ell-1}\left|\overline{x}_k^\ell - x_k^j\right| - 2\log \frac{1}{2}\min_{0\leq j\leq \ell-1}\left|\overline{x}_k^\ell - x_k^j\right|$$
$$= 2\log 2$$

前節と同様に $\overline{\mu} > 0$, $\overline{x} \in \mathbf{R}^2$ が存在し, 部分列に対して

$$\overline{v}_k \to \overline{v} \text{ in } C^{1,\alpha}_{loc}(\mathbf{R}^2), \qquad \overline{v}(x) = \log \frac{\overline{\mu}^2}{\left(1 + a^2\overline{\mu}^2|x - \overline{x}|^2\right)^2}$$

$$\overline{v} \leq 2\log 2 \text{ in } \mathbf{R}^2, \quad \overline{v}(0) = 0, \quad a = (V(0)/8)^{1/2}$$

が得られるので, 特に

$$1 \leq \overline{\mu} \leq 2, \quad |\overline{x}| \leq 1/(2a) \tag{2.92}$$

が成り立つ. そこで

$$L = \max_{|x| \leq 1/a} \overline{v}(x) - \min_{|x| \leq 1/a} \overline{v}(x) \tag{2.93}$$

とおく.

対角線論法から, $\sigma_k^\ell \to +\infty$ に対して部分列が $\|\overline{v}_k - \overline{v}\|_{C^{1,\alpha}(B_{4\sigma_k^\ell})} \to 0$ を満たす. 従って

$$\left.\frac{\partial}{\partial t}\overline{v}_k(ty+\overline{x})\right|_{t=1} < 0, \quad \frac{1}{2} \leq |y| \leq 4\sigma_k^\ell$$

であり, $y_k^\ell \in B_1$ が存在して $\overline{v}_k(y_k^\ell + \overline{x}) = \max_{y \in \overline{B_{4\sigma_k^\ell}}} \overline{v}_k(y+\overline{x})$. 特に (2.92), (2.93) から $x_k^\ell \equiv \overline{\delta}_k^\ell(y_k^\ell + \overline{x}) + \overline{x}_k^\ell \to 0$, $v_k(\overline{x}_k^\ell) \leq v_k(x_k^\ell) \leq v_k(\overline{x}_k^\ell) + L$ が成り立つ. このとき

$$\delta_k^\ell = e^{-v_k(x_k^\ell)/2} \leq \overline{\delta}_k^\ell \leq e^{L/2} \cdot \delta_k^\ell, \quad v_k(x_k^\ell) = \max_{|x-x_k^\ell| \leq 4\sigma_k^\ell \delta_k^\ell} v_k(x) \to +\infty$$

であり, スケーリング $\tilde{v}_k^\ell(x) = v_k(\delta_k^\ell x + x_k^\ell) + 2\log \delta_k^\ell$, $\delta_k^\ell = e^{-v_k(x_k^\ell)/2} \to 0$ を用いることができる.

すると定理 2.4, 2.5 より

$$\int_{B(x_k^\ell, 2\sigma_k^\ell \delta_k^\ell)} V_k e^{v_k} = \int_{B_{2\sigma_k^\ell}} V_k(\delta_k^\ell \cdot + x_k^\ell)e^{\tilde{v}_k^\ell} \to 8\pi$$

$$\int_{B(x_k^\ell, \sigma_k^\ell \delta_k^\ell)} V_k e^{v_k} = \int_{B_{\sigma_k^\ell}} V_k(\delta_k^\ell \cdot + x_k^\ell)e^{\tilde{v}_k^\ell} \to 8\pi$$

$$\left.\frac{\partial}{\partial t}v_k(tx + x_k^\ell)\right|_{t=1} < 0, \quad \delta_k^\ell \leq |x| \leq 2\sigma_k^\ell \delta_k^\ell,$$

が成り立ち, (2.91) と合わせると $m = \ell + 1$ に対して (2.89) 第 1 式–第 4 式が得られる. 以下 (2.89) 第 5 式が成り立たなくなるまでこのプロセスを継続する. このプロセスは $V(0)C_1/(8\pi)$ 以下の回数で終了し, 定理が得られる. □

定理 2.7 の証明は補題 2.6.1 の結論のもとで residual vanishing, すなわち

$$\lim_{k\to\infty}\int_{B_R\setminus\bigcup_{\ell=1}^m B(x_k^\ell,\sigma_k^\ell\delta_k^\ell)} V_k e^{v_k} = 0$$

が成り立つことに，またこのことは次の補題 2.6.1 に帰着される．補題 2.6.1 は帰納法を簡明にするために，実際よりも幾分弱い仮定のもとで，より一般の結論が導出される形で定式化されている．補題 2.6.1 は補題 2.5.5 と (2.89) によって得られることに注意する．

補題 2.6.2 定理 2.7 の仮定のもとで，さらに $m \geq 1$, $x_k^j \in B_R$, $r_k^j > 0$, $k = 1, 2, \ldots$, $0 \leq j \leq m-1$ が存在し，$\delta_k^j = e^{-v_k(x_k^j)/2}$ に対して

$$x_k^j \to 0, \quad v_k(x_k^j) \to +\infty, \quad \lim_{k\to\infty} \frac{r_k^j}{\delta_k^j} = +\infty$$

$$B(x_k^j, r_k^j) \cap B(x_k^i, r_k^i) = \emptyset, \quad i \neq j$$

$$\max_{x \in \overline{B_R} \setminus \bigcup_{j=0}^{m-1} B(x_k^j, r_k^j)} \left\{ v_k(x) + 2\log \min_{0 \leq j \leq m-1} \left| x - x_k^j \right| \right\} \leq C_2$$

$$\lim_{k\to\infty}\int_{B(x_k^j, 2r_k^j)} V_k e^{v_k} = \lim_{k\to\infty}\int_{B(x_k^j, r_k^j)} V_k e^{v_k} = \beta_j \geq 4\pi \qquad (2.94)$$

が成り立つものとすると $\displaystyle\lim_{k\to\infty}\int_{B_R} V_k e^{v_k} = \sum_{j=0}^{m-1} \beta_j$ となる．

【証明】 $m = 1$ のときは部分列に対して

$$x_k^0 = 0, \quad \lim_{k\to\infty} r_k^0 = 0 \qquad (2.95)$$

が成り立つものとしてよい．実際 (2.95) 第 2 式が成り立たないときは，定理 2.7 の仮定から補題は明らかである．

(2.95), (2.94) 第 3 式を用いて補題 2.5.5 を適用すると

$$e^{v_k(x)} \leq C_3 \cdot (\delta_k^0)^{2\gamma} \cdot |x|^{-2(\gamma+1)}, \qquad 2r_k^0 \leq |x| \leq R/2$$

従って (2.94) 第 1 式から

$$\int_{B_{R/2} \setminus B_{2r_k^0}} V_k e^{v_k} \leq b \cdot C_2 \cdot (\delta_k^0)^{2\gamma} \cdot 2\pi \cdot \int_{2r_k^0}^{\infty} r^{-2(\gamma+1)} \cdot r\, dr$$

$$= C_4 \left(\frac{\delta_k^0}{2r_k^0}\right)^{2\gamma} \to 0$$

(2.94) から $\lim_{k \to \infty} \int_{B_R} V_k e^{v_k} = \beta_0$ となる.

$m \geq 2$ として補題が $1, \ldots, m-1$ に対して成り立つものとする. $x_k^0 = 0$ および $d_k \equiv \left|x_k^1 - x_k^0\right| = \min\left\{\left|x_k^i - x_k^j\right| \mid i \neq j\right\}$ が成り立つものとしてよい.

最初に, $A \geq 1$ が存在して

$$\left|x_k^i - x_k^j\right| \leq A d_k, \quad 0 \leq i, j \leq m-1 \tag{2.96}$$

となる場合を考え, (2.96) のもとで

$$\lim_{k \to \infty} \int_{B_{4Ad_k}} V_k e^{v_k} = \lim_{k \to \infty} \int_{B_{2Ad_k}} V_k e^{v_k} = \sum_{j=0}^{m-1} \beta_j \tag{2.97}$$

が成り立つことを示す. 実際 (2.96) により, 補題を $m = 1$, $(r_k^0)' = 2Ad_k$, $(\beta_0)' = \sum_{j=0}^{m-1} \beta_j$, $(x_k^0)' = 0$ として適用することができ, (2.97) から求める

$$\lim_{k \to \infty} \int_{B_R} V_k e^{v_k} = \sum_{j=0}^{m-1} \beta_j$$

が得られる.

(2.97) を示すためには $\tilde{v}_k(x) = v_k(d_k x) + 2\log d_k$, $\tilde{V}_k(x) = V_k(d_k x)$, $|x| \leq R/d_k$ を用い, $0 \leq j \leq m-1$ に対して $\tilde{x}_k^j = x_k^j/d_k$, $\tilde{\delta}_k^j = e^{-\tilde{v}_k(\tilde{x}_k^j)/2} = \dfrac{\delta_k^j}{d_k}$, $\tilde{r}_k^j = \dfrac{r_k^j}{d_k}$ とおく. 仮定より

$$\tilde{x}_k^0 = 0, \quad \lim_{k \to \infty} d_k = 0, \quad \frac{\tilde{r}_k^j}{\tilde{\delta}_k^j} = \frac{r_k^j}{\delta_k^j} \to +\infty$$

$$B(\tilde{x}_k^i, \tilde{r}_k^i) \cap B(\tilde{x}_k^j, \tilde{r}_k^j) = \emptyset, \quad i \neq j$$

$$\max_{x \in \overline{B_{R/d_k}} \setminus \cup_{j=0}^{m-1} B(\tilde{x}_k^j, \tilde{r}_k^j)} \left\{\tilde{v}_k(x) + 2\log \min_{0 \leq j \leq m-1} \left|x - \tilde{x}_k^j\right|\right\} \leq C_5$$

$$\lim_{k \to \infty} \int_{B(\tilde{x}_k^j, 2\tilde{r}_k^j)} \tilde{V}_k e^{\tilde{v}_k} = \lim_{k \to \infty} \int_{B(\tilde{x}_k^j, \tilde{r}_k^j)} \tilde{V}_k e^{\tilde{v}_k} = \beta_j$$

また $\left|\tilde{x}_k^j\right| \leq A$ より $\lim_{k\to\infty} \tilde{x}_k^j = \tilde{x}^j, 0 \leq j \leq m-1$ としてよい.

定理 2.4 より

$$\tilde{v}_k \to -\infty \quad \text{loc. unif. in } \mathbf{R}^2 \setminus \bigcup_{j=0}^{m-1}\{\tilde{x}^j\}$$

$$1 \leq \left|\tilde{x}^i - \tilde{x}^j\right| \leq A, \quad i \neq j \tag{2.98}$$

従って部分列に対して $\lim_{k\to\infty} \tilde{r}_k^j > 0$ であれば, (2.98) より

$$\lim_{k\to\infty}\int_{B_{1/2}(\tilde{x}^j)} \tilde{V}_k e^{\tilde{v}_k} = \beta_j \tag{2.99}$$

そうでなければ $\lim_{k\to\infty} \tilde{r}_k^j = 0$ であるので, 補題が $m=1$ で適用できる. そのとき再び (2.99) となる. (2.98)–(2.99) から

$$\lim_{k\to\infty}\int_{B_{4A}} \tilde{V}_k e^{\tilde{v}_k} = \lim_{k\to\infty}\int_{B_{2A}} \tilde{V}_k e^{\tilde{v}_k} = \sum_{j=0}^{m-1}\beta_j$$

すなわち (2.97) が得られる.

(2.96) が成り立たない場合は $\emptyset \neq J_\ell \subset \{0,1,\ldots,\ell-1\}, 2 \leq \ell \leq m-1$ が存在して

$$\left|x_k^j - x_k^i\right| \leq Ad_k, \quad i,j \in J_\ell$$

$$\lim_{k\to\infty}\frac{\left|x_k^i - x_k^j\right|}{d_k} = +\infty, \quad i \in J_\ell, \ j \notin J_\ell$$

$0 \leq j \leq \ell-1$ に対しては上と同様に

$$\lim_{k\to\infty}\int_{B_{2Ad_k}} V_k e^{v_k} = \lim_{k\to\infty}\int_{B_{Ad_k}} V_k e^{v_k} = \sum_{j\in J_\ell}\beta_j$$

従って $(x_k^0)' = x_k^0 = 0, (r_k^0)' = 2Ad_k, \beta_0' = \sum_{j\in J_\ell}\beta_j$ とおくことで m が $m-\ell+1 \leq m-1$ である場合に帰着させることができる.

実際

$$B_{Ad_k} \cap B(x_k^j, r_k^j) = \emptyset, \quad \ell \leq j \leq m-1 \tag{2.100}$$

のみを検証する. (2.100) が成り立たないとすると, $\ell \leq j \leq m-1$ が存在して

$$Ad_k + r_k^j \geq |x_k^j| > d_k + r_k^j \tag{2.101}$$

(2.101) から $\lim_{k\to\infty} \frac{r_k^j}{d_k} = +\infty$, $\lim_{k\to\infty} \frac{r_k^j}{|x_k^j|} = 1$. 従って $k \gg 1$ において $B_{Ad_k} \subset B(x_k^j, 2r_k^j)$. これは $\beta_0 > 0$ より (2.94) に反する.

以上から
$$\lim_{k\to\infty} \int_{B_R} V_k e^{v_k} = \beta_0' + \sum_{j=\ell}^{m-1} \beta_j = \sum_{j=0}^{m-1} \beta_j$$

従って補題は m について成り立つ. □

以上により定理 2.2 は証明された.

2.7 リィの評価

定理 1.10 と異なり定理 2.7 では境界条件が与えられていないので, 爆発点の位置をグリーン関数によって定めることはできない. もう 1 つの相違は $\alpha = 8\pi m$, $m \geq 2$ で表される bubble の衝突が実際に起こりえることである [38]. 本書第 2 章 1 節で述べたように, この現象は v_k の挙動が爆発点の周辺で制御されているときには発生しない. 次の定理 [86] は (2.102) で表される境界条件があると衝突は起こらず, 解 $v_k = v_k(x)$ の挙動が $v_k(0)$ を用いて大域的に制御されることを表している. 実際 $V_k(x)$ が定数の場合には (2.103) は第 1 章 7 節の (1.124) から導出することができる [*7].

以下定理 2.7 において $R = 1$, 従って $B = B(0,1) \subset \mathbf{R}^2$ とする. 補題 2.5.1 によって $V = V(x) > 0$, $x \in \overline{B}$ としてよい.

定理 2.8 (リィ) 定理 2.7 の仮定のもとでさらに

$$\max_{\partial B} v_k - \min_{\partial B} v_k \leq C_1, \quad \|\nabla V_k\|_\infty \leq C_2 \tag{2.102}$$

のときは $\alpha = 8\pi$ で, さらに $k = 1, 2, \ldots$ に対し

$$\left| v_k(x) - \log \frac{e^{v_k(0)}}{\left(1 + \frac{V_k(0)}{8} e^{v_k(0)} |x|^2\right)^2} \right| \leq C_3, \quad x \in B \tag{2.103}$$

[*7] $\alpha = 8\pi$ をビリアル等式から証明する議論は [106].

が成り立つ.

定理 2.8 の仮定のもとで, (2.102) 第 1 式より $m_k = \inf_{\partial B} v_k$ に対して

$$-\Delta(v_k - m_k) = V_k(x)e^{v_k} \geq 0 \quad \text{in } B$$
$$0 \leq v_k - m_k \leq C_4 \quad \text{on } \partial B \tag{2.104}$$

が成り立つ. 最大原理から

$$v_k \geq m_k \quad \text{in } B \tag{2.105}$$

従って仮定

$$\lim_{k \to \infty} \max_{\overline{B} \setminus B_r} v_k = -\infty, \quad 0 < r < 1 \tag{2.106}$$

より $\lim_{k \to \infty} m_k = -\infty$ が得られる.

$A_r = B \setminus \overline{B_r}$ に対して $w_k = w_k(x)$ を

$$-\Delta w_k = V_k(x)e^{v_k} \quad \text{in } A_r, \qquad w_k = 0 \quad \text{on } \partial A_r$$

で定めると $\|w_k\|_\infty = O(1)$. 従って (2.105), (2.106) および非負調和関数に対するハルナック不等式によって

$$-\Delta(v_k - m_k) = o(1) \quad \text{in } A_r, \qquad 0 \leq v_k - m_k \leq C_{5,r} \quad \text{on } \partial A_r$$

である. 仮定 $\lim_{k \to \infty} \max_{\overline{B}} v_k = +\infty$, $\lim_{k \to \infty} \int_B V_k(x)e^{v_k} \, dx = \alpha$ より, $\psi_0 = \psi_0(x)$ を $\overline{B}$ 上の調和関数として

$$v_k(x) - m_k \to \frac{\alpha}{2\pi} \log \frac{1}{|x|} + \psi_0(x), \quad \text{loc. unif. in } \overline{B} \setminus \{0\}$$
$$-\Delta v_k = V_k(x)e^{v_k} \to \alpha \delta_0 \quad \text{in } \mathcal{M}(\overline{B}) \tag{2.107}$$

が成り立つ.

定理 2.8 の証明では, スケーリングした解を遠方で評価することがポイントとなる. 原論文では moving plane 法を用いているが, ここでは $-\Delta$ の基本解と次の補題 [*8)] を用いた方法 [88] で示す.

[*8)] 直接計算で得られる. 鈴木・上岡 [156] 1.2 節.

補題 2.7.1 (ポホザエフ等式)　C^1 関数 $V = V(x)$ に対して
$$-\Delta v = V(x)e^v \quad \text{in } B = B(0,1) \subset \mathbf{R}^2$$
であるとき, $0 < r \leq 1$ に対して
$$\int_{B_r} (2V(x) + x \cdot \nabla V(x))e^v \, dx$$
$$= r \int_{\partial B_r} V(x)e^v - \frac{1}{2}|\nabla v|^2 + \left(\frac{\partial v}{\partial \nu}\right)^2 d\sigma \quad (2.108)$$
が成り立つ. ただし $B_r = B(0,r)$ とする.

最初に次を示す.

補題 2.7.2　定理 2.8 の仮定のもとで $\alpha = 8\pi$ となる.

【証明】(2.108) より
$$\int_B (2V_k(x) + x \cdot \nabla V_k(x))e^{v_k} \, dx$$
$$= \int_{\partial B} V_k(x)e^{v_k} - \frac{1}{2}|\nabla v_k|^2 + \left(\frac{\partial v_k}{\partial \nu}\right)^2 d\sigma \quad (2.109)$$
(2.109) に対して (2.107) を適用する. 左辺に対しては第 2 式と
$$\lim_{k \to \infty} V_k = V \quad \text{in } C(\overline{B}), \qquad V = V(x) > 0 \quad (2.110)$$
右辺については第 1 式と $\overline{B}$ 上 $\Delta \psi_0 = 0$ を用いると
$$2\alpha = \frac{1}{2} \cdot \left(\frac{\alpha}{2\pi}\right)^2 \cdot 2\pi$$
となる. $\alpha > 0$ より $\alpha = 8\pi$ が得られる. □

§2.5 で展開したリィ・シャフリエの定理の証明の最初の部分を再現する. 仮定より $x_k \in \overline{B}$ に対して $v_k(x_k) = \max_{\overline{B}} v_k \to +\infty, \lim_{k \to \infty} x_k = 0$ であるが, $V_k(x)$ を $V_k(x + x_k)$ に置き換え, 最初から $x_k = 0$ としてよい. スケーリング
$$u_k(x) = v_k(\delta_k x) + 2\log \delta_k, \ \delta_k = e^{-v_k(0)/2}, \ \tilde{V}_k(x) = V_k(\delta_k x) \quad (2.111)$$

をとり
$$-\Delta u_k = \tilde{V}_k(x)e^{u_k}, \quad u_k \leq u_k(0) = 0, \quad |x| < \delta_k^{-1}$$
を得る. ブレジス・メルルの定理から部分列が存在して
$$u_k \to u = u(x) \quad \text{loc. unif. in } \mathbf{R}^2 \tag{2.112}$$
(2.64) と同様にして $c = V(0) > 0$ に対して
$$-\Delta u = ce^u, \quad u \leq u(0) = 0 \quad \text{in } \mathbf{R}^2, \quad \int_{\mathbf{R}^2} e^u < +\infty$$
従って (2.65) と同様に
$$\int_{\mathbf{R}^2} ce^u = 8\pi, \quad u(x) = \log \frac{1}{(1 + \frac{c}{8}|x|^2)^2} \tag{2.113}$$
ここで, 補題 2.7.2 より
$$\beta_k \equiv \int_B V_k(x)e^{v_k} = \int_{|x|<\delta_k^{-1}} \tilde{V}_k(x)e^{u_k} \to 8\pi \tag{2.114}$$
また (2.110), (2.112) より
$$\tilde{V}_k(x)e^{u_k} \to ce^u \quad \text{loc. unif. in } \mathbf{R}^2 \tag{2.115}$$
(2.115), (2.113), (2.114) より, 任意の $\varepsilon > 0$ に対して $R > 0$, k_0 が存在して
$$\frac{1}{2\pi}\int_{R<|x|<\delta_k^{-1}} \tilde{V}_k(x)e^{u_k} < \varepsilon/2, \quad k \geq k_0 \tag{2.116}$$
が成り立つ.

一方 (2.104) より
$$v_k(x) - m_k = \frac{1}{2\pi}\int_B \log\frac{1}{|x-y|} \cdot V_k(y)e^{v_k(y)} + O(1)$$
従って $x \in B_{\delta_k^{-1}}$ について一様に
$$u_k(x) = m_k + 2\log\delta_k + \frac{1}{2\pi}\int_B \log\frac{1}{|\delta_k x - y|} \cdot V_k(y)e^{v_k(y)} + O(1)$$
$$= m_k + 2\log\delta_k + \frac{1}{2\pi}\int_{|y|<\delta_k^{-1}}\left\{\log\frac{1}{|x-y|} + \log\frac{1}{\delta_k}\right\} \cdot \tilde{V}_k(y)e^{u_k(y)} + O(1)$$

$$= m_k + \left(2 - \frac{\beta_k}{2\pi}\right)\log \delta_k + O(1) + \frac{1}{2\pi}\int_{|y|<\delta_k^{-1}} \log \frac{1}{|x-y|} \cdot \tilde{V}_k(y)e^{u_k(y)} \tag{2.117}$$

特に

$$\begin{aligned}0 = u_k(0) &= m_k + \left(2 - \frac{\beta_k}{2\pi}\right)\log \delta_k + O(1) \\ &\quad + \frac{1}{2\pi}\int_{|y|<\delta_k^{-1}} \log \frac{1}{|y|} \cdot \tilde{V}_k(y)e^{u_k(y)}\end{aligned} \tag{2.118}$$

となる. (2.117)–(2.118) より

$$u_k(x) = \frac{1}{2\pi}\int_{|y|<\delta_k^{-1}} \log \frac{|y|}{|x-y|} \cdot \tilde{V}_k(y)e^{u_k(y)} + O(1) \quad \text{unif. in } x \in B_{\delta_k^{-1}} \tag{2.119}$$

が成り立つ.

 (2.112)–(2.113) から (2.103) を導出するには, v_k のスケーリング u_k の遠方での挙動, すなわちテールを制御すればよい. 実際, テールの消滅がスケール極限の全質量とプレ・スケールの collapse 質量が一致することから発生する (2.116) によって得られる. 以下では (2.119) を階層的に適用してこのことを示す. (2.111) において $u_k(x)$ は $x \in B_{\delta_k^{-1}}$ で定義されていることに注意する.

補題 2.7.3 任意の $\varepsilon > 0$ に対して $R > 0, k_0$ が存在して

$$u_k(x) \leq \left(\frac{\beta_k}{2\pi} - 3\varepsilon\right)\log \frac{1}{|x|} + O(1), \quad 2R < |x| < \delta_k^{-1}, \; k \geq k_0 \tag{2.120}$$

が成り立つ.

【証明】 最初に (2.114), (2.116) を用い, 与えられた $\varepsilon > 0$ に対して $R \gg 1, k_0$ を

$$\frac{1}{2\pi}\int_{|y|<R} \tilde{V}_k(y)e^{u_k(y)} \geq \frac{\beta_k}{2\pi} - \varepsilon, \quad k \geq k_0 \tag{2.121}$$

となるように定める.

次に (2.119) において

$$y \notin B(x,|x|/2) \quad \Rightarrow \quad \frac{|y|}{|x-y|} \leq C_6 \qquad (2.122)$$

であることに注意する．実際

$$z_0 = \frac{x}{|x|}, \ z = \frac{y}{|x|}, \ y \notin B(x,|x|/2) \quad \Rightarrow \quad |z_0| = 1, \quad |z - z_0| > \frac{1}{2}$$

従って

$$\frac{|z|}{|z-z_0|} \leq \frac{|z-z_0| + |z_0|}{|z-z_0|} < 1 + 2 = 3 = C_7$$

となり, (2.122) が得られる．そこで (2.119) 右辺第 1 項の積分を $B_R, B(x,|x|/2)$ および残りの部分に分ける．(2.114), (2.122) により

$$\begin{aligned} u_k(x) \leq &\frac{1}{2\pi} \int_{|y|<R} \log \frac{|y|}{|x-y|} \tilde{V}_k(y) e^{u_k(y)} \\ &+ \frac{1}{2\pi} \int_{B(x,|x|/2)} \log \frac{|y|}{|x-y|} \cdot \tilde{V}_k(y) e^{u_k(y)} + O(1) \end{aligned} \qquad (2.123)$$

となる．(2.123) 右辺第 1 項から $|x| \to \infty$ で $-\infty$ となる部分，すなわち (2.120) 右辺第 1 項の主要部を検出することができる．

その前に (2.123) 右辺第 2 項を処理しておく．実際

$$2R > \sqrt{2}, \ |x| > 2R \quad \Rightarrow \quad B(x,|x|^{-1}) \subset B(x,|x|/2)$$

に注意して，この積分を $B(x,|x|^{-1})$ および $B(x,|x|/2) \setminus B(x,|x|^{-1})$ に分ける．後者については (2.116) と

$$|x|^{-1} < |x-y| < |x|/2 \quad \Rightarrow \quad \frac{1}{|x-y|} < |x|, \ |y| < \frac{3}{2}|x|$$

より, $|x| > 2R, k \geq k_0$ において

$$\begin{aligned} &\frac{1}{2\pi} \int_{B(x,|x|/2) \setminus B(x,|x|^{-1})} \log \frac{|y|}{|x-y|} \cdot \tilde{V}_k(y) e^{u_k(y)} \\ &\leq \frac{1}{2\pi} \int_{B(x,|x|/2)} \left(2\log|x| + \log \frac{3}{2} \right) \tilde{V}_k(y) e^{u_k(y)} \\ &< \varepsilon \log|x| + O(1) \end{aligned} \qquad (2.124)$$

一方, 前者については

$$|x-y| < |x|^{-1} \quad \Rightarrow \quad |y| < |x| + |x|^{-1} < |x| + (2R)^{-1}, \ |x| > 2R$$

より
$$\log |y| < \log |x| + C_8, \quad |x| > 2R \tag{2.125}$$

(2.125), (2.116), $u_k \leq 0$ を合わせて, $2R < |x| < \delta_k^{-1}$, $R \gg 1$ に対して

$$\begin{aligned}
&\frac{1}{2\pi}\int_{B(x,|x|^{-1})} \log \frac{|y|}{|x-y|} \cdot \tilde{V}_k(y)e^{u_k(y)} \\
&= \frac{1}{2\pi}\int_{B(x,|x|^{-1})} \log \frac{1}{|x-y|} \cdot \tilde{V}_k(y)e^{u_k(y)} \\
&\quad + \frac{1}{2\pi}\int_{B(x,|x|^{-1})} \log |y| \cdot \tilde{V}_k(y)e^{u_k(y)} \\
&\leq \frac{C_9}{2\pi}\int_{B(x,|x|^{-1})} \left|\log \frac{1}{|x-y|}\right| + \frac{\varepsilon}{2}\{\log |x| + C_{10}\} \\
&\leq C_{11}\int_0^{|x|^{-1}} r|\log r|\,dr + \frac{\varepsilon}{2}\{\log |x| + C_{10}\} \\
&\leq \varepsilon \log |x| + C_{12}
\end{aligned} \tag{2.126}$$

(2.124), (2.126) より

$$\frac{1}{2\pi}\int_{B(x,|x|/2)} \log \frac{|y|}{|x-y|} \cdot \tilde{V}_k(y)e^{u_k(y)} \leq 2\varepsilon \log |x| + C_{13} \tag{2.127}$$

となる.

最後に (2.123) 右辺第 1 項については

$$|y| < R,\ |x| > 2R \Rightarrow \frac{1}{|x|} < \frac{1}{2R},\ \frac{1}{|y|} > \frac{1}{R} \Rightarrow \left|\frac{1}{|x|} - \frac{1}{|y|}\right| > \frac{1}{2R}$$

従って

$$|y| < R,\ |x| > 2R \Rightarrow \frac{|x|\cdot|y|}{|x-y|} < 2R, \quad \log \frac{|y|}{|x-y|} < \log \frac{2R}{|x|}$$

を用いる. (2.121) より $2R < |x| < \delta_k^{-1}$, $k \geq k_0$ に対して

$$\begin{aligned}
\frac{1}{2\pi}\int_{|y|<R} \log \frac{|y|}{|x-y|} \cdot \tilde{V}_k(y)e^{u_k(y)} &\leq \frac{1}{2\pi}\log \frac{2R}{|x|}\int_{|y|<R} \tilde{V}_k(y)e^{u_k(y)} \\
&< \left(\varepsilon - \frac{\beta_k}{2\pi}\right)\log |x| + O(1)
\end{aligned} \tag{2.128}$$

となる. (2.127), (2.128) から (2.120) が得られる. □

(2.112), (2.113), (2.114), (2.120) と優収束定理から

$$\int_{B_{\delta_k^{-1}}} (|y| + |\log|y||) \tilde{V}_k(y) e^{u_k(y)} \leq C_{14} \tag{2.129}$$

が成り立つ.

補題 2.7.4 $k \to \infty$ において

$$\left| u_k(x) + \frac{\beta_k}{2\pi} \log|x| \right| \leq C_{15}, \quad \log\frac{1}{\delta_k} < |x| < \delta_k^{-1} \tag{2.130}$$

が成り立つ.

【証明】 補題 2.7.2, 2.7.3 より $0 < r_0 < 1$ に対して

$$\int_{r_0 \log\frac{1}{\delta_k} < |y| < \delta_k^{-1}} \tilde{V}_k(y) e^{u_k(y)} \leq C_{16} \int_{|y| > r_0 \log\frac{1}{\delta_k}} |y|^{-\frac{\beta_k}{2\pi} + 3\varepsilon} \, dy$$

$$= O\left(\left(\log\frac{1}{\delta_k}\right)^{-2+4\varepsilon}\right) \tag{2.131}$$

従って $\tilde{\beta}_k(x) \equiv \int_{|y| < r_0|x|} \tilde{V}_k(y) e^{u_k(y)}$ は

$$\left| \tilde{\beta}_k(x) - \beta_k \right| \leq \int_{r_0|x| < |y| < \delta_k^{-1}} \tilde{V}_k(y) e^{u_k(y)}$$

$$= O\left(\left(\log\frac{1}{\delta_k}\right)^{-2+4\varepsilon}\right), \quad \log\frac{1}{\delta_k} < |x| < \delta_k^{-1} \tag{2.132}$$

を満たす.

次に $z = x/|y|$, $z_0 = y/|y|$, $c = r_0^{-1} > 1$ に対して

$$|z| < c^{-1} = r_0 \quad \Rightarrow \quad 0 < 1 - r_0 < |z - z_0| < r_0 + 1$$

従って (2.119) において

$$\left| \int_{r_0|x| < |y| < \delta_k^{-1}} \log\frac{|y|}{|x-y|} \cdot \tilde{V}_k(y) e^{u_k(y)} \right|$$

$$\leq \int_{r_0|x| < |y| < \delta_k^{-1}} \left| \log\frac{1}{\left|\frac{x}{|y|} - \frac{y}{|y|}\right|} \right| \cdot \tilde{V}_k(y) e^{u_k(y)}$$

$$\le \int_{c^{-1}<\left|\frac{x}{y}\right|<c,\ |y|<\delta_k^{-1}} \left|\log\frac{1}{\left|\frac{x}{|y|}-\frac{y}{|y|}\right|}\right| \tilde{V}_k(y)e^{u_k(y)}$$
$$+ C_{17}\int_{r_0|x|<|y|<\delta_k^{-1}} \tilde{V}_k(y)e^{u_k(y)} \tag{2.133}$$

(2.131) より (2.133) 右辺第 2 項は $\log\frac{1}{\delta_k} < |x| < \delta_k^{-1}$ において

$$\int_{r_0|x|<|y|<\delta_k^{-1}} \tilde{V}_k(y)e^{u_k(y)}\,dy = O\left(\left(\log\frac{1}{\delta_k}\right)^{-2+4\varepsilon}\right) \tag{2.134}$$

一方, (2.133) 右辺第 1 項は補題 2.7.3 により

$$\int_{c^{-1}<\left|\frac{x}{y}\right|<c,\ |y|<\delta_k^{-1}} \left|\log\frac{1}{\left|\frac{x}{|y|}-\frac{y}{|y|}\right|}\right| \tilde{V}_k(y)e^{u_k(y)}$$
$$\le C_{18}\int_{c^{-1}<\left|\frac{x}{y}\right|<c} \left|\log\frac{1}{\left|\frac{x}{|y|}-\frac{y}{|y|}\right|}\right| |y|^{-4+4\varepsilon}\,dy \tag{2.135}$$

(2.135) 右辺において

$$\log\frac{1}{\left|\frac{x}{|y|}-\frac{y}{|y|}\right|} = \log\frac{|y|}{|x-y|} = \log\left|\frac{\frac{y}{|x|}}{\frac{x}{|x|}-\frac{y}{|x|}}\right|$$

に注意して $z=y/|x|$, $z_0=x/|x|$ とすれば, 積分はさらに上から

$$|x|^{-2+4\varepsilon}\int_{c^{-1}<|z|<c} \left|\log\left|\frac{z}{z-z_0}\right|\right| |z|^{-4+4\varepsilon}\,dz$$

で評価される. $|z_0|=1$ より $\log\frac{1}{\delta_k} < |x| < \delta_k^{-1}$ において

$$\int_{c^{-1}<\left|\frac{x}{y}\right|<c,\ |y|<\delta_k^{-1}} \left|\log\frac{1}{\left|\frac{x}{|y|}-\frac{y}{|y|}\right|}\right| \tilde{V}_k(y)e^{u_k(y)} = O\left(\left(\log\frac{1}{\delta_k}\right)^{-2+4\varepsilon}\right) \tag{2.136}$$

(2.133), (2.134), (2.136) より $\log\frac{1}{\delta_k} < |x| < \delta_k^{-1}$ において

$$\int_{r_0|x|<|y|<\delta_k^{-1}} \log\frac{|y|}{|x-y|} \cdot \tilde{V}_k(y)e^{u_k(y)} = O\left(\left(\log\frac{1}{\delta_k}\right)^{-2+4\varepsilon}\right)$$

従って (2.119) より

$$u_k(x) = \frac{1}{2\pi} \int_{|y|<r_0|x|} \log \frac{|y|}{|x-y|} \cdot \tilde{V}_k(y) e^{u_k(y)} + O(1)$$
$$= -\frac{\tilde{\beta}_k(x)}{2\pi} \cdot \log|x| + \frac{1}{2\pi} \int_{|y|<r_0|x|} \log \left| \frac{|x-y|}{|x||y|} \right|^{-1} \cdot \tilde{V}_k(y) e^{u_k(y)} + O(1) \tag{2.137}$$

となる．ここで (2.132) により $k \to \infty$ において

$$\left| -\frac{\tilde{\beta}_k(x)}{2\pi} \log|x| + \frac{\beta_k}{2\pi} \log|x| \right| \le C_{19} \left| \log \frac{1}{\delta_k} \right|^{-1+4\varepsilon} = O(1)$$
$$\log \frac{1}{\delta_k} < |x| < \delta_k^{-1} \tag{2.138}$$

また $0 < r_0 < 1$ より

$$|y| < r_0|x| \quad \Rightarrow \quad \frac{1-r_0}{|y|} < \frac{1}{|y|} - \frac{1}{|x|} \le \frac{|x-y|}{|x||y|} = \frac{1}{|y|} + \frac{1}{|x|} < \frac{1+r_0}{|y|}$$

従って (2.114), (2.129) より

$$\frac{1}{2\pi} \int_{|y|<r_0|x|} \left| \log \left| \frac{|x-y|}{|x||y|} \right| \right|^{-1} \tilde{V}_k(y) e^{u_k(y)}$$
$$\le \frac{1}{2\pi} \int_{|y|<\delta_k^{-1}} \left[|\log|y|| + \log\max\left\{ (1-r_0)^{-1}, (1+r_0)^{-1} \right\} \right] \tilde{V}_k(y) e^{u_k(y)}$$
$$\le C_{20}, \quad x \in B_{\delta_k^{-1}} \tag{2.139}$$

(2.137), (2.138), (2.139) より

$$u_k(x) = \frac{\beta_k}{2\pi} \log \frac{1}{|x|} + O(1) \quad \text{unif. in } \log \frac{1}{\delta_k} < |x| < \delta_k^{-1}$$

すなわち (2.130) が得られる． $\square$

補題 2.7.5 $R \gg 1$ が存在して $k \to \infty$ において

$$\left| \nabla u_k(x) + \frac{\beta_k}{2\pi} \frac{x}{|x|^2} \right| \le C_{21} \left(\delta_k + |x|^{-2} \right), \quad R < |x| < \delta_k^{-1} \tag{2.140}$$

が成り立つ．

【証明】 仮定 (2.102) より, $x \in \overline{B}$ について一様に

$$\nabla v_k(x) = -\frac{1}{2\pi} \int_{|y|<1} \frac{x-y}{|x-y|^2} \cdot V_k(y) e^{v_k(y)} + O(1)$$

従って, (2.111) より $x \in B_{\delta_k^{-1}}$ について一様に

$$\begin{aligned}\nabla u_k(x) &= \delta_k \nabla v_k(\delta_k x)\\&= -\frac{\delta_k}{2\pi} \int_{|y|<1} \frac{\delta_k x - y}{|\delta_k x - y|^2} \cdot V_k(y) e^{v_k(y)} + O(\delta_k)\\&= -\frac{1}{2\pi} \int_{|y|<\delta_k^{-1}} \frac{x-y}{|x-y|^2} \cdot \tilde{V}_k(y) e^{u_k(y)} + O(\delta_k)\end{aligned}$$

すなわち

$$\nabla u_k(x) + \frac{\beta_k}{2\pi} \cdot \frac{x}{|x|^2}$$
$$= \frac{1}{2\pi} \int_{|y|<\delta_k^{-1}} \left(\frac{x}{|x|^2} - \frac{x-y}{|x-y|^2} \right) \cdot \tilde{V}_k(y) e^{u_k(y)} + O(\delta_k)$$

が成り立つ. ここで初等的な

$$|y-x| > \frac{|x|}{2},\ 0 < \theta < 1 \quad \Rightarrow \quad \left| \frac{\partial}{\partial \theta} \frac{x-\theta y}{|x-\theta y|^2} \right| \leq \frac{2|x|\,|y|}{|x-\theta y|^3} \leq \frac{4|y|}{|x|^2}$$

より

$$|y-x| > \frac{|x|}{2} \quad \Rightarrow \quad \left| \frac{x}{|x|^2} - \frac{x-y}{|x-y|^2} \right| \leq \frac{4|y|}{|x|^2}$$

一方

$$|y-x| < \frac{|x|}{2} \quad \Rightarrow \quad \left| \frac{x}{|x|^2} - \frac{x-y}{|x-y|^2} \right| \leq \frac{1}{|x|} + \frac{1}{|x-y|} < \frac{2}{|x-y|}$$

従って $x \in B_{\delta_k^{-1}}$ について一様に

$$\begin{aligned}\left| \nabla u_k(x) + \frac{\beta_k}{2\pi} \cdot \frac{x}{|x|^2} \right| &\leq \frac{2}{\pi |x|^2} \int_{|y|<\delta_k^{-1},\ |y-x|>|x|/2} |y| \tilde{V}_k(y) e^{u_k(y)}\\&\quad + \frac{1}{\pi} \int_{B(x,|x|/2)} \frac{1}{|x-y|} \cdot \tilde{V}_k(y) e^{u_k(y)} + O(\delta_k) \quad (2.141)\end{aligned}$$

(2.141) 右辺第 1 項には (2.129) を適用し, $x \in B_{\delta_k^{-1}}$ について一様に

$$\frac{2}{\pi |x|^2} \int_{|y|<\delta_k^{-1},\ |y-x|>|x|/2} |y| \tilde{V}_k(y) e^{u_k(y)} \leq \frac{C_{22}}{|x|^2} \quad (2.142)$$

を得る. 第 2 項に対しては補題 2.7.2, 2.7.3 を用いる. $R \gg 1$ とすれば $k \to \infty$

において
$$\tilde{V}_k(x)e^{u_k(x)} \leq |x|^{-7/2}, \quad |x| > R \tag{2.143}$$
となり
$$|y - x| < \frac{|x|}{2} \quad \Rightarrow \quad \frac{|x|}{2} < |y| < \frac{3|x|}{2}$$
を用いると
$$\frac{1}{\pi}\int_{B(x,|x|/2)} \frac{1}{|x-y|} \cdot \tilde{V}_k(y)e^{u_k(y)}$$
$$\leq C_{23}|x|^{-7/2} \cdot \int_0^{|x|/2} \frac{1}{r} \cdot r\,dr = C_{24}|x|^{-5/2} \tag{2.144}$$

が成り立つ.

(2.141), (2.142), (2.144) より (2.140) が得られる. □

(2.112)–(2.113) に注意すると, (2.103) は (2.130) で β_k を 8π に置き換え, 成立する範囲を $R < |x| < \delta_k^{-1}$ に広げたものであることがわかる. (2.103) に至る最初の目標は次の補題である.

補題 2.7.6 (2.114) はより精密に
$$\beta_k = 8\pi + O\left(\left(\log \frac{1}{\delta_k}\right)^{-1}\right), \quad k \to \infty \tag{2.145}$$
となる.

【証明】補題 2.7.4, 2.7.5 より $\log \frac{1}{\delta_k} < |x| < \delta_k^{-1}$ において一様に
$$u_k(x) = v_k(\delta_k x) + 2\log \delta_k = \frac{\beta_k}{2\pi}\log \frac{1}{|x|} + O(1)$$
$$\nabla u_k(x) = \delta_k \nabla v_k(\delta_k x) = -\frac{\beta_k}{2\pi} \cdot \frac{x}{|x|^2} + O\left(\delta_k + \frac{1}{|x|^2}\right)$$
すなわち $\delta_k \log \frac{1}{\delta_k} < |x| < 1$ で一様に
$$v_k(x) = \frac{\beta_k}{2\pi}\log \frac{1}{|x|} - \left(\frac{\beta_k}{2\pi} - 2\right)\log \frac{1}{\delta_k} + O(1)$$

$$\nabla v_k(x) = -\frac{\beta_k}{2\pi} \cdot \frac{x}{|x|^2} + O(1) + O\left(\frac{\delta_k}{|x|^2}\right) \tag{2.146}$$

が成り立つ。

ここでポホザエフ等式 (2.108) を $r = r_k \equiv \delta_k \log \frac{1}{\delta_k}$ として適用する。$B_k = B(0, \delta_k \log \frac{1}{\delta_k})$ に対して

$$\int_{B_k} \left(2V_k(x) + x \cdot \nabla V_k(x)\right) e^{v_k} \, dx$$
$$= r_k \int_{\partial B_k} V_k(x) e^{v_k} - \frac{1}{2}|\nabla v_k|^2 + \left(\frac{\partial v_k}{\partial \nu}\right)^2 \, d\sigma \tag{2.147}$$

となる。

(2.147) 左辺第 1 項に対しては (2.146) 第 1 式を適用して

$$\int_{B_k} 2V_k(x) e^{v_k} = 2\beta_k - \int_{B \setminus B_k} 2V_k(x) e^{v_k}$$
$$= 2\beta_k + O(1) \int_{B \setminus B_k} e^{v_k}$$
$$= 2\beta_k + O\left(\exp\left\{-\left(\frac{\beta_k}{2\pi} - 2\right) \log \frac{1}{\delta_k}\right\}\right) \cdot \int_{B \setminus B_k} |x|^{-\frac{\beta_k}{2\pi}}$$
$$= 2\beta_k + O\left(\exp\left\{-\left(\frac{\beta_k}{2\pi} - 2\right) \log \frac{1}{\delta_k}\right\} \cdot \left(\delta_k \log \frac{1}{\delta_k}\right)^{-\frac{\beta_k}{2\pi}+2}\right)$$
$$= 2\beta_k + O\left(\left(\log \frac{1}{\delta_k}\right)^{-1}\right) \tag{2.148}$$

また第 2 項については (2.110) より

$$\int_{B_k} x \cdot \nabla V_k(x) e^{v_k} = O\left(\delta_k \log \frac{1}{\delta_k}\right) \cdot \int_{B_k} V_k(x) e^{v_k} = O\left(\left(\log \frac{1}{\delta_k}\right)^{-1}\right) \tag{2.149}$$

(2.147) 右辺第 1 項に対しても (2.146) 第 1 式を適用して

$$r_k \int_{\partial B_k} V_k(x) e^{v_k} \, d\sigma = O\left(\delta_k \log \frac{1}{\delta_k}\right) \int_{\partial B_k} e^{v_k} \, d\sigma$$
$$= O\left(\delta_k \log \frac{1}{\delta_k} \cdot \exp\left\{-\left(\frac{\beta_k}{2\pi} - 2\right) \log \frac{1}{\delta_k}\right\} \cdot \left(\delta_k \log \frac{1}{\delta_k}\right)^{-\frac{\beta_k}{2\pi}+1}\right)$$

$$= O\left(\left(\log \frac{1}{\delta_k}\right)^{-1}\right) \tag{2.150}$$

(2.147) 右辺第 2, 3 項については (2.146) 第 2 式を適用する. 実際

$$\frac{\delta_k}{r_k^2} = \frac{1}{\delta_k (\log \delta_k)^2} \to +\infty$$

より

$$\nabla v_k(x) = -\frac{\beta_k}{2\pi} \cdot \frac{x}{|x|^2} + O\left(\frac{\delta_k}{r_k^2}\right), \quad x \in \partial B_k \tag{2.151}$$

となる.

$$r_k^2 \cdot \frac{\delta_k^2}{r_k^4} = \frac{\delta_k^2}{r_k^2} = \left(\log \frac{1}{\delta_k}\right)^{-2}$$

より, (2.151) 右辺の 2 つの項の積 $O\left(\frac{\delta_k}{r_k^3}\right)$ がこの場合の主要な残余である. すなわち

$$r_k \int_{\partial B_k} -\frac{1}{2}|\nabla v_k|^2 + \left(\frac{\partial v_k}{\partial \nu}\right)^2 d\sigma$$
$$= \frac{r_k}{2} \cdot \left(\frac{\beta_k}{2\pi}\right)^2 \cdot \frac{1}{r_k^2} \cdot 2\pi r_k + r_k^2 \cdot O\left(\frac{\delta_k}{r_k^3}\right)$$
$$= \frac{\beta_k^2}{4\pi} + O\left(\frac{\delta_k}{r_k}\right) = \frac{\beta_k^2}{4\pi} + O\left(\left(\log \frac{1}{\delta_k}\right)^{-1}\right) \tag{2.152}$$

従って (2.147), (2.148), (2.149), (2.150), (2.152) から

$$2\beta_k = \frac{\beta_k^2}{4\pi} + O\left(\left(\log \frac{1}{\delta_k}\right)^{-1}\right), \quad k \to \infty$$

となり, (2.145) が得られる. □

【定理 2.8 の証明】 補題 2.7.4, 2.7.6 より

$$|u_k(x) + 4\log|x|| \le C_{25}, \quad \log \frac{1}{\delta_k} < |x| < \delta_k^{-1} \tag{2.153}$$

一方 (2.112)–(2.113) より, 固定した $R \gg 1$ に対して $k \to \infty$ において

$$|u_k(x) + 4\log|x|| \le C_{26}, \quad |x| = R \tag{2.154}$$

そこで $C_{27} \gg 1$ に対して

$$w_\pm(x) = 4\log\frac{1}{|x|} \pm C_{27}\left(1 - |x|^{-1/2}\right), \quad |x| \geq R$$

とおく．簡単な計算から $\Delta w_\pm = \mp\frac{1}{4}C_{27}|x|^{-5/2}$．また $R \gg 1$ として (2.143) を適用すると

$$0 \leq -\Delta u_k = \tilde{V}_k(x)e^{u_k} \leq |x|^{-7/2}, \quad |x| \geq R$$

(2.153), $|x| = \log\frac{1}{\delta_k}$ および (2.154) を用いて比較定理を適用すれば

$$w_-(x) \leq u_k(x) \leq w_+(x), \quad R < |x| < \log\frac{1}{\delta_k}$$

従って

$$||u_k(x) + 4\log|x||| \leq C_{28}, \quad R < |x| < \delta_k^{-1} \tag{2.155}$$

(2.112)–(2.113) と (2.155) より (2.103) が得られる． □

2.8 マ・ウェイの定理

ボルツマン・ポアソン方程式 (1.1) において，$\overline{\Omega}$ 上の正値 C^1 関数 $V(x)$ を非斉次係数として与えた

$$-\Delta v = \lambda V(x)e^v \quad \text{in } \Omega, \quad v = 0 \quad \text{on } \partial\Omega \tag{2.156}$$

についても，その解の族に対して定理 1.10 と対応する結果が成り立つ [96]．その場合はハミルトニアンを

$$H_\ell(x_1,\ldots,x_\ell) = \frac{1}{2}\sum_{j=1}^\ell R(x_j) + \sum_{1\leq i<j\leq \ell} G(x_i,x_j) + \frac{1}{8\pi}\sum_{j=1}^\ell \log V(x_j)$$

に変更するだけでよいが，証明は本質的に変更しなければならない．最初に後節で述べるブレジス・メルルの定理によって爆発点の有限性を示す．次にその質量量子化と，境界上で爆発しないことはスケーリング極限をとって示す．前半はリィ・シャフリエの定理による．最後の爆発点の位置についてはポホザエフ等式を用いる．この場合も v_k 自身に適用する場合と，双対形を使用する方法 [112] とがある．

定理 1.11 の帰結として $[0,+\infty) \setminus 8\pi\mathbf{N}$ の各連結成分において (1.2) の解集合の全写像度が一定となる．さらに (2.156) の爆発解の質量量子化により，この写像度は (1.2) を変数係数の場合

$$-\Delta u = \frac{\lambda K(x)e^u}{\int_\Omega K(x)e^u} \quad \text{in } \Omega, \qquad u = 0 \quad \text{on } \partial\Omega \qquad (2.157)$$

に摂動させても変わらない．実際この値は Ω の種数で与えられることが知られている．

本節では $K = K(x) \in C^1(\overline{\Omega})$ を用いて (2.156) を平均場 (2.157) の形にし，定理 1.11 を拡張した次の定理を示す．

定理 2.9 (マ・ウェイ) $(\lambda_k, u_k), k = 1, 2, \ldots$ は

$$-\Delta u_k = \frac{\lambda_k K(x)e^{u_k}}{\int_\Omega K(x)e^{u_k}} \quad \text{in } \Omega, \qquad u_k = 0 \quad \text{on } \partial\Omega \qquad (2.158)$$

の古典解で $\lim_{k\to\infty} \lambda_k = \lambda_0 \in (0,+\infty)$, $\lim_{k\to\infty} \|v_k\|_\infty = +\infty$ を満たすものとすると $\lambda_0 = 8\pi\ell$, $\ell \in \mathbf{N}$ となる．部分列に対して相異なる内点 $x_1^*, \ldots, x_\ell^*$ が存在して

$$\nabla_{x_j} H_\ell(x_1^*, \ldots, x_\ell^*) = 0, \quad j = 1, \ldots, \ell \qquad (2.159)$$

を満たす．ただし $H_\ell = H_\ell(x_1, \ldots, x_\ell)$ は

$$H_\ell(x_1, \ldots, x_\ell) = \frac{1}{2}\sum_{j=1}^\ell R(x_j) + \sum_{1\le i<j\le\ell} G(x_i, x_j)$$

$$+ \frac{1}{8\pi}\sum_{j=1}^\ell \log K(x_j) \qquad (2.160)$$

で与えられるポテンシャル付きのハミルトニアンで，$\mathcal{S} = \{x_1^*, \ldots, x_\ell^*\}$ は $\{u_k\}$ の爆発集合．さらに (1.113)–(1.114), すなわち

$$u_k \to 8\pi \sum_{j=1}^\ell G(\cdot, x_j^*) \quad \text{loc. unif. in } \overline{\Omega} \setminus \mathcal{S} \qquad (2.161)$$

が成り立つ．

爆発点が境界にこないことと, (2.159) が定理 2.9 のポイントである. 前者については $K(x) \equiv 1$ と同様の方法が適用できるが, 後者については関数論的な構造は使えないので, 補題 2.7.1 とは異なる形のポホザエフ等式 [81] を用いて示す.

補題 2.8.1 (カズダン・ワーナー)　$B = B(0,1) \subset \mathbf{R}^2$, $W \in C^1(\overline{\Omega})$ に対して

$$-\Delta u = W(x)e^u \quad \text{in } B \tag{2.162}$$

であるとき

$$\int_B [\nabla W(x)]e^u \, dx = \int_{\partial B} \frac{\partial u}{\partial \nu} \nabla u - \frac{1}{2}|\nabla u|^2 \nu + W(x)e^u \, d\sigma \tag{2.163}$$

が成り立つ.

【証明】　(2.162) より

$$-\int_B \Delta u \, \nabla u = \int_B W(x) \nabla e^u = \int_{\partial B} W(x)e^u \nu - \int_B [\nabla W(x)]e^u \tag{2.164}$$

ここで

$$I_{ij} = \int_B u_{ii} u_j = \int_{\partial B} \nu_i u_i u_j - \int_B u_i u_{ij} = \int_{\partial B} \nu_i u_i u_j - \nu_i u u_{ij} \, d\sigma$$
$$+ \int_B u u_{iij} = \int_{\partial B} \nu_i u_i u_j - \nu_i u u_{ij} + \nu_j u u_{ii} \, d\sigma - I_{ij}$$

より

$$I_{ij} = \frac{1}{2} \int_{\partial B} \nu_i u_i u_j - \nu_i u u_{ij} + \nu_j u u_{ii} \, d\sigma \tag{2.165}$$

となる. (2.165) を $i = 1, 2$ について加えると

$$\int_B \Delta u \, \nabla u = \frac{1}{2} \int_{\partial B} \frac{\partial u}{\partial \nu} \nabla u - u \frac{\partial}{\partial \nu}(\nabla u) + \nu u \Delta u \, d\sigma$$
$$= \int_{\partial B} \frac{\partial u}{\partial \nu} \nabla u - \frac{1}{2} \frac{\partial}{\partial \nu}(u \nabla u) + \frac{1}{2} \nu u \Delta u \, d\sigma = \int_{\partial B} \frac{\partial u}{\partial \nu} \nabla u$$
$$- \frac{1}{2} \int_B \Delta(u \nabla u) - \nabla(u \Delta u) \, dx = \int_{\partial B} \frac{\partial u}{\partial \nu} \nabla u - \frac{1}{2} \int_B \nabla(|\nabla u|^2)$$
$$= \int_{\partial B} \frac{\partial u}{\partial \nu} \nabla u - \frac{1}{2}|\nabla u|^2 \nu \, d\sigma \tag{2.166}$$

(2.164), (2.166) より (2.163) を得る. □

(2.157) の方程式を $v = u - \log \int_\Omega K(x)e^u$, $V(x) = \lambda K(x)$ を用いて
$$-\Delta v = V(x)e^v \quad \text{in } \Omega$$
と書き直す. (2.158) から同様にして得られる
$$-\Delta v_k = V_k(x)e^{v_k} \quad \text{in } \Omega$$
に対して, 定数 $a, b > 0$ が存在して
$$a \leq V_k(x) \leq b, \quad \|\nabla V_k\|_\infty \leq C_1, \quad \int_\Omega V_k(x)e^{v_k} \leq C_2, \quad k = 1, 2, \ldots$$
であり, ブレジス・メルルの定理とリィ・シャフリエの定理が適用できる. すなわち部分列に対して次の3つのいずれかが起こる.

1) $\{v_k\}$ は Ω 上局所一様有界である.
2) Ω 上局所一様に $v_k \to -\infty$ である.
3) 有限個の $x_1^*, \ldots, x_\ell^* \in \Omega$, 自然数 $n_1, \ldots, n_\ell$, 点列 $x_k^j \to x_j^*$ が存在して
$$v_k(x) \to -\infty \quad \text{loc. unif. in } \Omega \setminus \{x_1^*, \ldots, x_\ell^*\}$$
$$v_k(x_k^j) \to +\infty, \quad 1 \leq j \leq \ell$$
$$V_k(x)e^{v_k}dx \rightharpoonup 8\pi \sum_{j=1}^\ell n_j \delta_{x_j^*}(dx) \quad \text{in } \mathcal{M}(\Omega) \tag{2.167}$$

一方 (2.158) に対する楕円型 L^1 評価から
$$\|u_k\|_{W^{1,q}} \leq C_{3,q}, \quad 1 \leq q < 2 \tag{2.168}$$
また $-\Delta u_k = V_k(x)e^{v_k}$ は $\Omega \setminus \mathcal{S}$ 上局所一様有界. 従って $\{u_k\}$ の内部爆発点は $\mathcal{S} = \{x_1^*, \ldots, x_\ell^*\}$ に含まれる. このことから各 $B = B(x_j^*, r)$, $0 < r \ll 1$ に対して $0 \leq \max_{\partial B} u_k \leq C_4$. 従って
$$\max_{\partial B} v_k - \min_{\partial B} v_k = \max_{\partial B} u_k - \min_{\partial B} u_k \leq C_5$$
となり, リィの評価が適用できる. 特に (2.167) の第3式において $n_j = 1$, $j = 1, \ldots, \ell$ である.

一方, 定理 1.11 の証明で用いた境界近傍の単調性によって境界の爆発が排除されるので, 上述の第 3 の場合, すなわち $\mathcal{S} \neq \emptyset$ が発生し (2.167) は $\mathcal{M}(\overline{\Omega})$ で成り立つ. すなわち

$$-\Delta v_k \, dx = V_k(x) e^{v_k} dx \rightharpoonup 8\pi \sum_{j=1}^{\ell} \delta_{x_j^*}(dx) \quad \text{in } \mathcal{M}(\overline{\Omega}) \qquad (2.169)$$

であり, (2.169) から (2.161) が得られる. 次の補題の証明にはケルビン変換 [57] を用いる.

補題 2.8.2 領域 $\Omega \subset \mathbf{R}^2$ で定まる $0 < \gamma, \delta \ll 1$ が存在して, $x_0 \in \partial\Omega$, その点における外向き単位法ベクトルを ν_{x_0}, ν_{x_0} に対してなす角 θ が $|\theta| < \delta$ を満たす単位ベクトルを $\xi \in \mathbf{R}^2$ とすると, (2.157) の任意の解 $u = u(x)$ は

$$\frac{d}{dt} u(x_0 + t\xi) < 0, \quad -\gamma < t < 0$$

を満たす.

【証明】 $W(x) = \lambda K(x) / \int_\Omega K(x) e^u$ に対し

$$-\Delta u = W(x) e^u \quad \text{in } \Omega, \qquad u = 0 \quad \text{on } \partial\Omega \qquad (2.170)$$

である. $\partial\Omega$ は滑らかなので, 各 $x_0 \in \partial\Omega$ に対して $B(x_1, r) \subset \Omega^c$ が存在して $\overline{B(x_1, r)} \cap \overline{\Omega} = \{x_0\}$ が成り立つ. 変数変換 $y = r^2 \dfrac{x - x_1}{|x - x_1|^2}$, $w(y) = u(x)$ によって (2.170) は

$$-\Delta u = f(y, w) \quad \text{in } \Omega' \subset B(0, r), \qquad w = 0 \quad \text{on } \partial\Omega'$$
$$f(y, w) = \frac{r^4}{|y|^4} W\left(x_1 + r^2 \frac{y}{|y|^2}\right) e^w$$

に変換される. $f(y, w)$ が $|y|$ の方向に非増加であれば, $x_0 \in \partial\Omega'$ において moving plane 法が適用できる [*9)].

この条件を検証するために $y = \dfrac{\rho(x_0 - x_1)}{r}, 0 < \rho < r$ とおく. $(x_1 - x_0)/r = \nu_{x_0}$ より

[*9)] 詳細は鈴木・上岡 [156] 2.2 節.

$$\left.\frac{\partial}{\partial \rho} f(y,w)\right|_{\rho=r} = \left.\frac{\partial}{\partial \rho}\left\{\frac{r^4}{\rho^4}W\left(x_1+\frac{r}{\rho}(x_0-x_1)\right)\right\}\right|_{\rho=r} \cdot e^w$$

$$= \left\{-4r^{-1}W(x_0)+\nabla W(x_0)\cdot\frac{x_1-x_0}{r}\right\}e^w$$

$$= W(x_0)\left\{-4r^{-1}+\frac{\partial \log W}{\partial \nu_{x_0}}\right\}e^w$$

$$= W(x_0)\left\{-4r^{-1}+\frac{\partial \log K}{\partial \nu_{x_0}}\right\}e^w \qquad (2.171)$$

$0 < r_0 \ll 1$ が存在して, $0 < r < r_0$ のとき (2.171) 右辺は任意の $x_0 \in \partial\Omega$ について負となる. 従って moving plane 法が適用でき, 補題が得られる. □

(2.168), 補題 2.8.2 より, 定理 1.11 の証明と同様にして $\partial\Omega \subset \hat{\omega}$ となる開集合が存在し, $\omega = \Omega \cap \hat{\omega}$ に対して $\|u_k\|_{L^\infty(\omega)} \le C_6$ が成り立つ.

【定理 2.9 の証明】 (2.159)–(2.160) を示すため $i=1,\dots,\ell$ をとり, 補題 2.8.1 を

$$W_k(x) = \frac{\lambda_k K(x)}{\int_\Omega K(x)e^{u_k}}, \quad B=B(x_i^*, \varepsilon),\ 0<\varepsilon \ll 1$$

に対して適用する. 実際 $-\Delta u_k = W_k(x)e^{u_k}$ in $B(x_i^*, \varepsilon)$ より

$$\int_{B(x_i^*,\varepsilon)}[\nabla W_k(x)]e^{u_k} = \int_{\partial B(x_i^*,\varepsilon)}\frac{\partial u_k}{\partial \nu}\nabla u_k - \frac{1}{2}|\nabla u_k|^2\nu + W_k(x)e^{u_k}\,d\sigma$$

従って

$$\int_{B(x_i^*,\varepsilon)}[\nabla \log K]W_k(x)e^{u_k}$$
$$= \int_{\partial B(x_i^*,\varepsilon)}\frac{\partial u_k}{\partial \nu}\nabla u_k - \frac{1}{2}|\nabla u_k|^2\nu + W_k(x)e^{u_k}\,d\sigma \qquad (2.172)$$

ここで (2.169) より

$$\lim_{k\to\infty}\int_{B(x_i^*,\varepsilon)}[\nabla \log K]W_k(x)e^{u_k} = 8\pi\nabla \log K(x_i^*) \qquad (2.173)$$

また (2.161) より $\tilde{G} = \sum_{j=1}^\ell G(\cdot, x_j^*)$ に対して

$$\lim_{k\to\infty}\int_{\partial B(x_i^*,\varepsilon)}\frac{\partial u_k}{\partial \nu}\nabla u_k - \frac{1}{2}|\nabla u_k|^2\nu + W_k(x)e^{u_k}\,d\sigma$$

$$= 64\pi^2 \int_{\partial B(x_i^*, \varepsilon)} \frac{\partial \tilde{G}}{\partial \nu} \nabla \tilde{G} - \frac{1}{2}|\nabla \tilde{G}|^2 \nu \, d\sigma \tag{2.174}$$

(2.172), (2.173), (2.174) より

$$\frac{1}{8\pi} \nabla \log K(x_i^*) = \int_{\partial B(x_i^*, \varepsilon)} \frac{\partial \tilde{G}}{\partial \nu} \nabla \tilde{G} - \frac{1}{2}|\nabla \tilde{G}|^2 \nu \, d\sigma$$

が得られる. 従って (2.159)–(2.160) を証明するためには

$$\tilde{H}(x) = K(x, x_i^*) + \sum_{j \neq i} G(x, x_j^*), \quad K(x, x_i^*) = G(x, x_i^*) + \frac{1}{2\pi} \log |x - x_i^*|$$

に対し, $\varepsilon \downarrow 0$ において

$$\int_{\partial B(x_i^*, \varepsilon)} \frac{\partial \tilde{G}}{\partial \nu} \nabla \tilde{G} - \frac{1}{2}|\nabla \tilde{G}|^2 \nu \, d\sigma = -\nabla \tilde{H}(x_i^*) + o(1) \tag{2.175}$$

が成り立つことを示せばよい.

実際 $\tilde{H} = \tilde{H}(x)$ は $x = x_i^*$ で滑らかで $\tilde{G}(x) = \frac{1}{2\pi} \log \frac{1}{|x - x_i^*|} + \tilde{H}(x)$ より

$$\nabla \tilde{G} = -\frac{\nu}{2\pi\varepsilon} + \nabla \tilde{H} \quad \text{on } \partial B(x_i^*, \varepsilon)$$

である. 従って $\int_{\partial B(x_i^*, \varepsilon)} \nu \, d\sigma = 0$ より (2.175) の左辺は

$$\int_{\partial B(x_i^*, \varepsilon)} \left(-\frac{1}{2\pi\varepsilon} + \frac{\partial \tilde{H}}{\partial \nu}\right) \left(-\frac{\nu}{2\pi\varepsilon} + \nabla \tilde{H}\right) - \frac{1}{2} \left|-\frac{\nu}{2\pi\varepsilon} + \nabla \tilde{H}\right|^2 \nu \, d\sigma$$

$$= \frac{1}{2\pi\varepsilon} \int_{\partial B(x_i^*, \varepsilon)} -\frac{\partial \tilde{H}}{\partial \nu} \nu - \nabla \tilde{H} + (\nu \cdot \nabla \tilde{H})\nu \, d\sigma + o(1)$$

$$= -\nabla \tilde{H}(x_i^*) + o(1)$$

となり, (2.175) が得られる. □

第3章 解集合の構造

　ボルツマン・ポアソン方程式 (1.1), (1.2) は λ をパラメータとする非線形固有値問題である．幾何学や物理学の背景から，本書ではこのパラメータを全質量と呼び，解集合は固有値 λ と固有関数 v の組を集めたものと考える．固有値 λ の変動とともに，解集合の λ 切片は連続的に，あるいは不連続的に変化する．この変化の状況は，領域 Ω のどのような性質によって制御されているのであろうか．本章で考察するのは解集合の構造と固有値や領域の形状との関係である．個別の解が解集合の中で孤立しているか，あるいは連続的に存在しているか，また固有値の変化に応じて分岐や折れ曲がりなどの臨界的な状況が発生しているかということは，非線形関数解析の中で局所理論が受けもつ部分である．陰関数定理によって局所理論の基盤は線形化にある．従って線形固有値問題の分析が解集合を解明する第1歩であり，ボルツマン・ポアソン方程式に対する大域的な一意性定理はこの枠組みで証明される．この一意性定理が，次章で述べる点渦乱流平均場理論の前提となるカオスの伝播を保証するものである．一方, (1.1), (1.2) は変分構造をもち，無限次元空間におけるそのグラフの形状は，方程式が与えられている領域 Ω の形状を相当程度に忠実に反映する．一般に領域の形状が複雑になるに従って，変分汎関数のレベル集合が複雑な位相をもち，オイラー・ラグランジュ方程式の解が多重存在するようになる．これも大域解析に関わる現象である．

3.1　抽象固有値問題

　線形固有値問題は，数理物理学の基礎方程式を重ね合わせと変数分離で解く

ときに現れる. 波動方程式

$$p(x)u_{tt} = \Delta u \quad \text{in } \Omega \times (0, T), \qquad u = 0 \quad \text{on } \partial\Omega \times (0, T) \tag{3.1}$$

は滑らかな境界 $\partial\Omega$ をもつ有界領域 $\Omega \subset \mathbf{R}^n$ が表す膜の振動を記述するもので, $\overline{\Omega}$ 上の連続関数 $p = p(x) > 0$ はこの膜の密度を表している. 変数分離法では解が $u(x, t) = \varphi(x)f(t)$ の形をしているとして, (3.1) の方程式から

$$\frac{f''}{f} = \frac{\Delta\varphi}{p(x)\varphi} \tag{3.2}$$

を導出する. (3.2) の両辺を見比べて定数であることに注意し, この値を $-\lambda$ とする. (3.1) の境界条件を考慮して, そのとき得られるのが**固有値問題**

$$-\Delta\varphi = \lambda p(x)\varphi \quad \text{in } \Omega, \qquad \varphi = 0 \quad \text{on } \partial\Omega \tag{3.3}$$

と, A, B を定数とする表示 $f(t) = A\cos\sqrt{\lambda}t + B\sin\sqrt{\lambda}t/\sqrt{\lambda}$ である. (3.3) が非自明な解 $\varphi = \varphi(x) \not\equiv 0$ をもつとき, この λ を固有値という. この値は $u(x, t) = \varphi(x)f(t)$ の振動数を表している. 与えられた固有値に対して, 固有関数の集合は線形空間をなす. その次元が**重複度**で, 以下では固有値は重複度を含めて記載し, 各固有値に $\|\varphi\|_2 = 1$ で正規化する固有関数 $\varphi = \varphi(x)$ を 1 つずつもつようにする. このとき (3.3) の固有値は**離散的**で

$$0 < \lambda_1 < \lambda_2 \leq \cdots \to +\infty$$

のように書くことができる. 量子力学では固有値は粒子の束縛状態のエネルギーレベルを表している.

(3.3) において値の等しい固有値の固有関数が作る有限次元線形空間は, 自明な解 $\varphi = 0$ から分岐してくるものである. この観点からすると, (1.1), (1.2) は**非線形固有値問題**と見なすことができる. とりわけ (1.2) においては, 解が爆発するのは量子化された固有値 $8\pi\ell, \ell \in \mathbf{N}$ のところであり, また領域の形状が円板からより自明でない形に変形するとき, 解の分岐が発生する [98] [25].

しばらく抽象論を述べる. H を実ヒルベルト空間, $(\cdot, \cdot)$ をその**内積**, $|\cdot|$ をノルム, $b = b(\cdot, \cdot)$ は H 上の**対称正定値双 1 次形式**とする. すなわち対称双 1 次形式 $b : H \times H \to \mathbf{R}$ は定数 $\delta, M > 0$ に対して

$$b(u,u) \geq \delta |u|^2, \quad |b(u,v)| \leq M |u||v|, \quad u,v \in H$$

を満たす. 以後この $b = b(\cdot,\cdot)$ を H の内積と考える.

次に別の実ヒルベルト空間 V が H に連続に埋め込まれているとして, V の内積を $((\cdot,\cdot))$, ノルムを $\|\cdot\|$ とする. また $a = a(\cdot,\cdot)$ は V 上の対称双 1 次形式で, 定数 $C > 0$ に対して

$$a(u,u) \geq \delta \|u\|^2 - C|u|^2, \quad |a(u,v)| \leq M \|u\| \|v\|, \quad u,v \in V$$

が成り立つものとする. このとき抽象固有値問題を

$$(\lambda, \varphi) \in \mathbf{R} \times V \quad \text{s.t.} \quad a(\varphi, \psi) = \lambda b(\varphi, \psi), \quad \forall \psi \in V \tag{3.4}$$

という形で定式化する.

任意の $\lambda \in \mathbf{R}$ に対して $\varphi = 0$ は (3.4) の自明解であり, $\varphi \neq 0$ である解をもつ λ を固有値というのは (3.4) の場合と同様である. 固有関数 φ は $b(\varphi,\varphi) = 1$ によって正規化する. このとき重ね合わせの原理は次のように正当化される[*1]. ただし V は可分で無限次元とする.

定理 3.1 (抽象フーリエ級数展開) 埋め込み $V \subset H$ がコンパクトであるとき, (3.4) について次が成り立つ.

1) 固有値 $\{\lambda_k\}_{k=1}^{\infty}$ は加算個で $+\infty$ に発散する.

$$-\infty < \lambda_1 \leq \lambda_2 \leq \cdots \leq \cdots \to +\infty$$

2) 固有関数全体 $\{\varphi_k\}_{k=1}^{\infty}$ は, H の内積 $b = b(\cdot,\cdot)$ に関する**完全正規直交系**で, $b(\varphi_k, \varphi_j) = \delta_{kj}$. かつ, 任意の $v \in H$ に対して

$$\lim_{k \to \infty} \left| v - \sum_{j=1}^{k} b(v, \varphi_j) \varphi_j \right| = 0 \tag{3.5}$$

が成り立つ.

(3.5) 第 3 式は**抽象フーリエ級数展開**であり, $c_k = b(v, \varphi_k)$ に対して

[*1] Bandle [7] 第 3 章, Brezis [11] 第 6 章, Suzuki and Senba [147] 第 4 章.

$$b(v,v) = \sum_{k=1}^{\infty} c_k^2, \quad v \in H, \qquad a(v,v) = \sum_{k=1}^{\infty} \lambda_k c_k^2, \quad v \in V \tag{3.6}$$

となる. (3.6) よりレーリー商は

$$R[v] = \frac{a(v,v)}{b(v,v)} = \frac{\displaystyle\sum_{k=1}^{\infty} \lambda_k c_k^2}{\displaystyle\sum_{k=1}^{\infty} c_k^2}, \quad v \in V \setminus \{0\}$$

となり

$$\lambda_k = \inf\{R[v] \mid v \in V \cap H_{k-1} \setminus \{0\}\}, \quad k = 1, 2, \ldots$$
$$H_k = \{v \in H \mid b(v, \varphi_j) = 0, \ 0 \le j \le k-1\} \tag{3.7}$$

が成り立つ. (3.7) からミニ・マックス原理

$$\lambda_k = \min\left\{\max_{v \in L_k \setminus \{0\}} R[v] \mid L_k \subset V, \ \dim L_k = k\right\}$$
$$= \max\left\{\min_{v \in V_k \setminus \{0\}} R[v] \mid V_k \subset V, \ \dim V/V_k = k-1\right\}$$

が得られる.

滑らかな境界 $\partial\Omega$ をもつ有界領域 $\Omega \subset \mathbf{R}^n$, 相対開集合 $\Gamma_0 \subset \partial\Omega$, $\overline{\Omega}$ 上の連続関数 $c = c(x), p = p(x) > 0$ が与えられたとき $\cdot|_{\Gamma_0} : H^1(\Omega) \to H^{1/2}(\Gamma_0)$ を Γ_0 へのトレース写像として

$$H = L^2(\Omega), \quad V = \left\{v \in H^1(\Omega) \mid v|_{\Gamma_0} = 0\right\}$$
$$a(u,v) = \int_\Omega \nabla u \cdot \nabla v + c(x) uv \, dx, \quad b(u,v) = \int_\Omega uvp(x) \tag{3.8}$$

とする. (3.4) は

$$(-\Delta + c(x))\varphi = \lambda p(x)\varphi \quad \text{in } \Omega, \quad \varphi|_{\Gamma_0} = 0, \quad \left.\frac{\partial\varphi}{\partial\nu}\right|_{\partial\Omega \setminus \Gamma_0} = 0 \tag{3.9}$$

となり, レリッヒ・コンドラコフ (**Rellich-Kondrachov**) の定理によって定理 3.1 が適用できる [*2)]. ただし ν は単位外法ベクトルである.

[*2)] Adams and Foubnier [1] 第 6 章. 鈴木・上岡 [156] 1.3 節.

3.2 固有関数の節領域と固有値の評価

　関数のゼロ点の集合を節集合, その関数が定符号となる部分領域が節領域である. 節集合や節領域の基本性質を調べるときに使われるのが次の補題 [10] [71] である. ただし $\alpha = (\alpha_1, \ldots, \alpha_n)$, $0 \leq \alpha_i \in \mathbf{Z}$, $1 \leq i \leq n$ は多重指数で $|\alpha| = \alpha_1 + \cdots + \alpha_n$ とする.

補題 3.2.1 (バース Bers)　$0 \in \Omega \subset \mathbf{R}^n$ を開集合, L を滑らかな係数をもつ $2m$ 階の楕円型作用素とする. また関数 $f = f(x)$ は $x = 0$ の近傍 Ω で滑らかで $Lf = 0$ in Ω を満たし, さらに $N = 0, 1, \ldots$ が存在して

$$D^\alpha f(0) = 0, \quad |\forall \alpha| \leq N, \quad \max_{|\alpha|=N+1} |D^\alpha f(0)| \neq 0 \qquad (3.10)$$

であるものとする. このとき $N+1$ 次斉次多項式 $p = p(x)$ で, 任意の $|\alpha| \leq \min(2m, N+1)$ に対して

$$D^\alpha f(x) = D^\alpha p(x) + o\left(|x|^{N+1-|\alpha|}\right), \quad x \to 0 \qquad (3.11)$$

となるものが存在する.

　補題 3.2.1 は次の補題 [85] と結びつけることができる.

補題 3.2.2 (クオ Kuo)　$x = 0 \in \mathbf{R}^n$ の近傍で定義された C^2 関数 $f = f(x)$, $h = h(x)$ が

$$f(x) = h(x) + o\left(|x|^{N+1}\right), \; Df(x) = Dh(x) + o\left(|x|^N\right), \quad x \to 0 \quad (3.12)$$

かつ $h(x)$ は $x = 0$ で $N+1$ 回微分可能で

$$D^\alpha h(0) = 0, \quad |\forall \alpha| \leq N, \quad \max_{|\alpha| \leq N+1} |D^\alpha h(0)| \neq 0$$

を満たすとする. このとき, $\Phi(0) = 0$ を満たす局所 C^1 微分同相写像 Φ が存在して $f = \Phi^* h$, すなわち

$$f(x) = h(\Phi(x)) \tag{3.13}$$

となる.

【証明】 原点を含む開集合を $U \subset \mathbf{R}^n$, $f, h \in C^\infty(U)$ として,ホモトピー関数

$$F(x, a) = (1-a)f(x) + ah(x), \quad (x, a) \in U \times [0, 1] \tag{3.14}$$

を導入する.等式

$$\nabla F(x, a) = \begin{pmatrix} (1-a)Df(x) + aDh(x) \\ h(x) - f(x) \end{pmatrix}$$

より $\nabla F(0, a) = 0$, $0 \leq a \leq 1$. また $a \in [0, 1]$ について一様に

$$|\nabla F| \geq |Dh| - (1-a)|Df - Dh| - |f - h|$$
$$= |Dh| + o\left(|x|^N\right) \approx |x|^N, \quad x \to 0$$

が得られる.再び (3.12) により,原点を含む開集合 $U_1 \subset U$ に対して

$$X(x, a) = \begin{cases} |\nabla F|^{-2}(h-f)\nabla F, & x \neq 0 \\ 0, & x = 0 \end{cases}$$

は $U_1 \times [0, 1]$ 上の C^1 ベクトル場であり,従って $v(x, a) = \begin{pmatrix} 0 \\ 1 \end{pmatrix} - X(x, a)$ も同様である.

以下では $\cdot$ を $\mathbf{R}^{n+1}$ の内積とする.ベクトル場 v は

$$v \cdot \nabla F = (h-f) - X \cdot \nabla F = 0 \tag{3.15}$$

を満たし,$a \in [0, 1]$ について一様に

$$v \cdot \begin{pmatrix} 0 \\ 1 \end{pmatrix} = 1 - X \cdot \begin{pmatrix} 0 \\ 1 \end{pmatrix} = 1 - |\nabla F|^{-2}(h-f)\nabla F \cdot \begin{pmatrix} 0 \\ 1 \end{pmatrix}$$
$$= 1 - |\nabla F|^{-1}(h-f)^2 = 1 - o\left(|x|^2\right) > 0, \quad x \to 0 \tag{3.16}$$

である.

各 $(x,a) \in U_1 \times (0,1)$ を初期値とする流れ $\phi = \phi((x,a),t)$ を

$$\frac{d\phi}{dt} = v(\phi), \quad \phi|_{t=0} = \begin{pmatrix} x \\ a \end{pmatrix}$$

で定める. (3.16) より, ϕ の a 成分は $|x| \ll 1$ で増加する. 従って U_1 を絞り込むと, 軌道 $\{\phi(x,0),t)\}_{t \geq 0}$ は $\mathbf{R}^{n+1}$ の超平面 $a = 1$ を 1 点 $\Phi(x)$ で通過する. すなわち

$$\phi((x,0),t) = \begin{pmatrix} \Phi(x) \\ 1 \end{pmatrix} \tag{3.17}$$

となる $t > 0$ が存在する.

最初に

$$v(0,a) = \begin{pmatrix} 0 \\ 1 \end{pmatrix} \quad \Rightarrow \quad \Phi(0) = 0$$

次に (3.15) より $\frac{d}{dt}F(\phi((x,a),t)) = 0$. 従って (3.17) より

$$F(x,0) = F(\Phi(x),1) \tag{3.18}$$

となる. (3.14) より, (3.18) は (3.13) を意味する. □

$\mathcal{M}$ を d 次元リーマン多様体, L を楕円型作用素, $f = f(x)$ を

$$Lf = 0, \quad f \not\equiv 0 \quad \text{in } \mathcal{M} \setminus \partial \mathcal{M} \tag{3.19}$$

を満たす滑らかな関数とする. f の節集合を $N(f) = \overline{\{x \in \mathcal{M} \mid f(x) = 0\}}$ で定義する. L が 2 階の場合は各 f のゼロ点は有限次で, 定理 3.2.1, 定理 3.2.2 より $N(f)$ はある多項式のゼロ集合と C^1 同相である. より詳しく次の部分正則性 [69] が知られている.

定理 3.2 (ハルト・サイモン Hardt-Simon) $f \not\equiv 0$ は d 次元の C^∞ 多様体 $\mathcal{M}$ 上の滑らかな関数で, 滑らかな係数をもつ 2 階楕円型作用素 L に対して $Lf = 0$ を満たすものとすると, その節集合 $N(f)$ はハウスドルフ (**Hausdorff**) 次元 $(d-2)$ 以下の $f^{-1}\{0\} \cap Df^{-1}\{0\}$ の閉集合を除いて $(d-1)$ 次元の C^∞ 多様

体をなす.

次の定理[70]により,空間次元 $n = 2$ で L の主部が Δ の場合は,(3.10) のもとで (3.11) が $|\alpha| \leq N+1$ まで成り立つことがわかる [*3].

定理 3.3 (ハルトマン・ウィントナー Hartman-Wintner) $0 \in \Omega \subset \mathbf{R}^2$ を開集合, C^2 実関数 $u = u(x)$ が

$$|\Delta u| \leq C_1 (|\nabla u| + |u|) \quad \text{in } \Omega, \qquad u(x) = o(|x|^n), \quad x \to 0 \qquad (3.20)$$

を満たすものとすると $\lim_{x \to 0} u_z/z^n$, $z = x_1 + \imath x_2$, $x = (x_1, x_2)$ が存在する.ただし $n = 0, 1, \ldots$ とする.従って $a \in \mathbf{C}$ が存在して

$$u_z = az^n + o(|x|^n), \ u(x) = \operatorname{Re}\left(\frac{az^{n+1}}{n+1}\right) + o\left(|x|^{n+1}\right), \quad x \to 0$$

となる.

【証明】 $u = u(x)$ は C^2 であるから,主張は $n = 0, 1$ において明らか. $n \geq 2$ として, $k = 1, 2, \ldots, n$ に対して

$$u_z = o\left(|z|^{k-1}\right) \quad \Rightarrow \quad \exists \lim_{x \to 0} u_z/z^k = a_k \qquad (3.21)$$

を示せば定理が証明できる.

実際,(3.20), $n \geq 2$ より $k = 1$ に対して (3.21) の仮定が成り立つ.次に (3.21) の結論が成り立つとすると

$$u(x) = \operatorname{Re}\left(\frac{a_k z^{k+1}}{k+1}\right) + o\left(|z|^{k+1}\right)$$

となり,(3.20) より $k < n$ の場合は $a_k = 0$ である.このことは (3.21) の仮定が k を $k+1$ に変えて成り立つことを示している.繰り返すと (3.21) の結論が $k = n$ に対して得られる.

(3.21) を示すために $\Omega = B(0, R_0)$ として,$0 < |\zeta| < R < R_0$ と $0 < \varepsilon \ll 1$ をとり $\omega = B(0, R) \setminus \left(B(0, \varepsilon) \bigcup B(\zeta, \varepsilon)\right) \subset\subset \Omega$ とおく. $z = x_1 + \imath x_2,$

[*3] 定理 3.3 の応用は [67] [171] [35] [2] [127] 等.

$x = (x_1, x_2)$ に対し
$$\frac{\partial}{\partial z} = \frac{1}{2}\left(\frac{\partial}{\partial x_1} - \imath \frac{\partial}{\partial x_2}\right), \quad \frac{\partial}{\partial \overline{z}} = \frac{1}{2}\left(\frac{\partial}{\partial x_1} + \imath \frac{\partial}{\partial x_2}\right)$$
$$dz \wedge d\overline{z} = -2\imath dx_1 \wedge dx_2$$

より，グリーンの公式は
$$\int_\omega (gu_{z\overline{z}} + u_z g_{\overline{z}}) \, dzd\overline{z} = \int_{\partial\omega} gu_z \, dz \tag{3.22}$$

で記述される．

(3.22) を $g(z) = z^{-k}(z-\zeta)^{-1}$ に適用して
$$\int_{\partial\omega} z^{-k}(z-\zeta)^{-1} u_z dz = \int_\omega z^{-k}(z-\zeta)^{-1} u_{z\overline{z}} dz d\overline{z} \tag{3.23}$$

となる．(3.21) の仮定から，(3.23) の左辺は $\varepsilon \downarrow 0$ において
$$\left(\int_{|z|=R} - \int_{|z-\zeta|=\varepsilon} - \int_{|z|=\varepsilon}\right) z^{-k}(z-\zeta)^{-1} u_z dz$$
$$= \int_{|z|=R} z^{-k}(z-\zeta)^{-1} u_z dz - 2\pi\imath \zeta^{-k} u_z(\zeta) + o(1) \tag{3.24}$$

一方 (3.23) の右辺には (3.20) を適用する．u が実数値であることから，$\varepsilon \downarrow 0$ において
$$\int_{|z|<R} \left| z^{-k}(z-\zeta)^{-1} u_{z\overline{z}} \right| |dzd\overline{z}|$$
$$\leq C_2 \int_{|z|<R} (|u_z| + |u|)|z|^{-k} |z-\zeta|^{-1} |dzd\overline{z}| \tag{3.25}$$

で評価でき，(3.21) の仮定より
$$\left| u/z^k \right| = O(1), \quad \left| u_z/z^k \right| = O(|z|^{-1}) \tag{3.26}$$

従って (3.25) の右辺は収束し
$$-2\pi\imath u_z(\zeta)\zeta^{-k} + \int_{|z|=R} z^{-k}(z-\zeta)^{-1} u_z dz$$
$$= \int_{|z|<R} z^{-k}(z-\zeta)^{-1} u_{z\overline{z}} dz d\overline{z} \tag{3.27}$$

が成り立つ．

(3.23), (3.24) により

$$2\pi |u_z(\zeta)| |\zeta|^{-k} \leq \int_{|z|=R} |u_z| |z|^{-k} |z-\zeta|^{-1} |dz|$$
$$+ C_2 \int_{|z|<R} (|u_z|+|u|) |z|^{-k} |z-\zeta|^{-1} |dzd\overline{z}| \quad (3.28)$$

となる. $0 < |z_0| < R$ をとり, (3.28) の両辺に $\int_{|\zeta|<R} |\zeta - z_0|^{-1} \cdot |d\zeta d\overline{\zeta}|$ を作用すると

$$2\pi \int_{|\zeta|<R} \left| u_z(\zeta) \zeta^{-k} (\zeta - z_0)^{-1} \right| |d\zeta d\overline{\zeta}|$$
$$\leq \int_{|z|=R} |u_z| |z|^{-k} |dz| \cdot \int_{|\zeta|<R} \left| (z-\zeta)(\zeta - z_0)^{-1} \right| |d\zeta d\overline{\zeta}|$$
$$+ C_2 \int_{|z|<R} (|u_z|+|u|) |z|^{-k} |dzd\overline{z}| \cdot \int_{|\zeta|<R} |(z-\zeta)(\zeta - z_0)|^{-1} |d\zeta d\overline{\zeta}|$$
$$(3.29)$$

が成り立つ. (3.29) に対して

$$|(z-\zeta)(\zeta - z_0)|^{-1} = |z - z_0|^{-1} \left| (z-\zeta)^{-1} + (\zeta - z_0)^{-1} \right|$$
$$\leq |z-z_0|^{-1} \left(|\zeta - z|^{-1} + |\zeta - z_0|^{-1} \right)$$

と, $|z| < R$ から得られる

$$\int_{|\zeta|<R} |z-\zeta|^{-1} |d\zeta d\overline{\zeta}| \leq \int_{|\zeta - z|<2R} |\zeta - z|^{-1} 2dx = 8\pi R$$

を適用すると

$$\int_{|\zeta|<R} |(z-\zeta)(\zeta - z_0)|^{-1} |d\zeta d\overline{\zeta}| \leq 16\pi R |z-z_0|^{-1}$$

となる. 従って

$$\int_{|\zeta|<R} \left| u_z(\zeta) \zeta^{-k} (\zeta - z_0)^{-1} \right| |d\zeta d\overline{\zeta}|$$
$$\leq 8R \int_{|z|=R} |u_z| |z|^{-k} |z - z_0|^{-1} |dz|$$
$$+ 8RC \int_{|z|<R} (|u_z|+|u|) |z|^{-k} |z-z_0|^{-1} |dzd\overline{z}|$$

すなわち

$$(1-8RC)\int_{|z|<R}\left|u_z z^{-k}(z-z_0)^{-1}\right||dzd\bar{z}|$$
$$\leq 8R\int_{|z|=R}\left|u_z z^{-k}(z-z_0)^{-1}\right||dz|$$
$$+8RC\int_{|z|<R}\left|u z^{-k}(z-z_0)^{-1}\right||dzd\bar{z}| \quad (3.30)$$

が得られる.

(3.26) によって (3.30) の右辺は $z_0 \to 0$ で有界である. 従って $0 < R < 1/(8C)$ とすれば

$$\int_{|z|<R}\left|u_z z^{-k}(z-\zeta)^{-1}\right||dzd\bar{z}| = O(1), \quad \zeta \to 0 \quad (3.31)$$

となる. (3.26), (3.31) より (3.28) の右辺は $\zeta \to 0$ で有界, すなわち

$$u_z/z^k = O(1), \quad z \to 0$$

であり, (3.25) の右辺は $\zeta \to 0$ で収束する. 従って (3.27) の右辺の積分は $\zeta = 0$ で絶対収束し, 極限 (3.21) が存在する. □

一意接続定理[*4)] に注意すると $h(x) = \mathrm{Re}\left(\dfrac{az^{n+1}}{n+1}\right), a \neq 0, n = 1, 2, \ldots$ として補題 3.3 と定理 3.2.2 を結びつけることができる [40].

定理 3.4 $\mathcal{M}$ は滑らかなリーマン面, L は主部がラプラス・ベルトラミ作用素で係数有界の 2 階楕円型作用素, $f = f(x), f \not\equiv 0$ は (3.19) を満たす C^2 関数であるとすると, その節集合 $N(f)$ は次を満たす.

1) f の $N(f) \cap \mathcal{M}$ 上の臨界点は孤立している.
2) 任意のコンパクト集合 $K \subset \mathcal{M} \setminus \partial\mathcal{M}$ に対し, $N(f) \cap K$ は等角に交わる C^1 曲線の和集合である.

定理 3.4 の帰結として, $\mathcal{M}$ がコンパクトで $\partial\mathcal{M} = \emptyset$ の場合, $N(f)$ は高々有限回, しかも等角に交わる C^1–ジョルダン閉曲線の和集合となる. また $\mathcal{M}$ が

[*4)] 熊ノ郷 [84] 第 5 章.

$\mathbf{R}^2$ 内の領域で, $\partial \mathcal{M}$ 上 $f = 0$ である場合には, $\partial \mathcal{M}$ の境界点の近傍で $\mathcal{M}$ を等角に写像した半平面上の関数と見なして $f(x)$ の奇拡張をとる. すると $N(f)$ を $N(f) \cup \partial \mathcal{M}$ に置き換えて, 定理 3.4 の結論が成り立つことがわかる. いずれの場合も $N(f) = \overline{\{x \in M \mid f(x) = 0\}}$ を f の節線という.

一般に $\{x \in \mathcal{M} \setminus \partial \mathcal{M} \mid f(x) \neq 0\}$ の各連結成分を f の節領域という. 固有値問題 (3.9) の固有値 $\{\lambda_k\}_{k=1}^\infty$, 固有関数 $\{\varphi_k\}_{k=1}^\infty$ を

$$-\infty < \lambda_1 \leq \lambda_2 \leq \cdots \to +\infty, \qquad \|\varphi_k\|_2 = 1$$

とする. 対応する双 1 次形式 $a = a(\cdot, \cdot)$, $b = b(\cdot, \cdot)$ は (3.8) で与えられる. ここで $\Omega = M \subset \mathbf{R}^n$ は滑らかな境界 $\partial \Omega$ をもつ有界領域, $H = L^2(\Omega)$, $V = \left\{ v \in H^1(\Omega) \mid v|_{\Gamma_0} = 0 \right\}$ である. 固有関数の節領域の数についての古典的な結果がある [*5]. しかし正確な議論をするためには $f = \varphi_k$ に対する定理 3.2 の結果に加えて, $N(f)$ や f の境界まで含めた十分な正則性が必要である.

定理 3.5 (3.9) の各第 k 固有関数 φ_k に対して $f = \varphi_k$ は $\overline{\Omega}$ 上でリプシッツ連続で, その各節領域がリプシッツ領域であるものとすると次が成り立つ.

1) 節領域の数は k 以下である.
2) 第 1 固有関数 φ_1 のみが Ω で定符号である.
3) 第 2 固有関数 φ_2 の節領域をちょうど 2 つもつ.

【証明】 (3.7) において λ_k の最小は φ_k の定数倍で達成される. φ_k が節領域 $\Omega_1, \ldots, \Omega_{k+1} \subset \Omega$ をもつとする. 仮定により, $\varphi_k|_{\Omega_j}$ をゼロ拡張した ψ_j, $1 \leq j \leq k+1$ は V に属し, $(n-1)$ 次元ハウスドルフ測度 dH^{n-1} に対し

$$\int_{\partial \Omega_j} \psi_j \frac{\partial \psi_j}{\partial \nu} \, dH^{n-1} = 0 \tag{3.32}$$

が成り立つ [*6]. このとき $a_1, \ldots, a_k \in \mathbf{R}$ が存在して $b(\psi, \phi_j) = 0$, $1 \leq j \leq k-1$ かつ $\psi = a_1 \psi_1 + \cdots + a_k \psi_k \not\equiv 0$ となる. (3.32) から $\psi \in V \cap H_{k-1}$ は

[*5] Courant and Hilbert [42] 第 1 巻第 6 章.
[*6] Evans and Gariepy [52] 第 2 章.

$$a(\psi,\psi) = \int_\Omega |\nabla\psi|^2 + c(x)\psi^2 \, dx = \sum_{j=1}^k a_j^2 \int_\Omega |\nabla\psi_j|^2 + c(x)\psi_j^2 \, dx$$
$$= \sum_{j=1}^k a_j^2 \int_{\Omega_j} (-\Delta\psi_j + c(x)\psi_j)\psi_j$$

よって
$$a(\psi,\psi) = \lambda_k \sum_{j=1}^k a_j^2 \int_{\Omega_j} p(x)\psi^2 = \lambda_k b(\psi,\psi)$$

を満たす. すなわち $\psi \not\equiv 0$ は (3.7) の最小を達成し, $\psi = \text{constant} \times \varphi_k$ となる. 一方 Ω_{k+1} 上 $\psi = 0$ であり, 2 階楕円型方程式の解 φ_k に対する一意接続定理から $\psi \equiv 0$ となり矛盾である.

特に第 1 固有関数 φ_1 の節領域は 1 つで, 強最大原理から φ_1 は Ω 上定符号である. 以下 $\varphi_1 > 0$ とする. このとき $b(\varphi_1, \varphi_k) = 0$ より $\varphi_k, k \geq 2$ は Ω 上定符号となりえない. 特に φ_2 はちょうど 2 つの節領域をもつ. □

定理 3.6 定理 3.5 の仮定のもとで λ_1 は単純である.

【証明】 $\lambda_1 = \lambda_2$ と仮定すると φ_2 も $\lambda_1 = \inf\{R[v] \mid v \in V \setminus \{0\}\}$ を達成する. 定理 3.5 の証明から, このとき φ_2 は定符号となって矛盾が得られる. □

ヤコビ (**Jacobi**) の方法では $\overline{\Omega} \setminus \Gamma_0$ 上で $\psi_1 > 0$ を示し, 次に試験関数 $\varphi \in C^1(\overline{\Omega}), \varphi|_{\Gamma_0} = 0$ に対して $\psi = \varphi/\psi_1$ をとる. ホップ補題から $\psi \in C^1(\overline{\Omega})$ を導く. レーリー商を用いると, ϕ_2 の節集合の境界挙動を仮定しなくても定理 3.6 が得られる [*7].

有界開集合 $\Omega \subset \mathbf{R}^n$ に対して

$$-\Delta\varphi = \lambda\varphi \quad \text{in } \Omega, \qquad \varphi = 0 \quad \text{on } \partial\Omega \tag{3.33}$$

に第 1 固有値は

$$\lambda_1(\Omega) = \inf\left\{R[v] \mid v \in H_0^1(\Omega) \setminus \{0\}\right\}, \quad R[v] = \frac{\|\nabla v\|_2^2}{\|v\|_2^2} \tag{3.34}$$

[*7] 鈴木・上岡 [156] 1.3 節.

で定めることができる.対応する第 1 固有関数 $\varphi_1 \in H_0^1(\Omega)$ は Ω 上で滑らかで,例えば正値とすることができる.このとき次の等周不等式が得られる [53] [83].

定理 3.7 (ファベル・クラーン) $\Omega \subset \mathbf{R}^n$ を有界開集合, Ω^* を Ω と同じ体積をもつ $\mathbf{R}^n$ の球とすると

$$\lambda_1(\Omega) \geq \lambda_1(\Omega^*) \tag{3.35}$$

であり,等号は Ω が球のときに限る.

(3.33) の第 k 固有関数 φ_k は Ω で滑らかである.ファベル・クラーンの不等式からその節領域,すなわち $\{x \in \Omega \mid \varphi_k(x) \neq 0\}$ の各連結成分について次の定理 [118] が成り立つ.

定理 3.8 (プライエル Pleijel) 空間次元 $n = 2$ で $\partial\Omega$ が滑らかなとき,ちょうど k 個の節領域をもつ φ_k は高々有限である.

【証明】 $n = 2$ より,0 次ベッセル (Bessel) 関数 J_0 の最初のゼロ点 $\ell = 2.4048\ldots$ に対して $\lambda_1(\Omega^*) = \pi\ell^2/|\Omega|$ である.仮定から,第 k 固有関数 φ_k の節領域を $\Omega_1, \ldots, \Omega_N$ とすると,$\varphi = \varphi^j = \varphi_k|_{\Omega_j}$, $j = 1, \ldots, N$ は

$$-\Delta\varphi = \lambda\varphi \quad \text{in } \Omega_j, \qquad \varphi = 0 \quad \text{on } \partial\Omega_j$$

の第 1 固有関数で, (3.35) より

$$\lambda_k = \lambda_1(\Omega_j) \geq \pi\ell^2/|\Omega_j| \tag{3.36}$$

となる. (3.36) を $|\Omega_j| \geq \pi\ell^2/\lambda_k$ と書いて j について加えれば $|\Omega| \geq \pi\ell^2 N/\lambda_k$. 従って $N = k$ が無限回起こるとすると

$$\liminf_{k \to \infty} \frac{k}{\lambda_k} \leq |\Omega|/\pi\ell^2 \tag{3.37}$$

一方 Weyl の公式[*8)] により (3.37) の左辺は $|\Omega|/(4\pi)$ に等しい. 従って $\ell \leq 2$ であり,矛盾となる. □

[*8)] Courant and Hilbert [42] 第 1 巻第 6 章.

ノイマン（Neumann）境界条件の固有値問題

$$-\Delta\varphi = \mu\varphi \quad \text{in } \Omega, \qquad \frac{\partial\varphi}{\partial\nu} = 0 \quad \text{on } \partial\Omega \tag{3.38}$$

についてミニ・マックス原理で使うレーリー商は

$$R[v] = \frac{\|\nabla v\|_2^2}{\|v\|_2^2}, \quad v \in H^1(\Omega) \setminus \{0\}$$

である. (3.38) の第 1 固有値 $\mu_1(\Omega)$ は 0, 第 1 固有関数は定数である. 従って第 2 固有値は

$$\mu_2(\Omega) = \left\{ R[v] \mid v \in H^1(\Omega) \setminus \{0\}, \int_\Omega v = 0 \right\}$$

で, 次の形の等周不等式が成り立つ [158] [170].

定理 3.9 (セゲー・ワインバーガー Szegö-Weinberger) $\Omega \subset \mathbf{R}^n$ を有界開集合, Ω^* を Ω と体積が同じ $\mathbf{R}^n$ の球とすると $\mu_2(\Omega) \leq \mu_2(\Omega^*)$ であり, 等号は Ω が球のときに限る.

3.3 再 編 理 論

(3.33) の第 1 固有関数 $\varphi_1 = \varphi_1(x)$ は Ω で正値で滑らかであり, $\overline{\Omega}$ 上連続である場合には $\varphi_1|_{\partial\Omega} = 0$ を満たすので, 各 $t > 0$ に対して開集合 $\{x \in \Omega \mid \varphi(x) > t\}$ の閉包は Ω のコンパクト集合となる. (3.35) の証明では (3.34) に基づいて $H_0^1(\Omega)$ における**再編理論**を適用するので, 性質 $\varphi_1 \in C(\overline{\Omega})$ は用いない.

一般に可測関数 $u: \Omega \to \mathbf{R}$ の**分布関数** $\mu = \mu(t): [0, +\infty) \to [0, +\infty]$ は

$$\mu(t) = |\{x \in \Omega \mid |u(x)| > t\}| \tag{3.39}$$

で与えられる. ただし $|\cdot|$ は n 次元の体積 (ルベーグ Lebesgue 測度) である. 分布関数 $\mu = \mu(t)$ は非増加かつ右連続で, ルベーグ積分の定義から $p > 0$ に対して

$$\int_\Omega |u(x)|^p \, dx = \int_0^\infty t^p d(-\mu(t)) \tag{3.40}$$

を満たす．ただし (3.40) の右辺はリーマン・スティルチェス積分である．(3.40) は等可測という性質の 1 つである．

最初に $u = u(x)$ の **decreasing rearrangement** $u^\star = u^\star(s) : [0, +\infty) \to [0, +\infty]$ を
$$u^\star(s) = \inf\{t \geq 0 \mid \mu(t) < s\}$$
で定めると (3.40) と同様に
$$\int_0^\infty u^\star(s)^p ds = \int_0^\infty t^p d(-\mu(t)) \tag{3.41}$$
が得られる．そこで n 次元単位球の体積 $c_n = \pi^{n/2}/\Gamma(1+n/2)$ を用いて $u = u(x)$ のシュワルツ対称化 $u^* : \mathbf{R}^n \to \mathbf{R}$ を
$$u^*(x) = u^\star(c_n |x|^n)$$
で定める．(3.40), (3.41) により
$$\int_\Omega |u(x)|^p = \int_{\mathbf{R}^n} |u^*(x)|^p \tag{3.42}$$
となる．

Ω は有界なので $u = u(x)$ のシュワルツ対称化を
$$u^*(x) = \begin{cases} \sup\{t \mid x \in \Omega_t^*\}, & x \in \Omega^* \\ 0, & x \notin \Omega^* \end{cases}$$
で直接定めてもよい．ただし可測集合 ω に対し, ω^* は原点を中心とし, $|\omega| = |\omega^*|$ を満たす球であり $\Omega_t = \{x \in \Omega \mid |u(x)| > t\}$ とする．実際, $x \in \Omega_t^* \Leftrightarrow c_n |x|^n < \mu(t)$ と $\sup\{t \geq 0 \mid c_n |x|^n < \mu(t)\} = \inf\{t \mid \mu(t) < c_n |x|^n\}$ に注意すればよい．

次の性質は明らかである．

1) $u^* = u^*(|x|)$ は非負, $r = |x|$ の非増加関数で $\inf_\Omega |u| = \inf_{\Omega^*} u^*$ かつ $\sup_\Omega |u| = \sup_{\Omega^*} u^*$.
2) Ω 上 $|u_1| \leq |u_2|$ ならば $\mathbf{R}^n$ 上 $u_1^* \leq u_2^*$

次の不等式をハーディ・リトゥルウッド (**Hardy-Littlewood**) の不等式という．

$$\int_\Omega |u(x)v(x)|\,dx \le \int_0^\infty u^\star(s)v^\star(s)\,ds = \int_{\mathbf{R}^n} u^*(|x|)v^*(|x|)\,dx \qquad (3.43)$$

有界開集合 $\Omega \subset \mathbf{R}^n$ に対して次の性質も成り立つ.

1) u が連続であれば u^* も連続
2) $u \ge 0$ が $\overline{\Omega}$ 上リプシッツ連続で $u|_{\partial\Omega} = 0$ であれば, u^* も $\overline{\Omega^*}$ 上でリプシッツ連続. u^* のリプシッツ係数は u のリプシッツ係数以下

(3.34) に対して (3.42) と次の定理を適用すると (3.35) が得られる. 再編理論と偏微分方程式への応用についてはいくつかの成書が知られている [*9].

定理 3.10 (ポーリャ・セゲー Pólya-Szegö) $\Omega \subset \mathbf{R}^n$ が有界開集合で $1 < p < \infty$ のとき, $u \in W_0^{1,p}(\Omega)$ に対して $u^* \in W_0^{1,p}(\Omega^*)$ であり

$$\int_\Omega |\nabla u|^p\,dx \ge \int_{\Omega^*} |\nabla u^*|^p\,dx$$

が成り立つ.

再編理論により, 楕円型境界値問題

$$Lu = f \quad \text{in } \Omega, \qquad u = 0 \quad \text{on } \partial\Omega \qquad (3.44)$$

の解の各点評価とディリクレノルム評価を示すことができる [161]. ここで $\Omega \subset \mathbf{R}^n$ は有界開集合で

$$L = -\sum_{i,j=1}^n \frac{\partial}{\partial x_i} a_{ij}(x) \frac{\partial}{\partial x_j} + c(x) \qquad (3.45)$$

は係数 $a_{ij}, c \in L^\infty(\Omega)$, $c \ge 0$ の一様楕円型作用素, 一般性を失わず

$$\sum_{i,j} a_{ij}(x)\xi_i\xi_j \ge |\xi|^2, \quad x \in \Omega, \ \xi = (\xi_1,\ldots,\xi_n) \in \mathbf{R}^n \qquad (3.46)$$

とし, $f \in L^{\frac{2n}{n+2}}(\Omega)$ とする. リース (**Riesz**) の表現定理から (3.44) の弱解 $u = u(x) \in H_0^1(\Omega)$ が一意存在する.

[*9] Pólya and Szegö [120] 第 7 章, Bandle [7] 第 2 章, Mossino [102] 第 1 章, Kawohl [80] 第 2 章.

定理 3.11 (タレンティ Talenti) f のシュワルツ対称化を f^* とし,$v = v(x) \in H_0^1(\Omega^*)$ を

$$-\Delta v = f^* \quad \text{in } \Omega^*, \qquad v = 0 \quad \text{on } \partial\Omega^* \tag{3.47}$$

の弱解とする. ただし $\Omega^* \subset \mathbf{R}^n$ は $|\Omega^*| = |\Omega|$ を満たす球である. このとき

$$\int_{\Omega^*} |\nabla v|^2 \geq \int_\Omega \sum_{i,j=1}^n a_{ij}(x) u_{x_i} u_{x_j}, \qquad v \geq u^* \quad \text{in } \Omega^* \tag{3.48}$$

が成り立つ.

【証明】 $a_{ij}, c, f, \partial\Omega$ および $u = u(x) \not\equiv 0$ が滑らかである場合に (3.48) の後半を示す. 比較定理によって f を $|f|$ で置き換えて示せばよい. このとき Ω 上 $u > 0$ となり, 各 $t > 0$ に対して $\Omega_t = \{x \in \Omega \mid u(x) > t\}$ の閉包は Ω に含まれる. 以下 $M = \|u\|_\infty$ とする. サードの補題により a.e. $t \in (0, M)$ に対して $\partial\Omega_t$ の各成分は $\{x \in \Omega \mid u(x) = t\}$ に含まれる滑らかな $(n-1)$ 次元コンパクト多様体となる. この場合 $\partial\Omega_t$ の単位外法ベクトルは $-\nabla u/|\nabla u|$ で, 発散公式によって

$$-\int_{u>t} \sum_{i,j} \frac{\partial}{\partial x_i}\left(a_{ij}(x) \frac{\partial u}{\partial x_j}\right) dx = \int_{u=t} \sum_{i,j=1}^n a_{ij}(x) u_{x_j} \frac{u_{x_i}}{|\nabla u|} dH^{n-1}$$

$$\geq \int_{u=t} |\nabla u| \, dH^{n-1}$$

が成り立つ. 従って (3.46), (3.44), $c \geq 0$ より

$$\int_{u=t} |\nabla u| \, dH^{n-1} \leq \int_{u>t} f(x) \, dx \quad \text{a.e. } t \in (0, M) \tag{3.49}$$

が得られる.

(3.49) の右辺にはハーディ・リトゥルウッドの不等式 (3.43) を適用する. (3.39) で定める $u = u(x)$ の分布関数 $\mu = \mu(t)$ を用いて

$$\int_{u>t} f(x) \, dx = \int_\Omega \chi_{u>t}(x) f(x) \, dx$$

$$\leq \int_0^\infty \chi_{u>t}^*(s) f^*(s) \, ds = \int_0^{\mu(t)} f^*(s) \, ds \tag{3.50}$$

が成り立つ. 次に共面積公式, シュワルツの不等式, 等周不等式を適用すると

$$-\mu'(t) = \int_{u=t} \frac{dH^{n-1}}{|\nabla u|}, \quad H^{n-1}(\{u=t\})^2 \leq -\mu'(t) \int_{u>t} f(x)\,dx$$
$$H^{n-1}(\{u=t\}) \geq nc_n^{1/n}\mu(t)^{1-1/n} \quad \text{a.e. } t \in (0, M) \tag{3.51}$$

となる. (3.50)–(3.51) より

$$\Phi(t) = \frac{1}{n^2 c_n^{2/n}} \int_{\mu(t)}^{|\Omega|} r^{-2+2/n} dr \int_0^r f^*(s)\,ds \tag{3.52}$$

に対して

$$1 \leq \frac{-\mu'(t)\mu(t)^{-2+2/n}}{n^2 c_n^{2/n}} \int_0^{\mu(t)} f^*(s)\,ds = \Phi'(t) \quad \text{a.e. } t \in (0, M) \tag{3.53}$$

が得られる.

(3.52) で定めた $\Phi = \Phi(t)$ は非減少で $\mu(0) = |\Omega|$ であるので, (3.53) より $0 \leq t \leq M$ に対して

$$t \leq \int_0^t \Phi'(s)\,ds \leq \Phi(t) - \Phi(0) = \frac{1}{n^2 c_n^{2/n}} \int_{\mu(t)}^{|\Omega|} r^{-2+2/n} dr \int_0^r f^*(s)\,ds$$

従って $u^*(s) = \inf\{t \geq 0 \mid \mu(t) < s\}$ に対して

$$u^*(s) \leq \frac{1}{n^2 c_n^{2/n}} \int_s^{|\Omega|} r^{-2+2/n} dr \int_0^r f^*(s')\,ds' \tag{3.54}$$

が成り立つ. (3.54) において

$$v(|x|) = \frac{1}{n^2 c_n^{2/n}} \int_{c_n|x|}^{|\Omega|} r^{-2+2/n} dr \int_0^r f^*(s)\,ds$$

は (3.47) の解であり, よって $u^*(|x|) = u^*(c_n|x|) \leq v(|x|)$ が得られる. □

3.4　バンドル対称化

バンドルの等周不等式（定理 1.3）で用いたバンドル対称化では, (3.51) の第 3 式が表す通常の等周不等式をボルの不等式で置き換えて議論する. 定理 1.1 の仮定のもとで, $0 < p = p(x) \in C^2(\Omega) \cap C(\overline{\Omega})$ が $\lambda = \int_\Omega p(x) < 8\pi$ を満たすとして, 開集合 $\omega \subset\subset \Omega$ に対して $\ell(\partial\omega) = \int_{\partial\omega} p^{1/2} ds$, $m(\omega) = \int_\omega p\,dx$ とおく.

$\Omega^* = B(0,1) \subset \mathbf{R}^2$ における

$$-\Delta v^* = \frac{\lambda e^{v^*}}{\int_{\Omega^*} e^{v^*}} \text{ in } \Omega^*, \quad v^* = 0 \text{ on } \partial\Omega^*$$

の解 $v^* = v^*(|x|)$ をとり $p^* = \dfrac{\lambda e^{v^*}}{\int_{\Omega^*} e^{v^*}}$ とおく.

$$-\Delta \log p^* = p^* \text{ in } \Omega^*, \quad \int_{\Omega^*} p^* = \lambda$$

であり, $\omega^* \subset \Omega^*$ が同心球のときは $\ell(\partial\omega^*) = \dfrac{1}{2}m(\omega^*)(8\pi - m(\omega^*))$ が成り立つ.

可測関数 $v: \Omega \to \mathbf{R}$ と $t > 0$ に対し, Ω^* の同心開球 Ω_t^* を

$$\int_{\Omega_t^*} p^* dx = \int_{\Omega_t} p\, dx \equiv a(t), \quad \Omega_t = \{x \in \Omega \mid |v(x)| > t\} \tag{3.55}$$

で定め

$$v^*(x) = \sup\{t \mid x \in \Omega_t^*\}$$

を v のバンドル対称化と呼ぶ. $v^* = v^*(x) \geq 0$ は radial で $r = |x|$ の非増加関数であり, シュワルツ対称化と同様にして

$$\int_\Omega v^2 p\, dx = \int_0^\infty t^2 d(-a(t)) = \int_{\Omega^*} v^{*2} p^* dx$$

が得られる. レーリー原理 (1.35), (1.38) により, 定理 1.3 は次のディリクレ積分の減少に帰着される.

定理 3.12 定理 1.3 の仮定のもとで $0 \leq v = v(x) \in H_0^1(\Omega)$ が supp v の内部で C^2 であるならば

$$\int_\Omega |\nabla v|^2 \geq \int_{\Omega^*} |\nabla v^*|^2 \tag{3.56}$$

が成り立つ. (3.56) において等号が成り立つのは, Ω が円板で $v = v(|x|)$, $p = p(|x|)$ のときであり, またそのときに限る.

【証明】 (3.55) の $a = a(t)$ は右連続で $t > 0$ の非減少関数である. $v = v(x)$ に対する仮定から, サードの補題と共面積定理により a.e. $t > 0$ において

$$-a'(t) = \int_{v=t} \frac{p\,ds}{|\nabla v|}, \quad -\frac{d}{dt}\int_{\Omega_t} |\nabla v|^2\,dx = \int_{v=t} |\nabla v|\,ds \qquad (3.57)$$

が成り立つ．次に (3.57) にシュワルツの不等式とボルの不等式を適用する．
$M = \|v\|_\infty$ に対して a.e. $t \in (0, M)$ で

$$-\frac{d}{dt}\int_{\Omega_t} |\nabla v|^2\,dx \geq \left(\int_{v=t} p^{1/2}\,ds\right)^2 \left(\int_{v=t} \frac{p\,ds}{|\nabla v|}\right)^{-1}$$
$$= \frac{\ell(\{\varphi = t\})^2}{-a'(t)} \geq \frac{(8\pi - a(t))a(t)}{-2a'(t)} \qquad (3.58)$$

となる．

右連続単調非減少関数 $j(t) = -\int_{\Omega_t} |\nabla v|^2\,dx$ は

$$j(t) - j(t-0) = \int_{v=t} |\nabla v|^2\,dx = 0$$

より左連続でもあり，従って絶対連続である．特に

$$\int_\Omega |\nabla v|^2\,dx = \int_0^\infty \left(-\frac{d}{dt}\int_{\Omega_t} |\nabla v|^2\,dx\right) dt$$
$$\geq \int_0^\infty \frac{(8\pi - a(t))a(t)}{-2a'(t)}\,dt \qquad (3.59)$$

が成り立つ．

一方 $v^* = v^*(|x|)$ は $r = |x|$ の非増加関数で，$\Omega = \Omega^*$, $p = p^*$, $v = v^*$ に対して (3.58) の各段階で等号が成り立つ．従って

$$\int_{\Omega^*} |\nabla v^*|^2\,dx = \int_0^\infty \left(-\frac{d}{dt}\int_{\Omega^*_t} |\nabla v^*|^2\,dx\right) dt$$
$$= \int_0^\infty \frac{(8\pi - a(t))a(t)}{-2a'(t)}\,dt \qquad (3.60)$$

である．(3.59), (3.60) から (3.56) が得られる．(3.56) の等号については (3.58) の各段階で成り立つことから結論となる． □

定理 3.12 から定理 1.3 が成り立ち，定理 1.3 から定理 1.5 が得られる．さらに定理 3.5 の第 2 項と定理 1.5 から次が得られる．

定理 3.13 $\Omega \subset \mathbf{R}^2$ を開集合，$0 < p = p(x) \in C^2(\Omega) \cap C(\overline{\Omega})$ を (1.23)，すな

わち $-\Delta \log p \leq p$ in Ω を満たす関数, $\nu = \nu_2(p,\Omega)$ をディリクレ問題 (1.34) の第 2 固有値とする. さらに定理 1.1 の仮定いずれかの場合, すなわち Ω が単連結であるか, Ω が C^1 領域で $p \in C^1(\overline{\Omega})$ かつ p が $\partial\Omega$ 上定数であるとする. このとき

$$\sigma = \int_\Omega p < 8\pi \quad \Rightarrow \quad \nu_2(p,\Omega) > 1$$

が成り立つ.

3.5 一　意　性

有界領域 $\Omega \subset \mathbf{R}^2$ の境界 $\Gamma = \partial\Omega$ が滑らかであるとしてボルツマン・ポアソン方程式

$$-\Delta v = \frac{\lambda e^v}{\int_\Omega e^v} \quad \text{in } \Omega, \qquad v = 0 \quad \text{on } \partial\Omega \tag{3.61}$$

を考える. (3.61) は汎関数

$$J_\lambda(v) = \frac{1}{2}\|\nabla v\|_2^2 - \lambda \log \int_\Omega e^v, \quad v \in H_0^1(\Omega) \tag{3.62}$$

のオイラー・ラグランジュ方程式である. 実際, 楕円型評価によって $v = v(x)$ は $\overline{\Omega}$ 上滑らかで, この場合 (3.61) は

$$\left.\frac{d}{ds}J_\lambda(v+s\varphi)\right|_{s=0} = 0, \quad \forall \varphi \in C_0^\infty(\Omega)$$

と同値である. この変分構造により (3.61) の線形化作用素は $L^2(\Omega)$ 上の自己共役作用素として実現することができる.

すなわち (3.61) の解 $v = v(x)$ に対し

$$p = \frac{\lambda e^v}{\int_\Omega e^v} \tag{3.63}$$

として $\varphi \in C_0^\infty(\Omega)$ に対する双 1 次形式

$$Q(\varphi,\varphi) = \frac{1}{2}\frac{d^2}{ds^2}J_\lambda(v+s\varphi)\bigg|_{s=0} = (\nabla\varphi,\nabla\varphi) - \lambda\frac{\int_\Omega e^v \varphi^2}{\int_\Omega e^v} + \lambda\frac{\left(\int_\Omega e^v \varphi\right)^2}{\left(\int_\Omega e^v\right)^2}$$

$$= (\nabla\varphi, \nabla\varphi) - \int_\Omega p\varphi^2 + \frac{1}{\lambda}\left(\int_\Omega p\varphi\right)^2$$

が導出できる. この $Q = Q(\varphi, \varphi)$ は $H_0^1(\Omega)$ 上に有界に拡張され, $(\ ,\ )$ を L^2 内積として関係

$$Q(\varphi, \psi) = (\mathcal{L}\varphi, \psi), \quad \varphi \in D(\mathcal{L}) \subset H_0^1(\Omega),\ \psi \in H_0^1(\Omega)$$

によって $D(\mathcal{L}) = H_0^1(\Omega) \cap H^2(\Omega)$ を定義域とする $L^2(\Omega)$ 上の自己共役作用素

$$\mathcal{L}\psi = -\Delta\psi - p\psi + \frac{1}{\lambda}\left(\int_\Omega p\psi\right)p, \quad \psi \in D(\mathcal{L})$$

が定義できる. この $\mathcal{L}$ が, (3.61) の解 $v = v(x)$ の線形化作用素である.

$\mathcal{L}$ が退化するのは固有値問題

$$-\Delta\varphi = \nu p\varphi \ \text{in}\ \Omega, \quad \varphi = \text{constant on}\ \partial\Omega, \quad \int_{\partial\Omega}\frac{\partial\varphi}{\partial\nu} = 0 \quad (3.64)$$

が固有値 $\nu = 1$ をもつときである [174] [141]. 実際 $\mathcal{L}\psi = 0$, $\psi \in H_0^1(\Omega) \cap H^2(\Omega) \setminus \{0\}$ ならば, $-\int_{\partial\Omega}\frac{\partial\psi}{\partial\nu} = -\int_\Omega \Delta\psi = 0$ であり

$$\varphi = \psi - \frac{1}{\lambda}\int_\Omega p\psi \quad (3.65)$$

は (3.64), $\nu = 1$ を満たす. (3.65) において $\varphi = 0$ のときは, $\psi = \text{constant}$ となり $\psi \in H_0^1(\Omega) \setminus \{0\}$ より $\psi = 0$ となって矛盾である. 従って (3.64) は $\nu = 1$ を固有値とする. 逆に (3.64) が $\nu = 1$ を固有値とする場合には固有関数を $\varphi \neq 0$, その境界値を φ_Γ とすると

$$\psi = \varphi - \varphi_\Gamma \in H_0^1(\Omega) \cap H^2(\Omega) \quad (3.66)$$

は $\int_\Omega p\psi = \int_\Omega p\varphi - \varphi_\Gamma \int_\Omega p = -\varphi_\Gamma \lambda$ を満たす. よって

$$\mathcal{L}\psi = -\Delta\varphi - p\psi - \frac{1}{\lambda}\left(\int_\Omega p\psi\right)p = 0$$

となる. (3.66) において $\psi = 0$ とすると $\varphi = \text{constant}$. 従って (3.64), $\nu = 1$ より $\varphi = 0$ となり, 矛盾である.

固有値問題 (3.64) は

$$X = L^2(\Omega), \quad V = H_c^1(\Omega) \equiv \left\{ v \in H^1(\Omega) \mid v = \text{constant on } \partial\Omega \right\}$$
$$a(\varphi, \psi) = (\nabla\varphi, \nabla\psi), \quad b(\varphi, \psi) = \int_\Omega \varphi\psi \, pdx$$

を用いて (3.4) で記述される. $v = v(x)$ は (3.61) の解なので, (3.63) の $p = p(x) > 0$ は定理 1.1 の条件を満たす. (3.65) で定まる変換 $\psi \in H_0^1(\Omega) \mapsto \varphi \in H_c^1(\Omega)$ において $\int_\Omega p\varphi = 0$ であり, (3.64) は $\nu_1 = 0$ を第 1 固有値, 正規化条件 $b(\varphi_i, \varphi_j) = \delta_{ij}$ のもとで $\varphi_1 = \lambda^{-1/2}$ を第 1 固有関数とする.

従って (3.64) の第 2 固有値は

$$\tilde{\nu}_2(p, \Omega) = \inf \left\{ \int_\Omega |\nabla v|^2 \mid v \in H_c^1(\Omega), \int_\Omega vp = 0, \int_\Omega v^2 p = 1 \right\} \quad (3.67)$$

に等しく, その値は (3.64) の第 2 固有関数 $\varphi = \varphi_2$ によって達成される. φ の節集合 $N(\varphi) = \overline{\{x \in \Omega \mid \varphi(x) = 0\}}$ は任意のコンパクト集合 $K \subset \Omega$ との交わり $N(\varphi) \cap K$ が等角に交わる滑らかな有限個の曲線からなる. $N(\varphi) \cap \partial\Omega \neq \emptyset$ の場合には $\varphi|_{\partial\Omega} = 0$ で, $N(\varphi)$ 自身が等角に交わる滑らかな有限個の曲線からなる. $N(\varphi) \cap \partial\Omega = \emptyset$ のときは $N(f)$ は Ω 内のコンパクト集合に含まれるので同様の性質をもつ. $\tilde{\nu}_2(p, \Omega)$ については次の形の等周不等式が成り立つ [141].

定理 3.14 定理 1.1 の仮定のもとで, (3.64) の第 2 固有値 (3.67) は性質

$$0 < \lambda \leq 8\pi \quad \Rightarrow \quad \tilde{\nu}_2(p, \Omega) > 1$$

を満たす.

【証明】 第 2 固有関数を $\varphi = \varphi(x)$ とする. φ の各節領域 ω の境界 $\partial\omega$ は区分的に滑らかな曲線で $\int_{\partial\omega} \frac{\partial\varphi}{\partial\nu} \varphi \, ds = 0$ を満たす. 従って定理 3.5 の証明により φ はちょうど 2 つの節領域をもち, $\Omega_\pm = \{x \in \Omega \mid \pm\varphi(x) > 0\}$ は空でない連結開集合となる. さらに $\overline{\Omega} = \overline{\Omega}_+ \cup \overline{\Omega}_-$, $\overline{\Omega}_+ \cap \overline{\Omega}_- = N(\varphi) \cup \partial\Omega$ であり

$$\lambda = \lambda_+ + \lambda_- \leq 8\pi, \quad \lambda_\pm = \int_{\Omega_\pm} p \quad (3.68)$$

が成り立つ.

$c \equiv \varphi|_{\partial\Omega} = 0$ の場合は $\varphi \in H_0^1(\Omega)$ で, (1.34) の第 1 固有値 $\nu_1(p, \Omega)$ に対し

て $\tilde{\nu}_2(p,\Omega) = \nu_1(p,\Omega_\pm)$ が成り立つ. (3.68) より $\lambda_+ \leq 4\pi$ または $\lambda_- \leq 4\pi$ であり, 定理 1.5 とその証明から

$$\lambda_\pm < 4\pi \Rightarrow \nu_1(p,\Omega_\pm) > 1, \quad \lambda_\pm \leq 4\pi \Rightarrow \nu_1(p,\Omega_\pm) \geq 1$$

となる. 特に $\tilde{\nu}_2(p,\Omega) \geq 1$ で, $\tilde{\nu}_2(p,\Omega) = 1$ となるのは $\lambda_\pm = 4\pi$ かつ $\nu_1(p,\Omega_\pm) = 1$ となるときである. このときは $\Omega_\pm$ はともに円板でなければならないのでこのことは起こりえない. すなわちこの場合は常に $\tilde{\nu}_2(p,\Omega) > 1$ である.

そうでない場合, $c \equiv \varphi|_{\partial\Omega} \neq 0$ では $N(\varphi) \cap \partial\Omega = \emptyset$ となる. 一般性を失わず $c > 0$ とすると $\partial\Omega \subset \partial\Omega_+$, 従って $\Omega_- \subset\subset \Omega$ で $\tilde{\nu}_2(p,\Omega) = \nu_1(p,\Omega_-)$ が成り立つ. 定理 1.5 より

$$\lambda_- < 4\pi \quad \Rightarrow \quad \nu_1(p,\Omega_-) > 1$$

であるから (3.68) によって

$$\lambda_+ \leq 4\pi \leq \lambda_- \tag{3.69}$$

としてよい.

開集合 $\Omega_1 = \{x \in \Omega_+ \mid \varphi(x) > c\}$ が空でないときは $\psi_1 = \varphi|_{\Omega_1}$ に対して対称化法を適用する. すなわち $\int_{B_1} dv = \int_{\Omega_1} p\,dx$ を満たす円盤 $B \subset S^2$ をとり, $t > c$ に対して ω_t を条件

$$\int_{\omega_t} dv = \int_{\psi_1 > t} p\,dx$$

を満たす B の同心開円盤として $\psi_1^*(x) = \sup\{t \mid x \in \omega_t\}$ とおく. 定理 3.12 の証明より

$$\int_{\Omega_1} \psi_1^2 p\,dx = \int_B \psi_1^{*2} dv, \quad \int_{\Omega_1} |\nabla\psi_1|^2\,dx \geq \int_B |\nabla\psi_1^*|^2 dv$$

が成り立つ.

残りの部分 $\Omega_2 = \Omega_+ \setminus \omega$ を扱うために, S^2 上に 2 つの同心開円盤 B_0, B_1 を $B_0 \subset B_1 \subset S^2$ かつ $\int_{B_0} dv = \int_{\Omega_-} p\,dx = \lambda_-, \int_{B_1} dv = \int_{\Omega\setminus\omega} p\,dx$ となるよ

うにとり, $\psi_2 = \varphi|_{\Omega_2}$ とする. 次に各 $t \in (0, c)$ に対して A_t を $A \equiv B_1 \setminus \overline{B_0}$ の同心閉円環で, $A_t \cup B_0 \subset S^2$ が同心閉円盤かつ

$$\int_{A_t \cup B_0} dv = \int_{\psi_2 \leq t} p\, dx$$

を満たすようにとり, A 上の関数 $\psi_{2*}(x) = \inf\{t \mid x \in A_t\}$ を定める. Ω_2 上の関数 $\psi_2 = \psi_2(x)$ は

$$0 \leq \psi_2 \leq c \quad \text{in } \Omega_2, \qquad \psi_2|_{\partial \Omega_-} = 0, \qquad \psi_2|_{\partial \Omega_1} = c$$

を満たすので, 共面積公式とボルの不等式によって等可測性とディリクレ積分の減少

$$\int_{\Omega_2} \psi_2^2\, p\, dx = \int_A \psi_{2*}^2\, dv, \quad \int_{\Omega_2} |\nabla \psi_2|^2\, dx \geq \int_A |\nabla \psi_{2*}|^2\, dv$$

を示すことができる.

以上の 2 つの rearrangement により

$$\nu_* = \inf \left\{ \int_{A \cup B} |\nabla \psi|^2 \mid \psi \in H^1(B \cup A), \quad \psi|_{\partial B_0} = 0, \right.$$
$$\left. \psi|_{\partial B_1} = \psi|_{\partial B} = \text{constant}, \quad \int_{A \cup B} \psi^2\, dv = 1 \right\}$$

に対して $\tilde{\nu}_2(p, \Omega) \geq \nu_*$ が成り立つ.

(3.68), (3.69) より, B_0 は北極 n を中心とし, 北半球 S_+ を覆い, A, B は南極を同心中心として $A \cup B \subset S_- = S^2 \setminus S_+$ となるように配置できる. このとき $B \neq \emptyset$ であれば $\nu = \nu_*$ は

$$-\Delta_{S^2} \psi = \nu \psi \text{ in } A \cup B, \quad \psi|_{\partial B_0} = 0, \quad \psi|_{\partial B_1} = \psi|_{\partial B} = \text{constant}$$
$$\int_{\partial B_1} \frac{\partial \psi}{\partial \nu}\, ds + \int_{\partial B} \frac{\partial \psi}{\partial \nu}\, ds = 0 \qquad (3.70)$$

の第 1 固有値であり, そうでない場合 $B = \emptyset$ では

$$-\Delta_{S^2} \psi = \nu \psi \text{ in } A, \quad \psi|_{\partial B_0} = 0. \quad \psi|_{\partial B_1} = \text{constant}$$
$$\int_{\partial B_1} \frac{\partial \psi}{\partial \nu}\, ds = 0 \qquad (3.71)$$

の第 1 固有値である. 極座標を用いて変数分離すると陪ルジャンドル方程式が

現れ, (3.70) の第 1 固有方程式は $0 \leq b_0 < b_1 \leq b \leq 1$ に対する

$$\left[(1-\xi^2)\Phi_\xi\right]_\xi + 2\nu\Phi = 0, \quad \Phi > 0, \qquad b_0 < \xi < b_1, \, b < \xi < 1$$
$$\Phi(b_0) = 0, \quad \Phi(b_1) = \Phi(b), \quad \Phi'(b_1) = \Phi'(b), \quad \Phi(1) = 1$$

また (3.71) の第 1 固有方程式は $0 \leq b_0 < b_1 \leq 1$ に対する

$$\left[(1-\xi^2)\Phi_\xi\right]_\xi + 2\nu\Phi = 0, \quad \Phi > 0, \qquad b_0 < \xi < b_1$$
$$\Phi(b_0) = 0, \quad \Phi'(b_1) = 0$$

に帰着できる.

従って

$$\left[(1-\xi^2)\hat\Phi_\xi\right]_\xi + 2\hat\Phi = 0, \quad -1 < \xi < 1 \tag{3.72}$$

を用いると, $B \neq \emptyset$ の場合には $\nu = \nu_* > 1$ は (3.72) の解で $\hat\Phi(1) = 1$, $\hat\Phi(b) = \hat\Phi(b_1), \hat\Phi'(b) = \hat\Phi'(b_1)$ を満たすものが

$$\hat\Phi(\xi) > 0, \quad b_0 < \xi < b_1, \, b < \xi < 1 \tag{3.73}$$

であることを, また $B = \emptyset$ の場合には (3.72) の解で $\hat\Phi(b_1) = 1$, $\hat\Phi'(b_1) = 0$ を満たすものが

$$\hat\Phi(\xi) > 0, \qquad b_0 < \xi < b_1 \tag{3.74}$$

であることを意味する. (3.73), (3.74) はいずれも (3.72) の解の基本系

$$P_1(\xi) = \xi, \quad Q_1(\xi) = -1 + \frac{\xi}{2}\log\frac{1+\xi}{1-\xi}$$

を用いると証明することができる. □

定理 3.14 から次の一意性が得られる [*10].

定理 3.15 $\Omega \subset \mathbf{R}^2$ が有界領域で $\partial\Omega$ が滑らかなとき, $0 < \lambda \leq 8\pi$ において (3.61) の解は一意である.

[*10] 等周不等式を経由せずに直接線形化作用素の非退化性を示す方法は [9].

【証明】 定理 1.11 より各 $0 < \varepsilon \ll 1$ に対して $C_{1,\varepsilon} > 0$ が存在して, (3.61) の任意の解 $v = v(x)$, $0 < \lambda < 8\pi - \varepsilon$ は $\|v\|_\infty \leq C_{1,\varepsilon}$ を満たす. 一方定理 3.14 によって, $0 < \lambda \leq 8\pi$ では解 $v = v(x)$ の線形化作用素は退化しない. これらの性質と**陰関数定理**によって $0 < \lambda \leq 8\pi$ において古典解が 1 つ存在すれば λ が減少する方向に解の枝を作りそれは $\lambda = 0$ に到達する [*11]. しかし $\lambda = 0$ でも線形化作用素は退化しないので, 各 $0 < \lambda \leq 8\pi$ において古典解が 2 つ以上存在することはない. □

3.6 トゥルーディンガー・モーザー不等式

定理 3.15 において $0 < \lambda < 8\pi$ では解は常に存在する. 汎関数 (3.62) は (3.61) の解の存在を示すときに適用することができる. 実際, $0 < \lambda < 8\pi$ ではこの汎関数の最小が達成される. この目的のために最初に準備することは, J_λ が下半連続になるように関数空間を設定することである. 空間次元 2 であるので, $H_0^1(\Omega)$ のオーリッツ (**Orlicz**) 空間またはジグムント (**Zygmund**) 空間への埋め込み [167] を用いる. すなわちこの汎関数の定義域を $H_0^1(\Omega)$ とすればよい. 次に $J_\lambda(v)$, $v \in H_0^1(\Omega)$ が下に有界であることを示す. このことを保証するのが上述の埋め込みを精密にしたトゥルーディンガー・モーザー不等式 [101] で, 今の場合

$$I_{8\pi}(\Omega) = \inf_{v \in H_0^1(\Omega)} J_{8\pi}(v) > -\infty \tag{3.75}$$

が適用できる. 次に示すのは最小化列 $\{v_k\}$ の $H_0^1(\Omega)$ での有界性である. (3.75) よりこの性質は最小化問題

$$I_\lambda(\Omega) = \inf_{v \in H_0^1(\Omega)} J_\lambda(v), \quad 0 < \lambda < 8\pi \tag{3.76}$$

に対して成り立つことがわかる.

トゥルーディンガー・モーザー不等式は (3.75) の他にいくつかの形がある. チャン・ヤン (**Chang-Yang**) の不等式 [27] は

[*11] 増田 [97] 第 5 章, 第 6 章.

$$\log \int_\Omega e^v \le \frac{1}{8\pi}\|\nabla v\|_2^2 + \frac{1}{|\Omega|}\int_\Omega v + K, \quad v \in H^1(\Omega) \tag{3.77}$$

で表され，K は Ω で定まる定数である．(3.77) を (3.75) に合わせて書くと

$$\inf_{v \in E} J_{4\pi}(v) > -\infty, \quad E = \left\{ v \in H^1(\Omega) \,\middle|\, \int_\Omega v = 0 \right\} \tag{3.78}$$

となる．(3.78) は $v \in E$ に境界条件がないために $\lambda = 4\pi$ が

$$\inf_{v \in E} J_\lambda(v) > -\infty \tag{3.79}$$

の最良係数であることを反映している．実際，(3.79) のオイラー・ラグランジュ方程式は

$$-\Delta v = \lambda \left(\frac{e^v}{\int_\Omega e^v} - \frac{1}{|\Omega|} \right), \quad \left.\frac{\partial v}{\partial \nu}\right|_{\partial\Omega} = 0, \quad \int_\Omega v = 0 \tag{3.80}$$

でその解の列 (λ_k, v_k), $k = 1, 2, \ldots$ は $\lambda_k \to 4\pi$ で Ω の境界 $\partial\Omega$ に爆発点をもつことがある [132]．また (3.78) は $\partial\Omega$ が滑らかな場合に成り立つ式で，$\partial\Omega$ が最小角 θ の角をもつ場合は，4π は 4θ に置き換わる．(3.76) はより精密に

$$\log\left(\frac{1}{|\Omega|} \int_\Omega e^v \right) \le \frac{1}{16\pi}\|\nabla v\|_2^2 + 1, \quad v \in H_0^1(\Omega) \tag{3.81}$$

の形に書くことができる．(3.81) はスケール不変で，右辺の 1 は最良定数である [103]．

トゥルーディンガー・モーザー不等式は，ソボレフの不等式とモリーの不等式

$$W_0^{1,p}(\Omega) \hookrightarrow \begin{cases} L^{\frac{np}{n-p}}(\Omega), & 1 \le p < n \\ C^{1-\frac{n}{p}}(\Omega), & p > n \end{cases} \tag{3.82}$$

に実関数論的背景をもつ[*12)]．ただし $\Omega \subset \mathbf{R}^n$ は開集合で $W_0^{1,p}(\Omega)$ は $C_0^\infty(\Omega)$ の $W^{1,p}(\Omega)$ における閉包である．(3.82) の臨界 $p = n$ では $W_0^{1,p}(\Omega)$ はオーリッツ空間に埋め込まれる．モーザー (**Moser**) の不等式 [101] はその最良の指数を与えるもので

$$v \in H_0^1(\Omega), \quad \|\nabla v\|_2 \le 1 \quad \Rightarrow \quad \int_\Omega e^{4\pi v^2} \le C_1$$

[*12)] 小川 [109] 第 4 章．

で表される.

一般の $v \in H_0^1(\Omega)$, $v \neq 0$ に対して $w = v/\|\nabla v\|_2$ とおく. $w \in H_0^1(\Omega)$, $\|\nabla w\|_2 = 1$ より
$$\int_\Omega e^{4\pi w^2} \leq C_1$$
一方 $v = w\|\nabla v\|_2 \leq 4\pi w^2 + \frac{1}{16\pi}\|\nabla v\|_2^2$ より
$$\int_\Omega e^v \leq e^{C_1} \cdot \exp\left(\frac{1}{16\pi}\|\nabla v\|_2^2\right) \tag{3.83}$$
(3.83) より (3.81) の粗い形である
$$\log \int_\Omega e^v \leq \frac{1}{16\pi}\|\nabla v\|_2^2 + K, \quad v \in H_0^1(\Omega) \tag{3.84}$$
すなわち (3.75) が得られる.

Ω が境界のない, コンパクトなリーマン面の場合は (3.84) において $v \in H_0^1(\Omega)$ を $v \in E$ で置き換えたものが成立する. ただし $E = \{v \in H^1(\Omega) \mid \int_\Omega v = 0\}$ である. 実際, この場合 (3.79) のオイラー・ラグランジュ方程式は
$$-\Delta v = \lambda\left(\frac{e^v}{\int_\Omega e^v} - \frac{1}{|\Omega|}\right) \quad \text{in } \Omega, \quad \int_\Omega v = 0 \tag{3.85}$$
である. Ω に境界がないため, (3.80) と異なり (3.85) の解の列には境界での爆発が起こりえない. そのことが $\inf_{v \in E} J_\lambda(v) > -\infty$ の最良定数が $\lambda = 8\pi$ であることに反映されている. またこの場合の Ω に対して成り立つ
$$\log \int_\Omega e^v \leq \frac{1}{16\pi}\|\nabla v\|_2^2 + K, \quad v \in E \tag{3.86}$$
と, (3.86) のもとになる
$$v \in E, \quad \|\nabla v\|_2 \leq 1 \quad \Rightarrow \quad \int_\Omega e^{4\pi v^2} \leq C \tag{3.87}$$
も知られている. (3.87) または (3.86) をフォンタナ (**Fontana**) の不等式 [55] という.

Ω が球面の場合には (3.86) の sharp な形も知られている. 単位球面 $\Omega = S^2$ の場合には

$$\log\left(\frac{1}{4\pi}\int_{S^2} e^v\right) \leq \frac{1}{16\pi}\|\nabla v\|_2^2 + \frac{1}{4\pi}\int_{S^2} v, \quad v \in H^1(S^2) \qquad (3.88)$$

である．(3.88) をオノフリ（Onofri）の不等式という [114] [75]．

$0 < \lambda < 8\pi$ において (1.2) の解が存在することはトゥルーディンガー・モーザー不等式を用いた変分法の他，解の先験的評価を用いた写像度の議論によって示すこともできる．いずれにせよこの解を $\underline{v}_\lambda = \underline{v}_\lambda(x)$ とすれば，定理 3.15 の証明により $0 < \lambda < 8\pi$ では $\underline{C} = \{(\lambda, \underline{v}_\lambda) \mid 0 < \lambda < 8\pi\}$ は $\mathbf{R}_+ \times C(\overline{\Omega})$ において 1 次元多様体（枝）を作る．また上述の議論によって $\underline{v}_\lambda \in H_0^1(\Omega)$ は (3.76) を達成する．

定理 3.15 の証明から，$\lambda = 8\pi$ でも (3.61) の解は高々一意で，存在したとすれば $\underline{C}$ に接続する．従って (3.75) の最小値 $I_{8\pi}(\Omega)$ が達成されるのは，$\underline{C}$ が $\lambda \uparrow 8\pi$ において爆発しないときで，そのときに限る．Ω が円板のときは $\underline{C}$ は $\lambda \uparrow 8\pi$ で爆発するだけでなく，$\lambda = 8\pi$ では古典解は存在せず特異極限 $4\log\frac{1}{|x|}$ のみが存在する．しかし領域の形状によっては $\lambda = 8\pi$ において一意的な古典解の他に（複数の）特異極限が共存することもある．

爆発解析[*13]を用いると (3.61) の解の列 $\{(\lambda_k, v_k)\}$, $\lambda_k \to 8\pi$, $\|v_k\|_\infty \to +\infty$ の挙動を詳しく分析することができる．Ω が単連結の場合は，グリーン関数は等角写像

$$g : B = B(0,1) \to \Omega \qquad (3.89)$$

の逆写像 $f : \Omega \to B$ を用いて

$$G(x, x') = \frac{1}{2\pi}\log\left|\frac{1 - \overline{f(z')}f(z)}{f(z) - f(z')}\right|, \quad z = x_1 + \imath x_2,\ z' = x_1' + \imath x_2'$$
$$x = (x_1, x_2),\ x' = (x_1', x_2')$$

と書ける．このとき $g(0) = x_0 \in \Omega$ がロバン関数 $R(x)$ の臨界点であることは

$$g''(0) = 0 \qquad (3.90)$$

と同値であることがわかる．x_0 が $R(x)$ の臨界点として非退化であるときは，複素変数を用いて構成するウェストン・モズレイの解 [173] [99] と一致する．実

[*13] 本書上巻第 2 章．

際, x_0 が $R(x)$ の非退化臨界点であれば対応する

$$v_0 = 8\pi G(\cdot, x_0) \tag{3.91}$$

は特異極限となり, $\lambda \to 8\pi$ において (3.91) に $W^{1,q}(\Omega)$, $1 \leq q < 2$ で収束する古典解の枝がただ1つ存在する [142]. 多点爆発の場合にも, ℓ 次ハミルトニアンの非退化臨界点は, ℓ 点で爆発する特異極限を生成する [8][*14].

ウェストン・モズレイの解については

$$g(z) = \sum_{k=0}^{\infty} a_k z^k, \ a_2 = 0, \quad \sigma_k = \frac{\lambda_k}{\int_\Omega e^{v_k}}$$

に対して

$$\lambda_k = 8\pi + \pi \left(D(x_0) + o(1)\right)\sigma_k, \ D(x_0) = \sum_{k=3}^{\infty} \frac{k^2}{k-2}|a_k|^2 - |a_1|^2 \tag{3.92}$$

となる [146]. しかし, 爆発解析によって (3.92) は x_0 が退化する場合も含めて成り立つことが知られている [25]. これらの性質を用いると, $I_{8\pi}$ が達成される単連結領域を特徴づけることができる.

最初に, (3.92) より $D(x_0) < 0$ のときは $|a_3/a_1| = 1/3$ は起こりえない. また $R(x)$ の臨界点 $x = x_0$ の非退化性の条件は $|g'''(0)/g'(0)| \neq 2$, すなわち $|a_3/a_1| \neq 1/3$ である. 従ってこのような x_0 が存在するときには, $\lambda < 8\pi$ に向かう特異極限が $\lambda = 8\pi$ 上にあり, $\underline{\mathcal{C}}$ は $\lambda \uparrow 8\pi$ で爆発する. すなわち

$$\limsup_{\lambda \uparrow 8\pi} \|\underline{v}_\lambda\|_\infty = +\infty \tag{3.93}$$

であり, (3.75) の $I_{8\pi}(\Omega)$ は達成されない.

また, (3.92) は $R(x)$ の任意の臨界点 x_0' に対してが適用できるので, $D(x_0') \leq 0$ となる. $x_0 \neq x_0'$ と仮定して領域を摂動させると, $R(x)$ の異なる臨界点で D の値を負とすることができる. すると, ウェストン・モズレイの特異摂動により, $0 < 8\pi - \lambda \ll 1$ で異なる2つの古典解が存在することになり, 定理 3.15 に反する. すなわち, $D(x_0) < 0$ となる $R(x)$ の臨界点が存在するときは, $R(x)$ の臨界点はこの x_0 ただ1つであり, 従ってそれは $R(x)$ の最大点でなければなら

[*14] 特異極限から生成される古典解の族が一意的であるかどうかは未解決.

ない.

逆に $D(x_0) > 0$ となる $R(x)$ の臨界点 x_0 が存在する場合には (3.93) とはならないので, $I_{8\pi}(\Omega)$ は達成されることになる. 定理 3.15 によって, その最小を達成するのはボルツマン・ポアソン方程式 (3.61), $\lambda = 8\pi$ の一意的な古典解であり, $\underline{\mathcal{C}}$ は $\lambda = 8\pi$ を越えてさらに右に延びる.

実は $D(x_0) = 0$ の場合は前者である. より詳しくは次が成り立つ [25].

定理 3.16 $\Omega \subset \mathbf{R}^2$ は有界単連結領域で, 境界 $\partial\Omega$ は滑らかであるとすると, $I_{8\pi}$ が達成されるための必要十分条件はロバン関数 $R(x)$ の最大点 x_0 で $D(x_0) > 0$ であるものが存在することである. この条件が満たされると, $R(x)$ の任意の臨界点 x_0 に対して $D(x_0) > 0$ となる. 逆に $D(x_0) \leq 0$ となる $R(x)$ の臨界点 x_0 が存在すれば, x_0 は $R(x)$ の一意な最大点であり, $\underline{\mathcal{C}}$ は $\lambda \uparrow 8\pi$ で爆発する.

【証明】 $D(x_0) > 0$, $D(x_0) < 0$ について上述したことから, 前半は $D(x_0) = 0$ となる $R(x)$ の臨界点 $x_0 \in \Omega$ が存在したとき, $\underline{\mathcal{C}}$ が $\lambda \uparrow 8\pi$ で爆発, すなわち (3.93) となることを示せばよい. 実際, この仮定のもとで, 等角写像 (3.89), (3.90) の族 $\{g_k\}$ で $\overline{B(0,1)}$ 上一様に $g_k \to g$, かつ (3.92) 第 2 式右辺で定める $D_k(x_0)$ が $D_k(x_0) < 0$ を満たすものが存在する.

上述したことから, 領域 $\Omega_k = g_k(B(0,1))$ に対して最小値 $I_\lambda(\Omega_k)$, $0 < \lambda < 8\pi$ を達成する $\underline{v}_\lambda^k = v_\lambda^k(x)$ は $\lambda \uparrow 8\pi$ で爆発する. 従って任意の $c \gg 1$ に対して $\left\|\underline{v}_{\lambda_k(c)}^k\right\|_\infty = c$ を満たす $\lambda_k(c) \in (0, 8\pi)$ がとれる. $k \to \infty$ とすると部分列に対して $\lambda_k(c) \to \lambda(c) \in (0, 8\pi]$ で, $\lambda = \lambda(c), \Omega$ に対する (3.61) の解 $v_c = v_c(x)$ で

$$\|v_c\|_\infty = c \tag{3.94}$$

を満たすものが存在する.

定理 3.15 より (3.61) の解は $\lambda = 8\pi$ で高々 1 つであるから, $c \uparrow +\infty$ において $\lambda(c) = 8\pi$ となるのは高々 1 回. 従って

$$\lambda(c) < 8\pi, \quad c \gg 1 \tag{3.95}$$

である. (3.94), (3.95) は $v_c = \underline{v}_{\lambda(c)}$ が $c \uparrow +\infty$ で, すなわち $\underline{\mathcal{C}}$ が $\lambda \uparrow 8\pi$ で爆発することを示している. さらに与えられた x_0 は $R(x)$ の最大点である. 実際, 上述したことから, $x_0 = g_k(0)$, $k \gg 1$ は領域 Ω_k のロバン関数 R_k の最大点であり, 従ってこの性質が得られる.

後半を示すため, $\mathcal{S} \subset \Omega$ を $R(x)$ の臨界点全体として, $\mathcal{S}_0 \subset \mathcal{S}$ を $R(x)$ の最大点全体とする. $R(x)$ は Ω 上滑らかで (1.109) を満たすので, 常に $\mathcal{S}_0 \neq \emptyset$ が成り立つ. 一方上述したことから

$$x_0 \in \mathcal{S}, \ D(x_0) \leq 0 \ \Rightarrow \ x_0 \in \mathcal{S}_0, \ \lim_{\lambda \uparrow 8\pi} \|\underline{v}_\lambda\|_\infty = +\infty \tag{3.96}$$

である. (3.96) から $D(x_0) > 0$ となる $x_0 \in \mathcal{S}_0$ が存在すれば, すべての $x_0 \in \mathcal{S}$ に対して $D(x_0) > 0$ でなければならない. またこのとき

$$\limsup_{\lambda \uparrow 8\pi} \|\underline{v}_\lambda\|_\infty < +\infty \tag{3.97}$$

であり, (3.97) のときは $I_{8\pi}(\Omega)$ が達成されることもすでに述べた通りである.

最後に $D(x_0) \leq 0$ を満たす $x_0 \in \mathcal{S}_0$ が存在すれば (3.91) の $v_0 = v_0(x)$ は $\underline{v}_\lambda(x)$ の $\lambda \uparrow 8\pi$ における特異極限であり, 従って, 異なる $x_0, x_0' \in \mathcal{S}_0$ が同時に $D(x_0), D(x_0') \leq 0$ を満たすことはありえない. □

定理 3.16 から $\sharp \mathcal{S}_0 \geq 2$ のときは $I_{8\pi}(\Omega)$ が達成される. またこのための別の十分条件[19] として知られている $I_{8\pi}(\Omega) > 1 + 4\pi \sup_\Omega R + \log \frac{\pi}{|\Omega|}$ も, 定理 3.16 を用いて導出することができ, さらにこれも必要十分条件となる [25].

定理 3.13, 3.16 から次が得られる.

定理 3.17 $\Omega \subset \mathbf{R}^2$ は滑らかな境界 $\partial \Omega$ をもつ単連結領域, $x_0 \in \Omega$ はロバン関数 $R(x)$ の臨界点で $D(x_0) \leq 0$ を満たすものとする. このとき平均場方程式 (1.2) について定理 3.16 で記述された $\underline{\mathcal{C}}$ は, ゲルファント方程式 (1.1) では $\lambda - u$ 空間でただ 1 回折れ曲がる解の枝に変換される.

ノイマン問題

$$-\Delta v = \lambda \left(\frac{e^v}{\int_\Omega e^v} - \frac{1}{|\Omega|} \right) \ \text{in} \ \Omega, \quad \int_\Omega v = 0, \quad \frac{\partial v}{\partial \nu} = 0 \ \text{on} \ \partial \Omega \tag{3.98}$$

は走化性方程式の定常問題として現れる. Ω を 2 枚用意して張り合わせたものが, 境界のないコンパクト・リーマン面 $\mathcal{M}$ 上の平均場方程式

$$-\Delta v = \lambda \left(\frac{e^v}{\int_{\mathcal{M}} e^v} - \frac{1}{|\mathcal{M}|} \right) \quad \text{in } \mathcal{M}, \qquad \int_{\mathcal{M}} v = 0$$

である.

(3.98) の解 $v = v(x)$ の線形化作用素が退化するときは

$$-\Delta \psi = \lambda \left(\frac{e^v \psi}{\int_\Omega e^v} - \frac{\int_\Omega e^v \psi}{\left(\int_\Omega e^v\right)^2} \cdot e^v \right), \quad \left.\frac{\partial \psi}{\partial \nu}\right|_{\partial \Omega} = 0, \quad \int_\Omega \psi = 0$$

が解 $\psi \not\equiv 0$ をもつ. 変換

$$p = \frac{\lambda e^v}{\int_\Omega e^v}, \quad \varphi = \psi - \frac{\int_\Omega e^v \psi}{\int_\Omega e^v} \tag{3.99}$$

により, このことは

$$-\Delta \varphi = \nu p \varphi \quad \text{in } \Omega, \qquad \frac{\partial \varphi}{\partial \nu} = 0 \quad \text{on } \partial \Omega \tag{3.100}$$

において $\nu = 1$ が定数でない固有関数に対して固有値となることと同値である.

(3.100) において, 第 1 固有値は $\nu = 0$, 対応する固有関数は定数である. 定理 3.9 は (3.100), $p \equiv 1$ の第 2 固有値 $\mu_2(\Omega)$ に関する等周不等式で, その証明方法は直接計算による方法と conformal transplantation による方法がある. 後者は単連結領域 $\Omega \subset \mathbf{R}^2$ でないと適用できない反面, 定理 1.9 を適用することで次の形の等周不等式を導出することができる [*15)].

定理 3.18 $\Omega \subset \mathbf{R}^2$ が滑らかな境界 $\partial \Omega$ をもつ有界単連結領域で $0 < p = p(x) \in C(\overline{\Omega}) \cap C^2(\Omega)$ が

$$-\Delta \log p \leq p \quad \text{in } \Omega, \qquad \lambda = \int_\Omega p \leq 4\pi$$

を満たすとき, (3.100) の第 2, 第 3 固有値 ν_i, $i = 2, 3$ に対して

$$\frac{1}{\nu_2} + \frac{1}{\nu_3} \geq \frac{\lambda}{4\pi} \tag{3.101}$$

が成り立つ.

[*15)] Bandle [7] 第 3 章.

(3.99) で定めた $p = p(x)$ については $-\Delta \log p < p$ in Ω であり, (3.101) の等号は排除される. 従って (3.98) の解 $v = v(x)$ に対して (3.99) 第 1 式および (3.100) で定める固有値問題の第 2 固有値 $\nu_2 = \nu_2(p, \lambda)$ は

$$\nu_2(p, \lambda) < 1, \quad \lambda = 8\pi \tag{3.102}$$

を満たす.

(3.98) に対する量子化する爆発機構により, 任意の $\varepsilon > 0$ に対して $C_\varepsilon > 0$ が存在して, $0 < \lambda < 4\pi$ に対する (3.98) の任意の解 $v = v(x)$ は $\|v\|_\infty \le C_\varepsilon$ を満たす. 一方 (3.38) の第 2 固有値 $\mu_2(\Omega)$ は常に正である. 従って $0 < \lambda_* \ll 1$ が存在して, (3.98) の任意の解 $v = v(x)$ に対して (3.99) 第 1 式および (3.100) で定める固有値問題の第 2 固有値 $\nu_2 = \nu_2(p, \lambda)$ は

$$\nu_2(p, \Omega) > 1, \quad 0 < \lambda \le \lambda_* \tag{3.103}$$

を満たす.

(3.98) では $v = 0$ が自明解であり, (3.102), (3.103) により $0 < \lambda_1 < 8\pi$ が存在し, 対応する線形化問題 (3.100) の第 2 固有値 $\nu_2 = \nu_2(p, \lambda_1)$ は $\lambda = \lambda_1$ において退化する. $\lambda_2(p, \Omega)$ は Ω が円板のときは重複するがそうでない場合は自明でない解の枝 $\mathcal{C}$ を生成する [43] [44]^{*16)}. 写像度の理論から $\mathcal{C}$ を含む (3.98) の解 (λ, v) の連結集合 $\hat{\mathcal{C}}$ は $\mathbf{R} \times C(\overline{\Omega})$ で有界ではありえない. 従って再び量子化する爆発機構により $\hat{\mathcal{C}}$ は $\lambda = 4\pi$ または $\lambda = 8\pi$ に到達する. すなわち $\hat{\mathcal{C}}$ が $\lambda = 4\pi$ で爆発するかどうかは別として, Ω が単連結で $\lambda_1 < 4\pi$ のときは (3.98) は $\lambda_1 < \lambda < 4\pi$ において非自明解をもつ ^{*17)}.

3.7 ストゥルヴェ・タランテッロの解

滑らかな境界 $\partial\Omega$ をもつ有界領域 $\Omega \subset \mathbf{R}^2$ に対して (3.61) は汎関数 (3.62), $v \in H_0^1(\Omega)$ のオイラー・ラグランジュ方程式であった. Ω が境界のないコンパクト・リーマン面の場合, $\|\nabla v\|_2$ は $v \in H^1(\Omega)$ のノルムとならないので, (3.62),

---

*16) 単純固有値からの分岐.
*17) Ω 円板, $4\pi < \lambda < 8\pi$ において (3.98) の非自明解が存在しないと思われるが未解決.

$v \in H_0^1(\Omega)$ に対応するものとして

$$J_\lambda(v) = \frac{1}{2}\|\nabla v\|_2^2 - \lambda \log\left(\frac{1}{|\Omega|}\int_\Omega e^v\right), \quad v \in E$$
$$E = \{v \in H^1(\Omega) \mid \int_\Omega v = 0\} \tag{3.104}$$

を考える. (3.104) のオイラー・ラグランジュ方程式が

$$-\Delta v = \lambda\left(\frac{e^v}{\int_\Omega e^v} - \frac{1}{|\Omega|}\right) \quad \text{in } \Omega, \qquad \int_\Omega v = 0 \tag{3.105}$$

でこれもボルツマン・ポアソン方程式ということにする. (3.105) 第 1 式だけでは, 解 v に定数を加えたものも解となってしまうが, この不定性は第 2 式で解消する. この構造は $\|\nabla v\|_2$ が $v \in E$ のノルムとなることに由来する.

(3.105) は (3.61) と異なり自明解 $v = 0$ をもつ. 汎関数 (3.104) でいえば $\delta J_\lambda(0) = 0$ が成り立つ. 非自明解を探すときに使われるのが, 分岐理論や変分法である. 両者は関係しているが例えば自明解が J_λ の極小であり, J_λ が E の遠方で $-\infty$ に発散しているような場合には, 以下で述べる **mountain pass** 状況となり不安定度（モース指数）1 の解が出現する可能性がある.

すなわち, 汎関数 (3.104) の $v = 0$ での第 2 変分は

$$\delta^2 J_\lambda(0)[w,w] = \left.\frac{d^2}{ds^2}J_\lambda(sw)\right|_{s=0} = \|\nabla w\|_2^2 - \lambda\int_\Omega w^2, \quad w \in E$$

であるので, $v = 0$ が J_λ の極小であるかどうかはポアンカレ・ワーティンガー（**Poincaré-Wirtinger**）の不等式

$$\|\nabla w\|_2^2 \geq \mu\|w\|_2^2, \quad w \in E$$

によって定まる. ただし $\mu > 0$ は $-\Delta$ の第 2 固有値, すなわち最小正固有値である. 例えば Ω が $[-1/2, 1/2] \times [-1/2, 1/2]$ を基本領域とするトーラスの場合には $\mu = 1/(4\pi^2)$ で $\lambda < 4\pi^2$ であれば $v = 0$ は $J_\lambda(v), v \in E$ の極小である.

$J_\lambda(v), \|\nabla v\|_2 \to +\infty$ での挙動をみるために, (2.24) の全域解 (2.25) を参考にする. 実際, $\varphi = \varphi(x) \in C_0^\infty(\mathbf{R}^2)$ を $x = 0$ の近傍での cut-off 関数, すなわち $0 \leq \varphi = \varphi(x) \leq 1, \varphi(x) = 1, |x| \ll 1$, かつ supp $\varphi \subset (-1/2, 1/2) \times (-1/2, 1/2)$ を満たすものをとり, $0 < \varepsilon \ll 1$ に対して

$$v_\varepsilon = w_\varepsilon - \int_\Omega w_\varepsilon \in E, \quad w_\varepsilon(x) = \varphi(x) \cdot \log \frac{\varepsilon^2}{(\varepsilon^2 + \pi|x|^2)^2}$$

とおく．簡単な計算から

$$\|\nabla v_\varepsilon\|_2 \to +\infty, \quad J_\lambda(v_\varepsilon) = 2(8\pi - \lambda)\log\frac{1}{\varepsilon} + O(1), \quad \varepsilon \downarrow 0$$

となり，$\lambda > 8\pi$ において $\lim_{\varepsilon \downarrow 0} J_\lambda(v_\varepsilon) = -\infty$ が得られる．以後 $v_0 = 0$, $v_1 = v_\varepsilon$, $0 < \varepsilon \ll 1$ とおく．

以上から，Ω が $[-1/2, 1/2] \times [-1/2, 1/2]$ を基本領域とするトーラスで $8\pi < \lambda < 4\pi^2$ のときは，$B_R = \{v \in E \mid \|\nabla v\|_2 < R\}$, $0 < R \ll 1$ に対して

$$v_0 = 0, \ v_1 \notin \overline{B_R}, \quad \inf_{v \in \partial B_R} J_\lambda(v) > \max\{J_\lambda(v_0), \ J_\lambda(v_1)\} = 0 \quad (3.106)$$

となる．(3.106) を mountain pass 状況という．mountain pass 状況のもとで

$$\Gamma = \{\gamma \in C([0,1], E) \mid \gamma(0) = v_0, \ \gamma(1) = v_1\} \quad (3.107)$$

に対し

$$j(\lambda) \equiv \inf_{\gamma \in \Gamma} \sup_{v \in \gamma} J_\lambda(v) > \max\{J_\lambda(v_0), \ J_\lambda(v_1)\} = 0 \quad (3.108)$$

が成り立つ．(3.109) より $j(\lambda)$ が J_λ の臨界値であれば，対応する臨界点 $v \in E$ は (3.105) の非自明な解となる．実際，次の定理 [139] が成り立つ．

定理 3.19 (ストゥルヴェ・タランテッロ)　$[-1/2, 1/2] \times [-1/2, 1/2]$ を基本領域とする 2 次元トーラス Ω に対して，(3.105), $8\pi < \lambda < 4\pi^2$ の非自明解が存在する．

mountain pass 状況のもとで，後述する J_λ のパレ・スメール (Palais-Smale) 列が得られることはよく知られている．通常は変形理論によって証明するが，エックランド (**Ekeland**) の変分原理を用いると，パレ・スメール条件を局所化したり，臨界点の位置情報を精密化することができ，例えば次の定理 [56] が

得られる[*18].

定理 3.20 (グス・プライス Ghoussoub-Preiss)　E を実バナッハ (Banach) 空間, $J \in C^1(E, \mathbf{R})$, $v_0, v_1 \in E$ を異なる点とし Γ を (3.107) で定める. また $K \subset E$ は閉集合で

$$v_0, \ v_1 \notin K, \quad \forall \gamma \in \Gamma, \ \gamma[0,1] \cap K \neq \emptyset \tag{3.109}$$

を満たすものとする. このとき

$$\inf_K J \geq j \equiv \inf_{\gamma \in \Gamma} \max_{v \in \gamma} J(v) > -\infty \tag{3.110}$$

であれば

$$\lim_{k \to \infty} J(v_k) = j, \ \lim_{k \to \infty} \|\delta J(v_k)\|_{E'} = 0, \ \lim_{k \to \infty} \operatorname{dist}(v_k, K) = 0 \tag{3.111}$$

を満たす $\{v_k\} \subset E$ が存在する.

(3.106) のもとで閉集合 $K = \{v \in E \mid J_\lambda(v) \geq j(\lambda)\}$ は (3.109) と (3.110), すなわち

$$\inf_K J_\lambda \geq j(\lambda)$$

を満たすので, 性質 (3.111) をもつ $\{v_k\} \subset E$ がとれる. (3.111) の最初の 2 つの条件を満たす $\{v_k\}$ パレ・スメール列といい, 任意のパレ・スメール列が収束する部分列をもつことをパレ・スメール条件という. 従ってパレ・スメール条件が成り立てば (3.105) の非自明な解が得られる.

トゥルーディンガー・モーザー不等式によって (3.104) で与えた汎関数 J_λ の第 2 項は, 第 1 項の摂動と見なすことができる. しかしこの場合パレ・スメール列の有界性が常に成り立つわけではないので, 次の補題を適用する.

補題 3.7.1　(3.104), (3.107), (3.108) において $j'(\lambda)$ が存在するとき

$$\lim_{k \to \infty} J_\lambda(v_k) = j(\lambda), \quad \lim_{k \to \infty} \|\delta J_\lambda(v_k)\|_{E'} = 0 \tag{3.112}$$

[*18]　鈴木・上岡 [156] 1.5 節.

を満たす有界な $\{v_k\} \subset E$ が存在する.

補題 3.7.1 を認めて先に次を示す

【定理 3.19 の証明】 エンセンの不等式から
$$\log\left(\frac{1}{|\Omega|}\int_\Omega e^v\right) \geq \int_\Omega v = 0, \quad v \in E$$
従って $\lambda \mapsto j(\lambda)$ は単調非増加で, ほとんどいたるところ微分可能である.

補題 3.7.1 により, $j'(\lambda)$ が存在するとき J_λ の有界なパレ・スメール列 $\{v_k\} \subset E$ が存在する. E の回帰性, レリッヒの定理, フォンタナの不等式により部分列と $v \in E$ が存在して
$$v_k \rightharpoonup v \text{ in } E, \quad \lim_{k \to \infty} \|v_k - v\|_2 = 0, \quad \lim_{k \to \infty} \|e^{v_k} - e^v\|_2 = 0$$
(3.112) から
$$o(1) = \langle v_k - v, \delta J_\lambda(v_k)\rangle = (\nabla v_k, \nabla(v_k - v)) - \frac{\lambda\int_\Omega e^{v_k}(v_k - v)}{\int_\Omega e^{v_k}}$$
$$= \|\nabla(v_k - v)\|_2^2 + o(1)$$
従って $v_k \to v$ in E となり $\delta J(v) = 0$, $J_\lambda(v) = j(\lambda)$. よって $v = v(x)$ は (3.105) の非自明解である.

$j'(\lambda)$ が存在しない $\lambda \in (8\pi, 4\pi^2)$ に対しても $\lambda_k \uparrow \lambda$ に対して, $\delta J_{\lambda_k}(v_k) = 0$, $J_{\lambda_k}(v_k) = j(\lambda_k)$ となる $\{v_k\}$ がとれる. リィ・シャフリエの定理により $\|v_k\|_\infty$, $k = 1, 2, \ldots$ が有界でない場合には $\lambda \in 8\pi\mathbf{N}$ でなければならない. これは $\lambda \in (8\pi, 4\pi^2)$ に反する. 部分列と $v \in E$ が存在して $v_k \to v$ in E であり $\delta J_\lambda(v) = 0$ となる. 一方 $j(\lambda) \leq j(\lambda_k) = J_{\lambda_k}(v_k)$ より $J_\lambda(v) \geq c(\lambda) > 0$. 従って $v = v(x)$ は (3.105) の非自明解である. □

補題 3.7.1 の証明のため
$$A(v) = \frac{1}{2}\|\nabla v\|_2^2, \quad B(v) = \log\left(\frac{1}{|\Omega|}\int_\Omega e^v\right), \quad v \in E$$
を用いて $J_\lambda(v) = A(v) - \lambda B(v)$ と分解し, $I = (8\pi, 4\pi^2)$ とおく.

補題 3.7.2 仮定
$$\lambda_k \uparrow \lambda_0 \in I, \quad J_{\lambda_k}(v_k) \leq C_1, \quad J_{\lambda_0}(v_k) \geq -C_2 \qquad (3.113)$$
を満たす $\{(\lambda_k, v_k)\} \subset I \times E$ に対して, 次が成り立つ.

1) $\lim_{k\to\infty} \|v_k\|_E = +\infty$ ならば $\lim_{k\to\infty} B(v_k) = +\infty$ である.
2) $\sup_k \|v_k\|_E < +\infty$ ならば $\liminf_{k\to +\infty} B(v_k) > -\infty$ である.

【証明】 仮定と定義から
$$\frac{1}{2}\|\nabla v_k\|_2^2 = J_{\lambda_k}(v_k) + \lambda_k \log\left(\frac{1}{|\Omega|}\int_\Omega e^{v_k}\right) \leq C_3 + \lambda_0 \log\left(\frac{1}{|\Omega|}\int_\Omega e^{v_k}\right)$$
従って最初の主張が得られる. 同様に
$$\lambda_0 \log\left(\int_\Omega e^{v_k}\right) = -J_{\lambda_0}(v_k) + \frac{1}{2}\|\nabla v_k\|_2^2 \leq C_4 + \frac{1}{2}\|\nabla v_k\|_2^2$$
より 2 番目の主張が得られる. □

補題 3.7.2 のもとで, 補題 3.7.1 は抽象的な定理 3.21 として述べることができる. 定理 3.21 [77] の結論は, ほとんどいたるところの λ に対して J_λ が (3.112) を満たす有界な $\{v_k\} \subset E$ をもつということであるが, 証明から $j'(\lambda)$ が存在するときはそれが成り立つことがわかる.

以下 E は実バナッハ空間, E' はその双対空間, $\langle\,,\,\rangle$ は E と E' の双対ペアリング, $\|\cdot\|$ は E のノルム, $\|\cdot\|_*$ は E' の双対ノルムとし, $\emptyset \neq I \subset \mathbf{R}$ を λ の属する区間とする.

定理 3.21 (ジャンジャン・トーランド Jeanjean-Toland)　$v_0, v_1 \in E$, $v_0 \neq v_1$ と作用素 $A, B \in C^1(E, \mathbf{R})$, $\lambda \in I$ が存在して
$$J_\lambda = A - \lambda B \qquad (3.114)$$
は (3.107), (3.108), および補題 3.7.2 の条件を満たすものとする. このときほとんどいたるところの $\lambda_0 \in I$ に対し, 有界な $\{v_k\} \subset E$ で $\lim_{k\to\infty} J_{\lambda_0}(v_k) = j(\lambda_0)$, $\lim_{k\to\infty} \|\delta J_{\lambda_0}(v_k)\|_* = 0$ を満たすものが存在する.

$A = A_\lambda$ のときは, 補題 3.7.2 の条件に加えて, $L > 0$ が存在して

$$A_{\lambda_0}(v_k) - A_{\lambda_k}(v_k) \leq L(\lambda_0 - \lambda_k), \quad k = 1, 2, \ldots$$

を満たすと仮定すると, 定理 3.21 に対応する結果が成り立つ. 定理 3.21 の証明ではいくつかの補題を用いる.

補題 3.7.3 定理 3.21 において (3.113) および

$$\frac{J_{\lambda_k}(v_k) - J_{\lambda_0}(v_k)}{\lambda_0 - \lambda_k} \leq C_5 \tag{3.115}$$

が成り立つとすると, $\{v_k\} \subset E$ は有界である. さらに任意の $\varepsilon > 0$ に対して N が存在して

$$J_{\lambda_0}(v_k) \leq J_{\lambda_k}(v_k) + \varepsilon, \quad k \geq N \tag{3.116}$$

を満たす.

【証明】 (3.114) から

$$J_{\lambda_k}(v_k) - J_{\lambda_0}(v_k) = (\lambda_0 - \lambda_k) B(v_k) \tag{3.117}$$

従って (3.115) より $\limsup_{k \to +\infty} B(v_k) < +\infty$ が得られる. 補題 3.7.2 の条件を仮定していたので $\{v_k\}$ は有界であり, さらに

$$B(v_k) \geq -C_6 \tag{3.118}$$

が成り立つ. (3.117)–(3.118) より $J_{\lambda_0}(v_k) - J_{\lambda_k}(v_k) \leq C(\lambda_0 - \lambda_k)$ となり, (3.116) が得られる. □

定理 3.21 の設定では $\lambda \mapsto j(\lambda)$ の単調性が得られないので, ほとんどいたるところの微分可能性が期待できない. そこでこの部分を $j(\lambda)$ の Dini 微分

$$D^\pm(\lambda) = \limsup_{\pm h \downarrow 0} \frac{j(\lambda + h) - j(\lambda)}{h}, \quad d^\pm(\lambda) = \liminf_{\pm h \downarrow 0} \frac{j(\lambda + h) - j(\lambda)}{h}$$

に関するダンジョワ・ヤング・サックス (**Denjoy-Young-Sacks**) の定理に

置き換える[*19]．ここで微分 $D^\pm = D^\pm(\lambda)$, $d^\pm = d^\pm(\lambda)$ の組 $(D^*, d^\star)$ が同期しているとは, D^+, d^+ のように符号が同一であるときをいい, 反転しているとは D^+, d^- のように符号が異なるときをいう．このときダンジョワ・ヤング・サックスの定理により, 関数 $j = j(\lambda)$ のディニ (Dini) 微分 $D^\pm(\lambda), d^\pm(\lambda)$ はほとんどすべての λ に対して次の 2 つの性質をもつ.

1) 2つの同期する微分が有限で等しいか, 少なくとも 1 つが有限でなく両者が等しくない.
2) 2つの反転する微分が有限で等しいか, 少なくとも 1 つが有限でなく両者が等しくない．あとの場合は $D^* = +\infty$ か $d^\star = -\infty$ のどちらかである．

補題 3.7.4 ほとんどいたるところの $\lambda_0 \in I$ に対し, $\lambda_k \uparrow \lambda_0$ と $M = M(\lambda_0) < +\infty$ が存在して

$$-\frac{j(\lambda_0) - j(\lambda_k)}{\lambda_0 - \lambda_k} \leq M \tag{3.119}$$

が成り立つ．

【証明】 (3.119) が成り立たないのは $d^-(\lambda_0) = D^-(\lambda_0) = -\infty$ の場合である．ダンジョワ・ヤング・サックスの定理から, これはルベーグ測度ゼロの λ_0 を除いて発生しない． □

補題 3.7.5 定理 3.21 の条件のもとで, $\lambda_0 \in I$ に対して (3.119) が成り立つとする．このとき $\gamma_k \in \Gamma, k = 1, 2, \ldots$ と $K = K(\lambda_0) > 0$ が存在して次を満たす．

1) ある $t \in [0, 1]$ に対して

$$J_{\lambda_0}(\gamma_k(t)) \geq j(\lambda_0) - (\lambda_0 - \lambda_k) \tag{3.120}$$

ならば

$$\|\gamma_k(t)\| \leq K, \quad k = 1, 2, \ldots \tag{3.121}$$

[*19] Riesz and Nagy [126] 第 1 部第 1 章.

である.

2) 任意の $\varepsilon > 0$ に対して N が存在して

$$\max_{\gamma_k} J_{\lambda_0} \leq j_{\lambda_0} + \varepsilon, \quad k \geq N \tag{3.122}$$

が成り立つ.

【証明】 $j(\lambda)$ の定義 (3.108) より, $\gamma_k \in \Gamma$ が存在して

$$\max_{\gamma_k} J_{\lambda_k} \leq j(\lambda_k) + (\lambda_0 - \lambda_k), \quad k = 1, 2, \ldots \tag{3.123}$$

を満たす. (3.120) のもとで

$$\frac{J_{\lambda_k}(\gamma_k(t)) - J_{\lambda_0}(\gamma_k(t))}{\lambda_0 - \lambda_k} \leq \frac{j(\lambda_k) + (\lambda_0 - \lambda_k) - j(\lambda_0) + (\lambda_0 - \lambda_k)}{\lambda_0 - \lambda_k}$$
$$\leq M + 2$$

また $J_{\lambda_0}(\gamma_k(t)) \geq -C_1$ が成り立つ. 一方 (3.123), (3.119) より $J_{\lambda_k}(\gamma_k(t)) \leq C_2$ となり, 補題 3.7.3 の仮定が $v_k = \gamma_k(t)$ に対して成り立つので (3.121) が得られる. 後半を示すため $v_k \in \gamma_k[0,1]$ を

$$\max_{\gamma_k} J_{\lambda_0} = J_{\lambda_0}(v_k) \geq j(\lambda_0) > -\infty \tag{3.124}$$

によって定める. (3.123), (3.119) により

$$J_{\lambda_k}(v_k) \leq \max_{\gamma_k} J_{\lambda_k} \leq j(\lambda_k) + (\lambda_0 - \lambda_k)$$
$$\leq j(\lambda_0) + (M+1)(\lambda_0 - \lambda_k) < +\infty \tag{3.125}$$

(3.124)–(3.125) よりさらに

$$\frac{J_{\lambda_k}(v_k) - J_{\lambda_0}(v_k)}{\lambda_0 - \lambda_k} \leq M + 1 \tag{3.126}$$

(3.124), (3.125), (3.126) から補題 3.7.3 が適用できる. すなわち, 任意の $\varepsilon > 0$ に対して

$$d_k \equiv J_{\lambda_0}(v_k) - J_{\lambda_k}(v_k) < \frac{\varepsilon}{3}, \quad k \gg 1 \tag{3.127}$$

となる. 一方 (3.123) より

$$\max_{\gamma_k} J_{\lambda_0} = J_{\lambda_0}(v_k) = J_{\lambda_k}(v_k) + d_k$$
$$\leq \max_{\gamma_k} J_{\lambda_k} + d_k \leq j(\lambda_k) + (\lambda_0 - \lambda_k) + d_k \quad (3.128)$$

また (3.119) より

$$j(\lambda_k) - j(\lambda_0) < \frac{\varepsilon}{3}, \quad k \gg 1 \quad (3.129)$$

(3.127), (3.128), (3.129) から N が存在して (3.122) が成り立つ. □

(3.121) で定めた K に対して

$$F_a = \{v \in E \mid \|v\| \leq K+1, \ |J_{\lambda_0}(v) - j(\lambda_0)| \leq a\}, \quad a > 0 \quad (3.130)$$

とおく.

補題 3.7.6 $0 < a \ll 1$ において $\inf\{\|\delta J_{\lambda_0}(v)\|_* \mid v \in F_a\} = 0$ が成り立つ.

【証明】 補題が成り立たないとする. $\delta > 0$, $a_k \downarrow 0$ が存在し, $k = 1, 2, \ldots$ に対して $\inf_{v \in F_{a_k}} \|\delta J_{\lambda_0}(v)\|_* \geq \delta$. 特に $0 < a < \frac{1}{2}[j(\lambda_0) - \max\{J_{\lambda_0}(v_0), J_{\lambda_0}(v_1)\}]$ が存在して

$$\inf_{v \in F_a} \|\delta J_{\lambda_0}(v)\|_* \geq a \quad (3.131)$$

となる. (3.130), (3.131) に基づいて変形理論を適用する[20]. $\alpha \in (0, a)$ と同相写像 $\eta: E \to E$ が存在して

$$|J_{\lambda_0}(v) - j(\lambda_0)| \geq a \Rightarrow \eta(v) = v, \quad J_{\lambda_0} \circ \eta \leq J_{\lambda_0} \text{ on } E \quad (3.132)$$

および

$$\|v\| \leq K, \ J_{\lambda_0}(v) \leq j(\lambda_0) + \alpha \Rightarrow J_{\lambda_0}(\eta(v)) \leq j(\lambda_0) - \alpha \quad (3.133)$$

ここで補題 3.7.5 で与えた $\{\gamma_k\} \subset \Gamma$ をとる. $k \gg 1$ に対して

$$\max_{v \in \gamma_k} J_{\lambda_0}(v) \leq j(\lambda_0) + \alpha, \quad \alpha > \lambda_0 - \lambda_k \quad (3.134)$$

が成り立つ. 最初に (3.132) 第 1 式から $\eta \circ \gamma_k \in \Gamma$ である. 次に, 各 $v \in \gamma_k[0,1]$

---

[20] Rabinowitz [121] Appendix A.

について, (3.132) 第 2 式から

$$J_{\lambda_0}(v) \le j(\lambda_0) - (\lambda_0 - \lambda_k) \quad \Rightarrow \quad J_{\lambda_0}(\eta(v)) \le j(\lambda_0) - (\lambda_0 - \lambda_k)$$

一方, 補題 3.7.5 より

$$J_{\lambda_0}(v) > j(\lambda_0) - (\lambda_0 - \lambda_k) \quad \Rightarrow \quad \|v\| \le K \quad (3.135)$$

従って (3.134) と合わせて (3.133) が成り立つ. すると (3.134) 第 2 式より, 結局 (3.135) の仮定のもとで $J_{\lambda_0}(v) \le j(\lambda_0) - \alpha \le j(\lambda_0) - (\lambda_0 - \lambda_k)$. いずれにしても $\max_{v \in \eta \circ \gamma_k} J_{\lambda_0}(v) \le j(\lambda_0) - (\lambda_0 - \lambda_k)$ となり, $j(\lambda_0)$ の定義に反する. □

【定理 3.21 の証明】 $\lambda_0 \in I$ において (3.119) が成り立つものとして, 補題 3.7.6 を $a = 1/k, k = 1, 2, \ldots$ に対して適用すると

$$\|v_k\| \le K + 1, \quad \lim_{k \to \infty} J_{\lambda_0}(v_k) = j(\lambda_0), \quad \lim_{k \to 0} \|\delta J_{\lambda_0}(v_k)\|_* = 0$$

となる $v_k \in E, k = 1, 2, \ldots$ が得られる. □

(3.104) に対する mountain pass 状況 (3.106) のもとで, (3.108) で与えられた $j(\lambda)$ は $\lambda \notin 8\pi \mathbf{N}$ において臨界値となり, (3.104) の非自明な解を与える. この解は $j'(\lambda)$ が存在するときは次のいずれかの条件を満たす (3.104) の解 v に対して $j(\lambda) = J_\lambda(v)$ が成り立つ [113].

1) 0 の近傍 $V \subset E$ が存在して $J_\lambda(w) \ge J_\lambda(v), \forall w \in V$ (極小).
2) 任意の 0 の近傍 $U \subset E$ に対して $U \cap \dot{I}^{j(\lambda)}$ は空でない弧状連結集合 (mountain pass 型).

ただし $\dot{I}^\lambda = \{v \in E \mid J_\lambda(v) < c\}$ である. さらに一般論から

$$C_r(\lambda) = \{v \in E \mid J_\lambda(v) = j(\lambda), \delta J_\lambda(v) = 0\}$$

が離散的であれば上記の $v = v(x)$ は mountain pass 型にとれ, そのモース指数は 1 以下である.

3.8 ディン・ヨスト・リィ・ワンの解

再び $\Omega \subset \mathbf{R}^2$ は滑らかな境界 $\partial \Omega$ をもつ有界領域として (3.61), すなわち

$$-\Delta v = \frac{\lambda e^v}{\int_\Omega e^v} \quad \text{in } \Omega, \qquad v = 0 \quad \text{on } \partial\Omega \tag{3.136}$$

を考えて解全体を $\mathcal{C}_\lambda = \{v \in C^2(\Omega) \cap C(\overline{\Omega}) \mid (3.136)$ の解 $\}$ とする.定理 1.11 またはリィ・シャフリエの定理により,$\mathcal{C}_\lambda$ の全写像度 $d(\lambda)$ は各 $[0, \infty) \setminus 8\pi\mathbf{N}$ の連結成分で定数である.§2.8 で述べたように,$d(\lambda)$ は Ω の種数によって決まり,Ω が単連結でないときはすべての $\lambda \notin 8\pi\mathbf{N}$ において $d(\lambda) \neq 0$ であることが知られている.一般に $d(\lambda) \neq 0$ のときは $\mathcal{C}_\lambda \neq \emptyset$ となる[*21].従って次の定理 [49] は,その結果の一部に含まれることになる.しかし古典的な変分法によるその証明は,解のプロフィールをよく描写している.

定理 3.22 (ディン・ヨスト・リィ・ワン) $\Omega \subset \mathbf{R}^2$ を滑らかな境界 $\partial\Omega$ をもつ有界領域で,$\mathbf{R}^2 \setminus \overline{\Omega}$ が有界な連結成分 $B \neq \emptyset$ をもつものとすると,$8\pi < \lambda < 16\pi$ に対して (3.136) は解をもつ.

一般性を失わず $0 \in B$ とする.以下では Ω の位相を $\mathcal{A} = \{\gamma \in C([0,1], \mathbf{R}^2) \mid B$ を囲む正の向きのジョルダン閉曲線 $\}$ と重心

$$m(v) = \frac{\int_\Omega x e^v}{\int_\Omega e^v} \in \mathbf{R}^2, \quad v \in H_0^1(\Omega) \tag{3.137}$$

でとらえる.実際 (3.136) の変分汎関数 (3.62),すなわち

$$J_\lambda(v) = \frac{1}{2}\|\nabla v\|_2^2 - \lambda \log \int_\Omega e^v, \quad v \in H_0^1(\Omega) \tag{3.138}$$

をとり,単位円板 $D = B(0,1)$ 上の変形族を

$$\mathcal{F}_\lambda = \{h \in C(D, H_0^1(\Omega)) \mid \lim_{r \uparrow 1} J_\lambda(h(re^{i\theta})) = -\infty \text{ unif. in } \theta \in S^1,$$

$$\lim_{r \uparrow 1} m(h(re^{i\theta})) \in \mathcal{A}\} \tag{3.139}$$

とする.トゥルーディンガー・モーザー不等式 (3.75) の精密性を用いると

$$\lambda > 8\pi \quad \Rightarrow \quad \mathcal{F}_\lambda \neq \emptyset$$

を示すことができ,ミニ・マックス変分

[*21] 鈴木・上岡 [156] 2.1 節.

$$\alpha(\lambda) = \inf_{h \in \mathcal{F}_\lambda} \sup_{v \in h(D)} J_\lambda(v) \tag{3.140}$$

を定めることができる.

(3.140) の $\alpha(\lambda)$ が有限値として確定するかどうかは自明ではない. 次の補題 [37] では, $v \in H_0^1(\Omega)$ を制限してトゥルーディンガー・モーザー不等式 (3.75) の係数 8π を改善する. トゥルーディンガー・モーザー不等式に対するこのような議論は, 幾何的計量を定める問題で適用されている [101] [26].

補題 3.8.1 (チェン・リィ)　$\Omega \subset \mathbf{R}^2$ を有界領域, $\delta > 0, \gamma_0 \in (0, 1/2), \varepsilon \in (0,1)$ とすると $K = K(\varepsilon, \delta_0, \gamma_0) > 0$ が存在して, $v \in H_0^1(\Omega)$ が

$$\exists S_1, S_2 \subset \overline{\Omega}: \text{ measurable}, \quad \text{dist } (S_1, S_2) \geq \delta_0$$
$$\frac{\int_{S_i} e^v}{\int_\Omega e^v} \geq \gamma_0, \ i = 1, 2 \tag{3.141}$$

を満たすならば

$$\log \int_\Omega e^v \leq \frac{1 + 2\varepsilon}{32\pi} \|\nabla v\|_2^2 + K \tag{3.142}$$

である.

【証明】 $g_1, g_2 \in C_0^\infty(\mathbf{R}^2)$ で supp $g_1 \cap$ supp $g_2 = \emptyset$, $g_i = 1$ on S_i, $i = 1, 2$ となるものをとると

$$\int_\Omega e^v \leq \frac{1}{\gamma_0} \int_{S_i} e^v \leq \frac{1}{\gamma_0} \int_\Omega e^{g_i v}, \quad i = 1, 2$$

が得られる. (3.81) より

$$\log\left(\frac{1}{|\Omega|} \int_\Omega e^{g_i v}\right) \leq \frac{1}{16\pi} \|\nabla(g_i v)\|_2^2 + 1, \quad i = 1, 2 \tag{3.143}$$

一般性を失わず $\|\nabla(g_1 v)\|_2 \leq \|\nabla(g_2 v)\|_2$, $g = g_1 + g_2$ とすると

$$\|\nabla(g_1 v)\|_2^2 \leq \frac{1}{2}\left(\|\nabla(g_1 v)\|_2^2 + \|\nabla(g_2 v)\|_2^2\right) = \frac{1}{2}\|\nabla(g_1 + g_2)v\|_2^2$$
$$= \frac{1}{2}\int_\Omega g^2 |\nabla v|^2 + 2\nabla g \cdot \nabla v + v^2 |\nabla g|^2 \, dx$$
$$\leq \frac{1+\varepsilon}{2}\|\nabla v\|_2^2 + C_1 \|v\|_2^2 + C_{2,\varepsilon} \tag{3.144}$$

(3.143), (3.144) より, (3.141) のもとで
$$\log\left(\frac{1}{|\Omega|}\int_\Omega e^v\right) \leq \frac{1+\varepsilon}{32\pi}\|\nabla v\|_2^2 + C_3\|v\|_2^2 + C_4 \quad (3.145)$$

(3.145) 右辺第 2 項にレリッヒの定理またはガリヤード・ニーレンバーグの不等式 *22) を適用して (3.142) を得る. □

次の補題において $J_\lambda(v)$, $m(v)$ はそれぞれ (3.138), (3.137) で定められる変分汎関数, 重心とする.

補題 3.8.2 (concentration lemma) 有界領域 $\Omega \subset \mathbf{R}^2$ が滑らかな境界 $\partial\Omega$ をもち, $8\pi < \lambda < 16\pi$, また $u_k \in H_0^1(\Omega)$, $k = 1, 2, \ldots$ は
$$\lim_{k\to\infty} J_\lambda(u_k) = -\infty, \quad \lim_{k\to\infty} m(u_k) = x_\infty \quad (3.146)$$
を満たすものとする. このとき
$$x_\infty \in \overline{\Omega}, \quad \mu_k(dx) \equiv \frac{e^{u_k}}{\int_\Omega e^{u_k}}dx \rightharpoonup \delta_{x_\infty}(dx) \quad \text{in } \mathcal{M}(\overline{\Omega}) \quad (3.147)$$
が成り立つ.

補題 3.8.2 の証明のため, 先に次を示す.

補題 3.8.3 補題 3.8.2 の仮定のもとで各 $r \in (0,1)$ に対して $x_{r,k} \in \overline{\Omega}$ が存在して $\mu_k(\Omega \cap B(x_{r,k}, r)) \geq 1 - r$, $k \gg 1$ が成り立つ.

【証明】 補題 3.8.1 より $\lambda < 16\pi$ に対して $C_4 = C_4(\gamma_0, \lambda) > 0$ が存在して, (3.141) を満たす v に対して $J_\lambda(v) \geq -C_4$. 従って (3.146) 第 1 式から, 与えられた $\delta_0 > 0$ に対して (3.141) 第 1 式を満たす任意の S_1, S_2 に対して
$$\min\{\mu_k(S_1), \mu_k(S_2)\} < \gamma_0, \quad k \gg 1 \quad (3.148)$$
が成り立つ.

ここで確率測度 $\mu_k(dx)$ の **concentration function** を

---

*22) 小川 [109] 第 4 章.

$$Q_k(r) = \sup_{x \in \Omega} \mu_k(\Omega \cap B(x, r))$$

とおく [*23]. $r > 0$ を固定して, $x_{r,k} \in \overline{\Omega}$ を

$$\mu_k(\Omega \cap B(x_{r,k}, r/2)) = Q_k(r/2)$$

で定め, $S_1 = \Omega \cap B(x_{r,k}, r/2)$, $S_2 = \Omega \setminus B(x_{r,k}, r)$ とおく. dist$(S_1, S_2) \geq r/2$ より (3.148), すなわち任意の $\gamma_0 \in (0, 1/2)$ に対して k_0 が存在して

$$\min\{Q_k(r/2), 1 - \mu_k(\Omega \cap B(x_{r,k}, r))\} < \gamma_0, \quad k \geq k_0 \tag{3.149}$$

となる. 一方 Ω は $N \approx r^{-2}$ 個の r-球で cover されるので, 定数 $c_0 > 0$ が存在して, 任意の $\rho \in (0, \text{diam}\,\Omega)$ に対し $\rho^{-2} Q_k(\rho) \geq c_0$, $k = 1, 2, \ldots$. 特に $0 < \gamma_0 < r$ で $Q_k(r/2) \geq \gamma_0$ となるものが存在する. 従って (3.149) から

$$\mu_k(\Omega \cap B(x_{r,k}, r)) \geq 1 - \gamma_0 > 1 - r, \quad k \geq k_0$$

となり, 補題が得られる. $\square$

【補題 3.8.2 の証明】 部分列をとって $\mu_k(dx) \rightharpoonup \mu_\infty(dx)$, $\lim_{k \to \infty} x_{r,k} = x_{r,\infty}$ とする. (3.148) より $\mu_\infty(\Omega \cap B(x_{r,\infty}, 2r)) \geq 1 - r$. さらに部分列をとって $r_k \downarrow 0$, $\lim_{k \to \infty} x_{r_k, \infty} = \hat{x}_\infty$ とすれば $\mu_\infty(\{\hat{x}_\infty\}) = 1$. よって $\mu_\infty(dx) = \delta_{\hat{x}_\infty}(dx)$, $\hat{x}_\infty \in \overline{\Omega}$. 一方仮定より

$$m(u_k) = \int_\Omega x \mu_k(dx) \to x_\infty = \int_\Omega x \mu_\infty(dx) = \hat{x}_\infty$$

よって $x_\infty \in \overline{\Omega}$ で, 部分列をとらずに $\mu_k(dx) \rightharpoonup \delta_{x_\infty}(dx)$ となる. $\square$

以下定理 3.22 をいくつかの段階に分けて示す. 次の補題が本質的である.

補題 3.8.4 定理 3.22 の仮定のもとで, (3.140) において $\alpha(\lambda) > -\infty$ である.

【証明】 D と同相な $\tilde{D} \subset \mathbf{R}^2$, $0 \in \tilde{D}$ が存在して, 任意の $h \in \mathcal{F}_\lambda$ に対して $m \circ h : D \to \tilde{D}$ は閉包も含めて連続で, degree 1 をもつ. すなわち ∂D を

[*23] 本書下巻第 7 章.

$\partial \tilde{D}$ に正の向きに全単射する.従ってブラウワー (**Brower**) の不動点定理から $v \in h(D)$ が存在して $m(v) = 0$ となる [*24)].

従って $\alpha(\lambda) = -\infty$ とすると $h_k \in \mathcal{F}_\lambda$, $v_k \in h(D_k)$, $k = 1, 2, \ldots$ が存在して

$$m(v_k) = 0, \quad \lim_{k \to \infty} J_\lambda(v_k) = -\infty$$

補題 3.8.2 より $0 \in \overline{\Omega}$ となって矛盾を得る. □

補題 3.8.4 によってミニ・マックス変分 (3.140) が定義できれば,変形理論によりパレ・スメール列が取り出せる.しかしストゥルヴェ・タランテッロの解と同じように,パレ・スメール列が有界にならないため,そこから収束部分列が取り出せない.そこで臨界値の微分可能性と爆発質量の量子化によって定理 3.22 を示す.

微分可能性については次の単調性を適用する.

補題 3.8.5 関数

$$\lambda \in (8\pi, 16\pi) \mapsto \alpha(\lambda)/\lambda \tag{3.150}$$

は非減少である.

【証明】 $8\pi < \lambda < 16\pi$ をとる.各 $h \in \mathcal{F}_\lambda$ に対して,$\theta \in S^1$ について一様に

$$\lim_{r \uparrow 1} J_\lambda(h(re^{i\theta})) = -\infty$$

従って $0 < 1 - r \ll 1$ に対して $\log \int_\Omega e^{h(re^{i\theta})} > 0$.特に $\lambda < \lambda' < 16\pi$ に対して $J_{\lambda'}(h(re^{i\theta})) < J_\lambda(h(re^{i\theta}))$.よって $\mathcal{F}_\lambda \subset \mathcal{F}_{\lambda'}$ が成り立つ.

また $v \in H_0^1(\Omega)$ に対して

$$\frac{1}{\lambda} J_\lambda(v) - \frac{1}{\lambda'} J_{\lambda'}(v) = \frac{1}{2}\left(\frac{1}{\lambda} - \frac{1}{\lambda'}\right) \|\nabla v\|_2^2 \geq 0 \tag{3.151}$$

よって $\alpha(\lambda)/\lambda \geq \alpha(\lambda')/\lambda'$ が成り立つ. □

微分可能性のもとで変形理論を適用し,有界なパレ・スメール列を取り出す.

[*24)] 増田 [97] 第 1 部第 4 章.

補題 3.8.6 関数 (3.150) が $\lambda = \lambda_0$ で微分可能であれば $\alpha(\lambda_0)$ は $J_{\lambda_0}(v)$, $v \in H_0^1(\Omega)$ の臨界値である.

【証明】 $\lambda_0 = \lambda$ と書く. $\lambda_k \uparrow \lambda$ に対し

$$\lim_{k \to \infty} \frac{1}{\lambda - \lambda_k} \left(\frac{\alpha(\lambda)}{\lambda} - \frac{\alpha(\lambda_k)}{\lambda_k} \right) = -C_5 \leq 0$$

が存在する. 以下 $\alpha(\lambda_k) = \alpha_k$, $\alpha_\lambda = \alpha$ と書く.

結論を否定する. トゥルーディンガー・モーザー不等式から, 与えられた $C_6 > 0$ に対して $\beta_0 > 0$ が存在して, 任意の $0 < \beta \leq \beta_0$ に対して

$$\|\delta J_\lambda(v)\|_* \geq 2\beta, \quad v \in \mathcal{N}_\beta$$

ただし

$$\mathcal{N}_\beta \equiv \left\{ v \in H_0^1(\Omega) \mid \|\nabla v\|_2^2 \leq C_6, \quad |J_\lambda(v) - \alpha(\lambda)| < \beta \right\} \neq \emptyset \quad (3.152)$$

である. 変形理論 [116] から局所リプシッツ連続な $X : N_\beta \to H_0^1(\Omega)$ で

$$\|X(v)\| \leq 1, \quad \langle X(v), \delta J_\lambda(v) \rangle < -\beta, \quad v \in \mathcal{N}_\beta \quad (3.153)$$

を満たすものが存在する.

(3.151) より $v \in H_0^1(\Omega)$, $\|\nabla v\|_2^2 \leq C_6$ について一様に

$$\|\delta J_\lambda(v) - \delta J_{\lambda_k}(v)\|_* \leq \left\| \delta J_\lambda(v) - \frac{\lambda}{\lambda_k} \delta J_{\lambda_k}(v) \right\|_* + \left\| \left(1 - \frac{\lambda}{\lambda_k}\right) \delta J_\lambda(v) \right\|_*$$

$$\leq \frac{1}{2} \left(1 - \frac{\lambda}{\lambda_k}\right) \|\nabla v\|_2^2 + C_7 \left(1 - \frac{\lambda}{\lambda_k}\right)$$

従って

$$\lim_{k \to \infty} \sup_{v \in \mathcal{N}_\beta} \|\delta J_\lambda(v) - \delta J_{\lambda_k}(v)\|_* = 0 \quad (3.154)$$

である. またリプシッツ連続な cut-off 関数

$$0 \leq \eta \leq 1, \quad \eta = 0 \text{ in } \mathcal{N}_\beta^c, \quad \eta = 1 \text{ on } \mathcal{N}_{\beta/2} \quad (3.155)$$

をとり, $\eta \cdot X : H_0^1(\Omega) \to H_0^1(\Omega)$ と見なして flow $\varphi = \varphi(u, t)$ を

$$\frac{d\varphi}{dt} = (\eta \cdot X) \circ \varphi, \quad \varphi|_{t=0} = u \in H_0^1(\Omega) \quad (3.156)$$

で定める. 各 $u \in H_0^1(\Omega)$ について $\varphi(u,\cdot) \in C^1([0,+\infty), H_0^1(\Omega))$ が一意存在する. (3.153), (3.154), (3.155), (3.156) より $k \gg 1$ において

$$\frac{d}{dt}J_\lambda(\varphi(u,t)) < -\beta, \qquad \varphi(u,t) \in \mathcal{N}_{\beta/2}$$
$$\frac{d}{dt}J_{\lambda_k}(\varphi(u,t)) \leq -\beta/2, \quad t \geq 0, \; u \in H_0^1(\Omega) \tag{3.157}$$

が成り立つ.

$\alpha_k = \alpha(\lambda_k)$ の定義より $h_k \in \mathcal{F}_{\lambda_k} \subset \mathcal{F}_\lambda$ が存在して

$$\sup_{v \in h_k(D)} J_{\lambda_k}(v) \leq \alpha_k + (\lambda - \lambda_k)$$

ここで $0 < 1-r \ll 1$ において $h_k(re^{i\theta}) \notin \mathcal{N}_\beta, \theta \in S^1$. 従って (3.155)-(3.156) より

$$\varphi(h_k, t) \in \mathcal{F}_{\lambda_k}, \quad t \geq 0 \tag{3.158}$$

一方 (3.157) 第2式から

$$\sup_{v \in \varphi(h_k(D), t)} J_{\lambda_k}(v) \leq \alpha_k + (\lambda - \lambda_k), \quad t \geq 0 \tag{3.159}$$

となる.

しばらく $h = \varphi(h_k, t)$ とおく. (3.158), (3.159) は

$$h \in \mathcal{F}_{\lambda_k}, \quad \sup_{h(D)} J_{\lambda_k} \leq \alpha_k + (\lambda - \lambda_k) \tag{3.160}$$

と表すことができる. $J_\lambda \leq J_{\lambda_k}$, $\alpha_k \to \alpha$ より $k \gg 1$ において

$$\alpha \leq \sup_{v \in h(D)} J_\lambda(v) \leq \alpha + 2(\lambda_k - \lambda) \tag{3.161}$$

一方 $v \in h(D), J_\lambda(v) \geq \alpha - (\lambda - \lambda_k)$ であれば

$$\frac{1}{2}\|\nabla v\|_2^2 = \lambda \cdot \lambda_k \cdot \frac{J_{\lambda_k}(v)/\lambda_k - J_\lambda(v)/\lambda}{\lambda - \lambda_k}$$
$$\leq \lambda \cdot \lambda_k \cdot \frac{\frac{\alpha_k}{\lambda_k} - \frac{\alpha}{\lambda}}{\lambda - \lambda_k} + (\lambda + \lambda_k) \leq C_8 \equiv (16\pi)^2 C_5 + 32\pi \tag{3.162}$$

上の C_8 は C_5 で定まるので, (3.152) において $C_6 \geq C_8$ としてもよい. すると (3.161)-(3.162) より, (3.160) のもとで $\sup\{J_\lambda(v) \mid v \in h(D)\}$ を達成する

$v \in \mathcal{N}_{\beta/2}$ が存在する. 従って (3.155), (3.157) より

$$\frac{d}{dt}\sup\{J_\lambda(v) \mid v \in \varphi(h_k(D), t)\} < -\beta, \quad t \geq 0 \tag{3.163}$$

であるが, (3.163) は (3.161) 第 1 式, すなわち

$$\sup\{J_\lambda(v) \mid v \in \varphi(h_k(D), t)\} \geq \alpha, \quad t \geq 0$$

に矛盾する. □

【定理 3.22 の証明】 ストゥルヴェ・タランテッロの解の場合と同様である. 補題 3.8.4, 3.8.5, 3.8.6 より, Ω に対する位相的仮定のもとで, ほとんどいたるところの $\lambda \in (8\pi, 16\pi)$ に対して $\alpha(\lambda)$ を達成する (3.136) の解があり, 定理 1.11 によりすべての $\lambda \in (8\pi, 16\pi)$ に対して (3.136) は解をもつ. □

$0 \in \Omega \subset \mathbf{R}^2$ を滑らかな境界 $\partial \Omega$ をもつ有界領域, $8\pi < \lambda < 16\pi$, $\varepsilon_k \downarrow 0$ とする. また (3.139) において D を $\Omega_k = \Omega \setminus \overline{B(0, \varepsilon_k)}$ に置き換えて変形族 $\mathcal{F}_\lambda = \mathcal{F}_\lambda^k$ を定める. ただし対応する変分汎関数を

$$J_\lambda^k(v) = \frac{1}{2}\|\nabla v\|_2^2 - \lambda \log \int_{\Omega_k} e^v, \quad v \in H_0^1(\Omega_k)$$

とする. 次に $J_\lambda = J_\lambda^k$, $\mathcal{F}_\lambda = \mathcal{F}_\lambda^k$, $D = \Omega_k$ として (3.140) によって $\alpha(\lambda) = \alpha_k(\lambda)$ を与える. $v_k = v_k(x)$ は $\alpha(\lambda) = \alpha_k(\lambda)$ を達成する (3.136) の解であるとし, ゼロ拡張によって $H_0^1(\Omega)$ の元と見なす.

$\lambda \mapsto \alpha_k(\lambda)$ の連続性がいえないので, $\alpha_k(\lambda)$, $\lambda \in (8\pi, 16\pi)$ が常に $J_\lambda^k(v)$, $v \in H_0^1(\Omega_k)$ の臨界値であるかどうかはわからない. しかし, フビニ (Fubini) の定理によりほとんどいたるところの $\lambda \in (8\pi, 16\pi)$ に対して, $\alpha_k(\lambda)$, $k = 1, 2, \ldots$ は共通に達成される. 定理 3.22 の証明により, このような $\lambda \in (8\pi, 16\pi)$ に対して次の定理が得られる [110].

定理 3.23 $k \to \infty$ において $\dfrac{e^{v_\varepsilon}}{\int_\Omega e^{v_\varepsilon}} dx \rightharpoonup \delta_0(dx)$ in $\mathcal{M}(\overline{\Omega})$ が成り立つ.

【証明】 $\lambda > 8\pi$ に注意すると, 質量 8π の全域解を用いて

$$\lim_{k \to \infty} \sup_{v \in h_k} J_\lambda(v) = -\infty \tag{3.164}$$

となる $h_k \in \mathcal{F}_\lambda^k$, $k = 1, 2, \ldots$ を構成することができる[*25]. (3.164) によって

$$\lim_{k \to \infty} \alpha_k(\lambda) = -\infty \tag{3.165}$$

が得られ, (3.165) と $J_\lambda^k(v_k) \geq J_\lambda(v_k)$ から

$$\lim_{k \to \infty} J_\lambda(v_k) = -\infty \tag{3.166}$$

となる. 一方 $|m(v_k)| \leq \mathrm{diam}\,(\Omega) < +\infty$ であり, 部分列に対して補題 3.8.2 の仮定が成り立っているものとしてよい. 従って部分列と $x_\infty \in \overline{\Omega}$ が存在して (3.147) が成り立つ.

ここで比較関数

$$\psi_k(x) = \int_{\Omega_k} \left(\frac{1}{2\pi} \log \frac{1}{|x-y|} + \frac{1}{2\pi} \log\,(\mathrm{diam}\,\Omega)^{-1} \right) \lambda\,\mu_k(dy)$$

は $k \gg 1$ において

$$\Delta(\psi_k - v_k) = 0 \quad \text{in } \Omega_k, \qquad \psi_k - v_k \geq 0 \quad \text{on } \partial\Omega_k$$

を満たす. 最大原理と直接計算から $0 \leq v_k \leq \psi_k$ in Ω_k, $\|\psi_k\|_{L^1(\Omega_k)} \leq C_6$. 従って定理 1.11 の証明で用いた v_k の境界近傍の単調性によって $x_\infty \notin \partial\Omega$. 一方仮定 $8\pi < \lambda < 16\pi$ とリィ・シャフリエの定理により $x_\infty \notin \Omega$. 従って $x_\infty = 0$ であり, (3.147) は部分列をとらずに成立する. □

3.9 デルピノ・コワルチック・ムッソの解

写像度の計算により, 多重連結領域 Ω に対しては各 $\lambda \in [0, +\infty) \setminus 8\pi\mathbf{N}$ において (3.136) は解をもつことがわかる. 一方第 1 章で述べたように, Ω が円環 $A = \{x \in \mathbf{R}^2 \mid a < |x| < 1\}$, $0 < a < 1$ の場合には任意の個数の爆発点をもつ解の族が存在する [105]. 変分法を用いると, このことは次のように一般化することができる [47].

定理 3.24 (デルピノ・コワルチック・ムッソ del Pino-Kowalczyk-Musso)

[*25] 詳細は原論文.

$\Omega \subset \mathbf{R}^2$ は滑らかな境界 $\partial\Omega$ をもつ多重連結な有界領域とすると, $\ell = 1, 2, \ldots$ に対して (3.136) の解の族 (λ_k, v_k), $k = 1, 2, \ldots$ で $\lim_{k \to \infty} \lambda_k = 8\pi\ell$, $\lim_{k \to \infty} \|v_k\|_\infty = +\infty$ となるものが存在する.

本節では, 本質的には同じであるが原論文とは異なるストーリーで証明の概略を与える. この証明は 2 つの部分に分かれる. 最初の定理 [21] はハミルトニアンの臨界点に関するもので, ボルツマン・ポアソン方程式だけでなく様々なモデルに適用することができる. 実際, この定理はプラズマ方程式[*26]の ℓ 点凝縮解の存在の構成において定式化されたものである.

定理 3.25 (カオ・ペン・ヤン Cao-Peng-Yan) Ω に対する定理 3.24 の仮定のもとで, $\ell = 1, 2, \ldots$ に対して ℓ 次ハミルトニアン (1.107), すなわち

$$H = H_\ell(x_1, \ldots, x_\ell) = \frac{1}{2} \sum_{j=1}^{\ell} R(x_j) + \sum_{1 \le i < j \le \ell} G(x_i, x_j)$$

は C^1 安定な臨界点を $\Omega^\ell \setminus \Delta$ にもつ. ただし $\Delta = \{(x_1, \ldots, x_\ell) \in \Omega^\ell \mid \exists i \ne j \text{ s.t. } x_i = x_j\}$ である[*27].

定理 3.25 において $H = H_\ell$ が C^1 安定な臨界点を $\Omega^\ell \setminus \Delta$ にもつとは, H に局所 C^1 の意味で近い任意の $F : \Omega^\ell \setminus \Delta \to \mathbf{R}$ が臨界点をもつことを表す. 定理 3.25 の証明では, $0 < \delta \ll 1$ に対して $\Omega_\delta = \{x \in \Omega \mid \text{dist}(x, \partial\Omega) \ge \delta\}$ として, Ω のホモロジーが自明でないとき $\Delta \cap \Omega^\ell$ が Ω^ℓ のディフォーメーション・リトラクト (deformation retract) でないことを用いる. 以下, 位相空間の部分集合 $A \subset B$ に対して, A が B のディフォーメーション・リトラクトであることを $B \searrow A$ で表すことにする. すなわち位相空間 B とその部分集合 A に対して, 恒等写像とホモトピックな連続写像 $f : B \to A$ で A 上恒等写像であるものが存在するとき, $B \searrow A$ と書く[*28].

最初に $0 < \delta \ll 1, \overline{L} \gg 1$ に対して

[*26] 本書上巻第 7 章.
[*27] $\ell = 1$ のときは $\Delta = \emptyset$ と見なす.
[*28] Allen [3] 第 0 章.

$$D = \{(x_1, \ldots, x_\ell) \in \Omega_\delta^\ell \mid \forall i \neq j, \ |x_i - x_j| \geq \delta^{\overline{L}}\} \subset \Omega_\delta^\ell \setminus \Delta \quad (3.167)$$

とおく. $F = F_\varepsilon \in C^1(D, \mathbf{R})$ は $\|F - H\|_{C^1(D)} < \varepsilon, 0 < \varepsilon \ll 1$ を満たすものとして, $c \in \mathbf{R}$ に対して $F^c = \{x \in D \mid F(x) \leq c\}$ とする. 次にハミルトニアンの詳細計算から $0 < \alpha < \overline{L}, 0 < c_\varepsilon^1 < c_\varepsilon^2, c_\varepsilon^2 \to 0$ で, $0 < \delta \ll 1$ において

$$F^{c_\varepsilon^2} = D \quad (3.168)$$

かつ

$$\{(x_1, \ldots, x_\ell) \in D \mid \exists i \neq j \text{ s.t. } |x_i - x_j| = \delta^{\overline{L}}\} \subset F^{c_\varepsilon^1}$$
$$F^{c_\varepsilon^1} \subset \{(x_1, \ldots, x_\ell) \in D \mid \exists i \neq j \text{ s.t. } |x_i - x_j| \leq \delta^\alpha\} \quad (3.169)$$

を満たすものを取り出す. (3.169) より

$$\frac{dx}{dt} = -F'(x), \quad x(0) \in F^{c_\varepsilon^2}$$

の解 $x = x(t)$ は, $F^{c_\varepsilon^1}$ にたどりつかないうちは D から離れない. 従って次の補題が成り立つ.

補題 3.9.1 F の臨界点が $F^{c_\varepsilon^2} \setminus F^{c_\varepsilon^1}$ に存在しなければ, $F^{c_\varepsilon^1}$ は $F^{c_\varepsilon^2}$ のディフォーメーション・リトラクトである.

(3.167) で定めた D を

$$D^* = \{(x_1, \ldots, x_\ell) \in \Omega_\delta^\ell \mid \exists i \neq j \text{ s.t. } |x_i - x_j| < \delta^{\overline{L}}\}$$

によって穴埋めする. 補題 3.9.1 の仮定のもとで $F^{c_\varepsilon^2} \searrow F^{c_\varepsilon^1}$. 従って (3.168) より

$$\Omega_\delta^\ell = F^{c_\varepsilon^2} \bigcup D^* \searrow F^{c_\varepsilon^1} \bigcup D^* \quad (3.170)$$

が成り立つ. 一方 (3.169) 第 1 式から

$$A_0 \equiv \{(x_1, \ldots, x_\ell) \in \Omega_\delta^\ell \mid \exists i \neq j \text{ s.t. } |x_i - x_j| \leq \delta^{\overline{L}}\} \subset F^{c_\varepsilon^1} \bigcup D^*$$

また第 2 式から

$$F^{c_\varepsilon^1} \bigcup D^* \subset \{(x_1, \ldots, x_\ell) \in \Omega_\delta^\ell \mid \exists i \neq j \text{ s.t. } |x_i - x_j| \leq \delta^\alpha\} \equiv A_1$$

ここで A_0, $A_1 \searrow \{(x_1, \ldots, x_\ell) \in \Omega_\delta^\ell \mid \exists i \neq j, x_i = x_j\} = \Omega_\delta^\ell \cap \Delta$ より

$$F^{c_\varepsilon^1} \bigcup D^* \searrow \Omega_\delta^\ell \cap \Delta \tag{3.171}$$

(3.170), (3.171) から $\Omega_\delta^\ell \cap \Delta$ が Ω_δ^ℓ のディフォーメーション・リトラクトとなり矛盾が発生する [*29)].

定理 3.24 の証明の後半は, 次の定理 [50] である [*30)]. この定理はハミルトニアンの非退化臨界点から古典解が生成されることを述べた [8] を含む [*31)].

定理 3.26 (エスポジット・グロッシ・ピストイア Esposito-Grossi-Pistoia) C^1 安定な $H = H_\ell(x_1, \ldots, x_\ell)$ の臨界点 $x_* = (x_1^*, \ldots, x_\ell^*) \in \Omega^\ell \setminus \Delta$ に対し, (1.113)–(1.114) を満たす解 (λ_k, v_k), $k = 1, 2, \ldots$ が存在する. 詳しくは

$$-\Delta v = \varepsilon^2 e^v \quad \text{in } \Omega, \qquad v = 0 \quad \text{on } \partial\Omega \tag{3.172}$$

の解 $v_\varepsilon = v_\varepsilon(x)$ で, $\varepsilon \downarrow 0$ において

$$v_\varepsilon(x) \to 8\pi \sum_{j=1}^\ell G(\cdot, x_j^*) \quad \text{loc. unif. on } \overline{\Omega} \setminus \{x_1^*, \ldots, x_\ell^*\} \tag{3.173}$$

を満たすものが存在する.

(3.173) の詳細な挙動は, 全域解 (2.25) を爆発点 x_j の周りでスケーリングしたものの線形和である. そこで定理 3.26 の証明では

$$-\Delta\omega = e^\omega \quad \text{in } \mathbf{R}^2, \qquad \int_{\mathbf{R}^2} e^\omega < +\infty$$

の解を $\omega_\mu(x) = \log \dfrac{8\mu^2}{(\mu^2 + |x|^2)^2}$, $\mu > 0$ の形でとり, $\xi \in \mathbf{R}^2$ に対して

[*29)] $\ell = 1$ のときは Ω 単連結でも矛盾となる. 従って 1 点爆発は常に発生.
[*30)] プラズマ問題 [21] [92] でも同様の定理が成立. 原論文では, C^1 安定臨界点を局所化して定義したため仮定の検証が技術的になり, 適用範囲が限定.
[*31)] この場合には古典解の族は一意的と思われる. ただし $\ell = 1$ の場合 [142] を除いて未解決. 本章 6 節参照.

$$U = U_{\varepsilon,\mu,\xi}(x) = \omega_\mu(\frac{x-\xi}{\varepsilon}) + 4\log\frac{1}{\varepsilon} = \log\frac{8\mu^2}{(\mu^2\varepsilon^2 + |x-\xi|^2)^2} \quad (3.174)$$

を $-\Delta U = \varepsilon^2 e^U$ in $\mathbf{R}^2$ の解とする.

$0 < \delta \ll 1$ に対して改めて $D = \{(x_1,\ldots,x_\ell) \in \Omega_\delta^\ell \mid \forall i \neq j, |x_i - x_j| \geq \delta\}$ とおき, (3.172) の解を

$$\tilde{v} = \sum_{j=1}^\ell U_{\varepsilon,\mu_j,\xi_j}, \quad \mu_j > 0, \ (\xi_1,\ldots,\xi_\ell) \in D \quad (3.175)$$

で近似することを考える. ただし (3.175) の $\tilde{v}$ は境界条件を満たさないので直交射影 $P : H^1(\mathbf{R}^2) \to H_0^1(\Omega)$ をとる. すなわち $w \in H^1(\mathbf{R}^2)$ に対して $Pw \in H_0^1(\Omega)$ は

$$\Delta Pw = \Delta w \quad \text{in } \Omega, \qquad Pw = 0 \quad \text{on } \partial\Omega$$

の解を表し, この P を用いて

$$v \sim \sum_{j=1}^\ell PU_{\varepsilon,\mu_j,\xi_j}, \quad \mu_j > 0, \ (\xi_1,\ldots,\xi_\ell) \in D$$

とする. さらに (3.175) において, 与えられた $\xi = (\xi_1,\ldots,\xi_\ell) \in D$ に対して $\mu_j > 0$ を

$$\frac{1}{8\pi}\log 8\mu_j^2 = H(\xi_j,\xi_j) + \sum_{i \neq j} G(\xi_i,\xi_j), \quad j = 1,\ldots,\ell \quad (3.176)$$

で定め, $U_{j,\xi}^\varepsilon = U_{\varepsilon,\mu_j,\xi_j}$. ただし $H(x,y) = G(x,y) + \frac{1}{2\pi}\log|x-y|$ である. 従って

$$V_{\varepsilon,\xi} = \sum_{j=1}^\ell PU_{j,\xi}^\varepsilon \quad (3.177)$$

が $v_\varepsilon = v_\varepsilon(x)$ の第 1 近似である.

関係 (3.176) を要請するのは以下の理由による. まず

$$PU_{j,\xi}^\varepsilon(x) - U_{j,\xi}^\varepsilon(x) - 8\pi H(x,\xi_j)$$
$$= -\log\frac{8\mu_j^2}{(\mu_j^2\varepsilon^2 + |x-\xi_j|^2)^2} + 4\log\frac{1}{|x-\xi_j|}$$

3.9 デルピノ・コワルチック・ムッソの解 165

$$= -\log 8\mu_j^2 + O(\varepsilon^2), \quad x \in \partial\Omega$$

および $\Delta(PU_{j,\xi}^\varepsilon - U_{j,\xi}^\varepsilon) = \Delta H(\cdot, \xi_j) = 0$ in Ω と最大原理から

$$PU_{j,\xi}^\varepsilon = U_{j,\xi}^\varepsilon + 8\pi H(\cdot, \xi_j) - \log 8\mu_j^2 + O(\varepsilon^2) \quad \text{unif. in } \Omega \quad (3.178)$$

一方, 直接計算から, $0 < \delta \ll 1$ に対して

$$U_{j,\xi}^\varepsilon = 4\log \frac{1}{|x-\xi_i|} + \log 8\mu_i^2 + O(\varepsilon^2) \quad \text{unif. in } |x-\xi_i| \geq \delta/2 \tag{3.179}$$

となり, (3.178)–(3.179) を (3.177) に代入すると

$$V_{\varepsilon,\xi}(x) = U_{j,\xi}^\varepsilon(x) + 8\pi H(x, \xi_j) - \log 8\mu_j^2 + 8\pi \sum_{i \neq j} G(x, \xi_i) + O(\varepsilon^2)$$
$$\text{unif. in } |x-\xi_j| \leq \delta/2 \tag{3.180}$$

が得られる. そこで (3.176) を (3.180) に適用すると

$$V_{\varepsilon,\xi} = U_{j,\xi}^\varepsilon + O(|x-\xi_j|) + O(\varepsilon^2), \quad |x-\xi_j| \leq \delta/2$$

となり, (3.177) で与えた $V_{\varepsilon,\xi}$ が (3.172) の近似方程式を満たすことがわかる.

第1近似 (3.177) を用いて

$$v_\varepsilon(x) = \sum_{j=1}^\ell PU_{j,\xi}^\varepsilon(x) + \varphi^\varepsilon(x) \tag{3.181}$$

と書き, 当面添え字 ε を省略する. (3.174) で定めた $U_{\mu,\xi}$ に対して

$$\psi_{\mu,\xi}^0 = \frac{\partial}{\partial\mu} U_{\mu,\xi}, \quad \psi_{\mu,\xi}^s = \frac{\partial}{\partial\xi_s} U_{\mu,\xi}, \ s=1,2$$

は $-\Delta\psi = \varepsilon^2 e^{U_{\mu,\xi}} \psi$ in $\mathbf{R}^2$ を満たす. (3.176) によって $\mu_j = \mu_j(\xi)$ を定めて $\psi_j^s = \psi_{\mu_j(\xi),\xi_j}^s$, $s = 0,1,2, \leq j \leq \ell$ とおき, 有限次元部分空間

$$Y_\xi = \text{span } \{P\psi_j^s \mid s=1,2,\ 1 \leq j \leq \ell\} \subset H_0^1(\Omega)$$

と直交射影 $\Pi_\xi : H_0^1(\Omega) \to Y_\xi$ を定める. またその直交補空間を $Y_\xi^\perp$, そこへの直交射影 $\Pi_\xi^\perp = 1 - \Pi_\xi : H_0^1(\Omega) \to Y_\xi^\perp$, さらに $\varphi \in H_0^1(\Omega)$ に対して $\|\varphi\| = \|\nabla\varphi\|_2$ とする.

次の補題をチェ・イマヌビロフ評価 [24] という. 単連結領域においてボルツマン・ポアソン方程式の特異摂動を確立した先駆的業績 [173] [99] [8] に触発され, チャーン・サイモンズ方程式の解析で最初に導出された.

補題 3.9.2 線形作用素 $L_\xi^\varepsilon(\varphi) = \Pi_\xi^\perp \left[\varphi - \varepsilon^2 (-\Delta)^{-1} e^{\sum_{j=1}^\ell PU_{j,\xi}^\varepsilon} \varphi \right]$ は, $\xi \in D$, $0 < \varepsilon \ll 1$ について一様に

$$\|\varphi\| \leq C |\log \varepsilon| \|L_\xi^\varepsilon(\varphi)\|, \quad \varphi \in Y_\xi^\perp \tag{3.182}$$

を満たす.

(3.182) によって $L_\xi^\varepsilon : Y_\xi^\perp \to Y_\xi^\perp$ は有界な逆をもち, $H_0^1(\Omega)$ の作用素ノルムで

$$\|(L_\xi^\varepsilon)^{-1}\| \leq C |\log \varepsilon|$$

を満たす. そこで作用素 $T_\xi^\varepsilon : Y_\xi^\perp \to Y_\xi^\perp$ を

$$T_\xi^\varepsilon(\varphi) = \left[(L_\xi^\varphi)^{-1} \circ \Pi_\xi^\perp \circ (-\Delta)^{-1} \right] M_\xi^\varepsilon(\varphi)$$

$$M_\xi^\varepsilon(\varphi) = \varepsilon^2 \left\{ e^{\sum_{j=1}^\ell PU_{j,\xi}^\varepsilon}(e^\varphi - 1 - \varphi) + e^{\sum_{j=1}^\ell PU_{j,\xi}^\varepsilon} - \sum_{j=1}^\ell e^{U_{j,\xi}^\varepsilon} \right\}$$

で定め, $1 < p < 4/3$ と $R \gg 1$ をとる. (3.182) により, T_ξ^ε は $0 < \varepsilon \ll 1$ において $X_\varepsilon = \left\{ \varphi \in H_0^1(\Omega) \mid \|\varphi\| \leq R\varepsilon^{(2-p)/p} |\log \varepsilon| \right\}$ 上の縮小写像となり, 不動点 $\varphi_\xi^\varepsilon \in X_\varepsilon$ をもつ. このことは

$$\Pi_\xi^\perp \left(\sum_{j=1}^\ell PU_{j,\xi}^\varepsilon + \varphi_\xi^\varepsilon - \varepsilon^2 (-\Delta)^{-1} e^{\sum_{j=1}^\ell PU_{j,\xi}^\varepsilon + \varphi_\xi^\varepsilon} \right) = 0$$

$$\|\varphi_\xi^\varepsilon\| \leq R\varepsilon^{(2-p)/p} |\log \varepsilon| \tag{3.183}$$

を意味する.

(3.183) によって, (3.172) をオイラー・ラグランジュ方程式とする汎関数

$$I_\varepsilon(v) = \frac{1}{2} \|\nabla v\|_2^2 - \varepsilon^2 \int_\Omega e^v, \quad v \in H_0^1(\Omega)$$

において v が (3.181) の v_ε の形であったとき, その主要部分が, 有限次元空間

上の汎関数である ℓ 次ハミルトニアン $H = H_\ell(\xi_1, \ldots, \xi_\ell)$ で近似されることを導くことができる．すなわち次の補題が成り立つ．

補題 3.9.3 (3.183) で定められる φ_ξ^ε に対し

$$\tilde{I}_\varepsilon(\xi) = I_\varepsilon\left(\sum_{j=1}^{\ell} PU_{j,\xi}^\varepsilon + \varphi_\xi^\varepsilon\right), \quad \xi \in \Omega^\ell \setminus \Delta$$

は，$\varepsilon \downarrow 0$ において $\Omega^\ell \setminus \Delta$ で局所 C^1 一様に

$$\tilde{I}_\varepsilon(\xi) = \{-16\pi \log \varepsilon + 24\pi \log 2 - 8\pi(\ell+1)\} - 32\pi^2 H_\ell(\xi) + o(1)$$

を満たす．

定理 3.26 は補題 3.9.3 の直接の帰結である．

第4章 平均場理論

　統計集団とは，ミクロ状態の集合をエネルギーや温度などの状態量で分けた同値類の集合である．統計力学では，これらの状態量をパラメータとして，粒子の平均場運動を記述する方程式を導出する．系が時間に依存しないときは，これらのパラメータは熱力学的関係式によって等価である．定常的な点渦系について，小正準統計集団を正準統計集団に変換するとボルツマン・ポアソン方程式が現れる．一方半導体物理や天体物理では，物質移動の保存則であるマスター方程式にモーメント展開やエントロピー生成最大原理を適用して，その断熱極限を導出する．これらのモデルには定常状態がボルツマン・ポアソン方程式で記述されるスモルコフスキー・ポアソン方程式，およびその自然な高次元版が含まれている．また電磁気などの場と相互作用する粒子運動については，オイラー・ラグランジュ方程式の解でラグランジアンのゲージ不変性を受け継いだ自己双対的なものが得られる．空間2次元ではそれらの多くが，ボルツマン・ポアソン方程式と類似の指数型非線形項をもつ方程式で記述される．

4.1　点　渦　系

　非圧縮，非粘性の仮想的な流体を完全流体という．空間3次元に配置された完全流体の速度場

$$v = \begin{pmatrix} v_1(x,t) \\ v_2(x,t) \\ v_3(x,t) \end{pmatrix} \in \mathbf{R}^3, \qquad x = (x^1, x^2, x^3) \in \mathbf{R}^3$$

は $p = p(x,t) \in \mathbf{R}$ をこの流体の圧力として, オイラーの運動方程式

$$v_t + (v \cdot \nabla)v = -\nabla p, \quad \nabla \cdot v = 0 \quad \text{in } \mathbf{R}^3 \times (0,T) \tag{4.1}$$

を満たす. ただし外力項をゼロ, 物理定数を 1 とした.

一般に時刻 $t = 0$ で $x_0 \in \mathbf{R}^3$ にいた粒子が, 流体とともに時刻 $t = t$ で $x = x(t) \in \mathbf{R}^3$ に移動してきたとすれば, 常に

$$\frac{dx}{dt} = v(x,t), \quad x(0) = x_0 \tag{4.2}$$

が成り立つ. $f = f(x,t) \in \mathbf{R}$ を時空 (x,t) に分布する状態量とすれば, $f = f(x,t) \in \mathbf{R}$ によって検出されるこの粒子の軌跡 $h(t) = f(x(t),t)$ は, (4.2) より

$$\frac{dh}{dt} = f_t + v \cdot \nabla f = \frac{Df}{Dt} \tag{4.3}$$

を満たす. (4.3) 右辺で定める $\dfrac{Df}{Dt}$ が物質微分であり, この粒子の加速度は

$$\frac{d}{dt}v(x(t),t) = \frac{Dv}{Dt} = v_t + (v \cdot \nabla)v$$

で与えられる. この粒子にかかる力は, 逆向きの圧力勾配であるから, (4.1) 第 1 式はニュートンの運動方程式を表している.

(4.2) の解を $x(t) = T_t x_0$, 領域 $\omega \subset \mathbf{R}^3$ の体積を $|\omega|$ と書けばリュービルの定理によって

$$\frac{d}{dt}|T_t(\omega)|_{t=0} = \int_\omega (\nabla \cdot v)(x,0) \, dx \tag{4.4}$$

が得られる. (4.4) の左辺は, ω に存在するこの流体の体積の時刻 $t = 0$ での膨張率であるから, (4.1) 第 2 式は流体が水のように非圧縮であることを示している.

一般に, 速度場 v の回転

$$\nabla \times v = \begin{pmatrix} \frac{\partial v_3}{\partial x^2} - \frac{\partial v_2}{\partial x^3} \\ \frac{\partial v_1}{\partial x^3} - \frac{\partial v_3}{\partial x^1} \\ \frac{\partial v_2}{\partial x^1} - \frac{\partial v_1}{\partial x^2} \end{pmatrix}$$

の 2 倍は, もしこの流体が剛体であるとすればその運動の角速度を表してい

る[*1]. このことから $\omega = \nabla \times v$ を渦度という.

オイラーの運動方程式 (4.1) から

$$\omega_t + (v \cdot \nabla)\omega = (\omega \cdot \nabla)v, \quad \nabla \cdot v = 0 \quad \text{in } \mathbf{R}^3 \times (0, T) \tag{4.5}$$

が得られる. また流体が空間 2 次元的であるとすると, 例えば

$$v_3 = 0, \quad v_1 = v_1(x^1, x^2, t), \quad v_2 = v_2(x^1, x^2, t) \tag{4.6}$$

が成り立つ. (4.6) のもとでは

$$\omega = \nabla \times v = \begin{pmatrix} 0 \\ 0 \\ \frac{\partial v_2}{\partial x^1} - \frac{\partial v_1}{\partial x^2} \end{pmatrix}$$

で, (4.5) 第 1 式の右辺はゼロ. 改めて 2 次元のスカラー場を $\omega = \frac{\partial v_2}{\partial x^1} - \frac{\partial v_1}{\partial x^2}$ とおけば $\omega_t + (v \cdot \nabla)\omega = 0$, $\nabla \cdot v = 0$, 従って

$$\omega_t + \nabla \cdot (v\omega) = 0, \quad \nabla \cdot v = 0 \quad \text{in } \mathbf{R}^2 \times (0, T) \tag{4.7}$$

が得られる.

この場合 (4.7) 第 2 式は

$$\nabla \cdot v = \frac{\partial v_1}{\partial x^1} + \frac{\partial v_2}{\partial x^2} = 0 \tag{4.8}$$

である. (4.8) より流れ関数 $\psi = \psi(x_1, x_2, t) \in \mathbf{R}$ が存在して $v_1 = \frac{\partial \psi}{\partial x^2}$, $dv_2 = -\frac{\partial \psi}{\partial x^1}$, すなわち

$$v = \nabla^\perp \psi, \quad \nabla^\perp = \begin{pmatrix} \frac{\partial}{\partial x^2} \\ -\frac{\partial}{\partial x^1} \end{pmatrix} \tag{4.9}$$

となる. (4.9) から $\omega = \frac{\partial v_2}{\partial x^1} - \frac{\partial v_1}{\partial x^2} = -\Delta\psi$ であるので, (4.7) は (ω, ψ) を未知関数とする双曲-楕円型連立系

$$\omega_t + \nabla \cdot (\omega \nabla^\perp \psi) = 0, \quad -\Delta\psi = \omega \quad \text{in } \mathbf{R}^2 \times (0, T) \tag{4.10}$$

[*1] Suzuki and Senba [147] 第 2 章.

に帰着される. (4.10) を**渦度場方程式**といい, 放物-楕円型連立系であるスモルコフスキー・ポアソン方程式と類似の代数構造をもっている[*2].

滑らかな境界 $\partial\Omega$ をもつ有界領域 $\Omega \subset \mathbf{R}^n$, $n=2,3$ でオイラーの運動方程式 (4.1) を考える. 粘性のない流体であることを考慮して, 境界では速度場の法成分がゼロであることを要請する. この系

$$v_t + (v\cdot\nabla)v = -\nabla p, \quad \nabla\cdot v = 0 \quad \text{in } \Omega\times(0,T), \qquad \nu\cdot v|_{\partial\Omega} = 0$$

の初期値問題は時間局所的に適切であることが知られている. ソレノイダル条件 $\nabla\cdot v = 0$ から, $\Omega \subset \mathbf{R}^2$ が単連結のときは流れ関数 $\psi = \psi(x,t)$ を $v = \nabla^\perp \psi$ によって Ω 上大域的に定めることができる. このとき境界条件 $\nu\cdot v = 0$ は

$$\psi = \text{constant} \qquad \text{on } \partial\Omega\times(0,T) \tag{4.11}$$

に置き換わり, ψ は定数を加えるだけの自由度があるので (4.11) 右辺の定数はゼロとしてよい. すると (4.10) に対応して

$$\omega_t + \nabla\cdot(\omega\nabla^\perp\psi) = 0, \quad -\Delta\psi = \omega \quad \text{in } \Omega\times(0,T), \quad \psi|_{\partial\Omega} = 0 \tag{4.12}$$

を得る. Ω 上の $-\Delta$ にディリクレ境界条件を与えた作用素のグリーン関数を $G = G(x,x')$ とすると, (4.12) は

$$\omega_t + \nabla\cdot(\omega\nabla^\perp\psi) = 0, \ \psi(\cdot,t) = \int_\Omega G(\cdot,x')\omega(x',t)dx' \quad \text{in } \Omega\times(0,T) \tag{4.13}$$

と書くことができる.

系 (4.13) はグリーン関数の対称性 $G(x,x') = G(x',x)$ に由来する弱形式をもつ. この導出の過程を**対称化**という. すなわち, この弱形式は $\varphi \in C^1(\overline{\Omega})$, $\varphi|_{\partial\Omega} = 0$ を試験関数としたとき, (4.13) から導出される

$$\frac{d}{dt}\int_\Omega \varphi\omega = \frac{1}{2}\iint_{\Omega\times\Omega} \rho_\varphi\cdot\omega\otimes\omega \tag{4.14}$$

で与えられる. ただし $\omega\otimes\omega = (\omega\otimes\omega)(x,x',t) = \omega(x,t)\omega(x',t)$ および

$$\rho_\varphi = \rho_\varphi(x,x') = \nabla_x^\perp G(x,x')\cdot\nabla\varphi(x) + \nabla_{x'}^\perp G(x.x')\cdot\nabla\varphi(x')$$

[*2] 本書下巻第 2 章.

とする.

一般に空間 2 次元の $-\Delta$ の基本解 $\Gamma(x) = \dfrac{1}{2\pi}\log\dfrac{1}{|x|}$ に対して

$$G(x,x') = \Gamma(x-x') + K(x,x'), \quad K \in C^{2,\theta}(\overline{\Omega}\times\Omega \cup \Omega\times\overline{\Omega}) \qquad (4.15)$$

が成り立つ [*3)] である. (4.15) より, (4.14) において $\omega(\cdot,t) \in L^1(\Omega)$, supp $\varphi \subset \Omega$ である場合は

$$\begin{aligned}
\iint_{\Omega\times\Omega} \rho_\varphi \omega\otimes\omega &= \iint_{\Omega\times\Omega} \nabla^\perp \Gamma(x-x')\cdot\bigl(\nabla\varphi(x)-\nabla\varphi(x')\bigr)\omega\otimes\omega \\
&\quad + \iint_{\Omega\times\Omega} \bigl(\nabla_x^\perp K(x,x')\cdot\nabla\varphi(x) + \nabla_{x'}^\perp K(x,x')\cdot\nabla\varphi(x')\bigr)\omega\otimes\omega \\
&= \lim_{\varepsilon\downarrow 0} \iint_{\Omega\times\Omega\setminus\{|x-x'|<\varepsilon\}} \nabla^\perp \Gamma(x-x')\cdot\bigl(\nabla\varphi(x)-\nabla\varphi(x')\bigr)\omega\otimes\omega \\
&\quad + \iint_{\Omega\times\Omega}\bigl(\nabla_x^\perp K(x,x')\cdot\nabla\varphi(x) + \nabla_{x'}^\perp K(x,x')\cdot\nabla\varphi(x')\bigr)\omega\otimes\omega \quad (4.16)
\end{aligned}$$

が得られる. (4.16) 右辺は

$$\omega(dx,t) = \sum_{i=1}^{\ell} \alpha_i \delta_{x_i(t)}(dx), \quad \alpha_i \in \mathbf{R}, \quad x_i(t) \in \Omega, \quad i=1,\ldots,\ell \qquad (4.17)$$

のときも収束するので, そのまま (4.14) の右辺に代入する. φ の任意性から, ロバン関数 $R(x) = K(x,x)$ に対して

$$\frac{dx_i}{dt} = \frac{1}{2}\alpha_i\nabla^\perp R(x_i) + \sum_{j\neq i}\alpha_i\alpha_j \nabla_x^\perp G(x_i,x_j), \quad 1\leq i\leq \ell \qquad (4.18)$$

が得られる. そこでハミルトニアン $H = H_\ell(x_1,\ldots,x_\ell)$ を

$$\begin{aligned}
H(x_1,\ldots,x_\ell) &= \frac{1}{2}\sum_{i=1}^{\ell}\alpha_i^2 R(x_i) + \sum_{1\leq i<j\leq\ell}\alpha_i\alpha_j G(x_i,x_j) \\
&= \frac{1}{2}\sum_{i=1}^{\ell}\sum_{j=1,j\neq i}^{\ell}\alpha_i\alpha_j G(x_i,x_j) + \frac{1}{2}\sum_{i=1}^{n}\alpha_i^2 R(x_i) \quad (4.19)
\end{aligned}$$

で定め, $x_i = (x_{i1},x_{i2})$ とおくと (4.18) はハミルトン系

$$\alpha_i\frac{dx_{i1}}{dt} = \frac{\partial H}{\partial x_{i2}}, \quad \alpha_i\frac{dx_{i2}}{dt} = -\frac{\partial H}{\partial x_{i1}}, \quad 1\leq i\leq \ell \qquad (4.20)$$

[*3)] Suzuki [144] 第 5 章.

に変換できる.

4.2 点渦乱流平均場

統計力学では多数粒子の相互作用に関わる規則を描出する. 一般にハミルトン系は位置 $(q_1,\ldots,q_N) \in \mathbf{R}^{3N}$, 運動量 $(p_1,\ldots,p_N) \in \mathbf{R}^{3N}$ を一般座標として, ハミルトニアン $H = H(q_1,\ldots,q_N,p_1,\ldots,p_N)$ を用いて

$$\frac{dq_i}{dt} = \frac{\partial H}{\partial p_i}, \quad \frac{dp_i}{dt} = -\frac{\partial H}{\partial q_i}, \quad 1 \leq i \leq N \quad (4.21)$$

で記述される系である. (4.21) はエネルギー保存則

$$\frac{d}{dt} H(q(t), p(t)) = 0$$

を満たす. そこで (4.21) の軌道全体をエネルギー $H = E$ によって同値類に分類する. 各軌道は相空間 $(p_1,\ldots,p_N, q_1,\ldots,q_N) \in \Gamma = \mathbf{R}^{6N}$ の部分集合なので, Γ 内の超曲面 $\Gamma_E = \{x \in \Gamma \mid H(x) = E\}$ の面積要素 $d\Sigma(E)$ を用いて, Γ_E 上の事象を測定する統計的測度(小正準測度)$\mu^{E,N}(dx)$ を導入する.

実際, $\mathbf{R}^{6N}$ のルベーグ測度 $dx = dq_1\cdots dq_N dp_1 \cdots dp_N$ に対して共面積公式により $dx = dE \cdot \dfrac{d\Sigma(E)}{|\nabla H|}$ であるので, 各 $E \in \mathbf{R}$ に対して

$$\mu^{E,N}(dx) = \frac{1}{W(E)} \cdot \frac{d\Sigma(E)}{|\nabla H|}, \quad W(E) = \int_{\{H=E\}} \frac{d\Sigma(E)}{|\nabla H|} \quad (4.22)$$

とおく. (4.22) は Γ_E 上の事象は E について一様に測定されるとする, 等重率の仮定に由来している. また $W(E)$ を重率因子という.

統計集団を熱力学と関係づけるため, (4.21) を気体粒子の運動を記述しているものと考える [*4]. このとき粒子は外界と物質や熱エネルギーの出入りがない場におかれている. このような系を孤立系という. 物質の出入りはないが, 外界と熱エネルギーを交換するような系を閉鎖系という. 閉鎖系では一般にエネルギーが保存されないので, 熱力学の第 2 法則はエネルギー以外の拘束条件のもとで成り立つ. 温度一定の閉鎖系ではヘルムホルツ (**Helmholtz**) の自由エネ

[*4] 鈴木 [145] 第 7 章.

ルギーが減少する. 解軌道の集合を温度 T によって分けた同値類が正準統計集団で, 各正準集団上の事象を測定する測度が正準測度である.

正準測度を導出するには, 与えられた閉鎖系 G_1 と接して全体で孤立系となるような, 閉鎖系を補完する系 (熱浴) G_2 を考える. 全体が平衡状態にある場合には, G_1, G_2 両者の温度やエネルギーは一致している. G_1, G_2 全体で定められたエネルギー E に対し, 閉鎖系の仮想エネルギー E_1 に対しその値をとるミクロ状態の割合 (状態確率) は

$$\mu_1(E_1) = \frac{W_1(E_1)W_2(E-E_1)}{W(E)} \tag{4.23}$$

で与えられ, 実際の E_1 は $\mu_1(E_1)$ が最小となるものが選ばれる. ただし $W_1(E_1)$, $W_2(E_2)$, $W(E)$ はそれぞれ閉鎖系, 熱浴, 全体系の重率因子である. 従って

$$0 = \frac{\partial W_1(E_1)}{\partial E_1} \cdot \frac{W_2(E-E_1)}{W(E)} + \frac{W_1(E_1)}{W(E)} \cdot \frac{\partial W_2(E-E_1)}{\partial E_1} \tag{4.24}$$

であり, (4.24), $E_2 = E - E_1$ より

$$\frac{\partial}{\partial E_1} \log W_1(E_1) = \frac{\partial}{\partial E_2} \log W_2(E_2) \tag{4.25}$$

となる. (4.25) の左辺において E_1 が与えられ, 熱平衡にあるので G_1, G_2 の温度は等しい. 従って右辺 $\frac{\partial}{\partial E_2} \log W_2(E_2)$ は温度 T で定まるものとする. すなわち (4.24) により熱浴の重率因子 $W_2(E_2)$ の対数微分が温度で定まる.

ここでボルツマンの関係式と熱力学的関係式

$$S = k \log W, \quad \frac{\partial S}{\partial E} = \frac{1}{T} \tag{4.26}$$

を G_2 に適用すると, 逆温度 $\beta = 1/(kT)$ に対して

$$\frac{\partial}{\partial E_2} \log W_2(E_2) = \beta$$

となる. ただし (4.26) の k はボルツマン定数である. 従って

$$W_2(E_2) = \text{constant} \times e^{\beta E_2} \tag{4.27}$$

が得られ, (4.27) を (4.23) に戻す

$$\mu_1(E_1) = \text{constant} \times e^{-\beta E_1} \tag{4.28}$$

4.2 点渦乱流平均場 175

が成り立つ. 状態確率 μ_1 を $\mu_1 = \mu^{\beta,N}(dx)$ と書けば, (4.28) から

$$\mu^{\beta,N}(dx) = \frac{e^{-\beta H}dx}{Z(\beta,N)}, \quad Z(\beta,N) = \int_\Gamma e^{-\beta H}dx$$

となる. ただし $\Gamma = \mathbf{R}^{6N}$ はこの閉鎖系の相空間, $E_1 = H$ は（定常状態にある）閉鎖系のエネルギーである.

多数の点渦から発生する 2 次元乱流では, 長時間にわたって秩序構造が観察されることがある. オンサーガーはハミルトン系である点渦系 (4.20) を基盤とした平衡統計力学を提唱した [115]. (4.20) においては n を点渦の数として $\Gamma = \Omega^n$ である. 状態（相）空間の元を $X^n = (x_1, \ldots, x_n) \in \Omega^n$, また $\mu^n = \mu^n(dx_1 \cdots dx_n)$ を点渦に関する統計的測度とする. (4.17) において $\omega(dx, t)$ は時間に依存せず, 渦強度 α_i は定数 $\alpha > 0$ である場合, すなわち $\omega = \omega_n(dx)$ で $\omega_n(x)dx = \sum_{i=1}^n \alpha \delta_{x_i}(dx)$ のときを考える. 等重率の仮定から $\rho_{1,i}^n(dx_i) = \int_{\Omega^{n-1}} \mu^n(dx_1 \cdots dx_{i-1}dx_{i+1} \cdots dx_n)$ は $1 \le i \le n$ に依存しない. $\rho_{1,i}^n(x_i)dx_i = \rho_{1,i}^n(dx_i)$ を仮定して $\rho_1^n(x) = \rho_{1,i}^n(x_i), 1 \le i \le n$ を 1 点縮約密度関数, 同様に

$$\rho_k^n(x_1, \ldots, x_k)dx_1 \cdots dx_k = \int_{\Omega^{n-k}} \mu^n(dx_{k+1} \cdots dx_n)$$

を k 点縮約密度関数という.

このとき相空間平均は 1 点 pdf $\rho_1^n = \rho_1^n(x)$ を用いて

$$\langle \omega_n(x) \rangle = \sum_{i=1}^n \int_{\Omega^n} \alpha \delta(x_i - x)\mu^n(dx_1 \cdots dx_n) = n\alpha \rho_1^n(x)$$

で与えられる. $\tilde{E}, \tilde{\beta}$ をこの n 点渦系のエネルギーと「温度」とし, E, β を定数として条件 $\alpha n = 1, \alpha^2 n^2 \tilde{E} = E, \alpha^2 n \tilde{\beta} = \beta$ のもとで $n \to \infty$ とする.

極限 $\lim_{n \to \infty} \langle \omega_n(x) \rangle = \rho(x) = \lim_{n \to \infty} \rho_1^n(x)$ が存在するとき平均場極限 $\rho = \rho(x)$ は

$$\rho = \frac{e^{-\beta \psi}}{\int_\Omega e^{-\beta \psi}}, \quad \psi = \int_\Omega G(\cdot, x')\rho(x')dx' \quad \text{in } \Omega \tag{4.29}$$

を満たすことがわかる. (4.29) において $v = \psi, \lambda = -\beta$ とおいたものが (1.2), すなわち

$$-\Delta v = \frac{\lambda e^v}{\int_\Omega e^v} \quad \text{in } \Omega, \qquad v = 0 \quad \text{on } \partial\Omega \tag{4.30}$$

である. (4.29) では ψ, ρ が流れ関数, 粒子（点渦）密度に由来し, 数式の上でも双対的な役割を果たしている.

この収束は各 k に対して $\{\rho_k^n\}$ に一様な評価があり, (4.30) の解が一意であるときに正当化される. これらはいずれも $\beta = -\lambda > -8\pi$ で成り立つ. 実際, 前者はグリーン関数の特異性の評価, 後者は定理 3.15 による [19] [20]. 同時に**カオスの伝播**（factorization）が証明できる. これは $n \to \infty$ において k 点 pdf が 1 点 pdf の直積に分解されていくこと, すなわち測度の意味で

$$\rho_k^n \;\rightharpoonup\; \rho^{\otimes k}, \quad \rho^{\otimes k}(x_1, \ldots, x_k) = \prod_{i=1}^k \rho(x_i)$$

が成り立つことを表す. $\{\rho_k^n\}$ に一様な評価があり, (4.30) の解が一意でない場合には部分列に対して

$$\rho_k^n \;\rightharpoonup\; \int \rho^{\otimes k} \xi(d\rho)$$

が成り立つ. ただし $\xi(d\rho)$ は関数空間上の確率測度で, ρ が ξ の台に属するときは, ある自由エネルギー汎関数の最小になる.

上記の β は平衡統計力学の用語に従って逆温度と呼ばれるが, 物理的な温度ではない. 実際, ボルツマンの関係式と熱力学的関係式によって (4.22) で与えた小正準測度の重率因子 $W(E)$ に対して

$$\beta = \frac{\partial}{\partial E} \log W(E) \tag{4.31}$$

が成り立つ一方, (4.22) と共面積公式から

$$\Theta(E) \equiv \int_{\{H<E\}} dx_1 \cdots dx_n = \int_{-\infty}^{E} W(E')\, dE'$$

であり, (4.31) は

$$\beta = \frac{\Theta''(E)}{\Theta'(E)} \tag{4.32}$$

を意味する. $E \mapsto \Theta(E)$ は有界で非減少であるので, 変曲点をもち $E \gg 1$ で $\beta < 0$ が起こりえる.

オンサーガーは (4.32) によって負の逆温度での秩序形成を示唆した．しかしボルツマン・ポアソン方程式の量子化する爆発機構（定理1.11）は，逆に $\lambda = 8\pi\ell$, $\ell \in \mathbf{N}$ において (4.30) の特異極限が形成され，その特異極限の特異点が最初のハミルトニアンの臨界点と一致するという，階層の循環を示している．

4.3　多強度の点渦乱流平均場～決定分布系

(4.18) では渦強度 α_i は本来一定値とはされていなかった．多強度点渦系での粒子数 $n \to +\infty$ の極限については，相対渦強度分布が一定に保たれる決定分布系（**deterministic case**）と，相対強度分布が独立一定同分布の確率変数に従う確率分布系 (**stochastic case**) の 2 通りの場合に，多強度点渦乱流平均場が導出されている．本書では形式的に，すなわち極限の存在を仮定して極限方程式を導く．本節で前者について，次節では後者について扱う．

最初に小正準統計 [78] を用いて決定分布系の極限方程式を導出する [131]．そのために，気体分子論においてボルツマンの関係式 (4.26) と重率因子がミクロレベルからどのように見直されていたかを観察する[*5]．

理想気体では p, V, T, R を圧力，体積，温度，気体定数としてボイル・シャルル（**Boyle-Charles**）の法則

$$pV = RT \tag{4.33}$$

が成り立つ．また c_v, U を比熱，内部エネルギーとすると $U = c_v T$ となる．従って熱力学の第 1 法則と，その第 2 法則より，S をエントロピーとして

$$dS = \frac{dU + pdV}{T} = c_v \frac{dT}{T} + R \frac{dV}{V} \tag{4.34}$$

となる．(4.34) を積分したのが

$$S(T, V) = c_v \log T + R \log V \tag{4.35}$$

である．(4.35) より，断熱膨張 $\Delta T = 0, \Delta V = V_2 - V_1 > 0$ では

[*5]　詳細は鈴木 [145] 第 7 章．

$$\Delta S = R \log \frac{V_2}{V_1} > 0 \tag{4.36}$$

が成り立つ.

気体分子が入る体積一定の微小な入れ物を考え, その体積を v_0 とする. この入れ物の個数は膨張の前後において, それぞれ $M_1 = V_1/v_0, M_2 = V_2/v_0$ である. 粒子数 N は, 膨張の前後で変わらず, 1 モルの気体の場合 $N = N_a$ はアボガドロ (**Avogadro**) 数である. すべての粒子をこれらの入れ物に配置していく場合の数はそれぞれ

$$W_1 = \frac{M_1^N}{N!} = \frac{1}{N!}\left(\frac{V_1}{v_0}\right)^N, \quad W_2 = \frac{M_2^N}{N!} = \frac{1}{N!}\left(\frac{V_2}{v_0}\right)^N \tag{4.37}$$

であり, (4.36) は

$$\Delta S = \frac{R}{N} \log \frac{W_2}{W_1} > 0 \tag{4.38}$$

と書ける. (4.38) と適合する形で (4.26) 第 1 式, すなわち

$$S = k \log W \tag{4.39}$$

が出てくる. $k = R/N$ がボルツマン定数で, 重率因子 W は与えられたマクロ状態に配置するミクロ状態の場合の数を表している.

ここで, 全粒子が $i = 1, 2, \ldots$ でラベルされるミクロとマクロとの中間的な状態に分類されているものとする. 粒子を状態 i に分類する過程で等重率の仮定が成り立つとする. g_i, n_i を, それぞれ状態 i にあるミクロ状態数と粒子数とすれば, (4.37) は

$$W = \prod_i \frac{g_i^{n_i}}{n_i!} \tag{4.40}$$

に変更される. $n_i = f_i g_i$ とおくと f_i は i 種の粒子の密度を表している.

さらに位置 x, 波数 $p = mv$ にある粒子の平均密度 $f(x,p)$ に対し $f_i = f(x_i, p_i)$ であり, 不確定性原理により $g_i = \Delta x_i \Delta p_i / h$ であるものとする. ただし, m, v, h は質量, 速度, プランク (**Planck**) 定数である. (4.39)–(4.40) にスターリング (**Starling**) の公式

$$\log n! \sim n(\log n - 1), \qquad n \to \infty$$

を適用して極限移行すれば, ボルツマンエントロピー

$$S = -\frac{k}{h}\int f(\log f - 1)dxdp$$

を導出することができる. 以上の観察のもとに, 多強度点渦決定分布系の平均場極限を導出する. すなわち, 相対強度 $-1 \leq \alpha^i \leq 1$ の点渦が $0 < n^i < 1$ の割合で存在する系を考える. ただし $1 \leq i \leq I$, $\sum_{i=1}^{I} n^i = 1$ とする. 従って実際には α, n を正定数として, 強度 $\alpha^1\alpha, \ldots, \alpha^I\alpha$ の点渦が $n^1 n, \ldots, n^I n$ 個存在することになる.

最初に Ω を体積 $\Delta = |\Delta_k|$ の微小な長方形 $\{\Delta_k\}$ で分割する. Δ_k に含まれる強度 $\alpha^i\alpha$ の点渦の個数を N_k^i とするとき, 重率因子は (4.40) からさらに

$$W = \prod_{i=1}^{I}\prod_{k}\frac{\Delta^{N_k^i}}{N_k^i!} \tag{4.41}$$

に変更される. 孤立系の平衡状態はエントロピー極大として特徴づけられる. この場合は制約

$$\sum_k N_k^1 = n^1 n, \quad \ldots, \sum_k N_k^I = n^I n, \quad H(x_1,\ldots,x_n) = \tilde{E} \tag{4.42}$$

のもとで $\{N_1^1, N_2^1, \ldots\}$, $\{N_1^2, N_2^2, \ldots\}$, $\ldots$, $\{N_1^I, N_2^I, \ldots\}$ を動かして, (4.41) の W を最大にした状態である.

(4.42) において x_k は Δ_k の中心であり

$$H(x_1,\ldots,x_n) = \frac{\alpha^2}{2}\sum_k\sum_{\ell \neq k}\left(\sum_{i=1}^{I}\alpha^i N_k^i\right)\left(\sum_{i=1}^{I}\alpha^i N_\ell^i\right)G(x_k, x_\ell)$$
$$+ \frac{\alpha^2}{2}\sum_k\left(\sum_{i=1}^{I}\alpha^i N_k^i\right)^2 R(x_k)$$

は (4.19) で $\alpha\sum_{i=1}^{I}\alpha^i N_k^i = \alpha_k$ としたハミルトニアンである. この制約付き最適化問題のオイラー・ラグランジュ方程式は $c^1,\ldots,c^I,\tilde{\beta}$ をラグランジアン・マルティプライヤーとして

$$\frac{\partial}{\partial N_k^i} \log W - c^1 \frac{\partial}{\partial N_k^i} \sum_{k'} N_{k'}^1 - c^2 \frac{\partial}{\partial N_k^i} \sum_{k'} N_{k'}^2 - \cdots - c^I \frac{\partial}{\partial N_k^i} \sum_{k'} N_{k'}^I$$

$$- \tilde{\beta} \frac{\partial}{\partial N_k^i} \left[\frac{\alpha^2}{2} \sum_{k'} \sum_{\ell' \neq k'} \left(\sum_{i=1}^I \alpha^i N_{k'}^i \right) \left(\sum_{i=1}^I \alpha^i N_{\ell'}^i \right) G(x_{k'}, x_{\ell'}) \right.$$

$$\left. + \frac{\alpha^2}{2} \sum_{k'} \left(\sum_{i=1}^I \alpha^i N_{k'}^i \right)^2 R(x_{k'}) \right] = 0, \quad k = 1, 2, \ldots, \ 1 \leq i \leq I \quad (4.43)$$

で与えられる. 以下, スターリングの公式を適用して (4.43) を簡略化する.

実際

$$\log W = \log \prod_{i=1}^I \prod_k \frac{\Delta^{N_k^i}}{N_k^i!} = \sum_{i=1}^I \log \left(\prod_k \frac{\Delta^{N_k^i}}{N_k^i!} \right)$$

$$\approx \sum_{i=1}^I \sum_k \left(N_k^i \log \Delta - N_k^i \log N_k^i + N_k^i \right) \quad (4.44)$$

に注意して $\frac{\partial}{\partial N_k^i} \log W = \log \Delta - \log N_k^i$ とおく. また (4.43) 右辺の最後の項は

$$\tilde{\beta} \left[\frac{\alpha^2}{2} \sum_{\ell' \neq k} \alpha^i \left(\sum_{i=1}^I \alpha^i N_{\ell'}^i \right) G(x_k, x_{\ell'}) + \frac{\alpha^2}{2} \sum_{k' \neq k} \left(\sum_{i=1}^I \alpha^i N_{k'}^i \right) \alpha^i G(x_{k'}, x_k) \right.$$

$$\left. + \alpha^2 \left(\sum_{i=1}^I \alpha^i N_k^i \right) \alpha^i R(x_k) \right]$$

$$= \tilde{\beta} \alpha^2 \alpha^i \left[\sum_{\ell \neq k} \left(\sum_{i=1}^I \alpha^i N_\ell^i \right) G(x_k, x_\ell) + \left(\sum_{i=1}^I \alpha^i N_k^i \right) R(x_k) \right]$$

に等しい. 従って (4.43) は

$$\log \Delta - \log N_k^i - c^i - \tilde{\beta} \alpha^2 \alpha^i$$

$$\cdot \left[\sum_{\ell \neq k} \left(\sum_{i=1}^I \alpha^i N_\ell^i \right) G(x_k, x_\ell) + \left(\sum_{i=1}^I \alpha^i N_k^i \right) R(x_k) \right] = 0 \quad (4.45)$$

に置き換えられる.

(4.44) において (4.45) が成り立つので

$$\log W = \sum_{i=1}^{I}\sum_{k} N_k^i \left[c^i + \tilde{\beta}\alpha^2 \alpha^i \left[\sum_{\ell \neq k}\left(\sum_{i=1}^{I}\alpha^i N_\ell^i\right) G(x_k,x_\ell) \right.\right.$$
$$\left.\left. + \left(\sum_{i=1}^{I}\alpha^i N_k^i\right)R(x_k)\right]\right] + n$$

従って

$$\log W = n + \sum_{i=1}^{I}\sum_k c^i N_k^i + \tilde{\beta}\alpha^2 \left[\sum_{i=1}^{I}\sum_k \alpha^i N_k^i\right.$$
$$\left. \cdot \left[\sum_{\ell \neq k}\left(\sum_{i=1}^{I}\alpha^i N_\ell^i\right)G(x_k,x_\ell) + \left(\sum_{i=1}^{I}\alpha^i N_k^i\right)R(x_k)\right]\right]$$
$$= n + \sum_{i=1}^{I}\sum_k c^i N_k^i + \tilde{\beta}\alpha^2 \left[\sum_k\sum_{\ell \neq k}\left(\sum_{i=1}^{I}\alpha^i N_k^i\right)\left(\sum_{i=1}^{I}\alpha^i N_\ell^i\right)\right.$$
$$\left. \cdot G(x_k,x_\ell) + \sum_k\left(\sum_{i=1}^{I}\alpha^i N_k^i\right)^2 R(x_k)\right]$$
$$= n + \sum_{i=1}^{I}c^i n_i n + 2\tilde{\beta}\tilde{E} \tag{4.46}$$

となる. (4.46) から $2\tilde{\beta} = \dfrac{\partial}{\partial \tilde{E}}\log W = \dfrac{1}{k}\dfrac{\partial S}{\partial \tilde{E}}$ が成り立ち, $2\tilde{\beta}$ がこの系の逆温度になっていることがわかる.

次に (4.45) から

$$N_k^i = \Delta e^{-c^i} \exp\left[-\tilde{\beta}\alpha^2\alpha^i\left[\sum_{\ell \neq k}\left(\sum_{i=1}^{I}\alpha^i N_\ell^i\right)G(x_k,x_\ell)\right.\right.$$
$$\left.\left. + \left(\sum_{i=1}^{I}\alpha^i N_k^i\right)R(x_k)\right]\right] \tag{4.47}$$

そこで

$$\sum_{i=1}^{I}\alpha^i \frac{N_k^i}{n} \approx \rho(x_k)\Delta \tag{4.48}$$

を仮定して $n \to \infty$ とする. すなわち $\tilde{\beta}\alpha^2 = \beta/n$ とおくと, (4.47) より

$$nn^i = \sum_k N_k^i = e^{-c^i} \sum_k \Delta \exp\left[-\tilde{\beta}\alpha^2\alpha^i \left\{\sum_{\ell\neq k}\left(\sum_{i=1}^I \alpha^i N_\ell^i\right) G(x_k, x_\ell)\right.\right.$$
$$\left.\left. + \left(\sum_{i=1}^I \alpha^i N_k^i\right) R(x_k)\right\}\right]$$
$$\approx e^{-c^i} \sum_k \Delta \cdot \exp\left[-\beta\alpha^i \left\{\sum_{\ell\neq k}\rho(x_\ell)G(x_k, x_\ell) + \rho(x_k)R(x_k)\right\}\Delta\right]$$

となる. そこで点渦密度を $\rho(x)$, 流れ関数を

$$\psi(x) = \int_\Omega \rho(x')G(x', x)dx' = \int_\Omega G(x, x')\rho(x')dx'$$

として, $x = x'$ での特異積分は主値をとって

$$\left\{\sum_{\ell\neq k}\rho(x_\ell)G(x_k, x_\ell) + \rho(x_k)R(x_k)\right\}\Delta \approx \psi(x_k)$$

で置き換えると

$$nn^i \approx e^{-c^i} \sum_k \Delta \exp\left[-\beta\alpha^i\psi(x_k)\right] \approx e^{-c^i} \int_\Omega \exp\left[-\beta\alpha^i\psi(x)\right]$$

従って

$$\frac{e^{-c^i}}{n} = \frac{n^i}{\int_\Omega \exp\left[-\beta\alpha^i\psi\right]} \tag{4.49}$$

が得られる. (4.49) を用いて $\rho(x_k) \approx \sum_{i=1}^I \alpha^i \frac{N_k^i}{n\Delta}$ を書き直す. (4.47)–(4.48) より

$$\rho(x_k) \approx \sum_{i=1}^I \alpha^i n^i \frac{e^{-c^i}}{n} \exp\left[-\tilde{\beta}\alpha^2\alpha^i \left\{\sum_{\ell\neq k}\left(\sum_{i=1}^I \alpha^i N_\ell^i\right) G(x_k, x_\ell)\right.\right.$$
$$\left.\left. + \left(\sum_{i=1}^I \alpha^i N_k^i\right) R(x_k)\right\}\right] \approx \sum_{i=1}^I \frac{\alpha^i n^i}{\int_\Omega \exp\left[-\beta\alpha^i\psi\right]} \cdot$$
$$\exp\left[-\beta\alpha^i \left\{\sum_{\ell\neq k}\rho(x_\ell)G(x_k, x_\ell) + \rho(x_k)R(x_k)\right\}\Delta\right]$$

$$\approx \sum_{i=1}^{I} \alpha^i n^i \frac{\exp\left[-\beta\alpha^i \psi(x_k)\right]}{\int_\Omega \exp\left[-\beta\alpha^i \psi\right]} \tag{4.50}$$

となる. $[-1,1]$ 上の測度 $P(d\alpha) = \sum_{i=1}^{I} n^i \delta_{\alpha^i}(d\alpha)$ を用いて (4.50) を書き直すと, 平均場方程式

$$\rho = \int_{[-1,1]} \frac{\alpha \exp[-\beta\alpha\psi]}{\int_\Omega \exp[-\beta\alpha\psi]} P(d\alpha), \quad \psi = \int_\Omega G(\cdot, x') \rho(x') dx' \tag{4.51}$$

が得られる.

しばらく $-\Delta v = u$ in Ω, $v = 0$ on $\partial\Omega$ を $v = (-\Delta)^{-1} u$ と書く. (4.51) は

$$\rho_\alpha = \frac{\exp[-\beta\alpha\psi]}{\int_\Omega \exp[-\beta\alpha\psi]} \geq 0, \quad \int_\Omega \rho_\alpha = 1, \quad \rho = \int_{[-1,1]} \alpha \rho_\alpha P(d\alpha)$$

に対して

$$\log \rho_\alpha + \beta(-\Delta)^{-1} \rho \in \mathbf{R}, \quad P\text{-a.e. } \alpha \in [-1,1] \tag{4.52}$$

と同値である. また (4.51) を ψ で書くと

$$-\Delta \psi = \int_{[-1,1]} \frac{\alpha \exp[-\beta\alpha\psi]}{\int_\Omega \exp[-\beta\alpha\psi]} P(d\alpha) \quad \text{in } \Omega, \quad \psi = 0 \quad \text{on } \partial\Omega \tag{4.53}$$

となる. (4.52) は関数空間 $\left\{ \oplus \rho_\alpha \in [-1,1]^{L^1(\Omega)} \mid \rho_\alpha \geq 0, \int_\Omega \rho_\alpha = 1 \right\}$ 上で与えられた汎関数

$$\begin{aligned} I(\oplus \rho_\alpha) &= \int_{[-1,1]} \left[\int_\Omega \rho_\alpha (\log \rho_\alpha - 1) \right] P(d\alpha) + \frac{\beta}{2} \left\langle (-\Delta)^{-1} \rho, \rho \right\rangle \\ &= \int_{[-1,1]} \left[\int_\Omega \rho_\alpha (\log \rho_\alpha - 1) \right] P(d\alpha) \\ &\quad + \frac{\beta}{2} \iint_{[-1,1] \times [-1,1]} \alpha \alpha' \left((-\Delta)^{-1/2} \rho_\alpha, (-\Delta)^{-1/2} \rho_{\alpha'} \right) P \otimes P(d\alpha d\alpha') \end{aligned}$$

のオイラー・ラグランジュ方程式である. 一方 (4.53) は

$$J(\psi) = \frac{1}{2} \|\nabla \psi\|_2^2 + \frac{1}{\beta} \int_{[-1,1]} \log \left(\int_\Omega \exp[-\beta\alpha\psi] \right) P(d\alpha), \quad \psi \in H_0^1(\Omega)$$

のオイラー・ラグランジュ方程式である. 2 つの汎関数 $I(\oplus \rho_\alpha)$, $J(\psi)$ はラグランジュ関数

$$L(\oplus \rho_\alpha, \psi) = -\frac{1}{\beta} \int_{[-1,1]} \left[\int_\Omega \rho_\alpha (\log \rho_\alpha - 1) \right] P(d\alpha) + \frac{1}{2} \|\nabla \psi\|_2^2 - \langle \psi, \rho \rangle$$

によって包括され, 等式

$$L|_{\rho_\alpha = \frac{\exp[-\beta\alpha\psi]}{\int_\Omega \exp[-\beta\alpha\psi]}} = J + \frac{1}{\beta}, \quad L|_{\psi = (-\Delta)^{-1}\rho} = -\frac{I}{\beta} \quad (4.54)$$

が得られる. (4.54) は一般にアンフォールディングと呼ばれる性質である [*6].

(4.53) は $v = -\beta\psi, \lambda = -\beta$ を用いると

$$-\Delta v = \lambda \int_{[-1,1]} \frac{\alpha e^{\alpha v}}{\int_\Omega e^{\alpha v}} P(d\alpha) \quad \text{in } \Omega, \qquad v = 0 \quad \text{on } \partial\Omega \quad (4.55)$$

に書き換えられる. (4.55) に対応する汎関数は

$$J_\lambda(v) = \frac{1}{2} \|\nabla v\|_2^2 - \lambda \int_{[-1,1]} \log \left(\int_\Omega e^{\alpha v} \right) P(d\alpha), \quad v \in H_0^1(\Omega) \quad (4.56)$$

であり, (4.55) の数学解析では (4.56) が有界となる λ の範囲を定めることが第1歩になる.

トゥルーディンガー・モーザー不等式を

$$\log \left(\int_\Omega e^{\alpha v} \right) \leq \frac{\alpha^2}{16\pi} \|\nabla v\|_2^2 + K_1, \quad v \in H_0^1(\Omega) \quad (4.57)$$

の形で使うと, $\alpha \in [-1,1]$ より

$$\inf_{v \in H_0^1(\Omega)} J_{8\pi}(v) > -\infty \quad (4.58)$$

が得られる. 次に (4.57) のかわりにもとの形

$$\int_\Omega e^{4\pi w^2} \leq C_1, \qquad w \in H_0^1(\Omega), \quad \|\nabla w\|_2 \leq 1 \quad (4.59)$$

を使う. 初等的な $\alpha v \leq 4\pi \frac{(\alpha v)^2}{\|\nabla(\alpha v)\|_2^2} + \alpha^2 \frac{\|\nabla v\|_2^2}{16\pi}, v \in H_0^1(\Omega)$ より

$$\int_{[-1,1]} \log \left(\int_\Omega e^{\alpha v} \right) P(d\alpha) \leq \frac{\|\nabla v\|_2^2}{16\pi} \int_{[-1,1]} \alpha^2 P(d\alpha) + K_2$$

従って

[*6] 本書下巻第 4 章.

$$\inf_{v \in H_0^1(\Omega)} J_{\lambda_0}(v) > -\infty, \quad \lambda_0 = \frac{8\pi}{\int_{[-1,1]} \alpha^2 P(d\alpha)} \tag{4.60}$$

となり，(4.58) を改良することができる．

しかし (4.60) は最適な評価ではない．例えば

$$P(d\alpha) = \frac{1}{2} \{\delta_{-1}(d\alpha) + \delta_1(d\alpha)\} \tag{4.61}$$

のときは $\lambda_0 = 8\pi$ であるが，実際には対応する汎関数

$$J_\lambda(v) = \frac{1}{2} \|\nabla v\|_2^2 - \frac{\lambda}{2} \left\{ \log\left(\int_\Omega e^v\right) + \log\left(\int_\Omega e^{-v}\right) \right\} \tag{4.62}$$

に対して

$$\inf_{v \in H_0^1(\Omega)} J_{16\pi}(v) > -\infty \tag{4.63}$$

であり，特に平均場方程式

$$-\Delta v = \frac{\lambda}{2} \left(\frac{e^v}{\int_\Omega e^v} - \frac{e^{-v}}{\int_\Omega e^{-v}} \right) \quad \text{in } \Omega, \quad v = 0 \quad \text{on } \partial\Omega \tag{4.64}$$

は $\lambda < 16\pi$ で常に解をもつ．次の定理 [124] により (4.62) に対して (4.63) が成り立ち，しかも $\lambda = 16\pi$ が最適であることがわかる．

定理 4.1 与えられた $[-1,1]$ 上のボレル（Borel）測度 $P(d\alpha)$ に対し，$J_\lambda(v)$, $v \in H_0^1(\Omega)$ を (4.56) で定めて

$$\overline{\lambda} = \sup \left\{ \lambda \mid \inf_{v \in H_0^1(\Omega)} J_\lambda(v) > -\infty \right\}$$

とおくと

$$\overline{\lambda} = \inf \left\{ \frac{8\pi P(K_\pm)}{\left[\int_{K_\pm} \alpha P(d\alpha) \right]^2} \mid K_\pm \text{ ボレル集合 s.t. } K_\pm \subset I_\pm \cap \operatorname{supp} P \right\}$$

である．ただし $I_+ = [0,1]$, $I_- = [-1,0]$ とする．

双対汎関数 $I(\oplus \rho_\alpha)$ の有界性については，$P(d\alpha)$ が離散的であるときには，線形計画法を適用すると最良定数 $\lambda = -\beta$ が得られる [136]．定理 4.1 はその結果をラグランジュ関数 $L(\oplus \rho_\alpha, \psi)$ によって J_λ の有界性に変換し，極限移行した

ものである. $P(d\alpha) = \delta_1(d\alpha)$ の場合は $\overline{\lambda} = 8\pi$, $J_{\overline{\lambda}}(v)$, $v \in H_0^1(\Omega)$ は有界, その下限は達成されない. $P(d\alpha)$ が離散的な場合には $J_{\overline{\lambda}}(v)$, $v \in H_0^1(\Omega)$ は有界である. 一般の $P(d\alpha)$ について $J_{\overline{\lambda}}(v)$, $v \in H_0^1(\Omega)$ が有界であるかどうか, その下限が達成されるかどうかについての全貌は解明されていない[*7].

4.4 多強度の点渦乱流平均場〜確率分布系

点渦の強度が独立同分布の確率変数で, $\alpha \in [-1, 1]$ 上の同じ分布 $P(d\alpha)$ に従って $n \to \infty$ となったときの平均場極限を, 自由エネルギー最小化の方法により正準集団を用いて導出する [108].

この場合, 点渦の位置 x_i と強度 $\alpha_i = \alpha^i\alpha$ がともに確率変数なので $\tilde{x}_i = (x_i, \alpha_i) \in \Omega \times [-1, 1] = \tilde{\Omega}$ とおく. するとハミルトニアンは $\tilde{X}^n = (\tilde{x}_1, \ldots, \tilde{x}_n) \in \tilde{\Omega}^n$ に対して

$$H^n(\tilde{X}^n) = \frac{1}{2}\alpha^2 \sum_{i=1}^n \sum_{j=1, j \neq i}^n \alpha^i \alpha^j G(x_i, x_j) + \frac{1}{2}\alpha^2 \sum_{i=1}^n (\alpha^i)^2 R(x_i) \quad (4.65)$$

で与えられる. (4.65) において変数 $\tilde{X}^n$ を $\tilde{X}^k = (\tilde{x}_1, \ldots, \tilde{x}_k) \in \tilde{\Omega}^k$, $\tilde{X}_{n-k} = (\tilde{x}_{k+1}, \ldots, \tilde{x}_n) \in \tilde{\Omega}^{n-k}$ に分けると

$$H^n(\tilde{X}^n) = H^k(\tilde{X}^k) + H^{n-k}(\tilde{X}_{n-k}) + \sum_{i=1}^k \sum_{j=k+1}^n \alpha^i \alpha \alpha^j \alpha G(x_i, x_j) \quad (4.66)$$

一方正準測度は

$$\mu^n(d\tilde{X}^n) = \frac{\exp[-\tilde{\beta}H^n(\tilde{X}^n)]d\tilde{X}^n}{Z(n, \tilde{\beta})}, \quad Z(n, \beta) = \int_{\tilde{\Omega}^n} \exp[-\tilde{\beta}H^n(\tilde{X}^n)]d\tilde{X}^n \quad (4.67)$$

であるので, (4.66) により k 点縮約密度関数は

$$\rho_k^n = \int_{\tilde{\Omega}^{n-k}} \mu^n(d\tilde{X}^{n-k}) = \frac{\exp[-\tilde{\beta}H^k(\tilde{X}^k)]}{Z(n)}.$$

[*7] コンパクト・リーマン面 Ω に対し, $J_{\overline{\lambda}}(v)$, $v \in H^1(\Omega)$, $\int_{\Omega} v = 0$ は inf supp $P > 1/2$ のとき有界 [155].

$$\int_{\tilde{\Omega}^{n-k}} \exp[-\tilde{\beta} H^{n-k}(\tilde{X}_{n-k})] \exp[-\tilde{\beta}\alpha^2 \sum_{i=1}^{k}\sum_{j=k+1}^{n} \alpha^i \alpha^j G(x_i, x_j)] d\tilde{X}_{n-k}$$

と等しい.

(4.67) によって $d\tilde{X}_{n-k} = Z(n-k) \exp\left[\dfrac{\tilde{\beta} n}{n-k} H^{n-k}(\tilde{X}_{n-k})\right] \mu^{n-k}(d\tilde{X}_{n-k})$. 従って

$$\rho_k^n = \frac{Z(n-k)}{Z(n)} \exp[-\tilde{\beta} H^k(\tilde{X}^k)] \int_{\tilde{\Omega}^{n-k}} \exp\left[\frac{\tilde{\beta} k}{n-k} H^{n-k}(\tilde{X}_{n-k})\right]$$
$$\cdot \exp[-\tilde{\beta}\alpha^2 \sum_{i=1}^{k}\sum_{j=k+1}^{n} G(x_i, x_j)] \mu^{n-k}(d\tilde{X}_{n-k})$$

特に 1 点縮約密度関数は

$$\rho_1^n(\tilde{x}_1) = \frac{Z(n-1)}{Z(n)} \exp\left[-\frac{\beta(\alpha^1)^2}{2n} R(x_1)\right]$$
$$\cdot \int_{\tilde{\Omega}^{n-k}} \exp\left[\frac{\beta}{2n(n-1)} \sum_{i=2}^{n}\sum_{j=2, j\neq i}^{n} \alpha^i \alpha^j G(x_i, x_j)\right.$$
$$\left. - \frac{\beta}{2n(n-1)} \sum_{i=2}^{n} (\alpha^i)^2 R(x_i) \right] \cdot \exp\left[-\frac{\beta}{n} \sum_{j=2}^{n} \alpha^j G(x_i, x_j)\right] \mu^{n-1}(d\tilde{X}^{n-1})$$

ここで平均場極限 $\rho_1^n \rightharpoonup \rho_1$ とカオスの伝播を仮定すると

$$Z = \lim_{n\to\infty} \frac{Z(n)}{Z(n-1)}$$

に対して

$$\rho_1(\tilde{x}_1) = Z^{-1} \exp\left[\frac{1}{2} \iint_{\tilde{\Omega}\times\tilde{\Omega}} \alpha^1 \alpha^2 G(x_1, x_2) \rho_1(\tilde{x}_1) \rho_1(\tilde{x}_2) d\tilde{x}_1 d\tilde{x}_2\right]$$
$$\cdot \exp\left[-\beta\alpha^1 \int_{\Omega} \alpha^2 G(x_1, x_2) \rho_1(\tilde{x}_2) d\tilde{x}_2\right]$$

すなわち

$$\rho_1(\tilde{x}_1) = \frac{\exp\left[-\beta\alpha^1 \int_{\tilde{\Omega}} \alpha^2 G(x_1, x_2) \rho_1(\tilde{x}_2) d\tilde{x}_2\right]}{\int_{\tilde{\Omega}} \exp\left[-\beta\alpha^1 \int_{\tilde{\Omega}} \alpha^2 G(x_1, x_2) \rho_1(\tilde{x}_2)\right] d\tilde{x}_1} \qquad (4.68)$$

が得られる. (4.68) は

$$\rho_1(\tilde{x}_1) = \frac{\exp\left[-\beta\alpha^1\psi(x)\right]}{\int_{\tilde{\Omega}} \exp\left[-\beta\alpha^1\psi(x)\right] d\tilde{x}_1}, \quad \psi(x_1) = \int_{\tilde{\Omega}} \alpha^2 G(\cdot, x_2)\rho_1(\tilde{x}_2) d\tilde{x}_2 \quad (4.69)$$

を意味する. α^i, $i = 1, 2$ は同分布に従うので (4.69) 第 2 式より

$$-\Delta\psi = \int_{[-1,1]} \alpha^1 \rho_1(\tilde{x}_1) P(d\alpha^1) \quad (4.70)$$

(4.69) 第 1 式と (4.70) より

$$\rho = \frac{\int_{[-1,1]} \alpha \exp[-\alpha\beta\psi] P(d\alpha)}{\int_{[-1,1]} \left(\int_\Omega \exp[-\alpha\beta\psi]\right) P(d\alpha)}, \quad \psi = (-\Delta)^{-1}\rho \quad (4.71)$$

が成り立つ.

平均場極限 (4.71) は

$$\log \rho_\alpha + \beta(-\Delta)^{-1}\rho = \text{constant}$$
$$\rho_\alpha = \frac{\exp[-\alpha\beta\psi]}{\int_{[-1,1]} \left(\int_\Omega \exp[-\alpha\beta\psi]\right) P(d\alpha)}, \quad \rho = \int_{[-1,1]} \alpha\rho_\alpha P(d\alpha) \quad (4.72)$$

と書くこともできる. ここで

$$\rho_\alpha \geq 0, \quad \int_{[-1,1]} \rho_\alpha P(d\alpha) = 1 \quad (4.73)$$

であり, (4.72) は (4.73) に対して定められた汎関数

$$I(\oplus\rho_\alpha) = \int_\Omega \left(\int_{[-1,1]} \rho_\alpha(\log \rho_\alpha - 1) P(d\alpha)\right) + \frac{\beta}{2}\left\langle(-\Delta)^{-1}\rho, \rho\right\rangle$$

のオイラー・ラグランジュ方程式である. (4.71) はまた

$$-\Delta\psi = \frac{\int_{[-1,1]} \alpha \exp[-\alpha\beta\psi] P(d\alpha)}{\int_{[-1,1]} \left(\int_\Omega \exp[-\alpha\beta\psi]\right) P(d\alpha)} \quad \text{in } \Omega, \quad \psi = 0 \quad \text{on } \partial\Omega \quad (4.74)$$

と書くこともでき, (4.74) は $\psi \in H_0^1(\Omega)$ に対して定められた汎関数

$$J(\psi) = \frac{1}{2}\|\nabla\psi\|_2^2 + \frac{1}{\beta}\log\left(\int_\Omega \left[\int_{[-1,1]} \exp[-\alpha\beta\psi] P(d\alpha)\right]\right)$$

のオイラー・ラグランジュ方程式である. これらの汎関数に対してはラグランジュ関数を

$$L(\oplus \rho_\alpha, \psi) = -\frac{1}{\beta} \int_\Omega \left[\int_{[-1,1]} \rho_\alpha (\log \rho_\alpha - 1) P(d\alpha) \right] + \frac{1}{2} \|\nabla \psi\|_2^2 - \langle \psi, \rho \rangle$$

を定めると，前節と同様にアンフォールディング

$$L|_{\rho_\alpha = \frac{\exp[-\alpha\beta\psi]}{\int_{[-1,1]} (\int_\Omega \exp[-\alpha\beta\psi]) P(d\alpha)}} = J + \frac{1}{\beta}, \quad L|_{\psi = (-\Delta)^{-1}\rho} = -\frac{1}{\beta} I$$

を導出することができる．(4.74) は，さらに $v = -\beta\psi$, $\lambda = -\beta$ を用いて

$$-\Delta v = \frac{\int_{[-1,1]} \alpha \exp[\alpha v] P(d\alpha)}{\int_{[-1,1]} \left(\int_\Omega \exp[\alpha v]\right) P(d\alpha)} \quad \text{in } \Omega, \quad v = 0 \quad \text{on } \partial\Omega, \quad (4.75)$$

と書ける．(4.75) は汎関数

$$J_\lambda(v) = \frac{1}{2} \|\nabla v\|_2^2 - \lambda \log \left(\int_\Omega \left[\int_{[-1,1]} \exp[\alpha v] P(d\alpha) \right] \right), \quad v \in H_0^1(\Omega) \tag{4.76}$$

のオイラー・ラグランジュ方程式である．

(4.75) は (4.55) とは本質的に異なる方程式である．例えば $P(d\alpha)$ が (4.61) であるときは (4.75) は

$$-\Delta v = \lambda \left(\frac{e^v - e^{-v}}{\int_\Omega e^v + \int_\Omega e^{-v}} \right) \quad \text{in } \Omega, \quad v = 0 \quad \text{on } \partial\Omega \tag{4.77}$$

であって (4.64) ではなく，対応する変分汎関数も (4.62) と異なる

$$J_\lambda(v) = \frac{1}{2} \|\nabla v\|_2^2 - \lambda \log \left(\int_\Omega e^v + \int_\Omega e^{-v} \right), \quad v \in H_0^1(\Omega)$$

になる．(4.77) の方程式部分は平均曲率一定曲面の距離を記述するもので，**sinh-ポアソン方程式**ともいう．ボルツマン・ポアソン方程式 (4.30) の積分が複素変数で与えられたように，sinh-ポアソン方程式は **4 元数**と関係している．

定理 4.1 と異なり，汎関数 (4.76) を変形した次のような場合には，その有界性のための最良定数が常に $\lambda = 8\pi$ になる [125]．

定理 4.2 Ω を境界のないコンパクト・リーマン面，$P(d\alpha)$ は $[-1,1]$ 上のボレル測度で $\sup \operatorname{supp} |P| = 1$ を満たすものとする．$E = \{v \in H^1(\Omega) \mid \int_\Omega v = 0\}$ として，$J_\lambda(v)$, $v \in E$ を (4.76) 第 1 式で定めると

$$\overline{\lambda} \equiv \sup\left\{\lambda \mid \inf_{v \in E} J_\lambda(v) > -\infty\right\} = 8\pi$$

が成り立つ.

【証明】 $\alpha \in [-1,1]$, $v \in E \setminus \{0\}$ をとり, 初等的な

$$\alpha v \leq \frac{1}{16\pi}\|\nabla v\|_2^2 + 4\pi\alpha^2 \cdot \frac{v^2}{\|\nabla v\|_2^2}$$

に注意してフォンタナの不等式 (4.59) を適用すると

$$\log\left(\int_\Omega \left[\int_{[-1,1]} e^{\alpha v} P(d\alpha)\right]\right) \leq \frac{1}{16\pi}\|\nabla v\|_2^2 + K_3, \quad v \in E$$

従って $\inf_{v \in E} J_{8\pi}(v) > -\infty$ が成り立つ.

後半を示すため, 一般性を失わず $\sup\mathrm{supp}\,P = +1$ として $\lambda > 8\pi$ をとる. フォンタナの不等式の精密性から

$$\inf_{v \in E} J_\lambda^0(v) = -\infty, \quad J_\lambda^0(v) = \frac{1}{2}\|\nabla v\|_2^2 - \lambda \log \int_\Omega e^v$$

一方 $\alpha > 0$, $v \in \mathbf{R}$ に対して $ve^{\alpha v} \geq v$ より

$$\frac{d}{d\alpha}\int_\Omega e^{\alpha v} = \int_\Omega ve^{\alpha v} \geq \int_\Omega v = 0, \quad v \in E$$

従って $0 < \delta < 1$ に対して

$$\log\int_{[-1,1]}\left[\int_\Omega e^{\alpha v}\right]P(d\alpha) \geq \log\int_{[1-\delta,1]}\int_\Omega e^{\alpha v}P(d\alpha)$$
$$\geq \log\int_\Omega e^{(1-\delta)v} + \log P[1-\delta,1]$$

となる. $0 < \delta \ll 1$, $w = (1-\delta)v \in E$ とおけば

$$J_\lambda(v) \leq \frac{1}{2}\cdot\frac{1}{(1-\delta)^2}\|\nabla w\|_2^2 - \lambda\log\int_\Omega e^w + C_{1,\delta}$$
$$= \frac{1}{(1-\delta)^2}\left\{\frac{1}{2}\|\nabla w\|_2^2 - \lambda(1-\delta)^2\log\int_\Omega e^w\right\} + C_{1,\delta}$$

$0 < \delta \ll 1$ に対して $\tilde{\lambda} = \lambda(1-\delta)^2 > 8\pi$ であるので, $\inf_{v \in E} J_\lambda(v) = -\infty$ が得られる. □

4.5 モーメント展開

非平衡統計力学は多数粒子平均場の運動を記述するときに用いられる．本節と次の節でモーメントに関するクラマース・モヤル (**Kramers-Moyal**) 展開の方法とエントロピー生成最大原理による方法を紹介する．これらは半導体物理と天体物理で使われている．いずれも断熱極限としてスモルコフスキー方程式が現れる．スモルコフスキー方程式は粒子の移動にバイアスがかかる場合に様々な方法で導出され，理論生物学でも適用されている [*8]．クラマース・モヤル展開による方法では物質移動に関するマスター方程式をモーメントで展開した後で，粒子の移動については揺動散逸を仮定してランジュバン (**Langevin**) 方程式を適用し，クラマース方程式を導出する．クラマース方程式は時間の他位置と波数を独立変数とし，その断熱極限としてフォッカー (**Fokker**)・プランク方程式とスモルコフスキー方程式の2つのモデルが現れる．

最初に粒子の条件付き存在確率に関するマスター方程式を与えるため，$P(x_2, t_2 \mid x_1, t_1)$ を時刻 $t = t_1$ で位置 $x = x_1$ に存在した粒子が，時刻 $t = t_2$ で位置 $x = x_2$ に移動している確率とする．また $0 < \Delta t \ll 1$ で

$$P(x_2, t_1 + \Delta t \mid x_1, t_1) = F\delta(x_2 - x_1) + \Delta t \cdot W(x_1 \to x_2) \tag{4.78}$$

が成り立つものとする．(4.78) 右辺は，それぞれ第1項が x_1 が x_2 に及ぼす状態変化に，第2項が粒子が x_1 から x_2 に移動する過程に付随して現れるものである．(4.78) において $\int dx_2\, P(x_2, t_2 \mid x_1, t_1) = 1$ であることを用いると

$$F + \Delta t \int dx' W(x_1 \to x') = 1$$

従って

$$\begin{aligned}P(x_2, t_1 + \Delta t \mid x_1, t_1) &= \delta(x_2 - x_1)\left[1 - \Delta t \int dx' W(x_1 \to x')\right] \\ &\quad + \Delta t \cdot W(x_1 \to x_2)\end{aligned} \tag{4.79}$$

[*8] マスター方程式を用いるモデリングは異常拡散も含めて鈴木 [145] 第6章．輸送方程式を使う方法は [117]．

となる. (4.79) をチャップマン・コルモゴルフ (Chapman-Kolmogorov) の関係式

$$P(x_3, t_3 \mid x_1, t_1) = \int P(x_3, t_3 \mid x_2, t_2) P(x_2, t_2 \mid x_1, t_1) \, dx_2$$

に代入して

$$\begin{aligned}
P(x_3, t_2 + \Delta t \mid x_1, t_1) &= \int dx_2 \left[\delta(x_3 - x_2)\{1 - \Delta t \int dx' \, W(x_2 \to x')\} \right. \\
&\quad \left. + \Delta t \cdot W(x_2 \to x_3) \right] P(x_2, t_2 \mid x_1, t_1) \\
&= \left[1 - \Delta t \int dx' \, W(x_3 \to x') \right] \cdot P(x_3, t_2 \mid x_1, t_1) \\
&\quad + \int dx_2 \, W(x_2 \to x_3) P(x_2, t_2 \mid x_1, t_1) \Delta t
\end{aligned}$$

従って

$$\begin{aligned}
\frac{1}{\Delta t} &\left[P(x_3, t_2 + \Delta t \mid x_1, t_1) - P(x_3, t_2 \mid x_1, t_1) \right] \\
&= -\int dx' \cdot W(x_3 \to x') P(x_3, t_2 \mid x_1, t_1) \\
&\quad + \int dx_2 \, W(x_2 \to x_3) P(x_2, t_2 \mid x_1, t_1)
\end{aligned}$$

となるので, $\Delta t \downarrow 0$ としてマスター方程式

$$\begin{aligned}
\frac{\partial}{\partial t} P(x, t \mid x_1, t_1) &= -\int dx' \, W(x \to x') P(x, t \mid x_1, t_1) \\
&\quad + \int dx' \, W(x' \to x) P(x', t \mid x_1, t_1) \quad (4.80)
\end{aligned}$$

が現れる. (4.80) は, 遷移確率 W のもとで存在確率 $P(x, t \mid x_1, t_1)$ が従う時間変化を表している.

(4.80) の右辺を

$$\begin{aligned}
&- \int dy \, W(x \to (x+y)) P(x, t \mid x_1, t_1) \\
&+ \int dy \, W((x-y) \to x) P(x-y, t \mid x_1, t_1) \quad (4.81)
\end{aligned}$$

と書き, 次にテーラー (Taylor) 展開を

$$f(x+a) = \sum_{k=0}^{\infty} \frac{a^k}{k!} \partial^k f(x) = [\exp(a\,\partial_x)]\,f(x)$$

と書いて (4.81) 第 2 項に適用すると

$$\int dy\, W((x-y) \to x) P(x-y, t \mid x_1, t_1)$$
$$= \int dy\, [\exp(-y\partial_x)] [W(x \to (x+y)) P(x, t \mid x_1, t_1)]$$

が得られる．これより

$$\frac{\partial}{\partial t} P(x, t \mid x_1, t_1)$$
$$= -\int dy\, [1 - \exp(-y\partial_x)] [W(x \to (x+y)) P(x, t \mid x_1, t_1)]$$
$$= \int dy \sum_{k=1}^{\infty} \frac{1}{k!} (-y\partial_x)^k [W(x \to (x+y)) P(x, t \mid x_1, t_1)]$$

従って $C_k(x) = \int W(x \to (x+y)) y^k\, dy$ に対して

$$\frac{\partial}{\partial t} P(x, t \mid x_1, t_1) = \sum_{k=1}^{\infty} \frac{1}{k!} (-\partial_x)^k [C_k(x) P(x, t \mid x_1, t_1)] \tag{4.82}$$

が得られる．(4.82) をクラマース・モヤル展開という．

ここで (4.79) を適用する．$k \geq 1$ より

$$\int P(x+y, t+\Delta t \mid x, t) y^k\, dy$$
$$= \int \left[\delta(y)\{1 - \Delta t \int dx'\, W(x \to x')\} + \Delta t \cdot W(x \to (x+y)) \right] y^k\, dy$$
$$= \Delta t \int W(x \to (x+y)) y^k\, dy$$

従って

$$C_k(x) = \lim_{\Delta t \downarrow 0} \frac{1}{\Delta t} \int P(x+y, t+\Delta t \mid x, t) y^k\, dy$$
$$= \lim_{\Delta t \downarrow 0} \frac{1}{\Delta t} \int [P(x+y, t+\Delta t \mid x, t) - P(x+y, t \mid x, t)] y^k\, dy$$

となる．ここで

$$\int \left[P(x+y, t+\Delta t \mid x, t) - P(x+y, t \mid x, t) \right] y^k dy$$
$$= \left\langle \left[x(t+\Delta t) - x(t) \right]^k \right\rangle_{x(t)=x}$$

は条件 $x(t) = x$ のもとで粒子の平均 k 次モーメントを表す．すなわち (4.82) において

$$C_k(x) = \lim_{\Delta t \to 0} \frac{1}{\Delta t} \left\langle \left[x(t+\Delta t) - x(t) \right]^k \right\rangle_{x(t)=x} \tag{4.83}$$

が成り立つ．

k 次モーメント (4.83) を求めるため，搖動散逸する場での粒子運動を記述するランジュバン方程式

$$\frac{dx}{dt} = v, \quad m\frac{dv}{dt} = -m\gamma v + R(t) + mF(x) \tag{4.84}$$

を用いる．ただし m, γ, $R(t)$, $F(x)$ はそれぞれ質量，摩擦係数，搖動，外力である．当面位置 x, 波数 v を独立変数とするため粒子の条件付き確率は $P(x, v, t \mid x_1, v_1, t_1)$ で表され，(4.82)–(4.83) は

$$\frac{\partial}{\partial t} P(x, v, t \mid x_1, v_1, t_1)$$
$$= \sum_{k=1}^{\infty} \frac{1}{k!} [(-\partial_x)^k, (-\partial_v)^k] \cdot \left[\vec{C}_k(x, v) P(x, v, t \mid x_1, v_1, t_1) \right]$$
$$\vec{C}_k(x, v) = \left(\lim_{\Delta t \downarrow 0} \frac{1}{\Delta t} \left\langle |x(t+\Delta t) - x(t)|^k \right\rangle, \lim_{\Delta t \downarrow 0} \frac{1}{\Delta t} \left\langle |v(t+\Delta t) - v(t)|^k \right\rangle \right) \tag{4.85}$$

に変更される．実際, (4.84) より

$$v(t) = v(s)e^{-\gamma(t-s)} + \int_s^t e^{-\gamma(t-\tau)} \left[\frac{R(\tau)}{m} + F(x(\tau)) \right] d\tau$$
$$x(t) = x(s) + \int_s^t v(\tau) d\tau, \quad t \geq s \tag{4.86}$$

となる．(4.86) 第2式から

$$\lim_{\Delta t \downarrow 0} \frac{1}{\Delta t} \left\langle x(t+\Delta t) - x(t) \right\rangle_{v(t)=v, \ x(t)=x} = v$$
$$\lim_{\Delta t \downarrow 0} \frac{1}{\Delta t} \left\langle [x(t+\Delta t) - x(t)]^2 \right\rangle_{v(t)=v, \ x(t)=x} = 0 \tag{4.87}$$

次に (4.86) 第 1 式から

$$v(t+\Delta t) = (1-\gamma\Delta t)v(t)$$
$$+ \int_t^{t+\Delta t} e^{-\gamma(t+\Delta t-\tau)}\frac{R(\tau)}{m}d\tau + F(x(t))\Delta t + o(\Delta t)$$

すなわち

$$v(t+\Delta t) - v(t) = (-\gamma v(t) + F(x(t)))\Delta t$$
$$+ \int_t^{t+\Delta t} e^{-\gamma(t+\Delta t-\tau)}\frac{R(\tau)}{m}d\tau + o(\Delta t)$$

ここで, $R(t)$ はホワイトノイズなので $\langle R(\tau) \rangle = 0$. 従って

$$\lim_{\Delta t \downarrow 0} \frac{1}{\Delta t} \langle v(t+\Delta t) - v(t) \rangle_{v(t)=v,\ x(t)=x} = -\gamma v + F(x) \quad (4.88)$$

一方

$$[v(t+\Delta t) - v(t)]^2 = 2(\gamma v(t) + F(x(t)))\Delta t \cdot \int_t^{t+\Delta t} e^{-\gamma(t+\Delta t-\tau)}\frac{R(\tau)}{m}d\tau$$
$$+ \left|\int_t^{t+\Delta t} e^{-\gamma(t+\Delta t-\tau)}\frac{R(\tau)}{m}d\tau\right|^2 + o(\Delta t)$$

に注意すると

$$\lim_{\Delta t \downarrow 0} \frac{1}{\Delta t} \left\langle [v(t+\Delta t) - v(t)]^2 \right\rangle_{v(t)=v,\ x(t)=x}$$
$$= \lim_{\Delta t \downarrow 0} \frac{1}{\Delta t} \cdot \frac{1}{m^2} \int_t^{t+\Delta t}\int_t^{t+\Delta t} e^{-\gamma(2t+2\Delta t-t_1-t_2)} \langle R(t_1)R(t_2)\rangle dt_1 dt_2$$

また $D > 0$ を拡散係数として $\langle R(t_1)R(t_2) \rangle = 2D\delta(t_1-t_2)$ が成り立つので

$$\lim_{\Delta t \downarrow 0} \frac{1}{\Delta t} \cdot \frac{1}{m^2} \int_t^{t+\Delta t}\int_t^{t+\Delta t} e^{-\gamma(2t+2\Delta t-t_1-t_2)} \langle R(t_1)R(t_2)\rangle dt_1 dt_2$$
$$= \frac{2D}{m^2}$$

従って

$$\lim_{\Delta t \downarrow 0} \frac{1}{\Delta t} \langle |v(t+\Delta t) - v(t)|^2 \rangle_{v(t)=v, x(t)=x} = \frac{2D}{m^2} \quad (4.89)$$

となり, (4.87), (4.88), (4.89) から

$$C_1(x,v) = (v, -\gamma v + F(x)), \quad C_2(x,v) = \left(0, 2D/m^2\right) \quad (4.90)$$

が得られる．

(4.90) を用い，(4.85) において $k \geq 3$ の項を捨てたものがクラマース方程式

$$\frac{\partial}{\partial t}P(x,v,t \mid x_1,v_1,t_1) = \left\{-\frac{\partial}{\partial x}v + \frac{\partial}{\partial v}\left(-F(x) + \gamma v\right) + \frac{D}{m^2}\frac{\partial^2}{\partial v^2}\right\} \\ \cdot P(x,v,t \mid x_1,v_1,t_1) \tag{4.91}$$

また (4.91) において x について一様なものがフォッカー・プランク方程式

$$\frac{\partial P}{\partial t} = \frac{\partial}{\partial v}\left(-F + \gamma v + \frac{D}{m^2}\frac{\partial}{\partial v}\right)P$$

である．

スモルコフスキー方程式を導出するために温度 T と粒子が場から受ける力 K を導入する．k をボルツマン定数として $F = \frac{K}{m}$, $D = mkT$ であり，クラマース方程式は

$$\begin{aligned}\frac{\partial P}{\partial t} &= -\frac{K}{m}\frac{\partial P}{\partial v} - v\frac{\partial P}{\partial x} + \gamma\frac{\partial}{\partial v}\left(vP + \frac{kT}{m}\frac{\partial P}{\partial v}\right) \\ &= \gamma\frac{\partial}{\partial v}\left(vP + \frac{kT}{m}\frac{\partial P}{\partial v} - \frac{K}{\gamma m}P + \frac{kT}{\gamma m}\frac{\partial P}{\partial x}\right) - \frac{kT}{m}\frac{\partial^2 P}{\partial v \partial x} - v\frac{\partial P}{\partial x} \\ &= \gamma\left(\frac{\partial}{\partial v} - \frac{1}{\gamma}\frac{\partial}{\partial x}\right)\left(vP + \frac{kT}{m}\frac{\partial P}{\partial v} - \frac{K}{\gamma m}P + \frac{kT}{\gamma m}\frac{\partial P}{\partial x}\right) \\ &\quad - \frac{\partial}{\partial x}\left(\frac{K}{\gamma m}P - \frac{kT}{\gamma m}\frac{\partial P}{\partial x}\right)\end{aligned} \tag{4.92}$$

で表される．(4.92) において $q = x + \frac{v}{\gamma}$, $p = v$ とおくと $\frac{\partial}{\partial v} = \frac{1}{\gamma}\frac{\partial}{\partial q} - \frac{\partial}{\partial p}$, $\frac{\partial}{\partial x} = \frac{\partial}{\partial q}$ より

$$\begin{aligned}\frac{\partial P}{\partial t} &= -\gamma\frac{\partial A}{\partial p} - \frac{\partial}{\partial q}\left(\frac{K}{\gamma m}P - \frac{kT}{\gamma m}\frac{\partial P}{\partial q}\right) \\ A &= vP + \frac{kT}{m}\frac{\partial P}{\partial v} - \frac{K}{\gamma m}P + \frac{kT}{\gamma m}\frac{\partial P}{\partial x}\end{aligned} \tag{4.93}$$

が得られる．

(4.93) において f の波数平均 $f(x,t) = \int P(x,v,t)dv$ をとると，(4.93) 第1式右辺第1項の寄与はゼロとなる．近似

$$\int P\left(q-\frac{p}{\gamma},p,t\right)dp \sim f(x,t)|_{x=q-\frac{p}{\gamma}}$$
$$\int K\left(q-\frac{p}{\gamma}\right)P\left(q-\frac{p}{\gamma},p,t\right)dp \sim K(x)f(x,t)|_{x=q-\frac{p}{\gamma}}$$

が有効であるとすると，スモルコフスキー方程式

$$\frac{\partial f}{\partial t} = \frac{1}{\gamma m}\frac{\partial}{\partial x}\left(-Kf + kT\frac{\partial f}{\partial x}\right)$$

が得られる．

4.6　エントロピー生成最大原理

非平衡統計力学のもう1つのモデリング [28] では，輸送方程式に対してエントロピー生成最大原理を適用する．そこでは場のポテンシャル $\varphi = \varphi(x,t)$ のもとで，位置 x, 速度 v, 時刻 t の粒子密度 $0 \leq f = f(x,v,t)$ が満たす輸送方程式

$$f_t + v\cdot\nabla_x f - \nabla_x\varphi\cdot\nabla_v f = -\nabla_v\cdot j \tag{4.94}$$

を用いる．(4.94) はクラマース方程式 (4.91) において $\gamma = 0$, $F = \nabla_x\varphi$ とし，拡散係数 $D = 0$ とする代わりに，一般散逸項と呼ばれる (4.94) 右辺 $-\nabla_v\cdot j$ を加えたものである．シャバニス（Chavanis）の理論では，この一般散逸項をエントロピー生成最大原理で定める．

以下，空間次元を $n = 3$ とする．最初に全質量は

$$M = \int \rho\,dx, \quad \rho = \int f\,dv \tag{4.95}$$

であり，全エネルギーは運動エネルギーと位置エネルギーの和であるので

$$E = \frac{1}{2}\iint f|v|^2 + \frac{1}{2}\int \rho\varphi = \frac{1}{2}\iint f(|v|^2 + \varphi)\,dxdv \tag{4.96}$$

一方エントロピーはエントロピー密度を $s = s(f)$ として

$$S = \iint s(f)\,dxdv \tag{4.97}$$

である. (4.96) よりエネルギー生成は $U = \begin{pmatrix} v \\ -\nabla\varphi \end{pmatrix}, \nabla = \begin{pmatrix} \nabla_x \\ \nabla_v \end{pmatrix}$ に対して

$$\dot{E} = \frac{dE}{dt} = \frac{1}{2}\iint f_t(|v|^2 + \varphi) + f\varphi_t \, dxdv$$
$$= \frac{1}{2}\iint (-\nabla_v \cdot j)(|v|^2 + \varphi) \, dxdv - \frac{1}{2}\iint (U \cdot \nabla f)(|v|^2 + \varphi) - f\varphi_t \, dxdv$$
$$= \frac{1}{2}\iint (-\nabla_v \cdot j)|v|^2 - (v \cdot \nabla_x f)\varphi + (\nabla_x\varphi \cdot \nabla_v f)|v|^2 + f\varphi_t \, dxdv$$

ここで

$$(v \cdot \nabla_x f)\varphi - (\nabla_x\varphi \cdot \nabla_v f)|v|^2 = \nabla_x \cdot (vf\varphi) - \nabla_x\varphi \cdot (vf + |v|^2\nabla_v f)$$
$$= \nabla_x \cdot (vf\varphi) - \nabla_x\varphi \cdot \nabla_v \cdot ((v \otimes v)f)$$

より

$$\dot{E} = \iint j \cdot v + \frac{1}{2}f\varphi_t \, dxdv$$

一方 (4.97) よりエントロピー生成は

$$\dot{S} = \frac{dS}{dt} = \iint s'(f)f_t = \iint s'(f)[-v \cdot \nabla_x f + \nabla_x\varphi \cdot \nabla_v f - \nabla_v \cdot j]$$
$$= \iint s''(f)j \cdot f - v \cdot \nabla_x s(f) + \nabla_x\varphi \cdot \nabla_v s(f) \, dxdv$$
$$= \iint s''(f)j \cdot f$$

となる.

エントロピー生成最大原理は, j はエネルギー生成ゼロ $\dot{E} = 0$ のもとでエントロピー生成 $\dot{S}$ を最大化するというものであるが, ここではさらに $\frac{|j|^2}{2f}$ が有界であるという制約を付ける[*9]. このとき j に対する変分をとるとラグランジュ乗数 $\beta(t), D$ が存在して, 各時刻で

$$\delta\dot{S} - \beta(t)\delta\dot{E} - \iint \frac{1}{D} \cdot \delta\left(\frac{|j|^2}{2f}\right) = 0 \tag{4.98}$$

が成り立つ. (4.98) は $j = D\left[fs''(f)\nabla_v f - \beta(t)fv\right]$ を表し, (4.94) から

[*9] 点渦系に関しては [31].

$$f_t + v \cdot \nabla_x f - \nabla_x \varphi \cdot \nabla_v f = \nabla_v \cdot D \left[-f s''(f) \nabla_v f + \beta(t) f v \right] \quad (4.99)$$

が得られる．

粒子の平均場を正準統計集団でみる場合には，(4.99) の $\beta(t)$ は定数であり，小正準統計集団でみる場合には E を与えられた定数として (4.99) と (4.96) を連立させる．(4.99) において正準統計とボルツマンエントロピー

$$s(f) = -f(\log f - 1)$$

を組み合わせたものがクラマース方程式 (4.92) である．

温度一定の正準統計集団に対して 一般クラマース方程式 (4.99) のモーメントをとると流体方程式が現れる．実際，0 次モーメントをとるためには，そのまま v で積分すればよい．すると (4.95) 第 2 式で定まる ρ を粒子密度，$u = \dfrac{1}{\rho} \int f v \, dv$ を粒子速度として連続の方程式

$$\frac{\partial \rho}{\partial t} + \nabla \cdot \rho u = 0 \quad (4.100)$$

が得られる．1 次モーメントをとるために，$w = u - v$ を相対速度として応力テンソル $P_{ij} = \int f w_i w_j \, dv$ を定める．(4.99) に v を掛けて積分して得られるのが運動方程式で，直接計算により

$$\frac{\partial}{\partial t}(\rho u_i) + \frac{\partial}{\partial x_j}(\rho u_i u_j) + \frac{\partial}{\partial x_j} P_{ij} + \rho \frac{\partial \varphi}{\partial x_i} = D \int f s''(f) \frac{\partial f}{\partial v_i} + \beta f v_i \, dv$$

が得られる．ここで $f s''(f)$ の原始関数を $A(f)$ とおけば

$$\int f s''(f) \frac{\partial f}{\partial v_i} \, dv = \int \frac{\partial}{\partial v_i} A(f) \, dv = 0$$

従って運動方程式は

$$\frac{\partial}{\partial t}(\rho u_i) + \frac{\partial}{\partial x_j}(\rho u_i u_j) + \frac{\partial}{\partial x_j} P_{ij} + \rho \frac{\partial \varphi}{\partial x_i} = -D \beta \rho u_i \quad (4.101)$$

となる [10]．

熱平衡のもとで流体運動が形成されるときは (4.101) 右辺はゼロであり，さらに流体が非圧縮で等方的な場合は，密度 ρ は定数で

---

[10] 2 次モーメントをとるとエネルギー方程式が得られる [31]．

$$P_{ij} = p\delta_{ij} \tag{4.102}$$

となる．従って (4.100) と合わせてオイラーの運動方程式 (4.1) が得られる．

ρ が未知の場合は (4.100), (4.101) に加えて自由エネルギー最小原理を適用すると方程式が閉じる．この過程は各時刻で行われるので変数 t を陽に書かないで説明する．実際，正準統計集団において，ヘルムホルツの自由エネルギーは T を温度として

$$F = E - TS = \iint \frac{1}{2}(|v|^2 + \varphi)f - Ts(f)\,dxdv \tag{4.103}$$

である．(4.98) から $\beta = T^{-1}$ は逆温度と考えることができる．局所熱平衡が成立しているとすると，条件 $\iint f\,dxdv = \lambda$ のもとで (4.103) の最小が達成される．この f が満たすオイラー・ラグランジュ方程式は，$\lambda(x)$ をラグランジュ乗数として

$$s'(f) = \beta\left(\frac{|v|^2}{2} + \lambda(x)\right) \tag{4.104}$$

になる．

(4.104) より $\sigma = s'(f)$ の逆関数を $f = A(\sigma)$ とすれば

$$f = A\left(\beta\left(\frac{|v|^2}{2} + \lambda(x)\right)\right) \tag{4.105}$$

(4.105) を用いると，$w = u - v$ に対して

$$\rho = \int f\,dv, \quad 3p = \int f|w|^2\,dv = \int f|v|^2\,dv - \left|\int fv\,dv\right|^2 \tag{4.106}$$

で与えられる密度 ρ，圧力 p は関数関係

$$p = p(\rho) \tag{4.107}$$

をもつ．(4.107) を状態方程式，(4.107) が成り立つ流体をバロトロピック流体という．

等方性 (4.102) のもとで (4.100), (4.101) を書き直せば

$$\frac{\partial \rho}{\partial t} + \nabla \cdot \rho u = 0, \quad \rho\frac{Du}{Dt} = -\nabla p - \rho\nabla\varphi - \xi\rho u \tag{4.108}$$

ただし $\xi = D\beta$，$\dfrac{D}{Dt} = \dfrac{\partial}{\partial t} + u \cdot \nabla$ である．(4.107)–(4.108) により，熱平衡にお

ける気体運動の基礎方程式である圧縮性 Euler 方程式

$$\frac{\partial \rho}{\partial t} + \nabla \cdot \rho u = 0, \quad \rho \frac{Du}{Dt} = -\nabla p - \rho \nabla \varphi, \quad p = p(\rho)$$

が得られる．高摩擦極限は (4.108) の第 2 式左辺ゼロとしたもので，このとき (4.108) は一般スモルコフスキー方程式

$$\frac{\partial \rho}{\partial t} = \nabla \left[\frac{1}{\xi} (\nabla p + \rho \nabla \varphi) \right] \tag{4.109}$$

に帰着される．(4.109) については全質量保存の他，H 性定理とビリアル等式が成り立つ [137]．

状態方程式 (4.107) は，与えられたエントロピー密度 $s = s(f)$ に対して関係 (4.105), (4.106) によって定まる．粒子の物理特性によりボルツマン，フェルミ・ディラック（**Fermi-Dirac**）ボーズ・アインシュタイン（**Bose-Einstein**）などのエントロピー密度 $s(f)$ が選択される．ボルツマンエントロピー

$$s(f) = -kf(\log f - 1) \tag{4.110}$$

の場合は (4.107) はボイル・シャルルの法則 (4.33)，すなわち

$$p = k\rho T \tag{4.111}$$

になる [29]．(4.111) を (4.109) に代入したのが通常のスモルコフスキー方程式で，物理定数を 1 とすれば

$$\frac{\partial \rho}{\partial t} = \nabla \cdot (\nabla \rho + \rho \nabla \varphi)$$

である．

ボルツマンエントロピーの q アナログ $s(f) = \frac{-1}{q-1}(f^q - f)$ がツァリスエントロピーで，ポリトロープな天体を構成する粒子が従う．このときの状態方程式 (4.107) は K を定数として

$$p = K\rho^{1+\gamma}, \quad \frac{1}{\gamma} = \frac{1}{q-1} + \frac{n}{2} \tag{4.112}$$

となる [29] [30]．ただし $n = 3$ は空間次元である．(4.112) を (4.109) に代入し，物理定数を 1 とおくと

$$\frac{\partial \rho}{\partial t} = \nabla \cdot (\nabla \rho^m + \rho \nabla \varphi), \quad \frac{1}{m-1} = \frac{1}{q-1} + \frac{n}{2} \qquad (4.113)$$

が得られる.

天体物理で扱う自己重力粒子の場合, $\varphi = \varphi(x,t)$ は粒子密度 ρ が作り出す重力ポテンシャルなので, 状態方程式 (4.107), 一般スモルコフスキー方程式 (4.109) にポアソン方程式

$$\Delta \varphi = \rho \qquad (4.114)$$

をカップルさせる. 以下では (4.113)–(4.114) を全空間 $\mathbf{R}^n$, $n \geq 3$ で考え, $-\Delta$ の基本解

$$\Gamma(x) = \frac{1}{\omega_{n-1}(n-2)|x|^{n-2}}$$

を用いて (4.114) を $\varphi = -\Gamma * \rho$ に置き換える. ただし ω_{n-1} は $\mathbf{R}^n$ 単位球表面積の $(n-1)$ 次元体積である. 係数を正規化して変数を置き換えると退化放物型方程式

$$u_t = \frac{m-1}{m}\Delta u^m - \nabla \cdot (u \nabla \Gamma * u), \quad u \geq 0 \quad \text{in } \mathbf{R}^n \times (0,T) \qquad (4.115)$$

が得られる.

最初に, 自由エネルギーは

$$\mathcal{F}(u) = \int_{\mathbf{R}^n} \frac{u^m}{m} - \frac{1}{2} \langle \Gamma * u, u \rangle$$

である. 実際 $\langle\, ,\, \rangle$ を L^2 内積として

$$\delta \mathcal{F}(u)[v] = \left. \frac{d}{ds} \mathcal{F}(u+sv) \right|_{s=0} = \left\langle v, u^{m-1} - \Gamma * u \right\rangle$$

となり, $\mathcal{F}(u)$ は $u^{m-1} - \Gamma * u$ と同一視されるので (4.115) は

$$\begin{aligned} u_t &= \nabla \cdot \left(\frac{m-1}{m} \nabla u^m - u \nabla \Gamma * u \right) \\ &= \nabla \cdot u \nabla \delta \mathcal{F}(u) \quad \text{in } \mathbf{R}^n \times (0,T) \end{aligned} \qquad (4.116)$$

と書き表すことができる. (4.116) はモデル **B** というカテゴリーに属する方程式で, この形から質量保存

$$\frac{d}{dt} \int_{\mathbf{R}^n} u = 0 \qquad (4.117)$$

と自由エネルギー減少，または H 性定理

$$\frac{d}{dt}\mathcal{F}(u) = -\int_{\mathbf{R}^n} u|\nabla\delta\mathcal{F}(u)|^2 \leq 0 \tag{4.118}$$

が得られる．一方

$$\frac{d}{dt}\int_{\mathbf{R}^n} u|x|^2 = -2\int_{\mathbf{R}^n}\left(\frac{m-1}{m}\nabla u^m - u\nabla\Gamma * u\right)\cdot x$$
$$= \frac{2n(m-1)}{m}\int_{\mathbf{R}^n} u^m + \iint_{\mathbf{R}^n\times\mathbf{R}^n} R(x-x')\cdot\nabla\Gamma(x-x')u\otimes u$$

において $x\cdot\Gamma(x) = (-n+2)\Gamma(x)$ に注意すると

$$\frac{d}{dt}\int u|x|^2 = 2n(m-1)\mathcal{F}(u) + \{n(m-1)-n+2\}\langle\Gamma*u,u\rangle \tag{4.119}$$

が得られる．(4.119) が (4.115) に対するビリアル等式である．

(4.117)–(4.118) から，定常状態は λ を既知定数，c を未知定数として

$$u^{m-1} - \Gamma * u = c \quad \text{in } \{u>0\}, \qquad \int_{\mathbf{R}^n} u = \lambda \tag{4.120}$$

で与えられる．$v = \Gamma*u + c$ とおくと $u = v_+^q$, $m = 1 + \frac{1}{q}$ で，(4.120) は

$$-\Delta v = v_+^q \quad \text{in } \mathbf{R}^n, \qquad \int_{\mathbf{R}^n} v_+^q = \lambda, \tag{4.121}$$

と表される．(4.120) において c は $\{u>\}$ の連結成分で異なっていてもよい．ビリアル等式 (4.119) から $n(m-1) - n + 2 = 0$, すなわち

$$m = 2 - \frac{2}{n}$$

が特別な指数であることがわかる．実際この指数は定常状態のスケール不変性を実現する．実際，$\mu > 0$ を定数として変換

$$v(x) \mapsto v_\mu(x) = \mu^\gamma v(\mu x)$$

によって (4.121) 第 1 式は常に不変となり，第 2 式は $\gamma = n-2$, すなわち $m = 2 - \frac{2}{n}$ のときのみ不変になる[*11)]．従って臨界指数は $n = 3$ 次元のとき $m = 2 - \frac{2}{n} = \frac{4}{3}$, すなわち $q = \frac{5}{3}$ である．

一方 $n = 2$ のときはボルツマンエントロピー (4.110) が臨界指数に対応する．

[*11)] (4.121) は本書上巻第 7 章で解析．

全空間 $\mathbf{R}^2$ のときのスモルコフスキー・ポアソン方程式は, $\Gamma(x) = \dfrac{1}{2\pi} \log \dfrac{1}{|x|}$ に対して

$$u_t = \Delta u - \nabla \cdot u \nabla \Gamma * u, \quad u \geq 0 \quad \text{in } \mathbf{R}^2 \times (0, T)$$

であり, 質量保存と H 性定理は $\mathcal{F}(u) = \displaystyle\int_{\mathbf{R}^2} u(\log u - 1) - \dfrac{1}{2} \langle \Gamma * u, u \rangle$ に対して

$$\dfrac{d}{dt} \int_{\mathbf{R}^2} u = 0, \quad \dfrac{d}{dt} \mathcal{F}(u) = -\int_{\mathbf{R}^2} u |\nabla (\log u - v)|^2 \leq 0$$

ビリアル定理は $I = \displaystyle\int_{\mathbf{R}^2} |x|^2 u, \lambda = \int_{\mathbf{R}^2} u$ に対して

$$\dfrac{dI}{dt} = 4\lambda - \dfrac{1}{2\pi} \lambda^2$$

定常状態は (2.24), すなわちボルツマン・ポアソン方程式

$$-\Delta v = e^v \quad \text{in } \mathbf{R}^2, \quad \int_{\mathbf{R}^2} e^v = \lambda$$

である.

4.7 場 の 理 論

量子力学での第 1 量子化は古典粒子の運動を粒子密度の運動に置き換える操作である. この操作をマクスウェル方程式のゲージに対して行うとゲージ不変なラグランジアンが定義できる. 本節ではゲージ・シュレディンガー方程式の導出までを論ずる.

古典力学の構造は次のようになっている. 最初に, 一般座標 $q_1, \ldots, q_N \in \mathbf{R}^3$ で表した質量 $m_1, \ldots, m_N$ の古典粒子はニュートンの運動方程式

$$m_i \ddot{q}_i = \sum_{j \neq i} \dfrac{\partial}{\partial q_j} \left(-\dfrac{m_i m_j}{|q_i - q_j|} \right), \quad 1 \leq i \leq N \tag{4.122}$$

に従う. ラグランジアン $L = \displaystyle\sum_i \dfrac{1}{2} m_i \dot{q}_i^2 - \sum_{j<i} \dfrac{m_i m_j}{|q_i - q_j|}$ によって (4.122) は変分問題

$$\delta \int L = 0 \tag{4.123}$$

に変換され，(4.122) は (4.123) のオイラー・ラグランジュ方程式

$$\frac{d}{dt}\left(\frac{\partial L}{\partial \dot{q}_i}\right) = \frac{\partial L}{\partial q_i}, \quad 1 \le i \le N \tag{4.124}$$

と同値である．次に一般運動量 $p_i = \dfrac{\partial L}{\partial \dot{q}_i}$ を用いてハミルトニアン $H = H(q_1, \ldots, q_N; p_1, \ldots, p_N)$ を $H = \sum_i p_i \dot{q}_i - L$ で定めると，(4.124) からハミルトンの正準方程式 (4.21) が得られる．

電磁場 E, B, 運動ポテンシャル V のもとで，質量 $m > 0$, 電荷 Q の荷電粒子 $x = x(t) \in \mathbf{R}^3$ は

$$m\ddot{x} = -Q(E + B \times \dot{x}) - \nabla V \tag{4.125}$$

に従って運動する．(4.125) において $QE, Q\dot{x} \times B$ はそれぞれ電場作用力, ローレンツ力を表す．一方電磁場の相互作用はマクスウェル方程式

$$\nabla \times E = -\frac{\partial B}{\partial t}, \quad \nabla \cdot B = 0$$

に従うので，B, E はベクトルポテンシャル, スカラーポテンシャル A, Ψ を用いて

$$B = -\nabla \times A, \quad E = -\nabla \Psi + \frac{\partial A}{\partial t} \tag{4.126}$$

のように与えられる．A, Ψ をゲージという．

成分表示 $A = (A_i)_{i=1,2,3}$, $y = m\dot{x} = (y_i)_{i=1,2,3}$, および (4.126) を用いて (4.125) を書き直せば

$$\dot{y}_i = -Q(E - \dot{x} \times B)_i - \frac{\partial V}{\partial x^i} = Q\left(\frac{\partial \Psi}{\partial x^i} - \frac{\partial A_i}{\partial t}\right) - Q\dot{x}^j\left(\frac{\partial A_j}{\partial x^i} - \frac{\partial A_i}{\partial x^j}\right) - \frac{\partial V}{\partial x^i}$$

$$= -Q\frac{dA_i}{dt} + Q\frac{\partial \Psi}{\partial x^i} - Q\dot{x}^j\frac{\partial A_j}{\partial x^i} - \frac{\partial V}{\partial x^i}$$

従って

$$\frac{d}{dt}(y_i + QA_i) = \frac{\partial}{\partial x_i}\left(Q\Psi - Q\sum_j \dot{x}^j A_j - V\right) \tag{4.127}$$

が得られる. (4.127) はラグラジアンを $L = \frac{1}{2}m\dot{x}^2 + Q\Psi - Q\dot{x}\cdot A - V$ としたときの (4.124), $N = 1$ である. 従って一般運動量は $p_i = \frac{\partial L}{\partial \dot{x}^i} = y_i - QA_i$, ハミルトニアンは

$$H = \sum_i p_i \dot{x}^i - L = \frac{1}{m}(y_i + QA_i)y_i - \left(\frac{1}{2m}y_i^2 + Q\Psi + \frac{1}{m}Qy_iA_i - V\right)$$

$$= \frac{1}{2m}y^2 - Q\Psi + V = \frac{1}{2m}(p_i - QA_i)^2 - Q\Psi + V,$$

で与えられる. 位置 x を一般座標 q と考え, $\Psi = A_0$ とおけば, ハミルトニアンは

$$H = H(q, p, t) = \frac{1}{2m}(p_i - QA_i)^2 - QA_0 + V \qquad (4.128)$$

で表される.

電磁場 $A_\mu, \mu = 0,1,2,3$ はそのままにして, 粒子密度を量子化するとゲージ・シュレディンガー方程式が得られる. この過程が第 1 量子化でハミルトニアン $E = H(q,p,t)$ は h をプランク定数として次の変更を受ける. すなわち, (4.128) に対して書き換え $t \mapsto t, E \mapsto \imath\frac{h}{2\pi}\frac{\partial}{\partial t}, p_i \mapsto \frac{1}{\imath}\frac{h}{2\pi}\partial_i$ を適用する. $\frac{h}{2\pi} = 1$ として簡略化すると

$$\imath\frac{\partial \psi}{\partial t} = -\frac{1}{2m}(\partial_i - \imath QA_i)^2 \psi - QA_0\psi + V\psi \qquad (4.129)$$

が得られる. さらにゲージ共変微分 $D_\mu = \partial_\mu - \imath QA_\mu, \mu = 0,1,2,3, \partial_0 = \partial_t$ を使うと, (4.129) は

$$\imath D_0 \psi = -\frac{1}{2m}D_i^2 \psi + V\psi \qquad (4.130)$$

となり, エネルギー作用素は $\hat{E} = -\frac{1}{2m}D_i^2 + (V - QA_0)$ となることがわかる. 特にエネルギー期待値は

$$E = \int_{\mathbf{R}^3} \overline{\psi}\hat{E}\psi = \int_{\mathbf{R}^3} \overline{\psi}\left(-\frac{1}{2m}D_i^2\psi + (V - QA_0)\psi\right) \qquad (4.131)$$

ここで

$$\partial_i(\overline{\psi}D_i\psi) = \partial_i\overline{\psi}D_i\psi + \overline{\psi}\partial_iD_i\psi = \overline{D_i\psi}D_i\psi + \overline{\psi}D_iD_i\psi = |D_i\psi|^2 + \overline{\psi}D_i^2\psi$$

を用いると, (4.131) は

$$E = \int_{\mathbf{R}^3} \frac{1}{2m} |D_i \psi|^2 + (V - QA_0) |\psi|^2 \, dx \qquad (4.132)$$

となる.

(4.132) の E をハミルトニアンと見なして H と書くと, (4.129) は

$$i \frac{\partial \psi}{\partial t} = \frac{\delta H}{\delta \overline{\psi}}$$

と表すことができる. (4.130) を表すためには H を

$$H = \int_{\mathbf{R}^3} \frac{1}{2m} |D_i \psi|^2 + V |\psi|^2 \, dx$$

∂_t をゲージ共変微分 D_0 で置き換えると $iD_0 \psi = \dfrac{\delta H}{\delta \overline{\psi}}$ が得られる.

4.8 チャーン・サイモンス理論

チャーン・サイモンスの関係式を仮定すると前節のゲージ・シュレディンガー方程式のラグラジアンが導出できる. 本節ではゲージ・シュレディンガー・チャーン・サイモンス方程式を導出する.

電磁場のゲージがなく, ポテンシャル力だけを受ける粒子はシュレディンガー方程式

$$i \frac{\partial \psi}{\partial t} = -\frac{1}{2m} \Delta \psi + V \psi \qquad (4.133)$$

に従う. (4.133) においてポテンシャル力を発生させる粒子の相互作用を, その密度平均 $V = -g|\psi|^2$ で近似したのが非線形シュレディンガー方程式

$$i \frac{\partial \psi}{\partial t} = -\frac{1}{2m} \Delta \psi - g|\psi|^2 \psi \qquad (4.134)$$

である. ただし g は重力定数とする. (4.134) は

$$L = i\overline{\psi} \partial_0 \psi - \frac{1}{2m} |\partial_k \psi|^2 + \frac{g}{2} |\psi|^4$$

をラグラジアンとして (4.123) で表すことができる. (4.134) より粒子密度 $\rho = |\psi|^2 = \psi \overline{\psi}$ は

$$\frac{\partial \rho}{\partial t} = \psi \frac{\partial \overline{\psi}}{\partial t} + \overline{\psi} \frac{\partial \psi}{\partial t} = -\frac{i}{2m} (\psi \Delta \overline{\psi} - \overline{\psi} \Delta \psi)$$

$$= -\frac{\imath}{2m}\partial_k\left(\psi\partial_k\overline{\psi} - \overline{\psi}\partial_k\psi\right) \tag{4.135}$$

を満たす. 空間次元 $n=2$ としてカレント $j=(j^k)_{k=1,2}$,

$$j^k = \frac{\imath}{2m}(\psi\partial_k\overline{\psi} - \overline{\psi}\partial_k\psi)$$

を用いると, (4.135) は保存則の方程式

$$\rho_t + \nabla \cdot j = 0 \tag{4.136}$$

で記述され, (4.136) はさらに $J=(J^\mu)=(\rho, j^k)=(\rho, j)$, $\mu=0,1,2$ を用いて

$$\partial_\mu J^\mu = 0 \tag{4.137}$$

と書ける. (4.137) はマクスウェル方程式と読むことができる.

一方, (4.134) において通常の微分をゲージ共変微分 $D_\mu = \partial_\mu - \imath Q A_\mu$ に置き換えたのが, **非線形ゲージ・シュレディンガー方程式**

$$\imath D_0 \psi = -\frac{1}{2m}D_k^2\psi - g\left|\psi\right|^2\psi \tag{4.138}$$

である. $\partial_\mu(\psi_1\overline{\psi_2}) = \psi_1\overline{D_\mu\psi_2} + (D_\mu\psi_1)\overline{\psi_2}$, $\mu=0,1,2$ より, このときはカレントを

$$J=(J^\mu)=(\rho, J^k)_{k=1,2}, \ J^k = \frac{\imath}{2m}(\psi\overline{D_k\psi} - \overline{\psi}D_k\psi), \ \rho=|\psi|^2 \tag{4.139}$$

に変更すると, マクスウェル方程式 (4.137) が得られる. 従って $F_{\mu\nu} = \partial_\mu A_\nu - \partial_\nu A_\mu$ に対して

$$\partial_\nu F_{\mu\nu} = -J^\mu, \qquad \mu=0,1,2 \tag{4.140}$$

が成り立つようにゲージ・ポテンシャル A_μ を定めることができる.

(4.140) の左辺には $F_{\mu\nu}$ の微分が入っているが, チャーン・サイモンス理論ではこれを関数関係

$$F_{\mu\nu} = \frac{1}{\kappa}\varepsilon_{\mu\nu\alpha}J^\alpha, \qquad \mu,\nu,\alpha=0,1,2, \tag{4.141}$$

に置き換える. ただし $\kappa > 0$ はカップリング定数, $\varepsilon_{\mu\nu\alpha}$ は $\varepsilon_{012}=1$ で正規化される 3 階の歪対称テンソルである. すなわち (4.138), (4.141) がゲージ・

シュレディンガー・チャーン・サイモンズ方程式であり, $J = (J^\mu)$, $J^0 = |\psi|^2$, $J^k = \frac{\imath}{2m}(\psi \overline{D_k \psi} - \overline{\psi} D_k \psi)$, $k = 1, 2$, $F_{\mu\nu} = \partial_\mu A_\nu - \partial_\nu A_\mu$ とする. ゲージ・シュレディンガー・チャーン・サイモンズ方程式は

$$L = -\frac{\kappa}{2}\varepsilon^{\mu\nu\alpha}A_\mu \partial_\nu A_\alpha + \imath\overline{\psi}D_0\psi - \frac{1}{2m}|D_k\psi|^2 + \frac{g}{2}|\psi|^4$$
$$= -\frac{\kappa}{4}\varepsilon^{\mu\nu\alpha}A_\mu F_{\nu\alpha} + \imath\overline{\psi}D_0\psi - \frac{1}{2m}|D_k\psi|^2 + \frac{g}{2}|\psi|^4 \quad (4.142)$$

をラグラジアンとして (4.123) の形に書ける.

4.9 自己双対ゲージ

ラグラジアン (4.142) において, ポテンシャル項 $\frac{g}{2}|\psi|^4$ には様々なバリエーションがある. 定常的なゲージ・シュレディンガー・チャーン・サイモンズ方程式 (空間 2 次元) の臨界状態を記述するモデルとしてボゴモルニィ (**Bogomol'nyi**) 方程式が現れる. この方程式は 1 階の連立系であるが, さらにその自己双対部分を抽出すると, 指数型非線形項をもつ楕円型方程式に帰着される.

本節では古典的なアーベリアン・ヒッグス (**Abelian Higgs**) モデルを取り上げる [164]. このモデルは超伝導に関するもので, ラグラジアンは非相対論的なギンツブルグ・ランダウ密度をポテンシャル項としてもつ. 空間は 2 次元で, 系は低温かつ定常状態にあるとして, A_0 と A_i, $i = 1, 2$ を電場と磁場のゲージ, φ をヒッグス場として, $A_0 = 0$ かつ $|\varphi|^2$ はクーパー (Cooper) 対密度を表すものとする. すると作用素積分は

$$\mathcal{L}(A, \varphi) = \int_{\mathbf{R}^2} \frac{1}{2}|(\partial_j - \imath A_j)\varphi|^2 + \frac{1}{4}F_{jk}F_{jk} + \frac{\lambda}{8}\left(|\varphi|^2 - 1\right)^2 dx \quad (4.143)$$

となる. ただし λ はカップリング定数で, ラグラジアンの符号を (4.142) とは逆にしている. (4.143) では $\varphi : \mathbf{R}^2 \to \mathbf{C}$ は $\mathbf{R}^2$ 上の $\mathbf{C}$ ラインバンドルの切断, $A = (A_j)_{j=1,2}$ は接続, $F_{jk} = \partial_j A_k - \partial_k A_j$ は曲率テンソルと見なす. このとき自然な仮定

$$|\varphi| \to 1, \quad D_A^j \varphi = \partial_j \varphi - \imath A_j \varphi \to 0, \quad x \to \infty \quad (4.144)$$

のもとで, 渦数

$$n = \frac{1}{2\pi} \int_{\mathbf{R}^2} F_{12} \in \mathbf{Z} \tag{4.145}$$

が定義でき，このラインバンドルの位相不変量である第 1 チャーン類になる[*12]．

$\varphi = \varphi_1 + \imath\varphi_2, \varphi_i \in \mathbf{R}, i = 1, 2$ とすると

$$\begin{aligned}
&\frac{1}{2} |(\partial_j - \imath A_j)\varphi|^2 \\
&= \frac{1}{2} \left\{ (\partial_1\varphi_1 + A_1\varphi_2)^2 + (\partial_1\varphi_2 - A_1\varphi_1)^2 \right\} \\
&\quad + \frac{1}{2} \left\{ (\partial_2\varphi_1 + A_2\varphi_2)^2 + (\partial_2\varphi_2 - A_2\varphi_1)^2 \right\} \\
&= \frac{1}{2} \left\{ (\partial_1\varphi_1 + A_1\varphi_2) - (\partial_2\varphi_2 - A_2\varphi_1) \right\}^2 \\
&\quad + \frac{1}{2} \left\{ (\partial_1\varphi_2 - A_1\varphi_1) + (\partial_2\varphi_1 - A_2\varphi_2) \right\}^2 + \frac{1}{2}(A_1\partial_2 - A_2\partial_1)(\varphi_1^2 + \varphi_2^2)
\end{aligned}$$

また

$$\frac{1}{2} \int_{\mathbf{R}^2} (A_1\partial_2 - A_2\partial_1)(\varphi_1^2 + \varphi_2^2) = \frac{1}{2} \int_{\mathbf{R}^2} F_{12}(\varphi_1^2 + \varphi_2^2)$$

(4.143) において $\lambda = 1$ の場合を考えると

$$\frac{1}{2} \left\{ F_{12} + \frac{1}{2}(\varphi_1^2 + \varphi_2^2 - 1) \right\}^2 = \frac{1}{2} F_{12}^2 + \frac{1}{8}\left(|\varphi|^2 - 1\right)^2 \\
+ \frac{1}{2} F_{12}(\varphi_1^2 + \varphi_2^2 - 1)$$

より

$$\begin{aligned}
\mathcal{L}(A, \varphi) = \int_{\mathbf{R}^2} &\frac{1}{2} \left\{ (\partial_1\varphi_1 + A_1\varphi_2) - (\partial_2\varphi_2 - A_2\varphi_1) \right\}^2 \\
&+ \frac{1}{2} \left\{ (\partial_2\varphi_1 + A_2\varphi_2) + (\partial_1\varphi_2 - A_1\varphi_1) \right\}^2 \\
&+ \frac{1}{2} \left\{ F_{12} + \frac{1}{2}\left(\varphi_1^2 + \varphi_2^2 - 1\right) \right\}^2 dx + \frac{1}{2} \int_{\mathbf{R}^2} F_{12}
\end{aligned}$$

従って (4.145) より常に $\mathcal{L}(A, \varphi) \geq n\pi$ であり，等号は

$$(\partial_1\varphi_1 + A_1\varphi_2) - (\partial_2\varphi_2 - A_2\varphi_1) = 0$$
$$(\partial_2\varphi_1 + A_2\varphi_2) + (\partial_1\varphi_2 - A_1\varphi_1) = 0$$

[*12] ベクトル束の特性類については小林 [82] 第 4 章．

$$F_{12} + \frac{1}{2}\left(\varphi_1^2 + \varphi_2^2 - 1\right) = 0 \tag{4.146}$$

のとき,かつそのときに限る.(4.146) は作用素積分最小を達成するゲージ・シュレディンガー・チャーン・サイモンス方程式の定常解が満たす方程式で,ボゴモルニィ方程式と呼ばれるものの一種になる[*13].1階連立系である (4.146) の自己双対部分を取り出して,2階単独楕円型方程式である**自己双対ゲージ方程式**を導出する[*14].

実際 $\hat{A} = A_1 + \imath A_2$, $\partial = \frac{1}{2}(\partial_1 - \imath\partial_2)$, $\overline{\partial} = \frac{1}{2}(\partial_1 + \imath\partial_2)$ に対して,(4.146) の第 1, 2 方程式は

$$2\overline{\partial}\varphi - \imath\hat{A}\varphi = 0 \tag{4.147}$$

の実部と虚部である.(4.147) より

$$\hat{A} = -2\imath\overline{\partial}\log\varphi \tag{4.148}$$

$\varphi = e^f$, $f = f_1 + \imath f_2$, $f_1, f_2 \in \mathbf{R}$ の 1 価性から

$$f_2(\theta, r) \equiv f_2(\theta + 2\pi, r), \quad \text{modulo } 2\pi\mathbf{Z}$$

であり,(4.148) から $A_1 = \partial_1 f_2 + \partial_2 f_1$, $A_2 = -\partial_1 f_1 + \partial_2 f_2$. 従って $F_{12} = \partial_1 A_2 - \partial_2 A_1 = -\Delta f_1$ となり,(4.144) と (4.146) 第 3 式は

$$-\Delta f_1 + \frac{1}{2}\left(e^{2f_1} - 1\right) = 0, \quad \lim_{x\to\infty} f_1 = 0, \quad \lim_{x\to\infty}\varphi = e^{\imath f_2}$$

に帰着される.

$f_1(x)$ が有限個の特異点 $\{a_1, \ldots, a_m\} \subset \mathbf{R}^2$ をもつときは $\varphi(a_k) = 0$ である.そのオーダーを n_k とすると

$$f_1(x) \sim \frac{n_k}{2}\log|x - a_k|^2, \quad x \to a_k$$

従って $v = 2f_1 - \sum_k n_k \log|x - a_k|^2$ はゲージ・シュレディンガー方程式

$$\Delta v = e^v - 1 + 4\pi\sum_k n_k \delta(x - a_k) \quad \text{in } \mathbf{R}^2$$

[*13] ボゴモルニィ方程式については高崎 [160] 第 5 章.
[*14] 自己双対ゲージ方程式は軸対称 4 次元 $SU(2)$ ヤン・ミルズ方程式など多数.

$$v \sim -\sum_k n_k \log|x - a_k|^2, \quad x \to \infty$$

の解となる.

ゲージ理論における 2 次元定常自己双対方程式には様々なモデルがある [*15]. 相対論的なチャーン・サイモンス密度を用いた高温超伝導モデルでは

$$\Delta v = e^v(e^v - 1) + 4\pi \sum_k n_k \delta(x - a_k) \quad \text{in } \mathbf{R}^2 \tag{4.149}$$

がある. (4.149) において $4\pi \sum_k \delta(x - a_k)$ は渦度項と呼ばれている [*16]. また渦度項がない場合に 2 重周期的な (4.149) の解を考え, カップリング定数 λ を導入して $\lambda \uparrow +\infty$ とすると, その mountain pass 解はボルツマン・ポアソン方程式

$$-\Delta v = \lambda \left(\frac{e^v}{\int_\Omega e^v} - \frac{1}{|\Omega|} \right) \quad \text{in } \Omega, \quad \int_\Omega v = 0$$

で $\lambda = 4\pi$ の解に漸近することも知られている [162]. ただし $\Omega = \mathbf{R}^2/a\mathbf{Z} \times b\mathbf{Z}$, $a, b > 0$ である.

[*15] Yang [175] 第 2 章, 第 3 章, 第 4 章, 第 5 章, 第 6 章, 第 7 章, 第 8 章, 第 10 章, 第 11 章.
[*16] Tarantello [163] 第 2 章.

第5章 漸近的非退化性

第4章でハミルトニアン $H_\ell = H_\ell(x_1, \ldots, x_\ell)$ の臨界点が, ℓ 点渦の定常配置に他ならないこと, また (1.1) の解は点渦系の平衡平均場として得られる定常渦度場も表していることを示した. 一方第3章ではハミルトニアンがボルツマン・ポアソン方程式 (1.1) の解を制御していることを述べている. (1.1) の解は汎関数

$$F_\lambda(v) = \frac{1}{2}\int_\Omega |\nabla v|^2 dx - \lambda \int_\Omega e^v, \quad v \in H_0^1(\Omega) \tag{5.1}$$

の臨界点である. 定理 1.10 は点渦系の平衡平均場, すなわち無限次元空間 $H_0^1(\Omega)$ 上の汎関数 F_λ の臨界点が, ある種の極限で点渦系の定常状態, すなわち有限次元空間 Ω^ℓ 上の関数 H_ℓ の臨界点に縮退することを表している. 従って点渦と渦度場という2つの階層の遷移は, 臨界点の近傍でのそれぞれの汎関数の構造に及んでいることになる. 本章では線形化固有値の非退化性に関する両者の関係を述べる.

5.1 ボルツマン・ポアソン方程式再論

第4章で述べた正準統計の議論は, 定理 1.10 で示したボルツマン・ポアソン方程式 (1.1) の爆発解

$$-\Delta v_k = \lambda_k e^{v_k} \quad \text{in } \Omega, \qquad v_k = 0 \quad \text{on } \partial\Omega$$
$$\lim_{k\to\infty} \|v_k\|_\infty = +\infty, \quad \lambda_k \downarrow 0 \tag{5.2}$$

の挙動がハミルトニアンを介した階層の循環であることを明らかにしている.

爆発解の形状をスケーリングによって詳細に分析すると，この状況がさらに深いところに及んでいることがわかる．本章では次の定理 [64] を示す[*1]．

定理 5.1 (漸近的非退化性)　定理 1.10 において $0 < \ell < +\infty$ とし，$\{v_k\}$ の爆発集合を $\mathcal{S} = \{x_1^*, \ldots, x_\ell^*\}$ とする．このとき $(x_1^*, \ldots, x_\ell^*)$ が $H_\ell(x_1, \ldots, x_\ell)$ の非退化臨界点であれば，$v_k, k \gg 1$ は汎関数

$$F_{\lambda_k}(v) = \frac{1}{2}\|\nabla v\|_2^2 - \lambda_k \int_\Omega e^v, \quad v \in H_0^1(\Omega)$$

の非退化臨界点である．

定理の仮定のもとで

$$\lim_{k \to \infty} \int_\Omega \lambda_k e^{v_k} = 8\pi\ell \tag{5.3}$$

またリィ・シャフリエの定理（定理 2.2）の証明を $v_k + \log \lambda_k$ に対して適用し，各 $x_j^*, 1 \leq j \leq \ell$ に対して $0 < R \ll 1$ において

$$\lim_{k \to \infty} x_{j,k} = x_j^*, \quad v_k(x_{j,k}) = \max_{B(x_{j,k},R)} v_k \to +\infty \tag{5.4}$$

となる $\{x_{j,k}\}$ をとる．次に $\lambda_k e^{v_k(x_{j,k})} \delta_{j,k}^2 = 1$ となる $\delta_{j,k}$ を用いて (2.62) を修正し

$$\tilde{v}_{j,k}(x) = v_k(\delta_{j,k}x + x_{j,k}) - v_k(x_{j,k}), \quad x \in B(0, R/\delta_{j,k}) \tag{5.5}$$

とおく．$v_k + \log \lambda_k$ に対してブレジス・メルルの定理（定理 2.1）を適用すると $v_k(x_{j,k}) + \log \lambda_k \to +\infty$．従って

$$\lim_{k \to \infty} \delta_{j,k} = 0 \tag{5.6}$$

また (5.5) のもとで

$$-\Delta \tilde{v}_{j,k} = e^{\tilde{v}_{j,k}}, \quad \tilde{v}_{j,k} \leq \tilde{v}_{j,k}(0) = 0 \quad \text{in } B(0, R/\delta_{j,k})$$
$$\int_{B(0,R/\delta_{j,k})} e^{\tilde{v}_{j,k}} = \lambda_k \int_{B(x_{j,k},R)} e^{v_k} \leq \int_\Omega \lambda_k e^{v_k} \to 8\pi\ell \tag{5.7}$$

[*1] 変数係数の場合は [111]．

であり, $k \to \infty$ において (2.24), すなわち

$$-\Delta v = e^v \quad \text{in } \mathbf{R}^2, \qquad \int_{\mathbf{R}^2} e^v < +\infty \tag{5.8}$$

が現れる. $\tilde{v}_{j,k}(x) \leq \tilde{v}_{j,k}(0) = 0$ とチェン・リィの定理（定理 2.5）から, その極限は

$$U(x) = \log \frac{1}{\left(1 + \frac{|x|^2}{8}\right)^2} \tag{5.9}$$

でなければならない.

一方 (1.114) から $v_k + \log \lambda_k$ にリィの評価（定理 2.8）が適用でき, $0 < R \ll 1$, $1 \leq j \leq \ell$ に対して

$$\left| v_k(x) - \log \frac{e^{v_k(x_{j,k})}}{\left(1 + \frac{\lambda_k}{8} e^{v_k(x_{j,k})} |x - x_{j,k}|^2\right)^2} \right| \leq C_1, \quad x \in B(x_{j,k}, R) \tag{5.10}$$

が $k = 1, 2, \ldots$ で成り立つ. (5.5), (5.9) を用いて (5.10) を書き直したのが次の定理である.

定理 5.2 $0 < R \ll 1$, $1 \leq j \leq \ell$, $k \gg 1$ に対して

$$|\tilde{v}_{j,k}(x) - U(x)| \leq C_1, \quad x \in B(0, R/\delta_{j,k}) \tag{5.11}$$

(5.11) から $\{\tilde{v}_{j,k}\}$ は局所一様有界である. また

$$\int_{B(x_{j,k}, R)} \lambda_k e^{v_k} = \int_{B(0, R/\delta_{j,k})} e^{\tilde{v}_{j,k}} \to 8\pi \tag{5.12}$$

も得られる. 実際 (5.11) から $0 \leq e^{\tilde{v}_{j,k}} \leq e^C e^U$ in $B(0, R/\delta_{j,k})$ であり

$$E_{j,k} = \begin{cases} e^{\tilde{v}_{j,k}} & \text{in } B(0, \delta_{j,k}) \\ 0 & \text{in } \mathbf{R}^2 \setminus B(0, \delta_{j,k}) \end{cases}$$

に対して各 $x \in \mathbf{R}^2$ で $\lim_{k \to \infty} E_{j,k}(x) = e^{U(x)}$ かつ

$$0 \leq E_{j,k} \leq e^C e^U \quad \text{in } \mathbf{R}^2, \qquad \int_{\mathbf{R}^2} e^U < +\infty$$

従って優収束定理から

$$\int_{B(0,R/\delta_{j,k})} e^{\tilde{v}_{j,k}} = \int_{\mathbf{R}^2} E_{j,k} \to \int_{\mathbf{R}^2} e^U = 8\pi$$

となって (5.12) が得られる. 以下では

$$|x|^\alpha e^U \in L^1(\mathbf{R}^2), \qquad 0 \leq \alpha < 2 \tag{5.13}$$

を優関数とする議論も適用する. (5.11) を用いると (5.6) を改良することもできる.

補題 5.1.1 $1 \leq j \leq \ell$ に対して定数 $d_j > 0$ と同じ記号で表す部分列が存在して

$$\delta_{j,k} = d_j \lambda_k^{1/2} + o\left(\lambda_k^{1/2}\right), \quad k \to \infty \tag{5.14}$$

【証明】 リィの評価 (5.10) から $0 < R \ll 1$ に対して

$$\left| v_k(x) - \log \frac{e^{v_k(x_{j,k})}}{\left(1 + \frac{\lambda_k}{8} e^{v_k(x_{j,k})} R^2\right)^2} \right| = O(1), \quad x \in \partial B(x_{j,k}, R) \tag{5.15}$$

が成り立つ. 一方 $\{v_k\}_k$ は $\overline{\Omega} \setminus \mathcal{S}$ 上局所一様有界で

$$\frac{e^{v_k(x_{j,k})}}{\left(1 + \frac{\lambda_k}{8} e^{v_k(x_{j,k})} R^2\right)^2} = \frac{1}{\left(e^{-v_k(x_{j,k})/2} + \frac{1}{8} \lambda_k^{1/2} \delta_{j,k}^{-1} R^2\right)^2}$$

$$\lim_{k \to \infty} e^{-v_k(x_{j,k})/2} = 0 \tag{5.16}$$

(5.15), (5.16) より, $d_j > 0$ が存在して (5.14) となる. □

実は (1.105), (1.106), (1.107) で定まる ℓ 次ハミルトニアン

$$H_\ell(x_1, \ldots, x_\ell) = \sum_{j=1}^{\ell} H_{\ell,j}(x_1, \ldots, x_\ell)$$

$$H_{\ell,j}(x_1, \ldots, x_\ell) = \frac{1}{2} R(x_j) + \sum_{i<j} G(x_i, x_j)$$

に対し $d_j = \frac{1}{8} \exp\left(8\pi H_{\ell,j}(x_1^*, \ldots, x_\ell^*)\right)$ であり, 補題 5.1.1 は部分列に移行せずに成立する [62]. また (5.5) 第 2 式から補題 5.1.1 は (1.130) の別証明になっ

ていることもわかる. 実際 (1.130) の σ_k は (5.14) の λ_k と同じである. 以下ではこの式を次の形で使用する.

補題 5.1.2 部分列に対して
$$v_k(x_{j,k}) = -2\log\lambda_k + O(1), \quad k \to \infty \tag{5.17}$$

また次の定理も用いる.

定理 5.3 (5.5) で定める v_k のスケーリング $\tilde{v}_{j,k}$ は U に局所一様収束する.

【証明】 定理 5.2 によって $\{\tilde{v}_{j,k}\}$ は局所一様有界で, (5.7) を満たす. (5.7) に対して楕円型評価と対角線論法を適用すると, (5.8) の解 U が存在して $\{\tilde{v}_{j,k}\}$ の部分列は U に局所一様収束する. (5.7) からさらに
$$U \le U(0) = 0 \quad \text{in } \mathbf{R}^2$$
であるので, チェン・リィの定理（定理 2.5）から (5.9) が成り立つ. 極限が一意なので, この収束は部分列を選ぶ必要がない. □

5.2 爆発点の影響

爆発解析を用いると定理 1.10 の爆発解の挙動を詳しく記述することができる. この精密化は線形化問題の解析で必要となる. 最初に爆発点から離れたところでの挙動を考える. 以下 $\{v_k\}_k$ は (5.2), (5.3), $\ell \in \mathbf{N}$ を満たすものとして, $0 < R \ll 1$ に対し

$$\sigma_{j,k}^0 = \int_{B(x_{j,k},R)} \lambda_k e^{v_k} dx, \quad \boldsymbol{\sigma}_{j,k}^1 = (\sigma_{j,k}^{1,1}, \sigma_{j,k}^{1,2})$$
$$\sigma_{j,k}^{1,\alpha} = \int_{B(x_{j,k},R)} (x - x_{j,k})_\alpha \lambda_k e^{v_k} dx, \quad \alpha = 1,2 \tag{5.18}$$

とおく. また $G = G(x,y)$ はグリーン関数である.

補題 5.2.1 $k \to \infty$ において, $\overline{\Omega} \setminus \bigcup_{j=1}^{\ell} B(x_{j,k}, R)$ 上一様に

$$v_k(x) = \sum_{j=1}^{\ell} \left\{ \sigma_{j,k}^0 G(x, x_{j,k}) + \boldsymbol{\sigma}_{j,k}^1 \cdot \nabla_y G(x, x_{j,k}) \right\} + o\left(\lambda_k^{1/2}\right) \quad (5.19)$$

【証明】 漸近評価

$$\left\| v_k - \sum_{j=1}^{\ell} \left\{ \sigma_{j,k}^0 G(\cdot, x_{j,k}) + \boldsymbol{\sigma}_{j,k}^1 \cdot \nabla_y G(\cdot, x_{j,k}) \right\} \right\|_{L^{\infty}(\Omega \setminus \bigcup_{j=1}^{\ell} B(x_{j,k}, R))}$$
$$= o\left(\lambda_k^{1/2}\right), \quad k \to \infty \quad (5.20)$$

を示す. $k \gg 1$ として

$$x_{j,k} \in B(x_j^*, R/8) \quad (5.21)$$

を仮定する. 最初にグリーン関数を用いて v_k を

$$v_k(x) = \int_{\Omega} G(x,y) \lambda_k e^{v_k}\, dy = \sum_{j=1}^{\ell} \int_{B(x_{j,k}, R/2)} G(x,y) \lambda_k e^{v_k}\, dy$$
$$+ \int_{\Omega \setminus \bigcup_{j=1}^{\ell} B(x_{j,k}, R/2)} G(x,y) \lambda_k e^{v_k}\, dy \quad (5.22)$$

で表す. 関係 $\Omega \setminus \bigcup_{j=1}^{\ell} B(x_{j,k}, R/2) \subset \Omega \setminus \bigcup_{j=1}^{\ell} B(x_j^*, R/8)$ より (5.22) 右辺第 2 項は

$$\left| \int_{\Omega \setminus \bigcup_{j=1}^{\ell} B(x_{j,k}, R/2)} G(x,y) \lambda_k e^{v_k} dy \right|$$
$$\leq C \lambda_k \int_{\Omega \setminus \bigcup_{j=1}^{\ell} B(x_j^*, R/8)} G(x,y)\, dy = O(\lambda_k) = o\left(\lambda_k^{1/2}\right)$$

を満たす. 一方

$$x \in \overline{\Omega} \setminus B(x_{j,k}, R), \quad y \in B(x_j^*, 5R/8) \quad \Rightarrow \quad |x-y| \geq R/4$$

より, $x \in \overline{\Omega} \setminus B(x_{j,k}, R)$ のとき $G(x,y)$ は y の関数として $B(x_j^*, 5R/8)$ で滑

らかである. 以下 $x \in \overline{\Omega} \setminus B(x_{j,k}, R)$, $y \in B(x_{j,k}, R/2)$ とする.

y に関するテーラー展開により

$$G(x,y) = G(x, x_{j,k}) + (y - x_{j,k}) \cdot \nabla_y G(x, x_{j,k}) + s(x, \eta, y - x_{j,k})$$

$$s(x, \eta, y - x_{j,k}) = \frac{1}{2} \sum_{\alpha, \beta = 1}^{2} G_{y_\alpha y_\beta}(x, \eta)(y - x_{j,k})_\alpha (y - x_{j,k})_\beta$$

$$\eta = \eta(j, k, y) \in B(x_{j,k}, R/2) \subset B(x_j^*, 5R/8)$$

と表して

$$\int_{B(x_{j,k}, R/2)} G(x,y) \lambda_k e^{v_k} \, dy = G(x, x_{j,k}) \int_{B(x_{j,k}, R/2)} \lambda_k e^{v_k} \, dy$$
$$+ \nabla_y G(x, x_{j,k}) \cdot \int_{B(x_{j,k}, R/2)} (y - x_{j,k}) \lambda_k e^{v_k} \, dy$$
$$+ \frac{1}{2} \sum_{\alpha, \beta = 1}^{2} \int_{B(x_{j,k}, R/2)} (y - x_{j,k})_\alpha (y - x_{j,k})_\beta G_{y_\alpha y_\beta}(x, \eta) \lambda_k e^{v_k} \, dy \quad (5.23)$$

を得る. (5.18) を適用すると (5.23) 右辺第 1 項では

$$\int_{B(x_{j,k}, R/2)} \lambda_k e^{v_k} \, dy = \sigma_{j,k}^0 - \int_{B(x_{j,k}, R) \setminus B(x_{j,k}, R/2)} \lambda_k e^{v_k} \, dy$$
$$= \sigma_{j,k}^0 + O(\lambda_k) = \sigma_{j,k}^0 + o\left(\lambda_k^{1/2}\right)$$

また第 2 項では

$$\int_{B(x_{j,k}, R/2)} (y - x_{j,k})_\alpha \lambda_k e^{v_k} \, dy = \sigma_{j,k}^{1,\alpha} + O(\lambda_k) = \sigma_{j,k}^{1,\alpha} + o\left(\lambda_k^{1/2}\right)$$

が発生する. 第 3 項については $\varepsilon \in (0, 1)$ をとり

$$\left| \int_{B(x_{j,k}, R/2)} G_{y_\alpha y_\beta}(x, \eta)(y - x_{j,k})_\alpha (y - x_{j,k})_\beta \lambda_k e^{v_k} \, dy \right|$$
$$\leq CR^\varepsilon \int_{B(x_{j,k}, R/2)} |y - x_{j,k}|^{2-\varepsilon} \lambda_k e^{v_k} \, dy \quad (5.24)$$

と評価する. 右辺の積分は (5.13) に注意して リィ の評価 (5.11) を用いれば

$$\int_{B(x_{j,k},R/2)} |y-x_{j,k}|^{2-\varepsilon} \lambda_k e^{v_k}\, dy = \delta_{j,k}^{2-\varepsilon} \int_{B(0,R/(2\delta_{j,k}))} |y|^{2-\varepsilon} e^{\tilde{v}_{j,k}}\, dy$$
$$= O\left(\delta_{j,k}^{2-\varepsilon}\right) = o\left(\lambda_k^{1/2}\right) \tag{5.25}$$

となる. (5.23)–(5.25) より (5.20) が得られる. □

(5.18) において
$$\lim_{k\to\infty} \sigma_{j,k}^0 = 8\pi, \quad 1 \le j \le \ell \tag{5.26}$$

はわかっている. また楕円型評価により (5.19) は C^2 の意味でも成立する. このことから後で使う次の漸近評価が得られる. 以下
$$K(x,y) = G(x,y) + \frac{1}{2\pi} \log|x-y|$$

をグリーン関数 $G(x,y)$ の正則部分とする. ロバン関数は $R(x) = K(x,x)$ で与えられる.

補題 5.2.2 $0 < R \ll 1$ に対し $k \to \infty$ において
$$\nabla v_k = -\frac{\sigma_{j,k}^0}{2\pi} \frac{\nu}{R} + \nabla \kappa_{j,k} + o\left(\lambda_k^{1/2}\right) \quad \text{on } \partial B(x_{j,k}, R) \tag{5.27}$$

ただし ν は $\partial B(x_{j,k}, R)$ の単位外法ベクトルで
$$\kappa_{j,k} = \sigma_{j,k}^0 K(\cdot, x_{j,k}) + \sum_{i \ne j} \sigma_{i,k}^0 G(\cdot, x_{i,k}) \tag{5.28}$$

とする.

【証明】 リィの評価（定理 2.8）と優収束定理から, $k \to \infty$ において
$$\frac{\boldsymbol{\sigma}_{j,k}^1}{\delta_{j,k}} = \frac{1}{\delta_{j,k}} \int_{B(x_{j,k},R)} (y-x_{j,k}) \lambda_k e^{v_k}\, dy = \int_{B(0,R/\delta_{j,k})} y e^{\tilde{v}_{j,k}}\, dy$$
$$\to \int_{\mathbf{R}^2} y e^U = 0$$

従って $\boldsymbol{\sigma}_{j,k}^1 = o(\delta_{j,k}) = o\left(\lambda_k^{1/2}\right)$ であり, (5.19) において残余項となる. 特に $\overline{\Omega} \setminus \bigcup_{j=1}^\ell B(x_{j,k}, R)$ 上 C^1 の意味で

$$v_k = \sum_{j=1}^{\ell} \sigma_{j,k}^0 G(\cdot, x_{j,k}) + o\left(\lambda_k^{1/2}\right)$$

が成り立ち, 特に (5.27) が得られる. □

(5.28) で定められる $\kappa_{j,k}$ は $B(x_{j,k}, R)$ 上の調和関数であり, (5.26), (1.115) より

$$\lim_{k \to \infty} \nabla \kappa_{j,k}(x_{j,k}) = 8\pi \nabla_{x_j} H_\ell(x_1^*, \ldots, x_\ell^*) = 0, \quad 1 \leq j \leq \ell \qquad (5.29)$$

となる.

本節最後に, 線形化固有値問題の解析で必要となる次の評価[*2]を示す.

補題 5.2.3 k, j に依存しない $C_1 > 0$ が存在し, $\alpha = 1, 2$ に対して

$$\left|\frac{\partial}{\partial x_\alpha} \tilde{v}_{j,k}(x)\right| \leq \frac{C_1}{1 + |x|}, \quad x \in B(0, R/\delta_{j,k}) \qquad (5.30)$$

【証明】 等式

$$\frac{\partial}{\partial x_\alpha} v_k(x) = \int_\Omega G_{x_\alpha}(x, y) \lambda_k e^{v_k} \, dy = \sum_{i=1}^{\ell} \int_{B(x_{i,k}, R)} G_{x_\alpha}(x, y) \lambda_k e^{v_k} \, dy$$
$$+ \int_{\Omega \setminus \bigcup_{i=1}^{\ell} B(x_{i,k}, R)} G_{x_\alpha}(x, y) \lambda_k e^{v_k} \, dy \qquad (5.31)$$

において右辺第 2 項については

$$\left|\int_{\Omega \setminus \bigcup_{i=1}^{\ell} B(x_{i,k}, R)} G_{x_\alpha}(x, y) \lambda_k e^{v_k} \, dy\right| \leq C_2 \lambda_k \int_\Omega |G_{x_\alpha}(x, y)| \, dy$$
$$= O(\lambda_k)$$

が成り立ち, 第 1 項についても $i \neq j$ ならば

$$\int_{B(x_{i,k}, R)} G_{x_\alpha}(x, y) \lambda_k e^{v_k} \, dy = O(1), \quad x \in B(x_{j,k}, R)$$

である. 一方, (5.31) 右辺第 1 項で $i = j$ のときは

[*2] [60] Lemma A.1 の精密化.

$$\int_{B(x_{j,k},R)} G_{x_\alpha}(x,y)\lambda_k e^{v_k}\,dy$$
$$= -\frac{1}{2\pi}\int_{B(x_{j,k},R)} \frac{(x-y)_\alpha}{|x-y|^2}\lambda_k e^{v_k}\,dy + \int_{B(x_{j,k},R)} K_{x_\alpha}(x,y)\lambda_k e^{v_k}\,dy \quad (5.32)$$

と分解する. (5.32) 右辺第 2 項は $x \in B(x_{j,k}, R)$ について一様に

$$\int_{B(x_{j,k},R)} K_{x_\alpha}(x,y)\lambda_k e^{v_k}\,dy = 8\pi K_{x_\alpha}(x, x_j^*) + o(1) = O(1)$$

である. まとめると

$$\frac{\partial}{\partial x_\alpha}\tilde{v}_{j,k}(x) = \delta_{j,k}\frac{\partial v_k}{\partial x_\alpha}(\delta_{j,k}x + x_{j,k})$$
$$= \delta_{j,k}\left(-\frac{1}{2\pi}\int_{B(0,R/\delta_{j,k})} \frac{\delta_{j,k}(x-y)_\alpha}{\delta_{j,k}^2|x-y|^2}e^{\tilde{v}_{j,k}}\,dy + O(1)\right)$$

となり, $x \in B(0, R/\delta_{j,k})$ について一様に

$$\left|\frac{\partial}{\partial x_\alpha}\tilde{v}_{j,k}(x)\right| \leq \frac{1}{2\pi}\int_{B(0,R/\delta_{j,k})} \frac{e^{\tilde{v}_{j,k}}}{|x-y|}\,dy + O(\delta_{j,k}) \quad (5.33)$$

となる. (5.33) において

$$x \in B(0, R/\delta_{j,k}) \quad \Rightarrow \quad O(\delta_{j,k}) \leq \frac{C_3}{1+|x|}$$

一方リィの評価 (5.11) から

$$\int_{B(0,R/\delta_{j,k})} \frac{e^{\tilde{v}_{j,k}}}{|x-y|}\,dy \leq C_4 \int_{\mathbf{R}^2} \frac{1}{|x-y|}\frac{1}{\left(1+\frac{|y|^2}{8}\right)^2}\,dy$$

従って (5.30) は次の補題から得られる. □

補題 5.2.4 不等式

$$\int_{\mathbf{R}^2} \frac{1}{|x-y|}\frac{1}{\left(1+\frac{|y|^2}{8}\right)^2}\,dy \leq \frac{C_5}{1+|x|}, \quad x \in \mathbf{R}^2 \quad (5.34)$$

が成り立つ.

【証明】 2つの場合に分けて示す. 最初に $|x| \leq 1$ のときは

$$\int_{\mathbf{R}^2} \frac{1}{|x-y|} \frac{1}{\left(1+\frac{|y|^2}{8}\right)^2} dy = \int_{\mathbf{R}^2 \setminus B(x,1)} + \int_{B(x,1)}$$

$$\leq \int_{\mathbf{R}^2} \frac{dy}{\left(1+\frac{|y|^2}{8}\right)^2} + \int_{B(x,1)} \frac{dy}{|x-y|} = C_6 \leq \frac{2C_6}{1+|x|}$$

一方 $|x| \geq 1$ のときは

$$\int_{\mathbf{R}^2} \frac{1}{|x-y|} \frac{1}{\left(1+\frac{|y|^2}{8}\right)^2} dy = \int_{\mathbf{R}^2 \setminus B(x,|x|/2)} + \int_{B(x,|x|/2)}$$

$$\leq \int_{\mathbf{R}^2 \setminus B(x,|x|/2)} \frac{2}{|x|} \cdot \frac{1}{\left(1+\frac{|y|^2}{8}\right)^2} dy$$

$$+ \int_{B(x,|x|/2)} \frac{1}{|x-y|} \cdot \frac{1}{\left(1+\frac{1}{8}\left(\frac{|x|}{2}\right)^2\right)^2} dy$$

$$\leq \frac{16\pi}{|x|} + \frac{1}{\left(1+\frac{|x|^2}{32}\right)^2} \int_{B(0,|x|/2)} \frac{dy}{|y|} \leq \frac{16\pi}{|x|} + \frac{1024\pi}{|x|^3} \leq \frac{1040\pi}{|x|}$$

従っていずれの場合も (5.34) が成り立つ. □

5.3 証明の手順

定理 5.1 の結論, $\lambda_k \downarrow 0$ での v_k の非退化性を漸近的非退化性と呼ぶ. 漸近的非退化性は, 種々の方程式の爆発現象に関連して調べられている [63] [159]. 証明は背理法による. 結論を否定すると同じ記号で書く部分列に対して, $\{u_k\}$ は汎関数 $F_{\lambda_k}(v)$, $v \in H_0^1(\Omega)$ の退化臨界点の列となる. 従って (1.1) の線形化問題

$$-\Delta w = \lambda_k e^{v_k} w \quad \text{in } \Omega, \qquad w = 0 \quad \text{on } \partial\Omega \tag{5.35}$$

は非自明解 $w = w_k$ をもつ. 楕円型正則性から v_k, w_k は $\overline{\Omega}$ 上滑らかであり, w_k は

$$\|w_k\|_\infty = 1 \tag{5.36}$$

と規格化されているものとしてよい. そこで $(x_1^*, \ldots, x_\ell^*)$ が H_ℓ の非退化臨界点であるという仮定から

$$\lim_{k \to \infty} \|w_k\|_\infty = 0 \tag{5.37}$$

を導いて矛盾を出す.

そのために, v_k と同様に w_k の挙動を爆発点の周りと遠方に分けて分析する. v_k の場合に (5.27) が現れたように, 両者をグリーン関数で結ぶと爆発機構を $\mathcal{S}$ 上に縮約することができる. その結果 $H_\ell(x_1, \ldots, x_\ell)$ の $(x_1^*, \ldots, x_\ell^*)$ でのヘシアンが現れて矛盾を導出することができる [*3]. 爆発点における漸近挙動の解析では, v_k に対して選んだ $x_{j,k}$ を中心に w_k をスケーリングする. 実際

$$\tilde{w}_{j,k}(x) = w_k(\delta_{j,k} x + x_{j,k}) \tag{5.38}$$

は

$$-\Delta \tilde{w}_{j,k} = e^{\tilde{v}_{j,k}} \tilde{w}_{j,k} \quad \text{in } B(0, R/\delta_{j,k})$$

$$\|\tilde{w}_{j,k}\|_{L^\infty(B(0,R/\delta_{j,k}))} \leq 1 \tag{5.39}$$

を満たす. $\{\tilde{w}_{j,k}\}$ は一様有界なので楕円型評価によって部分列はスケーリング極限 W をもつ. この極限は (5.8) を線形化した

$$-\Delta W = e^U W \quad \text{in } \mathbf{R}^2 \tag{5.40}$$

の有界な解になる. バラッケ・パカールの定理（定理 2.6）より $W = W(x)$ は

$$\frac{\partial}{\partial x_1} U, \quad \frac{\partial}{\partial x_2} U, \quad \overline{U} = x \cdot \nabla U + 2 \tag{5.41}$$

の線形結合である.

従って各 j に対して $\vec{a}_j \in \mathbf{R}^2, b_j \in \mathbf{R}$ が存在し, 部分列が次のように局所一様収束する.

$$\tilde{w}_{j,k} \to W_j = \vec{a}_j \cdot \nabla U + b_j \overline{U} \tag{5.42}$$

従って各爆発点において, $\{w_k\}_k$ は $\mathbf{R}^3$ の自由度をもつ局所的な可能性をもつ. 以下, すべての j に対して (5.42) を満たす部分列を固定する. 定理 5.1 の証明

[*3] $\ell = 1$ のときは [61]. 多点爆発では, w_k の境界条件を使わずに局所的な漸近解析を展開する.

では, $(x_1^*, \ldots, x_\ell^*)$ の非退化性からすべての j について $\vec{a}_j = \vec{0}$, $b_j = 0$ を示す. その上でケルビン変換を用いて遷移層の挙動を制御し, (5.37) を導出する. 以下では次の積分値も用いる.

補題 5.3.1

$$\int_{\mathbf{R}^2} e^U dx = 8\pi, \quad \int_{\mathbf{R}^2} e^U U\, dx = -16\pi, \quad \int_{\mathbf{R}^2} e^U U_\alpha dx = \int_{\mathbf{R}^2} e^U \overline{U}\, dx = 0$$

$$\int_{\mathbf{R}^2} e^U U^2\, dx = 64\pi, \quad \int_{\mathbf{R}^2} e^U U U_\alpha\, dx = 0, \quad \int_{\mathbf{R}^2} e^U U \overline{U}\, dx = 16\pi$$

$$\int_{\mathbf{R}^2} e^U U_\alpha U_\beta\, dx = \frac{4\pi}{3}\delta_{\alpha\beta}, \quad \int_{\mathbf{R}^2} e^U U_\alpha \overline{U}\, dx = 0, \quad \int_{\mathbf{R}^2} e^U \overline{U}^2\, dx = \frac{32\pi}{3}$$

5.4　線形化固有関数の漸近形

$\{w_k\}$ の局所的な挙動 (5.42) は爆発点の遠方に影響を与える. 本節で示すのは次の補題である.

補題 5.4.1　$0 < R \ll 1$ に対し, $\overline{\Omega} \setminus \bigcup_{j=1}^\ell B(x_{j,k}, R)$ 上 C^2 の意味で

$$w_k = \lambda_k^{1/2} \sum_{j=1}^\ell \boldsymbol{V}_j \cdot \nabla_y G(\cdot, x_{j,k}) + o\left(\lambda_k^{1/2}\right)$$

$$\boldsymbol{V}_j = d_j \int_{\mathbf{R}^2} y e^U W_j\, dy = -8\pi d_j \vec{a}_j \tag{5.43}$$

最初に

$$\gamma_{j,k}^0 = \int_{B(x_{j,k}, R)} \lambda_k e^{v_k} w_k, \quad \boldsymbol{\gamma}_{j,k}^1 = (\gamma_{j,k}^{1,1}, \gamma_{j,k}^{1,2})$$

$$\gamma_{j,k}^{1,\alpha} = \int_{B(x_{j,k}, R)} (x - x_{j,k})_\alpha \lambda_k e^{v_k} w_k, \quad \alpha = 1, 2 \tag{5.44}$$

とおいて次の補題を導出する. 証明は補題 5.2.1 と同様である.

補題 5.4.2 $\overline{\Omega} \setminus \bigcup_{j=1}^{\ell} B(x_{j,k}, R)$ 上一様に

$$w_k = \sum_{j=1}^{\ell} \left(\gamma_{j,k}^0 G(\cdot, x_{j,k}) + \boldsymbol{\gamma}_{j,k}^1 \cdot \nabla_y G(\cdot, x_{j,k}) \right) + o\left(\lambda_k^{1/2} \right) \tag{5.45}$$

(5.45) 右辺 $\boldsymbol{\gamma}_{j,k}^1$ の評価では $\boldsymbol{\sigma}_{j,k}^1$ で用いた方法を適用する.

補題 5.4.3 (5.44) において

$$\boldsymbol{\gamma}_{j,k}^1 = \boldsymbol{V}_j \lambda_k^{1/2} + o\left(\lambda_k^{1/2} \right) \tag{5.46}$$

【証明】 実際 $\boldsymbol{\gamma}_{j,k}^1 = \dfrac{\boldsymbol{\gamma}_{j,k}^1}{\delta_{j,k}} \cdot \dfrac{\delta_{j,k}}{\lambda_k^{1/2}} \cdot \lambda_k^{1/2}$ において, (5.14) より $\dfrac{\delta_{j,k}}{\lambda_k^{1/2}} \to d_j$ である一方, 優収束定理から

$$\frac{\boldsymbol{\gamma}_{j,k}^1}{\delta_{j,k}} = \int_{B(0,R/\delta_{j,k})} y e^{\tilde{v}_{j,k}} \tilde{w}_{j,k} \, dy \to \int_{\mathbf{R}^2} y e^U W_j \, dy$$

従って (5.46) が成り立つ. □

$\boldsymbol{\gamma}_{j,k}^1$ と比べ, $\gamma_{j,k}^0$ の解析はより階層的である. 実際, 補題 5.4.3 の証明と同様の計算をすると

$$\begin{aligned}
\gamma_{j,k}^0 &= \int_{B(x_{j,k},R)} \lambda_k e^{v_k} w_k = \int_{B(0,R/\delta_{j,k})} e^{\tilde{v}_{j,k}} \tilde{w}_{j,k} \\
&\to \int_{\mathbf{R}^2} e^U \left\{ \vec{a}_j \cdot \nabla U + b_j \overline{U} \right\} = 0
\end{aligned} \tag{5.47}$$

すなわち $\gamma_{j,k}^0 = o(1)$ となる. 従って (5.45) の誤差項と比較するためには, この収束の速さを測定しなければならない. また (5.19) の右辺の $\sigma_{j,k}^0$ も, 現時点では (5.26), すなわち

$$\sigma_{j,k}^0 = 8\pi + o(1) \tag{5.48}$$

しかわかっていないが, これも精密化する必要がある. これらの難所を突破するために, 次の双 1 次形式のレリッヒ等式を用いる. 証明はガウスの発散公式による.

定理 5.4 (双1次レリッヒ等式)　$p \in \mathbf{R}^2, R > 0, f, g \in C^2(\overline{B(p,R)})$ に対して

$$\int_{B(p,R)} \{[(x-p) \cdot \nabla f]\Delta g + \Delta f[(x-p) \cdot \nabla g]\}$$
$$= R \int_{\partial B(p,R)} \left(2\frac{\partial f}{\partial \nu}\frac{\partial g}{\partial \nu} - \nabla f \cdot \nabla g \right) \tag{5.49}$$

(5.49) 左辺は領域 $B(p,R)$ での積分, 右辺は $\partial B(p,R)$ での積分である. 左辺の非積分関数が $B(p,R)$ 上では特異なふるまいをして, 極限においてその積分値が確定しない場合でも, $\partial B(p,R)$ 上の挙動が安定な場合には右辺を用いてその極限を導出することができる. (5.49) で $f = g$ としたものが通常のレリッヒ等式で, 半線形楕円型方程式論で知られるポホザエフ等式 (の局所化) である. 場の理論でデリック (Derrick) の等式, 量子力学でビリアル等式, 領域摂動に伴う J 積分としても知られ, 調和写像の正則性理論で重要な単調性公式を導くときに使う領域変分でも現れる.

定理 5.4 から得られる次の補題によって (5.45) 右辺 $\gamma_{j,k}^0$ は残余項となり, 補題 5.4.1 の証明が完結する. 以下 $x \in \overline{\Omega} \setminus \bigcup_{j=1}^{\ell} B(x_{j,k}, R)$ とする.

補題 5.4.4　(5.44) において

$$\gamma_{j,k}^0 = o\left(\lambda_k^{1/2}\right) \tag{5.50}$$

【証明】(5.49) において $p = x_{j,k}, f = v_k, g = w_k$ とおく. v_k, w_k が満たす方程式から, 左辺

$$\int_{B(x_{j,k},R)} \{[(x-x_{j,k}) \cdot \nabla v_k]\Delta w_k + \Delta v_k[(x-x_{j,k}) \cdot \nabla w_k]\}$$

は

$$\int_{B(x_{j,k},R)} \{[(x-x_{j,k}) \cdot \nabla v_k](-\lambda_k e^{v_k} w_k) - \lambda_k e^{v_k}[(x-x_{j,k}) \cdot \nabla w_k]\}$$
$$= -\int_{B(x_{j,k},R)} (x-x_{j,k}) \cdot \nabla (\lambda_k e^{v_k} w_k)$$

$$= -\int_{\partial B(x_{j,k},R)} [(x-x_{j,k})\cdot \nu]\cdot \lambda_k e^{v_k} w_k + 2\int_{B(x_{j,k},R)} \lambda_k e^{v_k} w_k$$
$$= 2\gamma_{j,k}^0 + o(\lambda_k)$$

と等しい. すなわち
$$\gamma_{j,k}^0 = \frac{R}{2}\int_{\partial B(x_{j,k},R)} 2\frac{\partial v_k}{\partial \nu}\frac{\partial w_k}{\partial \nu} - \nabla v_k \cdot \nabla w_k \, ds + o(\lambda_k) \tag{5.51}$$

が成り立つ.

一方 (5.45), (5.46) より
$$w_k(x) = \sum_{j=1}^{\ell} \left(\gamma_{j,k}^0 G(x,x_{j,k}) + \lambda_k^{1/2} \boldsymbol{V}_j \cdot \nabla_y G(x,x_{j,k}) \right) + o\left(\lambda_k^{1/2}\right) \tag{5.52}$$

となる. v_k に対する (5.27) と同様に, (5.52) を用いると $\partial B(x_{j,k}, R)$ 上
$$\nabla w_k = -\frac{\gamma_{j,k}^0}{2\pi}\cdot\frac{\nu}{R} - \frac{\boldsymbol{V}_j - 2(\boldsymbol{V}_j\cdot\nu)\nu}{2\pi R^2}\lambda_k^{1/2} + \nabla h_{j,k} + o\left(\lambda_k^{1/2}\right) \tag{5.53}$$

が得られる. ただし
$$h_{j,k}(x) = \gamma_{j,k}^0 K(x,x_{j,k}) + \sum_{i\neq j}\gamma_{i,k}^0 G(x,x_{i,k})$$
$$+ \boldsymbol{\gamma}_{j,k}^1 \cdot \nabla_y K(x,x_{j,k}) + \sum_{i\neq j}\boldsymbol{\gamma}_{i,k}^1 \cdot \nabla_y G(x,x_{i,k})$$

は $B(x_{j,k}, R)$ 上の調和関数である.

v_k, w_k の $\partial B(x_{j,k}, R)$ 上の漸近挙動 (5.27), (5.53) において, $h_{j,k}$, $\kappa_{j,k}$ が $B(x_{j,k}, R)$ 上で調和であることを用いると
$$\int_{\partial B(x_{j,k},R)} 2\frac{\partial v_k}{\partial\nu}\frac{\partial w_k}{\partial\nu} = 2\int_{\partial B(x_{j,k},R)}\left(-\frac{\sigma_{j,k}^0}{2\pi}\cdot\frac{1}{R} + \frac{\partial \kappa_{j,k}}{\partial\nu}\right)\cdot$$
$$\left(-\frac{\gamma_{j,k}^0}{2\pi}\cdot\frac{1}{R} + \frac{\boldsymbol{V}_j\cdot\nu}{2\pi R^2}\lambda_k^{1/2} + \frac{\partial h_{j,k}}{\partial\nu}\right) + o\left(\lambda_k^{1/2}\right)$$
$$= \frac{\sigma_{j,k}^0\gamma_{j,k}^0}{\pi R} + o\left(\lambda_k^{1/2}\right) + \frac{\lambda_k^{1/2}}{\pi R^2}\int_{\partial B(x_{j,k},R)}(\boldsymbol{V}_j\cdot\nu)\frac{\partial\kappa_{j,k}}{\partial\nu}$$
$$+ \int_{\partial B(x_{j,k},R)} 2\frac{\partial\kappa_{j,k}}{\partial\nu}\frac{\partial h_{j,k}}{\partial\nu} \tag{5.54}$$

となり，同様に

$$\int_{\partial B(x_{j,k},R)} \nabla v_k \cdot \nabla w_k = \frac{\sigma_{j,k}^0 \gamma_{j,k}^0}{2\pi R} - \frac{\lambda_k^{1/2}}{2\pi R^2} \int_{\partial B(x_{j,k},R)} \boldsymbol{V}_j \cdot \nabla \kappa_{j,k} + o\left(\lambda_k^{\frac{1}{2}}\right)$$

$$- \frac{\lambda_k^{1/2}}{2\pi R^2} \int_{\partial B(x_{j,k},R)} (\boldsymbol{V}_j \cdot \nu) \frac{\partial \kappa_{j,k}}{\partial \nu} + \int_{\partial B(x_{j,k},R)} \nabla \kappa_{j,k} \cdot \nabla h_{j,k} \quad (5.55)$$

も得られる．

ここで改めて $B(x_{j,k}, R)$ 上の調和関数 $h_{j,k}$, $\kappa_{j,k}$ に対して (5.49) を適用すると

$$\int_{\partial B(x_{j,k},R)} 2 \frac{\partial \kappa_{j,k}}{\partial \nu} \frac{\partial h_{j,k}}{\partial \nu} = \int_{\partial B(x_{j,k},R)} \nabla \kappa_{j,k} \cdot \nabla h_{j,k} \quad (5.56)$$

また，調和関数 $\boldsymbol{V}_j \cdot \nabla k_{j,k}$ に関する平均値の定理と (5.29) から

$$-\frac{\lambda_k^{1/2}}{2\pi R^2} \int_{\partial B(x_{j,k},R)} \boldsymbol{V}_j \cdot \nabla \kappa_{j,k} = -\frac{\lambda_k^{1/2}}{2\pi R^2} |\partial B(x_{j,k}, R)| \boldsymbol{V}_j \cdot \nabla \kappa_{j,k}(x_{j,k})$$

$$= -\frac{\lambda_k^{1/2}}{R} \boldsymbol{V}_j \cdot \nabla \kappa_{j,k}(x_{j,k}) = o\left(\lambda_k^{1/2}\right) \quad (5.57)$$

(5.54)–(5.57) を (5.51) に代入すると

$$\gamma_{j,k}^0 = \frac{\sigma_{j,k}^0 \gamma_{j,k}^0}{4\pi} + o\left(\lambda_k^{1/2}\right) \quad (5.58)$$

が得られる．(5.58) に (5.48) を適用すると

$$\gamma_{j,k}^0 = \frac{o\left(\lambda_k^{1/2}\right)}{1 - (\sigma_{j,k}^0/4\pi)} = o\left(\lambda_k^{1/2}\right)$$

が得られる． □

5.5 ハミルトニアンの臨界点

(5.8) について (5.41) が成り立つのと同様に，(1.1) の解 v に対しては

$$-\Delta v_{x_\alpha} = \lambda e^v v_{x_\alpha} \quad (5.59)$$

が成立し，v_{x_α} は必ずしも境界条件は満たさないが (5.35) の解である．特に恒

等式
$$[(\Delta v_k)_{x_\alpha}]w_k - [(v_k)_{x_\alpha}]\Delta w_k = 0 \tag{5.60}$$
が成り立つ. (5.60) とグリーンの公式から, ds を線素として
$$\int_{\partial B(x_{j,k},R)} \left[\frac{\partial}{\partial \nu}(v_k)_{x_\alpha}\right]\frac{w_k}{\lambda_k^{1/2}} - (v_k)_{x_\alpha}\left[\frac{\partial}{\partial \nu}\frac{w_k}{\lambda_k^{1/2}}\right] ds = 0 \tag{5.61}$$
となる.

(5.61) において v_k について (1.113), (1.114), w_k について (5.43) を適用すると, 左辺の $k \to \infty$ での極限は
$$I_{\alpha\beta}(z_1, z_2, z_3) = \int_{\partial B(z_1, R)} \left[\frac{\partial}{\partial \nu_x} G_{x_\alpha}(x, z_2)\right] G_{y_\beta}(x, z_3)$$
$$-G_{x_\alpha}(x, z_2)\left[\frac{\partial}{\partial \nu_x} G_{y_\beta}(x, z_3)\right] ds_x, \quad z_1, z_2, z_3 \in \mathcal{S} \tag{5.62}$$
の線形結合になる. すなわち
$$0 = 8\pi \int_{\partial B(x_j^*, R)} \frac{\partial}{\partial \nu}\left[\sum_{i=1}^\ell G_{x_\alpha}(x, x_i^*)\right] \cdot \sum_{m=1}^\ell \boldsymbol{V}_m \cdot \nabla_y G(x, x_m^*)$$
$$-\sum_{i=1}^\ell G_{x_\alpha}(x, x_i^*) \cdot \frac{\partial}{\partial \nu}\left[\sum_{m=1}^\ell \boldsymbol{V}_m \cdot \nabla_y G(x, x_m^*)\right] ds_x$$
$$= 8\pi \sum_{i,m=1}^\ell \sum_{1\leq \beta \leq 2} V_{m,\beta} I_{\alpha\beta}(x_j^*, x_i^*, x_m^*)$$
$$= 8\pi \sum_{1\leq m\leq \ell,\ 1\leq \beta\leq 2} \left(\sum_{i=1}^\ell I_{\alpha\beta}(x_j^*, x_i^*, x_m^*)\right) V_{m,\beta}, \quad \alpha = 1, 2 \tag{5.63}$$
が得られる.

積分 (5.62) の値は次のようになる. これはグリーン関数に関する等式 [60]
$$-\int_{\partial \Omega} G_{x_\alpha}(x, y)\left[\frac{\partial}{\partial \nu_x} G_{y_\beta}(x, y)\right] ds_x = \frac{1}{2} R_{x_\alpha x_\beta}(y)$$
の局所化である.

補題 5.5.1 $z_1, z_2, z_3 \in \Omega$ に対し, $0 < R \ll 1$ において

$$I_{\alpha\beta}(z_1,z_2,z_3) = \begin{cases} 0, & z_1 \neq z_2,\ z_1 \neq z_3 \\ \frac{1}{2}R_{x_\alpha x_\beta}(z_1), & z_1 = z_2 = z_3 \\ G_{x_\alpha y_\beta}(z_1,z_3), & z_1 = z_2,\ z_1 \neq z_3 \\ G_{x_\alpha x_\beta}(z_1,z_2), & z_1 \neq z_2,\ z_1 = z_3 \end{cases} \tag{5.64}$$

【証明】 g, h を Ω 上の関数, $\omega \subset\subset \Omega$ を滑らかな部分領域 $\omega \subset \Omega$ として

$$B_{\partial \omega}[g,h] = \int_{\partial \omega} \frac{\partial g}{\partial \nu}h - g\frac{\partial h}{\partial \nu}\ ds \tag{5.65}$$

とおく. g, h が $\overline{\omega}$ で滑らかであれば

$$B_{\partial \omega}[g,h] = \int_\omega (\Delta g)h - g(\Delta h)\ dx \tag{5.66}$$

従ってさらに ω 上 $\Delta g = \Delta h = 0$ であれば $B_{\partial\omega}[g,h]=0$ となる. また (5.65) のもとで

$$I_{\alpha\beta}(z_1,z_2,z_3) = B_{\partial B(z_1,R)}[G_{x_\alpha}(x,z_2),G_{y_\beta}(x,z_3)]$$

が成り立つ.

最初に $I_{\alpha\beta}(z_1,z_2,z_3)$ が $0 < R \ll 1$ に依存しないことを確認する. 実際, 被積分関数は円環領域 $\omega = B_{R_1}(z_1) \setminus B_{R_2}(z_1)$, $0 < R_2 < R_1 \ll 1$ 上で調和であるので

$$0 = B_{\partial\omega}[G_{x_\alpha}(x,z_2),G_{y_\beta}(x,z_3)]$$
$$= B_{\partial B(z_1,R_1)}[G_{x_\alpha}(x,z_2),G_{y_\beta}(x,z_3)] - B_{\partial B(z_1,R_2)}[G_{x_\alpha}(x,z_2),G_{y_\beta}(x,z_3)]$$

同様に $z_1 \neq z_2$ かつ $z_1 \neq z_3$ のときは, $G_{x_\alpha}(\cdot,z_2), G_{y_\beta}(\cdot,z_3)$ はともに $B_R(z_1)$ 上で調和であるので $I_{\alpha\beta}(z_1,z_2,z_3) = 0$.

しばらく $h = h(y)$ を $\overline{B(z_1,R)}$ 上の滑らかな関数とする. $G(x,y)$ はグリーン関数なので $\omega = B(z_1,R)$, $y \in \omega$ に対し [*4)]

$$h(y) = -\int_\omega G(x,y)\Delta h(x)\ dx - B_{\partial\omega}[G(\cdot,y),h] \tag{5.67}$$

よって

[*4)] グリーンの第 3 公式.

$$h_{x_\beta}(x)|_{x=y} = h_{y_\beta}(y) = -\int_\omega G_{y_\beta}(x,y)\Delta h(x)\,dx - B_{\partial\omega}[G_{y_\beta}(\cdot,y),h]$$

である．一方 $-\Delta_x G_{x_\alpha}(x,y) = \partial_{x_\alpha}\delta_y$ を用いると，$h = h(x)$ に対し

$$-h_{x_\alpha}(x)|_{x=y} = \langle\partial_{x_\alpha}\delta_y, h\rangle = -\int_\omega G_{x_\alpha}(x,y)\Delta h(x)\,dx - B_{\partial\omega}[G_{x_\alpha}(\cdot,y),h]$$

従って

$$\begin{aligned}B_{\partial B(z_1,R)}[h, G_{y_\beta}(\cdot,z_1)] &= -B_{\partial B(z_1,R)}[G_{y_\beta}(\cdot,z_1), h] \\ &= \int_{B(z_1,R)} G_{y_\beta}(x,z_1)\Delta h(x)\,dx + h_{x_\beta}(z_1)\end{aligned} \quad (5.68)$$

および

$$B_{\partial B(z_1,R)}[G_{x_\alpha}(\cdot,z_1), h] = -\int_{B(z_1,R)} G_{x_\alpha}(x,y)\Delta h(x)\,dx + h_{x_\alpha}(z_1) \quad (5.69)$$

が成り立つ．

(5.68) に $h = G_{x_\alpha}(\cdot, z_2)$ を適用すると

$$I_{\alpha\beta}(z_1, z_2, z_1) = G_{x_\alpha x_\beta}(z_1, z_2), \quad z_1 \neq z_2 \quad (5.70)$$

また (5.69) に $h = G_{y_\beta}(\cdot, z_3)$ を適用して

$$I_{\alpha\beta}(z_1, z_1, z_3) = G_{x_\alpha y_\beta}(z_1, z_3), \quad z_1 \neq z_3 \quad (5.71)$$

(5.70)–(5.71) から (5.64) 第 3 式, 第 4 式が得られる．

最後に $z_1 = z_2 = z_3$ の場合は $N(x) = \dfrac{1}{2\pi}\log\dfrac{1}{r}$, $r = |x - z_1|$ を用いて

$$\begin{aligned}I_{\alpha\beta}(z_1, z_1, z_1) = {}& B_{\partial B(z_1,R)}[N_{x_\alpha}, N_{y_\beta}] + B_{\partial B(z_1,R)}[K_{x_\alpha}(\cdot,z_1), N_{y_\beta}] \\ & + B_{\partial B(z_1,R)}[G_{x_\alpha}(\cdot,z_1), K_{y_\beta}(\cdot,z_1)]\end{aligned} \quad (5.72)$$

のように分解する．(5.72) 右辺第 3 項は (5.69) によって

$$B_{\partial B(z_1,R)}[G_{x_\alpha}(\cdot,z_1), K_{y_\beta}(\cdot,z_1)] = K_{x_\alpha y_\beta}(z_1, z_1) \quad (5.73)$$

また第 2 項は (5.67) が $G(x,y)$ を $-\Delta$ の基本解 $\dfrac{1}{2\pi}\log\dfrac{1}{|x-y|}$ に置き換えても成り立つので，(5.68) と同様に

$$B_{\partial B(z_1,R)}[K_{x_\alpha}(\cdot,z_1), N_{y_\beta}] = K_{x_\alpha x_\beta}(z_1, z_1) \quad (5.74)$$

となる. (5.72)–(5.74) において $R(x) = K(x,x)$ より

$$K_{x_\alpha x_\beta}(z_1, z_1) + K_{x_\alpha y_\beta}(z_1, z_1) = \frac{1}{2} R_{x_\alpha x_\beta}(z_1)$$

であり, 直接計算から $B_{\partial B(z_1, R)}[N_{x_\alpha}, N_{x_\beta}] = 0$ も得られる. 従って (5.64) 第2式が成り立つ. □

本節の主結果を示す.

補題 5.5.2 定理 5.1 の仮定のもとでは, (5.42) において $\vec{a}_j = 0, 1 \leq j \leq \ell$.

【証明】 (5.64) を用いると, (5.63) において

$$\sum_{i=1}^{\ell} I_{\alpha\beta}(x_j^*, x_i^*, x_m^*) = \begin{cases} \frac{1}{2} R_{x_\alpha x_\beta}(x_j^*) + \sum_{i \neq j} G_{x_\alpha x_\beta}(x_j^*, x_i^*), & j = m \\ G_{x_\alpha y_\beta}(x_j^*, x_m^*), & j \neq m \end{cases}$$
$$= (H_\ell)_{x_{j,\alpha} x_{m,\beta}}(x_1^*, \ldots, x_\ell^*)$$

すなわち

$$\sum_{1 \leq m \leq \ell,\ 1 \leq \beta \leq 2} (H_\ell)_{x_{j,\alpha} x_{m,\beta}}(x_1^*, \ldots, x_\ell^*) V_{m,\beta} = 0, \quad \alpha = 1, 2 \tag{5.75}$$

となる. (5.75) を $j = 1, \ldots, \ell, \alpha = 1, 2$ についてまとめて

$$0 = {}^t\left[\mathrm{Hess}\, H_\ell(x_1^*, \ldots, x_\ell^*)\right](\boldsymbol{V}_1, \ldots, \boldsymbol{V}_\ell)$$

仮定より $(x_1^*, \ldots, x_\ell^*)$ が H_ℓ の非退化臨界点であるので $\boldsymbol{V}_1 = \cdots = \boldsymbol{V}_\ell = 0$. よって (5.43) 第2式から $\vec{a}_1 = \cdots = \vec{a}_\ell = 0$ が得られる. □

5.6 遷移層での挙動

最初に (5.42) において $b_j = 0$ も成り立つことを示す. $\vec{a}_j = 0, 1 \leq j \leq \ell$ と合わせると

$$\tilde{w}_{j,k} \to 0 \quad \text{loc. unif. in } \mathbf{R}^2 \tag{5.76}$$

となる. 実際, $\gamma_{j,k}^0$, $k \to \infty$ の計算には補題 5.4.4 と独立な方法があり, $b_j = 0$ は 2 つの結果を照合することで得られる. この議論は次章で固有値問題を解析するときにも用いる.

補題 5.6.1 $k \to \infty$ において

$$\gamma_{j,k}^0 = \frac{\frac{1}{2} \int_{\mathbf{R}^2} e^U W_j U + o(1)}{\log \lambda_k} = \frac{8\pi b_j + o(1)}{\log \lambda_k} \tag{5.77}$$

【証明】 等式 (5.2), $w = w_k$ に対する (5.35) より

$$I \equiv \int_{\partial B(x_{j,k}, R)} \frac{\partial v_k}{\partial \nu} w_k - v_k \frac{\partial w_k}{\partial \nu} \, ds = \int_{B(x_{j,k}, R)} (\Delta v_k) w_k - v_k (\Delta w_k) \, dx$$

$$= -\lambda_k \int_{B(x_{j,k}, R)} e^{v_k} w_k + \lambda_k \int_{B(x_{j,k}, R)} e^{v_k} w_k v_k$$

において (5.2), (5.35), $w = w_k$ を適用すると

$$I = -\lambda_k \int_{B(x_{j,k}, R)} e^{v_k} w_k + v_k(x_{j,k}) \lambda_k \int_{B(x_{j,k}, R)} e^{v_k} w_k$$

$$+ \lambda_k \int_{B(x_{j,k}, R)} e^{v_k} w_k \{v_k - v_k(x_{j,k})\}$$

$$= (v_k(x_{j,k}) - 1) \gamma_{j,k}^0 + \int_{B(0, R/\delta_{j,k})} e^{\tilde{v}_{j,k}} \tilde{w}_{j,k} \tilde{v}_{j,k} \tag{5.78}$$

優収束定理により右辺第 2 項は

$$\lim_{k \to \infty} \int_{B(0, R/\delta_{j,k})} e^{\tilde{v}_{j,k}} \tilde{w}_{j,k} \tilde{v}_{j,k} = \int_{\mathbf{R}^2} e^U W_j U = 16\pi b_j \tag{5.79}$$

一方, (5.27), (5.43) から左辺は

$$\int_{\partial B(x_{j,k}, R)} \frac{\partial v_k}{\partial \nu} w_k - v_k \frac{\partial w_k}{\partial \nu} \, ds = o(1) \tag{5.80}$$

(5.78)–(5.80) と (5.17) より

$$\gamma_{j,k}^0 = \frac{-\int_{\mathbf{R}^2} e^U W_j U + o(1)}{v_k(x_{j,k}) - 1} = \frac{\frac{1}{2} \int_{\mathbf{R}^2} e^U W_j U + o(1)}{\log \lambda_k + O(1)} = \frac{8\pi b_j + o(1)}{\log \lambda_k}$$

となり, 補題は証明された. □

補題 5.6.2 (5.42) において $b_j = 0, 1 \leq j \leq \ell$.

【証明】 (5.50), (5.77) から

$$o\left(\lambda_k^{1/2}\right) = \frac{8\pi b_j + o(1)}{\log \lambda_k} \tag{5.81}$$

(5.81) より $b_j = 0$ が得られる. □

(5.76) は,目的とする (5.37) からはギャップがある.しかし (5.43) から $\mathcal{S}$ の遠方では w_k は 0 に一様収束する.従って間をつなぐ遷移層での 0 への収束を示せば (5.37) となって矛盾が発生する.これが次の補題である.

補題 5.6.3 (5.76) のもとで

$$\lim_{k \to \infty} \|w_k\|_{L^\infty(B(x_{j,k}, R))} = 0 \tag{5.82}$$

【証明】 (5.82) が成り立たないと仮定すると,同じ記号で書く部分列に対して $\lim_{k \to \infty} \|w_k\|_{L^\infty(B(x_{j,k}, R))} = M > 0$. 従って (5.76) より $\tilde{z}_{j,k} \in \overline{B(0, R/\delta_{j,k})}$, $|\tilde{w}_{j,k}(\tilde{z}_{j,k})| = \|\tilde{w}_{j,k}\|_{L^\infty(B(0, R/\delta_{j,k}))}$ に対して

$$\lim_{k \to \infty} |\tilde{w}_{j,k}(\tilde{z}_{j,k})| = M, \quad \lim_{k \to \infty} |\tilde{z}_{j,k}| = +\infty \tag{5.83}$$

一方,$\tilde{v}_{j,k}, \tilde{w}_{j,k}$ のケルビン変換 $\hat{v}_{j,k}(x) = \tilde{v}_{j,k}\left(\frac{x}{|x|^2}\right), \hat{w}_{j,k}(x) = \tilde{w}_{j,k}\left(\frac{x}{|x|^2}\right)$ は

$$-\Delta \hat{w}_{j,k} = \frac{1}{|x|^4} e^{\hat{v}_{j,k}} \hat{w}_{j,k} \quad \text{in } B(0, \delta_{j,k}/R)^c$$

を満たす.また (5.83) より $\hat{z}_{j,k} = \frac{\tilde{z}_{j,k}}{|\tilde{z}_{j,k}|^2} \in B(0,1) \setminus B(0, \delta_{j,k}/R)$ に対して

$$\lim_{k \to \infty} \hat{z}_{j,k} = 0, \quad \hat{w}_{j,k}(\hat{z}_{j,k}) = \tilde{w}_{j,n}(\tilde{z}_{j,k}) \to M \tag{5.84}$$

ここで

$$f_{j,k} = \begin{cases} \frac{1}{|x|^4} e^{\hat{v}_{j,k}} \hat{w}_{j,k} & \text{in } B_1(0) \setminus B(0, \delta_{j,k}/R) \\ 0 & \text{in } B(0, \delta_{j,k}/R) \end{cases}$$

とおき, $g_{j,k} \in H_0^1(B_1(0))$ を

$$-\Delta g_{j,k} = f_{j,k} \quad \text{in } B(0,1), \qquad g_{j,k} = 0 \quad \text{on } \partial B(0,1) \tag{5.85}$$

の解とする．リィの評価 (5.11) から

$$0 \leq \frac{1}{|x|^4} e^{\hat{v}_{j,k}} \leq C_1 \quad \text{in } B(\delta_{j,k}/R)^c$$

従って (5.76) と優収束定理から

$$\lim_{k \to \infty} \|f_{j,k}\|_{L^p(B_1(0))} = 0, \quad p \in [1, +\infty) \tag{5.86}$$

となる．(5.85), (5.86), および楕円型評価より

$$\lim_{k \to \infty} \|g_{j,k}\|_{L^\infty(B(0,1))} = 0 \tag{5.87}$$

を得る．

一方, $A = B_1(0) \setminus \overline{B(0, \delta_{j,k}/2R)}$ 上の調和関数 $h_{j,k} = \hat{w}_{j,k} - g_{j,k}$ に対する最大原理より

$$\begin{aligned}
&\|\hat{w}_{j,k} - g_{j,k}\|_{L^\infty(B(0,1) \setminus \overline{B(0,\delta_{j,k}/R)})} \\
&\leq \|\hat{w}_{j,k} - g_{j,k}\|_{L^\infty(\partial B(0,1))} + \|\hat{w}_{j,k} - g_{j,k}\|_{L^\infty(\partial B(0,\delta_{j,k}/R))} \\
&\leq \|\hat{w}_{j,k}\|_{L^\infty(\partial B(0,1))} + \|\hat{w}_{j,k}\|_{L^\infty(\partial B(0,\delta_{j,k}/R))} \\
&\quad + \|g_{j,k}\|_{L^\infty(\partial B(0,\delta_{j,k}/R))}
\end{aligned} \tag{5.88}$$

(5.88) 右辺第 1 項に (5.76) を適用すれば

$$\|\hat{w}_{j,k}\|_{L^\infty(\partial B(0,1)} = \|\tilde{w}_{j,k}\|_{L^\infty(\partial B(0,1))} = o(1)$$

であり，また第 2 項については (5.43) から

$$\begin{aligned}
\|\hat{w}_{j,k}\|_{L^\infty(\partial B(0,\delta_{j,k}/R))} &= \|\tilde{w}_{j,k}\|_{L^\infty(\partial B(0,R/\delta_{j,k}))} \\
&= \|w_k\|_{L^\infty(\partial B(x_{j,k},R))} = o(1)
\end{aligned}$$

第 3 項には (5.87) を適用する．まとめて

$$\lim_{k \to \infty} \|\hat{w}_{j,k} - g_{j,k}\|_{L^\infty(B(0,1) \setminus \overline{B(0,\delta_{j,k}/R)})} = 0$$

よって再び (5.87) より $\lim_{k\to\infty} \|\hat{w}_{j,k}\|_{L^\infty(B(0,1)\setminus\overline{B(0,\delta_{j,k}/R)})} = 0$. これは (5.84) に反する. □

定理 5.1 において $(x_1^*, \ldots, x_\ell^*)$ が必ずしも $H_\ell(x_1, \ldots, x_\ell)$ の非退化臨界点ではないときに, その証明を吟味する. 最初に線形化方程式 (5.35) が自明でない解の列 $\{w_k\}$, (5.36) をもつとする. このときも補題 5.4.1 が成り立つ. 非退化性を仮定しないので補題 5.5.2 は成り立たない. しかし補題 5.6.2 の証明は $\vec{a}_j = 0$ とは独立である. すなわち $b_j = 0$ は常に成り立つ. その上で, さらに $\vec{a}_j = 0$, $1 \leq j \leq \ell$ であったとすれば, 補題 5.6.3 が得られて矛盾である. 従って次の定理が成立する.

定理 5.5 (5.35) が, (5.36) を満たす解の列 $\{w_k\}$ をもつとすると

$$\boldsymbol{V} = (\boldsymbol{V}_1, \ldots, \boldsymbol{V}_\ell) = -8\pi(d_1\vec{a}_1, \ldots, d_\ell\vec{a}_\ell) \in \mathbf{R}^{2\ell} \setminus \{0\} \quad (5.89)$$

が存在して, 部分列は (5.43) を満たす.

実際, 定理 5.1 は定理 5.5 と補題 5.5.2 を組み合わせたものである.

第 6 章　モース指数の対応

　前章まででボルツマン・ポアソン方程式 (1.1) の特異極限における爆発集合はハミルトニアンの臨界点であり，その臨界点が退化していないときは解の列は漸近的に線形化非退化であることを示した．本章ではハミルトニアンの臨界点のモース指数が，解の線形化固有値のモース指数に忠実に反映されることを示す [62].

6.1　主　定　理

　モース指数は変分汎関数の臨界点に関する量で，線形化作用素の負の固有値に対応する固有空間の次元の和を表している.
　(5.2) の解 $v = v_k(x)$ はボルツマン・ポアソン方程式 (1.1) に対する汎関数 (5.1)，$\lambda = \lambda_k$ の臨界点であり，そのモース指数は固有値問題

$$-\Delta w = \mu\lambda_k e^{v_k} w \quad \text{in } \Omega, \qquad w = 0 \quad \text{on } \partial\Omega \tag{6.1}$$

の固有値を用いて定めることができる．なお本章でも前章と同様に，固有関数は

$$\|w\|_\infty = \max_\Omega w = 1 \tag{6.2}$$

と規格化する．すなわち，§3.1 で述べたように重複固有値を区別すると (6.1) の固有値は $0 < \mu_k^1 < \mu_k^2 \leq \cdots \to +\infty$ のように与えられる．このとき v_k のモース指数 $\text{ind}_M(v_k)$ および拡張モース指数 $\text{ind}_M^*(v_k)$ を

$$\text{ind}_M(v_k) = \sharp\{n \in \mathbf{N} \mid \mu_k^n < 1\}, \quad \text{ind}_M^*(v_k) = \sharp\{n \in \mathbf{N} \mid \mu_k^n \leq 1\}$$

で定義する.

一方 2ℓ 変数の C^2 関数 $f = f(x_1, \ldots, x_\ell)$, ただし $x_i = (x_{i1}, x_{i2}) \in \mathbf{R}^2$, $1 \leq i \leq \ell$ に対して, その臨界点 $x_* = (x_1^*, \ldots, x_\ell^*) \in \mathbf{R}^{2\ell}$ におけるモース指数 $\mathrm{ind}_M f$ および拡張モース指数 $\mathrm{ind}_M^* f$ は, f のヘッセ行列

$$(\mathrm{Hess}\, f)(x_1^*, \ldots, x_\ell^*) = \left(\frac{\partial^2 f}{\partial x_{i,\alpha} \partial x_{j,\beta}}(x_1^*, \ldots, x_\ell^*)\right)_{1 \leq i,j \leq \ell,\, \alpha,\beta=1,2}$$

の固有値 $\Lambda^1 \leq \Lambda^2 \leq \cdots \leq \Lambda^{2\ell}$ を用いて

$$\mathrm{ind}_M f(x_1^*, \ldots, x_\ell^*) = \sharp\{n \in \mathbf{N} \mid \Lambda^n < 0\}$$
$$\mathrm{ind}_M^* f(x_1^*, \ldots, x_\ell^*) = \sharp\{n \in \mathbf{N} \mid \Lambda^n \leq 0\}$$

で与えられる. 前章で考察した ℓ 次ハミルトニアン H_ℓ の非退化臨界点は

$$\mathrm{ind}_M H_\ell(x_1^*, \ldots, x_\ell^*) = \mathrm{ind}_M^* H_\ell(x_1^*, \ldots, x_\ell^*)$$

が成り立つ臨界点 $x_* = (x_1^*, \ldots, x_\ell^*)$ に他ならない.

次の定理は, 点渦系においてハミルトニアンの階層を越えた制御がモース指数にまで及ぶことを示している. 以下, $\{v_k\}$ は (5.2) は満たす (1.1) の解の列, $\mathcal{S} = \{x_1^*, \ldots, x_\ell^*\} \subset \Omega$ をその爆発集合とする.

定理 6.1 (モース指数の対応) v_k のモース指数 $\mathrm{ind}_M(v_k)$ および拡張モース指数 $\mathrm{ind}_M^*(v_k)$ は $k \gg 1$ において

$$\ell + \mathrm{ind}_M\{-H_\ell(x_1^*, \ldots, x_\ell^*)\} \leq \mathrm{ind}_M(v_k)$$
$$\mathrm{ind}_M^*(v_k) \leq \ell + \mathrm{ind}_M^*\{-H_\ell(x_1^*, \ldots, x_\ell^*)\} \tag{6.3}$$

を満たす.

(6.3) から $(x_1^*, \ldots, x_\ell^*)$ が H_ℓ の非退化臨界点であるときは $\mathrm{ind}_M(v_k) = \mathrm{ind}_M^*(v_k)$ が成り立つ. これは定理 5.1 で示した漸近的非退化性を表している.

定理 6.1 はより精密な固有値の漸近挙動から証明できる.

定理 6.2 (固有値の漸近挙動) $k \to \infty$ において

$$\mu_k^n = -\frac{1}{2}\frac{1}{\log \lambda_k} + o\left(\frac{1}{\log \lambda_k}\right), \quad 1 \leq n \leq \ell$$
$$\mu_k^n = 1 - 48\pi \eta^{2\ell-(n-\ell)+1}\lambda_k + o\left(\lambda_k\right), \quad \ell+1 \leq n \leq 3\ell$$
$$\mu_k^n > 1, \quad n \geq 3\ell+1 \tag{6.4}$$

が成り立つ. ただし η^n, $n = 1, \ldots, 2\ell$ は補題 5.1.1 で与えた d_j, $1 \leq j \leq \ell$ から定まる対角行列 $D = \mathrm{diag}\,[d_1, d_1, d_2, d_2, \ldots, d_\ell, d_\ell]$ に対し

$$J = D[(\mathrm{Hess}\ H_\ell)(x_1^*, \ldots, x_\ell^*)]D \tag{6.5}$$

の第 n 固有値である.

Hess $H_\ell(x_1^*, \ldots, x_\ell^*)$ の正, 0, 負の固有値の数は J のそれぞれに等しく, 定理 6.1 は定理 6.2 から導かれる.

6.2　固有値・固有関数の制御

(6.4) はミニ・マックス原理によってレーリー商を評価して示す. そのためには固有関数に近い試験関数を選ぶ必要がある. この節では固有関数・固有値がとりうる挙動を分析する. 前章では線形化作用素の退化を仮定して, 解 v_k や線形化固有関数 w_k の形状を分析したが, ここでも各爆発点 x_j^* に対して (5.4) を満たす点列 $\{x_{j,k}\}$ をとり, v_k, w_k のスケーリング $\tilde{v}_k$, $\tilde{w}_k$ を (5.5), (5.38) で定める. すると (6.1), $w = w_k$ は

$$-\Delta \tilde{w}_{j,k} = \mu_k e^{\tilde{v}_{j,k}} \tilde{w}_{j,k}, \ |\tilde{w}_{j,k}| \leq 1 \quad \mathrm{in}\ B(0, R/\delta_{j,k})$$

に変換される. $\{\tilde{w}_{j,k}\}$ は一様有界であり, 従って固有値 μ_k が $k \to \infty$ で収束すれば, 楕円型定理から $\mathbf{R}^2$ 上局所一様収束する. この状況は前章と同様であり, 次の補題が成り立つ.

補題 6.2.1　線形化固有値問題 (6.1), (6.2), $w = w_k$ において $\mu = \mu_k$ が

$$\lim_{k \to \infty} \mu_k = \mu_\infty \in \mathbf{R} \tag{6.6}$$

を満たすとすると，$\mathbf{R}^2$ 上滑らかな W_j, $1 \leq j \leq \ell$ が存在して部分列に対して

$$\tilde{w}_{j,k} \to W_j \quad \text{loc. unif. in } \mathbf{R}^2 \tag{6.7}$$

さらに W_j は

$$-\Delta W_j = \mu_\infty e^U W_j \quad \text{in } \mathbf{R}^2, \qquad \|W_j\|_{L^\infty(\mathbf{R}^2)} \leq 1 \tag{6.8}$$

の解である．

(6.8) において $1 \leq j \leq \ell$ が存在して $W_j \not\equiv 0$ であれば μ_∞ は全空間のボルツマン・ポアソン方程式 (5.8) の解 $U = U(x)$，(5.9) の線形化固有値となる．全空間での線形化固有値 α，

$$-\Delta W = \alpha e^U W \quad \text{in } \mathbf{R}^2, \qquad W \in L^\infty(\mathbf{R}^2) \tag{6.9}$$

はすでに分類されているので，極限 μ_∞ を特定することができる [61]．

定理 6.3 (6.9) の固有値 α は $\alpha_m = \dfrac{m(m+1)}{2}$, $m = 0, 1, 2, \ldots$ であり，各 α_m の重複度は $2m + 1$ である．

定理 6.3 において $\alpha_0 = 0$ の場合は固有空間は定数関数で張られ，$\alpha_1 = 1$ の場合は定理 5.41 で述べたように $\frac{\partial}{\partial x_1} U$, $\frac{\partial}{\partial x_2} U$, $\overline{U}$ で張られる．（それ以外の固有関数もすべて知られている．）逆に

$$W_j \equiv 0, \quad 1 \leq j \leq \ell \tag{6.10}$$

のときは前章の解析を適用する．実際，前章で扱った漸近的非退化性の証明では (6.1), (6.2), $w = w_k$, $\mu = \mu_k$ において常に $\mu_k = 1$ としていた．この場合，(6.10) が (5.89) に反するので，定理 5.5 から矛盾が得られた．

$\mu_k \neq 1$ のときも，(6.6) のもとで定理 5.5 の証明で用いた計算は有効で，結果として (6.10) は起こりえない．最初にこのことを確認する．そのために前章と類似の計算は注意点を記して詳細を省き，結果のみを列記していく．以下 $\{v_k\}$, $\{\lambda_k\}$ は (5.2), (5.3) を，$x_k^j \to x_j^*$ は (5.4) を，$\{w_k\}$, $\{\mu_k\}$ は

$$-\Delta w_k = \mu_k \lambda_k e^{v_k} w_k \quad \text{in } \Omega, \qquad w_k = 0 \quad \text{on } \partial\Omega$$

$$\|w_k\|_\infty = \max_{\overline{\Omega}} w_k = 1$$

および (6.6) を満たすものとして, $\gamma_{j,k}^0, \boldsymbol{\gamma}_{j,k}^1$ を (5.44), すなわち

$$\gamma_{j,k}^0 = \int_{B(x_{j,k},R)} \lambda_k e^{v_k} w_k, \quad \boldsymbol{\gamma}_{j,k}^1 = (\gamma_{j,k}^{1,1}, \gamma_{j,k}^{1,2})$$

$$\gamma_{j,k}^{1,\alpha} = \int_{B(x_{j,k},R)} (x - x_{j,k})_\alpha \lambda_k e^{v_k} w_k \quad \alpha = 1,2 \tag{6.11}$$

で定める. このときグリーン関数による表示

$$w_k(x)/\mu_k = \int_\Omega G(x,y) \lambda_k e^{v_k} w_k \, dy$$

を用いると, (5.19), (5.45) に対応して次の評価が得られる.

補題 6.2.2 $0 < R \ll 1$ に対し, $\overline{\Omega} \setminus \bigcup_{j=1}^\ell B(x_{j,k}, R)$ 上 C^2 の意味で一様に

$$w_k/\mu_k = \sum_{j=1}^\ell \left(\gamma_{j,k}^0 G(\cdot, x_{j,k}) + \boldsymbol{\gamma}_{j,k}^1 \cdot \nabla_y G(\cdot, x_{j,k}) \right) + o\left(\lambda_k^{1/2}\right) \tag{6.12}$$

一方, スケーリングした関数の収束から (6.11) において

$$\lim_{k \to \infty} \gamma_{j,k}^0 = C_j \equiv \int_{\mathbf{R}^2} e^U W_j$$

$$\lim_{k \to \infty} (\boldsymbol{\gamma}_{j,k}^1 / \lambda_k^{1/2}) = \boldsymbol{W}_j = d_j \int_{\mathbf{R}^2} y e^U W_j \, dy \tag{6.13}$$

(6.13) から $\gamma_{j,k}^0 = O(1)$, $\boldsymbol{\gamma}_{j,k}^1 = O\left(\lambda_k^{1/2}\right)$ となり, (6.12) は

$$w_k/\mu_k = \sum_{j=1}^\ell \left\{ \gamma_{j,k}^0 G(\cdot, x_{j,k}) + \lambda_k^{1/2} \boldsymbol{W}_j \cdot \nabla_y G(\cdot, x_{j,k}) \right\} + o\left(\lambda_k^{1/2}\right) \tag{6.14}$$

に帰着される. (6.14) は (5.52) に対応する.

非退化性の証明では, (5.47) によって

$$\gamma_{j,n}^0 = o(1) \tag{6.15}$$

が得られた. 今の場合では前章で $b_j = 0$ を導いた 2 つ目の計算, 補題 5.6.1 を

使う. すると, $\mu_\infty \neq 0$ のもとで (6.15) を示すことができ, (5.17) によって次の補題が得られる.

補題 6.2.3 (6.6) のもとで
$$\left(v_k(x_{j,k}) - \frac{1}{\mu_k}\right)\gamma_{j,k}^0 = O(1) \tag{6.16}$$

【証明】 (5.78) に対応する
$$\int_{\partial B(x_{j,k},R)} \left(\frac{\partial v_k}{\partial \nu}\right) \cdot \frac{w_k}{\mu_k} - v_k \cdot \frac{\partial}{\partial \nu}\left(\frac{w_k}{\mu_k}\right) ds$$
$$= \left(v_k(x_{j,k}) - \frac{1}{\mu_k}\right)\gamma_{j,k}^0 + \int_{B(0,R/\delta_{j,k})} e^{\tilde{v}_{j,k}} \tilde{w}_{j,k} \tilde{v}_{j,k} \tag{6.17}$$

を用いる. 実際, (6.17) 左辺は (1.113)–(1.114) および (6.12) から
$$\int_{\partial B(x_{j,k},R)} \frac{\partial v_k}{\partial \nu} \frac{w_k}{\mu_k} - v_k \frac{\partial}{\partial \nu} \frac{w_k}{\mu_k} \, dx = O(1) \tag{6.18}$$

また右辺第 2 項は優収束定理から
$$\lim_{k \to \infty} \int_{B(0,R/\delta_{j,k})} e^{\tilde{v}_{j,k}} \tilde{w}_{j,k} \tilde{v}_{j,k} = \int_{\mathbf{R}^2} e^U W_j U = O(1) \tag{6.19}$$

(6.17)–(6.19) より (6.16) となる. □

補題 6.2.4 (6.6) のもとで
$$w_k \to 0 \quad \text{unif. on } \overline{\Omega} \setminus \bigcup_{j=1}^{\ell} B(x_{j,k}, R) \tag{6.20}$$

が成り立つ.

【証明】 (6.14), (6.15) より $\mu_\infty = 0$ のときは明らか. $\mu_\infty \neq 0$ のときは (6.16) より
$$\gamma_{j,k}^0 = O\left(\frac{1}{\log \lambda_k}\right) = o(1)$$

従って再び (6.14), (6.15) より (6.20) となる. □

244 第 6 章 モース指数の対応

楕円型評価から (6.20) は C^2 の意味で成り立つ．これが最も粗い $\tilde{w}_k, k \to \infty$ の挙動であり，この挙動によって補題 5.6.3 の証明で用いた議論が適用できる．すなわち定理 5.5 に対応する次の補題が成り立つ．

補題 6.2.5 (6.7) において $1 \leq j \leq \ell$ が存在して，$W_j \not\equiv 0$ を満たす．特に (6.6) の μ_∞ は (6.8) の固有値である．

定理 6.3 と補題 6.2.5 から特に次が得られる．

補題 6.2.6 (6.6) において $\mu_\infty = 0$ のときは
$$\boldsymbol{c} = (c_1, \ldots, c_\ell) \in \mathbf{R}^\ell \setminus \{0\} \tag{6.21}$$
が存在して $W_j \equiv c_j, 1 \leq j \leq \ell$ であり，$\mu_\infty = 1$ のときは
$$\boldsymbol{a} = (\vec{a}_1, \ldots, \vec{a}_\ell) \in \mathbf{R}^{2\ell}, \ \boldsymbol{b} = (b_1, \ldots, b_\ell) \in \mathbf{R}^\ell, \ (\boldsymbol{a}, \boldsymbol{b}) \neq 0 \in \mathbf{R}^{3\ell} \tag{6.22}$$
が存在して $W_j = \vec{a}_j \cdot \nabla U + b_j \overline{U}$ である．

一方，(6.20) によって (6.18) の右辺が $o(1)$ となることから，(6.16) が次の補題のように精密化される．(6.23) は逆に μ_k の挙動を規定することになる．

補題 6.2.7 (6.6) のもとで
$$\left(v_k(x_{j,k}) - \frac{1}{\mu_k}\right) \gamma_{j,k}^0 + \int_{\mathbf{R}^2} e^U W_j U = o(1) \tag{6.23}$$
が成り立つ．

またレリッヒの双 1 次等式 (5.49) からは次の補題が得られる．(6.24) 右辺第 2 項は $\mu_k \neq 1$ に由来する．

補題 6.2.8 (6.6) のもとで

$$\gamma_{j,k}^0 = \frac{\sigma_{j,k}^0 \gamma_{j,k}^0 \mu_k}{4\pi} - \frac{1-\mu_k}{2}\left(\int_{\mathbf{R}^2}(x\cdot\nabla U)e^U W_j + o(1)\right) + o\left(\lambda_k^{1/2}\right) \tag{6.24}$$

が成り立つ．

【証明】 (5.51) に対応して

$$\begin{aligned}\gamma_{j,k}^0 = &\frac{R\mu_k}{2}\int_{\partial B(x_{j,k},R)} 2\frac{\partial v_k}{\partial \nu}\cdot\frac{\partial}{\partial \nu}\left(\frac{w_k}{\mu_k}\right) - \nabla v_k\cdot\nabla\left(\frac{w_k}{\mu_k}\right) ds\\ &- \frac{1-\mu_k}{2}\int_{B(0,R/\delta_{j,k})}(x\cdot\nabla\tilde{v}_{j,k})e^{\tilde{v}_{j,k}}\tilde{w}_{j,k} + o(\lambda_k)\end{aligned} \tag{6.25}$$

が成り立つ．(6.25) 右辺第 1 項には補題 5.4.4 の証明が適用でき

$$\begin{aligned}&\frac{R\mu_k}{2}\int_{\partial B(x_{j,k},R)} 2\frac{\partial v_k}{\partial \nu}\cdot\frac{\partial}{\partial \nu}\left(\frac{w_k}{\mu_k}\right) - \nabla v_k\cdot\nabla\left(\frac{w_k}{\mu_k}\right) ds\\ &= \frac{\sigma_{j,k}^0 \gamma_{j,k}^0 \mu_k}{4\pi} + o\left(\lambda_k^{1/2}\right)\end{aligned}$$

が得られる．第 2 項には補題 5.2.3 を使う．優収束定理から

$$\lim_{k\to\infty}\int_{B(0,R/\delta_{j,k})}(x\cdot\nabla\tilde{v}_{j,k})e^{\tilde{v}_{j,k}}\tilde{w}_{j,k} = \int_{\mathbf{R}^2}(x\cdot\nabla U)e^U W_j \tag{6.26}$$

となる．(6.25)–(6.26) より (6.24) を得る． □

補題 6.2.6–6.2.8 は次のようにまとめられる．

- (6.6) において $\mu_\infty = 0$ のときは

$$\lim_{k\to\infty}\gamma_{j,k}^0 = 8\pi c_j, \quad \lim_{k\to\infty}\boldsymbol{\gamma}_{j,k}^1/\lambda_k^{1/2} = 0$$

$$\lim_{k\to\infty}\left(v_k(x_{j,k}) - \frac{1}{\mu_k}\right)\gamma_{j,k}^0 = 16\pi c_j$$

$$\gamma_{j,k}^0 = \frac{\sigma_{j,k}^0 \gamma_{j,k}^0 \mu_k}{4\pi} + o(1) \tag{6.27}$$

従って $\overline{\Omega}\setminus\bigcup_{j=1}^\ell B(x_{j,k},R)$ 上 C^2 の意味で

$$w_k/\mu_k = \sum_{j=1}^\ell 8\pi c_j G(\cdot, x_{j,k}) + o(1) \tag{6.28}$$

- (6.6) において $\mu_\infty = 1$ のときは

$$\lim_{k\to\infty} \gamma_{j,k}^0 = 0, \quad \lim_{k\to\infty} (\boldsymbol{\gamma}_{j,k}^1/\lambda_k^{1/2}) = -8\pi d_j \vec{a}_j$$

$$\lim_{k\to\infty} \left(v_k(x_{j,k}) - \frac{1}{\mu_k}\right)\gamma_{j,k}^0 = -16\pi b_j$$

$$\gamma_{j,k}^0 = \frac{\sigma_{j,k}^0 \gamma_{j,k}^0 \mu_k}{4\pi} - (1-\mu_k)\left(\frac{16\pi}{3}b_j + o(1)\right) + o\left(\lambda_k^{1/2}\right) \quad (6.29)$$

$\mu_\infty = 1$ のときの v_k の挙動は後に改めて考察するが,以上の情報から (6.6) が次のように精密化される.

補題 6.2.9 $\mu_\infty = 0$ のとき

$$\mu_k = -\frac{1}{2\log\lambda_k} + o\left(\frac{1}{\log\lambda_k}\right) \quad (6.30)$$

が成り立つ.

【証明】 (6.21) より $c_j \neq 0$ が存在する.このとき (6.27) 第 1, 3 式より

$$v_k(x_{j,k}) - \frac{1}{\mu_k} = O(1) \quad (6.31)$$

となる. (6.31), (5.17) から (6.30) が得られる. □

補題 6.2.10 $\mu_\infty = 1$ のとき,(6.22) において $b_j \neq 0$ となる $1 \leq j \leq \ell$ が存在すれば

$$\mu_k = 1 - \frac{3}{2}\frac{1}{\log\lambda_k} + o\left(\frac{1}{\log\lambda_k}\right) \quad (6.32)$$

となる.

【証明】 (6.29) 第 3 式と (5.17) から

$$\gamma_{j,k}^0 = \frac{8\pi b_j + o(1)}{\log\lambda_k} \quad (6.33)$$

一方 (6.29) 第 4 式, (5.26) から

$$\gamma_{j,k}^0 = \frac{-(1-\mu_k)\left\{\frac{16\pi}{3}b_j + o(1)\right\} + o\left(\lambda_k^{1/2}\right)}{1 - \frac{\sigma_{j,k}^0 \mu_k}{4\pi}}$$
$$= (1-\mu_k)\left(\frac{16\pi}{3}b_j + o(1)\right) + o\left(\lambda_k^{1/2}\right) \qquad (6.34)$$

(6.33), (6.34) から得られる

$$\frac{8\pi b_j + o(1)}{\log \lambda_k} = (1-\mu_k)\left(\frac{16\pi}{3}b_j + o(1)\right) + o\left(\lambda_k^{1/2}\right)$$

において, $b_j \neq 0$ より

$$\mu_k = 1 - \frac{8\pi b_j + o(1)}{\frac{16\pi}{3}b_j + o(1)} \cdot \frac{1}{\log \lambda_k} + o\left(\lambda_k^{1/2}\right) = 1 - \frac{3}{2} \cdot \frac{1}{\log \lambda_k} + o\left(\frac{1}{\log \lambda_k}\right)$$

となり, (6.32) が成り立つ. □

補題 6.2.10 より, $b_j \neq 0$ となる j が存在したときは, $k \gg 1$ において $\mu_k > 1$ を得る. 従って v_k のモース指数に関係するのは, (6.22) において

$$b_j = 0, \quad 1 \leq j \leq \ell$$

の場合である. 以下 (6.22) において $\vec{a}_j = (a_{j1}, a_{j2})$ とする. また $J = (J_{im})_{1\leq i,m\leq \ell}$ は (6.5) で定めた行列である.

補題 6.2.11 $\mu_\infty = 1$ のとき (6.22) において

$$(1-\mu_k)\left(\frac{4\pi}{3}a_{j,\alpha} + o(1)\right) = o\left(\lambda_k^{1/2}\right) \qquad (6.35)$$

が成り立つ. 特に $a_{j,\alpha} \neq 0$ を満たす $1 \leq j \leq \ell$, $\alpha = 1, 2$ が存在するとき, 行列 $J = D\{\text{Hess } H_\ell(x_1^*, \ldots, x_\ell^*)\}D$ の固有値 η が存在して

$$\mu_k = 1 - 48\pi\eta\lambda_k + o(\lambda_k) \qquad (6.36)$$

を満たす.

【証明】 (6.35) を示すため, (5.61) に対応する

$$\int_{\partial B(x_{j,k}, R)} \left[\frac{\partial}{\partial \nu}(v_k)_{x_\alpha}\right] w_k - (v_k)_{x_\alpha}\left[\frac{\partial w_k}{\partial \nu}\right] ds_x$$

$$= \frac{\mu_k - 1}{\delta_{j,k}} \int_{B(0, R/\delta_{j,k})} e^{\tilde{v}_{j,k}} \frac{\partial \tilde{v}_{j,k}}{\partial x_\alpha} \tilde{w}_{j,k} \tag{6.37}$$

を用いる. (5.11) と補題 5.2.3, 5.3.1 から (6.37) 右辺において

$$\lim_{k \to \infty} \int_{B(0, R/\delta_{j,k})} e^{\tilde{v}_{j,k}} \frac{\partial \tilde{v}_{j,k}}{\partial x_\alpha} \tilde{w}_{j,k} = \int_{\mathbf{R}^2} e^U U_\alpha \left(\vec{a}_j \cdot \nabla U + b_j \overline{U} \right) = \frac{4\pi}{3} a_{j,\alpha} \tag{6.38}$$

が成り立つ. 一方, 左辺は (1.113)–(1.114), (6.20) から $o(1)$. よって

$$\frac{\mu_k - 1}{\delta_{j,k}} \left(\frac{4\pi}{3} a_{j,\alpha} + o(1) \right) = o(1)$$

となり, (5.14) から (6.35) が得られる.

後半の場合, $a_{j,\alpha} \neq 0$ が存在するときは (6.35) から

$$1 - \mu_k = o\left(\lambda_k^{1/2}\right) \tag{6.39}$$

(6.39), (6.29) 第 4 式, (5.26) から $\gamma_{j,k}^0 = o\left(\lambda_k^{1/2}\right)$. 従って (6.14) は $\overline{\Omega} \setminus \bigcup_{j=1}^\ell B(x_{j,k}, R)$ 上 C^2 の意味で

$$w_k = \lambda_k^{1/2} \sum_{j=1}^{\ell} \boldsymbol{W}_j \cdot \nabla_y G(\cdot, x_{j,k}) + o\left(\lambda_k^{1/2}\right) \tag{6.40}$$

に帰着される.

(6.40) は $\mu_k = 1$ のときの (5.43) と同じものであり, 同様の計算で (5.61) に対応する

$$8\pi \sum_{1 \leq i \leq \ell, \beta = 1,2} (H_\ell)_{x_{j,\alpha} x_{i,\beta}}(x_1^*, \ldots, x_\ell^*) V_{i,\beta} + o(1)$$
$$= \frac{\mu_k - 1}{\lambda_k} \left\{ \frac{4\pi}{3d_j} a_{j,\alpha} + o(1) \right\}, \quad \alpha = 1, 2 \tag{6.41}$$

が得られる. (6.41) は

$$\frac{1 - \mu_k}{48\pi \lambda_k} \left(a_{j,\alpha} + o(1) \right) = \sum_{1 \leq i \leq \ell, \beta = 1,2} J_{2(j-1)+\alpha, 2(i-1)+\beta} a_{i,\beta} + o(1) \tag{6.42}$$

を意味する.

(6.42) において, 再び $a_{j,\alpha} \neq 0$ となる j, α をとると

$$\lim_{k\to\infty}\frac{1-\mu_k}{48\pi\lambda_k} = \eta \equiv a_{j,\alpha}^{-1}\sum_{1\leq i\leq \ell, \beta=1,2} J_{2(j-1)+\alpha, 2(i-1)+\beta}a_{i,\beta} \tag{6.43}$$

となる. (6.43) は (6.36) を意味する.

最後に (6.36), (6.42) から, 任意の j, α に対し

$$\eta a_{j,\alpha} = \sum_{1\leq i\leq \ell, \beta=1,2} J_{2(j-1)+\alpha, 2(i-1)+\beta}a_{i,\beta} \tag{6.44}$$

が得られる. (6.44) は η が J の固有値で, $\vec{a}_j$ がその固有ベクトルであることを表している. □

6.3 スケーリング極限の独立性

固有値の漸近挙動 (6.4) はレーリー商の評価に帰着される. 固有関数の正規化は L^∞ ノルムで行っていたので, 本節では直交関係を確認し, ディリクレノルムの漸近挙動を導出する.

以後 w_k^i は固有値問題 (6.1) の第 i 固有関数とし, 第 3 章 1 節で述べたように直交関係

$$\int_\Omega \nabla w_k^i \cdot \nabla w_k^{i'} = 0, \quad i \neq i' \tag{6.45}$$

が成り立つものとする. w_k^i に対する固有値 μ_k^i に対して (6.6), すなわち

$$\lim_{k\to\infty} \mu_k^i = \mu_\infty^i$$

を仮定し, $\mu_\infty^i = 0, 1$ の場合に補題 6.2.6 で現れる $\boldsymbol{c} = \boldsymbol{c}_i, \boldsymbol{a} = \boldsymbol{a}_i, \boldsymbol{b} = \boldsymbol{b}_i$ を用いて, スケーリング極限の直交関係とディリクレノルムを表示する.

補題 6.3.1 次が成り立つ.

1) $\mu_\infty^i = 0$ のときは

$$\int_\Omega |\nabla w_k^i|^2 = \mu_k^i \left(8\pi \|\boldsymbol{c}_i\|_{\mathbf{R}^\ell}^2 + o(1)\right)$$
$$= -\frac{4\pi \|\boldsymbol{c}_i\|_{\mathbf{R}^\ell}^2}{\log \lambda_k} + o\left(\frac{1}{\log \lambda_k}\right) \tag{6.46}$$

2) $\mu_\infty^i = \mu_\infty^{i'} = 0$, $i \neq i'$ のときは $\boldsymbol{c}_i \cdot \boldsymbol{c}_{i'} = 0$

3) $\mu_\infty^i = 1$ のときは
$$\int_\Omega |\nabla w_k^i|^2 = \frac{4\pi}{3}\left\{\|\boldsymbol{a}_i\|_{\mathbf{R}^{2\ell}}^2 + 8\|\boldsymbol{b}_i\|_{\mathbf{R}^\ell}^2\right\} + o(1)$$

4) $\mu_\infty^i = \mu_\infty^{i'} = 1$, $i \neq i'$ のときは $\boldsymbol{a}_i \cdot \boldsymbol{a}_{i'} + 8\boldsymbol{b}_i \cdot \boldsymbol{b}_{i'} = 0$

【証明】 いずれも定理 5.2, 5.3 と優収束定理による. 類似の議論なので 4 番目の場合は省略する.

1) (6.1) から
$$\int_\Omega |\nabla w_k^i|^2 = -\int_\Omega (\Delta w_k^i) w_k^i = \mu_k \lambda_k \int_\Omega e^{v_k}(w_k^i)^2$$

従って
$$\frac{1}{\mu_k}\int_\Omega |\nabla w_k^i|^2 = \lambda_k \int_\Omega e^{v_k}(w_k^i)^2 = \sum_{j=1}^\ell \lambda_k \int_{B(x_{j,k},R)} e^{v_k}(w_k^i)^2$$
$$+ \lambda_k \int_{\Omega \setminus \bigcup_{j=1}^\ell B(x_{j,k},R)} e^{v_w}(w_k^i)^2 \qquad (6.47)$$

(6.47) 右辺第 2 項は $O(\lambda_k)$. 一方第 1 項の各項は
$$\lambda_k \int_{B(x_{j,k},R)} e^{v_k}(w_k^i)^2 = \int_{B(0,R/\delta_{j,k})} e^{\tilde{v}_{j,k}}(\tilde{w}_{j,k}^i)^2$$
$$\to \int_{\mathbf{R}^2} e^U (c_j^i)^2 = 8\pi(c_j^i)^2$$

ただし $\boldsymbol{c}_i = (c_1^i, \ldots, c_\ell^i)$ とする. これから (6.46) の最初の等式が得られる. 2 番目の等式は補題 6.2.9 による.

2) $i \neq i'$ より
$$0 = \int_\Omega \nabla w_k^i \cdot \nabla w_i^{i'} = -\int_\Omega (\Delta w_k^i) w_k^{i'} = \mu_k^i \lambda_k \int_\Omega e^{v_k} w_k^i w_k^{i'}$$

$\mu_k^i > 0$ であるから
$$0 = \lambda_k \int_\Omega e^{v_k} w_k^i w_k^{i'} = \sum_{j=1}^\ell \lambda_k \int_{B(x_{j,k},R)} e^{v_k} w_k^i w_k^{i'}$$

$$+ \lambda_k \int_{\Omega \setminus \bigcup_{j=1}^{\ell} B(x_{j,k}, R)} e^{v_k} w_k^i w_k^{i'} + o(\lambda_k)$$
$$\to \sum_{j=1}^{\ell} \int_{\mathbf{R}^2} e^U c_j^i c_j^{i'} = 8\pi \boldsymbol{c}_i \cdot \boldsymbol{c}_{i'}$$

3) 最初の場合と同様にして

$$\frac{1}{\mu_k^i} \int_\Omega |\nabla w_k^i|^2 = \sum_{j=1}^{\ell} \int_{B(0, R/\delta_{j,k})} e^{\tilde{v}_{j,k}} (\tilde{w}_{j,k}^i)^2 + o(\lambda_k)$$
$$\to \sum_{j=1}^{\ell} \int_{\mathbf{R}^2} e^U (\vec{a}_j^i \cdot \nabla U + b_j^i \overline{U})^2 = \frac{4\pi}{3} \|\boldsymbol{a}_i\|_{\mathbf{R}^{2\ell}}^2 + \frac{32\pi}{3} \|\boldsymbol{b}_i\|_{\mathbf{R}^\ell}^2$$

となる. □

6.4　第1固有値から第ℓ固有値まで

固有値の漸近挙動は帰納的に定まる. 最初に μ_k^1, $k \to \infty$ を考える. 全空間での線形化固有値問題 (6.9) では第1固有値は0であるので, 第1固有値

$$\mu_\infty^1 = \lim_{k \to \infty} \mu_k^1 = 0 \tag{6.48}$$

が予想できる. すると (6.28) が成り立つので, 固有関数 w_k^1 は爆発点近傍ではグリーン関数の定数倍, 従って解 v_k 自身の挙動に近いはずである [64]. そこで $\xi \in C_0^\infty([0, +\infty))$, $0 \leq \xi(r) \leq 1$ で

$$\xi(r) = \begin{cases} 1, & 0 \leq r \leq 1 \\ 0, & r \geq 2 \end{cases}$$

を満たすものを cut-off 関数とし, $1 \leq j \leq \ell$ を1つ選んで

$$\xi_k(x) = \xi\left(\frac{|x - x_{j,k}|}{R}\right) \tag{6.49}$$

と置く.

補題 6.4.1 (6.48) が成り立つ.

【証明】 レーリー原理
$$\mu_k^1 = \inf\left\{\frac{\int_\Omega |\nabla w|^2}{\lambda_k \int_\Omega e^{v_k} w^2} \mid w \in H_0^1(\Omega) \setminus \{0\}\right\}$$
より $w_k = \xi_k v_k \in H_0^1(\Omega)$ に対して
$$\mu_k^1 \leq \frac{\int_\Omega |\nabla w_k|^2}{\lambda_k \int_\Omega e^{v_k} w_k^2} \tag{6.50}$$
となる. (6.50) の右辺において $v_k, k \to \infty$ の挙動を使うと
$$\int_\Omega |\nabla w_k|^2 = \int_\Omega |\nabla(\xi_k v_k)|^2 = \int_{B(x_{j,k},R)} |\nabla v_k|^2 + O(1)$$
$$= \int_{\partial B(x_{i,k},R)} \frac{\partial v_k}{\partial \nu} \cdot v_k - \int_{B(x_{j,k},R)} (\Delta v_k) v_k + O(1)$$
$$= \int_{B(x_{j,k},R)} \lambda_k e^{v_k} v_k + O(1) \tag{6.51}$$
ここで (5.17) より (6.51) 右辺第 1 項は
$$v_k(x_{j,k}) \int_{B(0,R/\delta_{j,k})} e^{\tilde{v}_{j,k}} + \int_{B(0,R/\delta_{j,k})} e^{\tilde{v}_{j,k}} \tilde{v}_{j,k}$$
$$= v_k(x_{j,k})\{8\pi + o(1)\} + O(1) = -16\pi \log \lambda_k + o(\log \lambda_k)$$
よって
$$\int_\Omega |\nabla w_k|^2 = -16\pi \log \lambda_k + o(\log \lambda_k) \tag{6.52}$$
となる. 同様に
$$\lambda_k \int_\Omega e^{v_k} w_k^2 = \lambda_k \int_\Omega e^{v_k} \xi_k^2 v_k^2 = \lambda_k \int_{B(x_{j,k},R)} e^{v_k} v_k^2 + O(\lambda_k)$$
$$= \int_{B(0,R/\delta_{j,k})} e^{\tilde{v}_{j,k}} \tilde{v}_{j,k}^2 + 2v_k(x_{j,k}) \int_{B(0,R/\delta_{j,k})} e^{\tilde{v}_{j,k}} \tilde{v}_{j,k}$$
$$+ v_k(x_{j,k})^2 \int_{B(0,R/\delta_{j,k})} e^{\tilde{v}_{j,k}} + o(1) = \{8\pi + o(1)\} v_k(x_{j,k})^2$$
$$+ O(v_k(x_{j,k})) = 32\pi (\log \lambda_k)^2 + o\left((\log \lambda_k)^2\right) \tag{6.53}$$

であり, (6.52), (6.53) から
$$0 \leq \mu_k^1 \leq \frac{-16\pi \log \lambda_k + o(\log \lambda_k)}{32\pi (\log \lambda_k)^2 + o\left((\log \lambda_k)^2\right)}$$
$$= -\frac{1}{2\log \lambda_k} + o\left(\frac{1}{\log \lambda_k}\right) \to 0$$
が得られる. □

補題 6.4.1, 6.2.6, 6.2.5 より $\boldsymbol{c}^1 \in \mathbf{R}^\ell \setminus \{0\}$ が存在して, $\mathbf{R}^2$ 上局所一様に $\lim_{k \to \infty} \tilde{w}_{j,k}^1 = c_j^1, 1 \leq j \leq \ell$ が成り立つ. ミニ・マックス原理

$$\mu_k^n = \inf \left\{ \frac{\int_\Omega |\nabla w|^2}{\lambda_k \int_\Omega e^{v_k} w^2} \mid w \in H_0^1(\Omega) \setminus \{0\}, \ w \perp \mathrm{span}\{w_k^1, \ldots, w_k^{n-1}\} \right\} \quad (6.54)$$

を用いて本節の主結果を示す.

補題 6.4.2 (6.48) は第 ℓ 固有値まで拡張され, $\lim_{k \to \infty} \mu_k^n = 0, 1 \leq n \leq \ell$ が成り立つ.

【証明】 $m = 2, \ldots, \ell$ に対して
$$\lim_{k \to \infty} \mu_k^n = 0, \quad 1 \leq n \leq m-1 \quad (6.55)$$
であると仮定して $\lim_{k \to \infty} \mu_k^m = 0$ を導く.

上述のことから, (6.55) のもとで $\boldsymbol{c}_1, \ldots, \boldsymbol{c}_{m-1} \in \mathbf{R}^\ell \setminus \{0\}$ が存在して, 部分列に対して $\mathbf{R}^2$ 上局所一様に
$$\lim_{k \to \infty} \tilde{w}_{j,k}^n = c_j^n, \quad 1 \leq n \leq m-1, \ 1 \leq j \leq \ell$$
となる. また補題 6.2.4 から $\overline{\Omega} \setminus \bigcup_{j=1}^\ell B(x_{j,k}, R)$ 上 C^2 の意味で
$$\lim_{k \to \infty} w_k^n = 0, \quad 1 \leq n \leq m-1$$
が成り立つ.

(6.54) において $x_{j,k}$ 周りの cut-off 関数 ξ_k を (6.49) と同様に選び
$$w_k = \xi_k v_k - s_k^1 w_k^1 - \cdots - s_k^{m-1} w_k^{m-1} \quad (6.56)$$

と置く. ただし $1 \leq j \leq \ell$ は後で定め, $\{s_k^n\}_{n=1}^{m-1}$ は

$$w_k \perp \mathrm{span}\{w_k^1, \ldots, w_k^{m-1}\} \tag{6.57}$$

となるように

$$s_k^n = \frac{\int_\Omega \nabla(\xi_k v_k) \cdot \nabla w_k^n}{\int_\Omega |\nabla w_k^n|^2} \tag{6.58}$$

とする. また $\boldsymbol{c}_n = (c_1^n, \ldots, c_\ell^n)$ とおく.

最初に, $k \to \infty$ において

$$s_k^n = -\frac{2c_j^n}{\|\boldsymbol{c}_n\|_{\mathbf{R}^\ell}^2} \log \lambda_k + o(\log \lambda_k), \quad 1 \leq n \leq m-1 \tag{6.59}$$

を示す. 実際 (6.1) より

$$\begin{aligned}
\int_\Omega \nabla(\xi_k v_k) \cdot \nabla w_k^n &= -\int_\Omega \xi_k v_k (\Delta w_k^n) = \mu_k^n \lambda_k \int_\Omega e^{v_k} w_k^n (\xi_k v_k) \\
&= \mu_k^n \lambda_k \int_{B(x_{j,k}, R)} e^{v_k} w_k^n v_k + \mu_k^n \lambda_k \int_{\Omega \setminus B(x_{j,k}, R)} e^{v_k} w_k^n (\xi_k v_k) \\
&= \mu_k^n v_k(x_{j,k}) \int_{B(0, R/\delta_{j,k})} e^{\tilde{v}_{j,k}} \tilde{w}_{j,k}^n + \mu_k^n \int_{B(0, R/\delta_{j,k})} e^{\tilde{v}_{j,k}} \tilde{w}_{j,k}^n \tilde{v}_{j,k} + o(1) \\
&= \left\{ -\frac{1}{2 \log \lambda_k} + o\left(\frac{1}{\log \lambda_k}\right) \right\} \{-2 \log \lambda_k + O(1)\} \{8\pi c_j^n + o(1)\} + o(1) \\
&= 8\pi c_j^n + o(1)
\end{aligned}$$

であり, (6.58), 補題 6.3.1 から

$$s_k^n = \frac{8\pi c_j^n + o(1)}{-\frac{4\pi}{\log \lambda_k} \|\boldsymbol{c}_n\|_{\mathbf{R}^\ell}^2 + o\left(\frac{1}{\log \lambda_k}\right)} \tag{6.60}$$

となる. (6.60) から (6.59) が得られる.

(6.54), (6.57) より

$$\mu_k^n \leq \frac{\int_\Omega |\nabla w_k|^2}{\lambda_k \int_\Omega e^{v_k} w_k^2} \tag{6.61}$$

である. (6.61) 右辺の分子は (6.56), (6.58) より

$$\int_\Omega |\nabla w_k|^2 = \int_\Omega |\nabla(\xi_k v_k - s_k^1 w_k^1 - \cdots - s_k^{m-1} w_k^{m-1})|^2$$

$$= \int_\Omega |\nabla(\xi_k v_k)|^2 - \sum_{i=1}^{m-1}(s_k^i)^2 \int_\Omega |\nabla w_k^i|^2 \qquad (6.62)$$

であり，(6.59) と補題 6.3.1 より

$$(s_k^i)^2 \int_\Omega |\nabla w_k^i|^2 = -\frac{16\pi(c_j^i)^2}{\|\boldsymbol{c}_i\|_{\mathbf{R}^\ell}^2} \log \lambda_n + o(\log \lambda_n) \qquad (6.63)$$

従って (6.52), (6.62)–(6.63) から

$$\int_\Omega |\nabla w_k|^2 = -16\pi \left(1 - \sum_{i=1}^{m-1} \frac{(c_j^i)^2}{\|\boldsymbol{c}_i\|_{\mathbf{R}^\ell}^2}\right) \log \lambda_n + o(\log \lambda_n) \qquad (6.64)$$

となる．

一方 (6.61) 右辺の分母は

$$\lambda_k \int_\Omega e^{v_k} w_k^2 = \lambda_k \int_\Omega e^{v_k} \xi_k^2 w_k^2 - 2\sum_{i=1}^{m-1} \lambda_k s_k^i \int_\Omega e^{v_k} \xi_k v_k w_k^i$$
$$+ \sum_{i,i'=1}^{m-1} \lambda_k s_k^i s_k^{i'} \int_\Omega e^{v_k} w_k^i w_k^{i'} \qquad (6.65)$$

である．(6.65) 右辺第 2 項の各項は

$$\lambda_k s_k^i \int_\Omega e^{v_k} \xi_k v_k w_k^i = -s_k^i \int_\Omega \left[\Delta \frac{w_k^i}{\mu_k^i}\right] \xi_k v_k$$
$$= \frac{s_k^i}{\mu_k^i} \int_\Omega \nabla w_k^i \cdot \nabla(\xi_k v_k) = \frac{(s_k^i)^2}{\mu_k^i} \int_\Omega |\nabla w_k^i|^2 \qquad (6.66)$$

一方，(6.45) より (6.65) 右辺第 3 項の各項は

$$\lambda_k s_k^i s_k^{i'} \int_\Omega e^{v_k} w_k^i w_k^{i'} = -\frac{s_k^i s_k^{i'}}{\mu_k^i} \int_\Omega (\Delta w_k^i) \cdot w_k^{i'}$$
$$= \frac{s_k^i s_k^{i'}}{\mu_k^i} \int_\Omega \nabla w_k^i \cdot \nabla w_k^{i'} = \delta_{i,i'} \frac{(s_k^i)^2}{\mu_k^i} \int_\Omega |\nabla w_k^i|^2 \qquad (6.67)$$

従って (6.65), (6.66), (6.67) より

$$\lambda_k \int_\Omega e^{v_k} w_k^2 = \lambda_k \int_\Omega e^{v_k} \xi_k^2 v_k^2 - \sum_{i=1}^{m-1} \frac{(s_k^i)^2}{\mu_k^i} \int_\Omega |\nabla w_k^i|^2 \qquad (6.68)$$

となる．

ここで (6.68) 右辺第 2 項の各項は

$$
\frac{(s_k^i)^2}{\mu_k^i} \int_\Omega |\nabla w_k^i|^2
$$
$$
= \frac{-\left(\frac{2c_j^i}{\|\boldsymbol{c}_i\|_{\mathbf{R}^\ell}^2} \log \lambda_k + o(\log \lambda_k)\right)^2}{-\frac{1}{2\log \lambda_k} + o\left(\frac{1}{\log \lambda_k}\right)} \cdot \left\{-\frac{4\pi}{\log \lambda_k} \|\boldsymbol{c}_i\|_{\mathbf{R}^\ell}^2 + o\left(\frac{1}{\log \lambda_k}\right)\right\}
$$
$$
= \frac{32\pi (c_j^i)^2}{\|\boldsymbol{c}_i\|_{\mathbf{R}^\ell}^2} (\log \lambda_k)^2 + o\left((\log \lambda_k)^2\right) \qquad (6.69)
$$

従って (6.53), (6.68)–(6.69) より

$$
\lambda_k \int_\Omega e^{v_k} w_k^2 = 32\pi \left\{1 - \sum_{i=1}^{m-1} \frac{(c_j^i)^2}{\|\boldsymbol{c}_i\|_{\mathbf{R}^\ell}^2}\right\} (\log \lambda_k)^2 + o\left((\log \lambda_k)^2\right) \qquad (6.70)
$$

となる.

補題 6.3.1 より $\boldsymbol{c}_1, \ldots, \boldsymbol{c}_{m-1}$ は線形独立である. そこで $2 \leq m \leq \ell$ に注意して $1 \leq j \leq \ell$ を

$$
e_j = (0, \ldots, 1, 0, \ldots, 0) \notin \operatorname{span}\{\boldsymbol{c}_1, \ldots, \boldsymbol{c}_{m-1}\} \equiv S
$$

を満たすようにとる. このとき $P_1 : \mathbf{R}^\ell \to S$, $P_2 = 1 - P_1$ を直交射影とすると

$$
0 < |P_2 e_j|^2 = |e_j|^2 - |P_1 e_j|^2 = 1 - \sum_{i=1}^{m-1} \left(e_j \cdot \frac{\boldsymbol{c}_i}{\|\boldsymbol{c}_i\|_{\mathbf{R}^\ell}}\right)^2
$$
$$
= 1 - \sum_{i=1}^{m-1} \frac{(c_j^i)^2}{\|\boldsymbol{c}_i\|_{\mathbf{R}^\ell}^2}
$$

が成り立つ. (6.64), (6.70) から

$$
0 \leq \mu_k^n \leq \frac{-16\pi \left(1 - \sum_{i=1}^{m-1} \frac{(c_j^i)^2}{\|\boldsymbol{c}_i\|_{\mathbf{R}^\ell}^2}\right) \log \lambda_k + o(\log \lambda_k)}{32\pi \left(1 - \sum_{i=1}^{m-1} \frac{(c_j^i)^2}{\|\boldsymbol{c}_i\|_{R^m}^2}\right) (\log \lambda_k)^2 + o\left((\log \lambda_k)^2\right)}
$$
$$
= -\frac{1}{2\log \lambda_k} + o\left(\frac{1}{\log \lambda_k}\right) \to 0
$$

が得られる. □

補題 6.4.2, 6.2.9 から (6.4) 第 1 式が得られる.

6.5 第 $\ell+1$ 固有値から第 3ℓ 固有値まで

線形化問題は各爆発点でのスケーリング極限で全空間の線形化問題が現れ，第 1 固有値に由来するモース指数についてはそれが爆発点ごとに重ね合わされている状況が確立できた．全空間の線形化問題でモース指数に関係するのは第 2-4 固有値で，対応する固有関数は解を用いて得られていた．実は，補題 6.2.10 によってスケーリング極限での第 4 固有値はモース指数に寄与しない．本節ではスケーリング極限における第 2, 3 固有値に対応する固有関数を用いて，順番に $\mu_k^{\ell+1}, \ldots, \mu_k^{3\ell}$ をレーリー商によって評価する．

補題 6.5.1 $k \to \infty$ において

$$0 \leq \mu_k^{\ell+1} \leq 1 + O(\lambda_k) \tag{6.71}$$

【証明】 (6.49) の cut-off 関数 ξ_k をとり $w_k = w_k^\alpha \in \{w_k^1, \ldots, w_k^\ell\}^\perp$, $\alpha = 1, 2$ を

$$w_k = \xi_k \frac{\partial v_k}{\partial x_\alpha} - s_k^1 w_k^1 - \cdots - s_k^\ell w_k^\ell$$

$$s_k^i = \frac{\int_\Omega \nabla \left(\xi_k \frac{\partial v_k}{\partial x_\alpha} \right) \cdot \nabla w_k^i}{\int_\Omega |\nabla w_k^i|^2}, \quad 1 \leq i \leq \ell \tag{6.72}$$

で定める．最初に

$$s_k^i = o(1), \quad 1 \leq i \leq \ell \tag{6.73}$$

に注意する．実際 (6.1) より (6.72) 右辺第 2 式の分子は

$$\int_\Omega \nabla \left(\xi_k \frac{\partial v_k}{\partial x_\alpha} \right) \cdot \nabla w_k^i = -\int_\Omega \xi_k \frac{\partial v_k}{\partial x_\alpha} \Delta w_k^i$$

$$= \mu_k^i \lambda_k \int_\Omega e^{v_k} w_k^i \xi_k \frac{\partial v_k}{\partial x_\alpha} = \mu_k^i \lambda_k \int_{B(x_{i,n}, R)} e^{v_k} w_k^i \frac{\partial v_k}{\partial x_\alpha} + o(1) \tag{6.74}$$

となる．(6.74) 右辺の主要部は (6.38) と同様に

$$\lim_{k\to\infty}\int_{B(x_{j,k},R)}\lambda_k e^{v_k}w_k^i\frac{\partial v_k}{\partial x_\alpha}=\int_{\mathbf{R}^2}e^U c_j^i U_\alpha=0$$

であるから
$$\mu_k^i\int_{B(x_{j,k},R)}\lambda_k e^{v_k}w_k^i\frac{\partial v_k}{\partial x_\alpha}=o(\mu_k^i) \tag{6.75}$$

が得られる. 一方, 分母については補題 6.3.1 を適用する. $\|\boldsymbol{c}_i\|_{\mathbf{R}^\ell}\neq 0$ と (6.75) より

$$s_k^i=-\frac{o(\mu_k^i)}{\mu_k^i\left\{8\pi\|\boldsymbol{c}_i\|_{\mathbf{R}^\ell}^2+o(1)\right\}}=o(1)$$

を得る.

以上の準備のもとに, (6.61) と同様に補題 6.3.1 に注意してレーリー商 (6.54) を上から評価する. 実際, 分子の方は (6.62) と同様に

$$\begin{aligned}\int_\Omega|\nabla w_k|^2&=\int_\Omega\left|\nabla\left(\xi_k\frac{\partial v_k}{\partial x_\alpha}\right)\right|^2-\sum_{i=1}^\ell(s_k^i)^2\int_\Omega|\nabla w_k^i|^2\\&=\int_{B(x_{j,k},R)}\left|\nabla\left(\frac{\partial v_k}{\partial x_\alpha}\right)\right|^2+O(1)\\&=\int_{B(x_{j,k},R)}\lambda_k e^{v_k}\left(\frac{\partial v_k}{\partial x_\alpha}\right)^2+O(1)\end{aligned} \tag{6.76}$$

であり, 分母の方は (6.65) と同様に

$$\lambda_k\int_\Omega e^{v_k}w_k^2=\lambda_k\int_{B(x_{j,k},R)}e^{v_k}\left(\frac{\partial v_k}{\partial x_\alpha}\right)^2+o(1) \tag{6.77}$$

(6.76)–(6.77) から

$$\int_\Omega|\nabla w_k|^2=\int_\Omega\lambda_k e^{v_k}w_k^2+O(1) \tag{6.78}$$

となる.

一方 $d_j\neq 0$ より

$$\begin{aligned}\lambda_k\int_{B(x_{j,k},R)}e^{v_k}\left(\frac{\partial v_k}{\partial x_\alpha}\right)^2&=\int_{B(0,R/\delta_{j,k})}e^{\tilde{v}_{j,k}}\frac{1}{\delta_{j,k}^2}\left(\frac{\partial\tilde{v}_{j,k}}{\partial x_\alpha}\right)^2\\&=\frac{1}{d_j^2\lambda_k}\left(\int_{\mathbf{R}^2}e^U U_\alpha^2+o(1)\right)=\frac{4\pi}{3d_j^2\lambda_k}\left(1+o(1)\right)\end{aligned} \tag{6.79}$$

従って (6.78)–(6.79) から

$$0 \leq \mu_k^{n+1} \leq \frac{\int_\Omega |\nabla w_k|^2}{\lambda_k \int_\Omega e^{v_k} w_k^2} = \frac{\lambda_k \int_\Omega e^{v_k} w_k^2 + O(1)}{\lambda_k \int_\Omega e^{v_k} w_k^2}$$

$$= 1 + \frac{O(1)}{\lambda_k \int_{B(x_{j,k},R)} e^{v_k} \left(\frac{\partial v_k}{\partial x_\alpha}\right)^2 + o(1)}$$

$$= 1 + \frac{O(1)}{\frac{4\pi}{3d_j^2 \lambda_k}(1+o(1)) + o(1)} = 1 + O(\lambda_k)$$

となる. □

補題 6.5.2 $\mu_\infty^{\ell+1} = 1$ であり, 行列 $J = D\{\text{Hess } H_\ell(x_1^*, \ldots, x_\ell^*)\}D$ の固有値 $\tilde{\eta}^{\ell+1}$ が存在して $\mu_k^{\ell+1} = 1 - 48\pi\tilde{\eta}^{\ell+1}\lambda_k + o(\lambda_k)$ が成り立つ.

【証明】 (6.71) より $\mu_\infty^{\ell+1} \leq 1$. また $\mu_\infty^{\ell+1}$ は (6.9) の固有値であるから, $\mu_\infty^{\ell+1} < 1$ とすると $\mu_\infty^{\ell+1} = 0$. このとき補題 6.2.6 より $\boldsymbol{c}_{\ell+1} \in \mathbf{R}^\ell \setminus \{0\}$ が存在して, (6.7) において $(W_1^{\ell+1}, \ldots, W_\ell^{\ell+1}) = \boldsymbol{c}_{\ell+1}$ である. 一方補題 6.3.1 から $\boldsymbol{c}_i \cdot \boldsymbol{c}_{\ell+1} = 0$, $1 \leq i \leq \ell$ かつ $\boldsymbol{c}_1, \ldots, \boldsymbol{c}_\ell$ は線形独立であり, 矛盾が発生する.

従って $\mu_\infty^{\ell+1} = 1$ であり, 補題 6.2.10, 6.5.1 から補題 6.2.6 において $b_j = 0$, $1 \leq \forall j \leq \ell$. 従って $1 \leq j \leq \ell$, $\alpha = 1,2$ が存在して $a_{j,\alpha} \neq 0$. 補題 6.2.11 によって結論が得られる. □

補題 6.5.3 $k \to \infty$ において

$$0 \leq \mu_k^n \leq 1 + O(\lambda_k), \quad \ell + 2 \leq n \leq 3\ell \tag{6.80}$$

【証明】 $\ell + 2 \leq m \leq 3\ell$ として, (6.80) が $\ell + 1 \leq n \leq m - 1$ で成立しているとする. 補題 6.2.10 から, 補題 6.2.6 において $\ell + 1 \leq n \leq m - 1$ に対して $\boldsymbol{b}_n = 0$. よって前補題と同様に, 行列 J の固有値 $\tilde{\eta}^n$, $\ell + 1 \leq n \leq m - 1$ が存在して

$$\mu_k^n = 1 - 48\pi\tilde{\eta}^n \lambda_k + o(\lambda_k) \tag{6.81}$$

また
$$\tilde{w}_{j,k}^n \to \vec{a}_j^n \cdot \nabla U \quad \text{loc. unif. in } \mathbf{R}^2 \tag{6.82}$$
である. そこで $1 \leq j \leq \ell$, $\alpha = 1, 2$ を後で決めることにして, (6.49) を満たす cut-off 関数 ξ_k をとり $w_k \in \{w_k^1, \ldots, w_k^{m-1}\}^\perp$ を
$$w_k = \xi_k \frac{\partial v_k}{\partial x_\alpha} - s_k^1 w_k^1 - \cdots - s_k^{m-1} w_k^{m-1}$$
$$s_k^n = \frac{\int_\Omega \nabla \left(\xi_k \frac{\partial v_k}{\partial x_\alpha} \right) \cdot \nabla w_k^n}{\int_\Omega |\nabla w_k^n|^2}, \quad 1 \leq n \leq m-1$$
で定める.

(6.73) と同様に
$$s_k^n = o(1), \quad 1 \leq n \leq \ell \tag{6.83}$$
が成り立ち, また
$$s_k^n = \left(\frac{a_{j,\alpha}^n}{d_j \|\boldsymbol{a}_n\|_{\mathbf{R}^{2\ell}}^2} + o(1) \right) \frac{1}{\lambda_k^{1/2}}, \quad \ell+1 \leq n \leq m-1 \tag{6.84}$$
も得られる. ここで (6.22) において $\vec{a}_j = (a_{j1}, a_{j2})$ であることに注意する.

(6.84) は (6.73) と同様の方法で示す. 実際
$$\int_\Omega \nabla \left(\xi_k \frac{\partial v_k}{\partial x_\alpha} \right) \cdot \nabla w_k^n = \mu_k^n \lambda_k \int_{B(x_{j,k}, R)} e^{v_k} w_k^n \frac{\partial v_k}{\partial x_\alpha} + o(1)$$
において
$$\int_{B(x_{j,k}, R)} \lambda_k e^{v_k} w_k^n \left(\frac{\partial v_k}{\partial x_\alpha} \right) = \frac{1}{\delta_{j,k}} \int_{B(0, R/\delta_{j,k})} e^{\tilde{v}_{j,k}} \left(\frac{\partial \tilde{v}_{j,k}}{\partial x_\alpha} \right) \tilde{w}_{j,k}^n$$
$$= \frac{1}{\lambda_k^{1/2}} \left(\frac{4\pi}{3} \frac{a_{j,\alpha}^n}{d_j} + o(1) \right)$$
である. (6.72) と補題 6.3.1 より
$$s_k^n = \frac{\frac{\mu_k^n}{\lambda_k^{1/2}} \left(\frac{4\pi}{3} \frac{a_{j,\alpha}^n}{d_j} + o(1) \right) + o(1)}{\frac{4\pi}{3} \|\boldsymbol{a}_n\|_{\mathbf{R}^{2\ell}}^2 + o(1)} = \left(\frac{a_{j,\alpha}^n}{d_j \|\boldsymbol{a}_n\|_{\mathbf{R}^{2\ell}}^2} + o(1) \right) \frac{1}{\lambda_k^{1/2}}$$
となり, (6.84) が得られる.

(6.61) と同様に, (6.83)–(6.84) を用いてレーリー商 (6.54) を評価する. 最初

に $n = \ell + 1$ の場合と同様にして

$$\int_\Omega |\nabla w_k|^2 = \int_\Omega \left|\nabla\left(\xi_k \frac{\partial v_k}{\partial x_\alpha}\right)\right|^2 - \sum_{n=1}^{m-1}(s_k^n)^2 \int_\Omega |\nabla w_k^n|^2$$

$$= \int_\Omega \left|\nabla\left(\xi_k \frac{\partial v_k}{\partial x_\alpha}\right)\right|^2 - \sum_{n=1}^{\ell}(s_k^n)^2 \int_\Omega |\nabla w_k^n|^2$$

$$- \sum_{n=\ell+1}^{m-1}(s_k^n)^2 \int_\Omega |\nabla w_k^n|^2 = \int_{B(x_{j,k},R)} \lambda_k e^{v_k}\left(\frac{\partial v_k}{\partial x_\alpha}\right)^2$$

$$+ O(1) - \sum_{n=\ell+1}^{m-1}(s_k^n)^2 \int_\Omega |\nabla w_k^n|^2 \qquad (6.85)$$

また (6.77) と同様に

$$\int_\Omega \lambda_k e^{v_k} w_k^2 = \int_{B(x_{j,k},R)} \lambda_k e^{v_k}\left(\frac{\partial v_k}{\partial x_\alpha}\right)^2 + o(1) - \sum_{n=\ell+1}^{m-1} \frac{(s_k^n)^2}{\mu_k^n} \int_\Omega |\nabla v_k^n|^2 \qquad (6.86)$$

(6.85)–(6.86) より

$$\int_\Omega |\nabla w_k|^2 = \int_\Omega \lambda_k e^{v_k} w_k^2 + O(1) + \sum_{n=\ell+1}^{m-1} \frac{1-\mu_k^n}{\mu_k^n}(s_k^n)^2 \int_\Omega |\nabla w_k^n|^2 \qquad (6.87)$$

(6.87) 右辺第 3 項に補題 6.3.1, (6.81), (6.84) を適用すると

$$\sum_{n=\ell+1}^{m-1} \frac{1-\mu_k^n}{\mu_k^n}(s_k^n)^2 \int_\Omega |\nabla w_k^n|^2$$

$$= O(\lambda_k) \cdot \left(\frac{a_{j,\alpha}^n}{d_j \|\boldsymbol{a}_n\|_{\mathbf{R}^{2\ell}}^2} + o(1)\right)^2 \frac{1}{\lambda_k} \cdot O(1) = O(1)$$

となって

$$\int_\Omega |\nabla w_k|^2 = \int_\Omega \lambda_k e^{v_k} w_k^2 + O(1) \qquad (6.88)$$

を得る.

(6.86) 右辺第 1 項に (6.79), 第 3 項に (6.84) および補題 6.3.1 を適用して

$$\int_\Omega \lambda_k e^{v_k} w_k^2 = \frac{4\pi}{3d_j^2 \lambda_k}(1 + o(1))$$

$$-\sum_{n=\ell+1}^{m-1}\left(\frac{a_{j,\alpha}^n}{d_j\|\boldsymbol{a}_n\|_{\mathbf{R}^{2\ell}}^2}+o(1)\right)^2\frac{1}{\lambda_k}\left\{\frac{4\pi}{3}\|\boldsymbol{a}_n\|_{\mathbf{R}^{2\ell}}^2+o(1)\right\}+o(1)$$

$$=\frac{4\pi}{3d_j^2\lambda_k}\left\{\left(1-\sum_{n=\ell+1}^{m-1}\frac{(a_{j,\alpha}^n)^2}{\|\boldsymbol{a}_n\|_{\mathbf{R}^{2\ell}}^2}\right)+o(1)\right\}+o(1) \qquad (6.89)$$

を得る.

$\{\vec{e}_{11},\vec{e}_{12},\ldots,\vec{e}_{\ell 1},\vec{e}_{\ell 2}\}$ を $\mathbf{R}^{2\ell}$ の標準基底とする. $m-\ell-1$ 個の $\mathbf{R}^{2\ell}$ ベクトル $\boldsymbol{a}_{\ell+1},\ldots,\boldsymbol{a}_{m-1}$ が線形独立で $m\leq 3\ell$ より

$$\vec{e}_{j\alpha}\notin\mathrm{span}\{\boldsymbol{a}_{\ell+1},\ldots,\boldsymbol{a}_{m-1}\}\equiv S \qquad (6.90)$$

となる $1\leq j\leq\ell$, $\alpha=1,2$ が存在する. このように定めた j,α に対して $P_1:\mathbf{R}^{2\ell}\to S$, $P_2=1-P_1$ を直交射影とすると (6.90) より $P_2\vec{e}_{j\alpha}\neq 0$. 従って

$$0<|P_2\vec{e}_{j\alpha}|^2=|\vec{e}_{j\alpha}|^2-|P_1\vec{e}_{j\alpha}|^2=1-\sum_{n=\ell+1}^{m-1}\left(\vec{e}_{j\alpha}\cdot\frac{\boldsymbol{a}_n}{\|\boldsymbol{a}_n\|_{\mathbf{R}^{2\ell}}}\right)^2$$

$$=1-\sum_{n=\ell+1}^{m-1}\frac{(a_{j,\alpha}^n)^2}{\|\boldsymbol{a}_n\|_{\mathbf{R}^{2\ell}}^2} \qquad (6.91)$$

となる. (6.91), (6.88), (6.89) より

$$0\leq\mu_k^n\leq\frac{\int_\Omega|\nabla w_k|^2}{\lambda_k\int_\Omega e^{v_k}w_k^2}=\frac{\lambda_k\int_\Omega e^{v_k}w_k^2+O(1)}{\lambda_k\int_\Omega e^{v_k}w_k^2}$$

$$=1+\frac{O(1)}{\frac{4\pi}{3d_j^2\lambda_k}\left\{\left(1-\sum_{n=\ell+1}^{m-1}\frac{(a_{j,\alpha}^n)^2}{\|\vec{a}_n\|_{\mathbf{R}^{2\ell}}^2}\right)+o(1)\right\}+o(1)}$$

$$=1+O(\lambda_k)$$

が成り立つ. □

6.6 ハミルトニアンの制御

定理 6.2, 定理 6.1 の順に示す.

【定理 6.2 の証明】 補題 6.4.1, 6.4.2, 6.2.9 から (6.4) 第 1 式が得られる.

補題 6.5.1, 6.5.3, 6.2.10 より $\boldsymbol{b}_n=0$, $\ell+1\leq n\leq 3\ell$. よって $\ell+1\leq n\leq 3\ell$

では $a_{j,\alpha}^k \neq 0$ を満たす $1 \leq j \leq \ell$, $\alpha = 0, 1$ が存在する．従って補題 6.2.11 により (6.5) で定める行列 J の固有値 $\tilde{\eta}^n$ が存在して

$$\mu_k^n = 1 - 48\pi\tilde{\eta}^n\lambda_k + o(\lambda_k), \quad \ell + 1 \leq n \leq 3\ell \tag{6.92}$$

が成り立つ．(6.92) において，$\mu_k^{\ell+1} \leq \cdots \leq \mu_k^{3\ell}$ より $\tilde{\eta}^{\ell+1} \geq \cdots \geq \tilde{\eta}^{3\ell}$ であり，$\tilde{\eta}^n$ は J の第 $(2\ell - (n-\ell) + 1)$ 固有値 $\eta^{2\ell - (n-\ell)+1}$ に他ならない．

$n \geq 3\ell + 1$ に対して $\lim_{k\to\infty} \mu_k^n = 1$ であるとすると，補題 6.3.1 から $(\boldsymbol{a}_n, \boldsymbol{b}_n) \in \mathbf{R}^{3\ell}$ は $(\boldsymbol{a}_{\ell+1}, \boldsymbol{0}), \ldots, (\boldsymbol{a}_{3\ell}, \boldsymbol{0}) \in \mathbf{R}^{3\ell}$ で張られる 2ℓ 次元部分空間に直交するので $\boldsymbol{b}_n \neq \boldsymbol{0}$ となる．従って補題 6.2.10 が適用でき，(6.4) が得られる． □

【定理 6.1 の証明】 関係 $\lim_{k\to\infty} \mu_k^n = 0$, $1 \leq n \leq \ell$ および

$$k \gg 1 \quad \Rightarrow \quad \mu_k^n > 1, \ n \geq 3\ell + 1$$

より v_k, $k \gg 1$ のモース指数，拡張モース指数の計算は (6.4) 第 2 式を用いて μ_k^n, $\ell + 1 \leq n \leq 3\ell$ を調べることに帰着する．ここで η^i は J の第 i 固有値であり，2 つの行列

$$J = D\{\text{Hess } H_\ell(x_1^*, \ldots, x_\ell^*)\}D, \quad \text{Hess } H_\ell(x_1^*, \ldots, x_\ell^*)$$

の第 i 固有値の符号は一致し，J の第 $\{2\ell - (n-\ell)+1\}$ 固有値は $-J$ の第 $(n-\ell)$ 固有値に他ならない．従って

$$\text{ind}_M\{-H_\ell(x_1^*, \ldots, x_\ell^*)\} = \sharp\{n \in \mathbf{N} \mid \eta^n > 0\}$$

$$\text{ind}_M^*\{-H_\ell(x_1^*, \ldots, x_\ell^*)\} = \sharp\{n \in \mathbf{N} \mid \eta^n \geq 0\} \tag{6.93}$$

となる．(6.93), (6.92) によって (6.3) を得る． □

第7章 関連する話題

本章ではボルツマン・ポアソン方程式の解析に由来するいくつかの話題を取り上げる．最初に述べるのは高次元質量量子化である．空間2次元ボルツマン・ポアソン方程式は，スケール不変性と質量保存との整合，ハミルトニアンによる爆発機構の制御という著しい性質をもっている．この方程式を自由境界問題に変換すると，類似の性質をもつ高次元モデルが自然な形で現れ，物理的にはツァリスエントロピーと付随したプラズマの閉じ込め問題になる．次に述べるのは，一意性定理の証明で用いた再編理論の応用である．ここでは線形楕円型方程式において，領域の中に閉じ込められる解の特異集合は小さな測度をもつものに限ることを示す．最後にポホザエフ等式とビリアル等式の双対性を述べる．

7.1 高次元質量量子化

ボルツマン・ポアソン方程式 (1.2)，すなわち

$$-\Delta v = \frac{\lambda e^v}{\int_\Omega e^v} \quad \text{in } \Omega, \qquad v = 0 \quad \text{on } \Gamma = \partial\Omega \tag{7.1}$$

において $w = v + \log \lambda - \log \int_\Omega e^v$ とおくと $w_\Gamma = \log \lambda - \log \int_\Omega e^v \in \mathbf{R}$ に対して

$$-\Delta w = e^w \quad \text{in } \Omega, \qquad w = w_\Gamma \quad \text{on } \Gamma = \partial\Omega, \qquad \int_\Omega e^w = \lambda \tag{7.2}$$

となる．逆に (7.2) の解 $w = w(x)$ に対し $v = w - w_\Gamma$ は (7.1) を満たす．(7.2) では $w_\Gamma \in \mathbf{R}$ は未知定数で，この未知定数が与えられた λ に対する積分条件，

すなわち第3式で定まるという構造になっている.

(7.2) はプラズマ物理で現れるグラッド・シャフラノフ (**Grad-Shafranov**) 方程式の簡略モデルとみることもできる [165]. その場合 $\Omega_p = \{x \in \Omega \mid w(x) > 0\}$ がプラズマ領域を表す. プラズマ領域 Ω_p が解 w から定まるという意味で, (7.2) は $\partial\Omega_p$ を自由境界とする自由境界問題である.

補題 2.6.1 を用い, 定理 1.11 を (7.2) について書き直したものが次の定理で, $H_\ell(x_1, \ldots, x_\ell)$ は (1.107) で定まる ℓ 次ハミルトニアンを表す.

定理 7.1 $\Omega \subset \mathbf{R}^2$ は有界領域でその境界 $\partial\Omega$ が滑らかであるとする. また $\{(\lambda_k, w^k)\}$ は (7.2) の解の族で $\lambda_k \to \lambda_0$ を満たすものとする. このとき部分列に対して次のいずれかが成り立つ.

1) $\{w^k\}$ は Ω 上一様有界である.
2) Ω 上一様に $w^k \to -\infty$ である.
3) $\ell \in \mathbf{N}$ が存在して $\lambda_0 = 8\pi\ell$. また (1.107) で定まる ℓ 次ハミルトニアン $H_\ell(x_1, \ldots, x_\ell)$ の臨界点 $(x_1^*, \ldots, x_\ell^*) \in \Omega^\ell$, $x_i^* \neq x_j^*$, $i \neq j$ と $w^k = w^k(x)$ の極大点 $x = x_k^j \to x_j^*$, $w_k(x_k^j) \to +\infty$ が存在して $\overline{\Omega} \setminus \{x_1^*, \ldots, x_\ell^*\}$ 上局所一様に $w^k \to -\infty$ かつ
$$e^{w^k} dx \rightharpoonup \sum_{j=1}^{\ell} 8\pi \delta_{x_j^*}(dx) \quad \text{in } \mathcal{M}(\overline{\Omega})$$
従って $\mathcal{S} = \{x_1^*, \ldots, x_\ell^*\}$ は $\{w^k\}$ の爆発集合である.

【証明】 定理 2.1–2.2 とその証明から, $\{w^k\}$ の挙動は部分列に対して次の3つに分類される.

1) Ω 上局所一様有界である.
2) Ω 上局所一様に $w^k \to -\infty$ である.
3) 有限集合 $\mathcal{S} \subset \Omega$ が存在して $\overline{\Omega} \setminus \mathcal{S}$ 上局所一様に $w^k \to -\infty$. また任意の $x_0 \in \mathcal{S}$ に対して $w^k(x)$ の極大点 $x_k \to x_0$, $w^k(x_k) \to +\infty$ が存在し, $m(x_0) \in 8\pi\mathbf{N}$ に対して

$$e^{w^k}dx \rightharpoonup \sum_{x_0 \in \mathcal{S}} m(x_0)\delta_{x_0}(dx) \quad \text{in } \mathcal{M}(\overline{\Omega})$$

となる.

最大原理から

$$v_k = w^k - w_\Gamma^k \geq 0 \quad \text{in } \Omega \tag{7.3}$$

また定理 1.11 の証明により, $\partial\Omega \subset \omega$ となる開集合 ω が存在して

$$\|v_k\|_{L^\infty(\Omega \cap \omega)} \leq C_1 \tag{7.4}$$

(7.3)–(7.4) と上記分類から, 部分列に対して $w_\Gamma^k \to -\infty$ か $w_\Gamma^k = O(1)$ のいずれかが起こる.

$w_\Gamma^k = O(1)$ となるのは上記分類の第 1 の場合で, そのときは (7.4) と合わせて, $\{v_k\}$ は $\overline{\Omega}$ 上で一様有界になり, 定理の第 1 の場合が発生する. $w_\Gamma^k \to -\infty$ の場合は, $\{v_k\}$ が $\overline{\Omega}$ 上一様有界であるとすると, 定理の 2 番目の場合になる. そうでないとすると部分列に対して $\|v_k\|_\infty \to +\infty$ となり, 定理 1.10 の 2 番目, すなわち定理 1.11 の場合となる. 従って

$$-(\Delta v_k)dx = -(\Delta w^k)dx = e^{w^k}dx \rightharpoonup \sum_j 8\pi\delta_{x_j^*}(dx) \quad \text{in } \mathcal{M}(\overline{\Omega})$$

となり, 本定理の 3 番目が生じる. □

定理 7.1 に対応する現象は, 高次元の場合には

$$-\Delta w = w_+^q \quad \text{in } \Omega, \qquad w = \text{constant on } \Gamma, \qquad \int_\Omega w_+^q = \lambda \tag{7.5}$$

で発生する [148]. ただし $\Omega \subset \mathbf{R}^n$, $n \geq 3$ は滑らかな境界 $\partial\Omega = \Gamma$ をもつ有界領域で, $q = \frac{n}{n-2}$ である. (7.5) は自己重力下にある気体の運動を記述する (圧縮性) オイラー・ラグランジュ方程式の定常状態としても現れる. ソボレフの臨界指数 $q = \frac{n+2}{n-2}$ とともに $q = \frac{n}{n-2}$ も (7.5) の臨界指数である. $n = 3$ の場合にこれらは $q = 5, q = 3$ となり, 天体物理ではチャンドラセカール (Chandrasekhar) の**質量限界指数**として知られている.

(7.5), $q = \frac{n}{n-2}$ では, 定理 7.1 に対応する爆発機構の量子化が観察される. その場合全質量は 8π のかわりに $B = B(0, R)$ に対する

$$-\Delta U = U^q, \quad U > 0 \quad \text{in } B, \quad U = 0 \quad \text{on } \partial B \tag{7.6}$$

の解 U を用いて
$$m_* = \int_B U^q \tag{7.7}$$

で与えられる. 実際ギダス・ニィ・ニーレンバーグの定理 [57] により, (7.6) の古典解は radial, $U = U(|x|)$ となり, (7.6) は

$$U_{rr} + \frac{n-1}{r} U_r + U^q = 0, \ U(r) > U(0) = 0, \ 0 \le r < R, \ U_r(0) = 0 \tag{7.8}$$

に帰着される. (7.8) の解 $U = U(r)$ は各 $R > 0$ に対して一意に存在することが知られている. 一方 (7.6) の方程式部分はスケール不変性

$$U_\mu(x) = \mu^{\frac{2}{q-1}} U(\mu x), \quad \mu > 0 \tag{7.9}$$

をもっている. このスケーリングに対して, 積分 (7.7) は $q = \frac{n}{n-2}$ によって不変である. 従って (7.7) の m_* は $R > 0$ に依存しない定数である. このとき次の定理が成り立つ [169].

定理 7.2 (ワン・イェ Wang-Ye) $\Omega \subset \mathbf{R}^n$, $n \ge 3$ を有界開集合, $q = \frac{n}{n-2}$, $\{(\lambda_k, w^k)\}$, $\lambda_k = O(1)$ は

$$-\Delta w = w_+^q \quad \text{in } \Omega, \quad \int_\Omega w_+^q = \lambda$$

の解の列とする. このとき部分列に対して次のいずれかが成り立つ.
1) $\{w^k\}$ は Ω 上局所一様有界である.
2) Ω 上局所一様に $w^k \to -\infty$ である.
3) $\ell \in \mathbf{N}$, $x_j^* \in \Omega$, $j = 1, \ldots, \ell$ と $w^k(x)$ の極大点 $x_k^j \to x_j^*$, $w^k(x_k^j) \to +\infty$ が存在して $\Omega \setminus \{x_1^*, \ldots, x_\ell^*\}$ 上局所一様に $w^k \to -\infty$ かつ

$$w^k(x)_+^q dx \rightharpoonup \sum_{j=1}^\ell m_* n_j \delta_{x_j^*}(dx) \quad \text{in } \mathcal{M}(\Omega)$$

ただし $n_j \in \mathbf{N}$ である.

定理 7.2 はブレジス・メルルの定理, リィ・シャフリエの定理と並行した議

論で証明することができる．すなわち ε 正則性，スケーリング，全域解の分類，$\sup + \inf$ 不等式を確立する．ただし，空間 2 次元での (7.2) との相違点が 2 つある．1 つは幾何構造が明確でないので，$\sup + \inf$ 不等式は爆発解析で示す．この方法は (7.2) にも適用できる議論である．もう 1 つは全域解について (2.24) とは異なる現象が発生し

$$-\Delta w = w_+^q, \quad w \leq w(0) = 1 \quad \text{in } \mathbf{R}^n, \qquad \int_{\mathbf{R}^n} w_+^q < +\infty \tag{7.10}$$

はコンパクト台をもつ．しかしいずれも議論に本質的な影響はない．

一方空間 2 次元の (7.2) と異なり，(7.5), $q = \frac{n}{n-2}$ すなわち

$$-\Delta w = w_+^{\frac{n}{n-2}} \quad \text{in } \Omega, \qquad w = w_\Gamma \quad \text{on } \partial\Omega, \qquad \int_\Omega w_+^{\frac{n}{n-2}} = \lambda \tag{7.11}$$

では境界上の爆発点の制御が自明でない．そこで先に内部爆発点について確定しておく．以下 $G = G(x, x')$ を Ω 上のディリクレ境界条件下での $-\Delta$ のグリーン関数として $\Gamma(x) = \dfrac{1}{\omega_n(n-2)|x|^{n-2}}$ を $-\Delta$ の基本解とする．ただし ω_n は $\mathbf{R}^n$ の単位球の表面積である．またロバン関数を $R(x) = \bigl[G(x, x') - \Gamma(x - x')\bigr]_{x'=x}$，$\ell$ 次ハミルトニアンを (1.107)，すなわち

$$H_\ell(x_1, \ldots, x_\ell) = \frac{1}{2}\sum_{j=1}^{\ell} R(x_j) + \sum_{1 \leq i < j \leq \ell} G(x_i, x_j)$$

とおく．本節では次の定理を双対法と局所 2 次モーメントで示す[*1)]．

定理 7.3 $\Omega \subset \mathbf{R}^n$, $n \geq 3$ を滑らかな境界 $\partial\Omega$ をもつ有界領域，$\{(\lambda_k, w^k)\}$ を (7.5), $q = \frac{n}{n-2}$ の解の列で $\lambda_k \to \lambda_0$ を満たすものとすると，部分列に対して定理 7.2 の 3 番目が成り立つとき $n_j = 1, 1 \leq j \leq \ell$ であり，$(x_1^*, \ldots, x_\ell^*)$ は ℓ 次ハミルトニアン $H_\ell(x_1, \ldots, x_\ell)$ の臨界点である．

【証明】 最大原理から (7.11) において $v \equiv w - w_\Gamma \geq 0$ in Ω である．従って定理 7.2 の 2 番目，3 番目の場合には

[*1)] 空間 2 次元の (7.1) について [112] が適用した方法．非定常問題（退化放物型方程式）については [150]–[153]．実際に爆発する解も知られている．

$$\lim_{k\to\infty} w_\Gamma^k = -\infty \tag{7.12}$$

が成り立つ. 以下添え字 k を省略して書く.

§7.3 で詳しく述べる双対法を適用するため

$$u = w_+^{\frac{n}{n-2}} \tag{7.13}$$

とおき, (7.5) を

$$w - w_\Gamma = \int_\Omega G(\cdot, x')u(x')\,dx', \quad \int_\Omega u = \lambda \tag{7.14}$$

に変換する. (7.14) より $\nabla w(x) = \int_\Omega \nabla_x G(x, x')u(x')\,dx'$. 従って $\psi \in C^1(\overline{\Omega})^n$ に対して

$$\int_\Omega (\psi \cdot \nabla w) u = \int\int_{\Omega \times \Omega} \psi(x) \cdot [\nabla_x G(x, x')] u(x) u(x')\,dx dx' \tag{7.15}$$

となる. (7.12) より (7.15) 左辺は $q = \frac{n}{n-2}$ に対し

$$\int_\Omega (\psi \cdot \nabla w) u = \frac{1}{q+1}\int_\Omega \psi \cdot \nabla w_+^{q+1} = -\frac{1}{q+1}\int_\Omega w_+^{q+1} \nabla \cdot \psi \tag{7.16}$$

以後 $0 \le \varphi = \varphi_{x_0,R} \le 1$ は滑らかな関数で, 台が $B(x_0, R)$ に含まれ, $\overline{B(x_0, R/2)}$ 上 1 であるものとする. また $\mathcal{S} = \{x_1^*, \ldots, x_\ell^*\}$ とする. $x_0 \in \mathcal{S}$, $B(x_0, 2R) \subset \Omega$, $B(x_0, 2R) \cap \mathcal{S} = \{x_0\}$ をとり $\psi(x) = (x-a)\varphi(x), a \in \mathbf{R}^n$, $\varphi = \varphi_{x_0,R}$ とおく. (7.16) と $\nabla \cdot \psi = n\varphi + (x-a) \cdot \nabla \varphi$ より, $k \to \infty$ において

$$\int_\Omega (\psi \cdot \nabla w) u = -\frac{n}{q+1}\int_\Omega w_+^{q+1} \varphi + o(1)$$

すなわち

$$\frac{n}{q+1}\int_\Omega w_+^{q+1}\varphi + \int\int_{\Omega \times \Omega} \psi(x) \cdot [\nabla_x G(x, x')] u(x) u(x')\,dx dx' = o(1) \tag{7.17}$$

が得られる. (7.17) 左辺第 2 項は $\hat{\varphi} = \varphi_{x_0, 2R}$ に対して

$$\int\int_{\Omega \times \Omega} \psi(x) \cdot [\nabla_x G(x, x')] u(x) u(x')\,dx dx'$$
$$= \int\int_{\Omega \times \Omega} \psi(x) \cdot [\nabla_x G(x, x')] u(x) \hat{\varphi}(x) u(x')\,dx dx'$$

$$= \iint_{\Omega \times \Omega} \psi(x) \cdot [\nabla_x G(x,x')] u(x) \hat{\varphi}(x) u(x') \hat{\varphi}(x') \, dx dx'$$
$$+ \iint_{\Omega \times \Omega} \psi(x) \cdot [\nabla_x G(x,x')] u(x) \hat{\varphi}(x) u(x')(1-\hat{\varphi}(x')) \, dx dx' \quad (7.18)$$

であり, (7.18) 右辺第 2 項は

$$\iint_{\Omega \times \Omega} \psi(x) \cdot [\nabla_x G(x,x')] u(x) \hat{\varphi}(x) u(x')(1-\hat{\varphi}(x')) \, dx dx'$$
$$= m(x_0)(x_0 - a) \cdot \sum_{x'_0 \in \mathcal{S} \setminus \{x_0\}} m(x'_0) \nabla_x G(x_0, x'_0) + o(1)$$

となる. (7.18) 右辺第 1 項には対称化法を使う. 実際 $K(x,x') = G(x,x') - \Gamma(x-x')$ は $(\overline{\Omega} \times \Omega) \bigcup (\Omega \times \overline{\Omega})$ 上滑らかである. $u^0 = u\hat{\varphi}$, $\rho^0_\psi(x,x') = (\psi(x) - \psi(x')) \cdot \nabla \Gamma(x-x')$ を用いると, この項は

$$\iint_{\Omega \times \Omega} \psi(x) \cdot [\nabla_x G(x,x')] u(x) \hat{\varphi}(x) u(x') \hat{\varphi}(x') \, dx dx'$$
$$= \frac{1}{2} \iint_{\Omega \times \Omega} \rho^0_\psi(x,x') u^0(x) u^0(x') \, dx dx'$$
$$+ \iint_{\Omega \times \Omega} \psi(x) \cdot [\nabla_x K(x,x')] u^0(x) u^0(x') \, dx dx' \quad (7.19)$$

さらに (7.19) 右辺第 2 項は $k \to \infty$ で

$$\iint_{\Omega \times \Omega} \psi(x) \cdot [\nabla_x K(x,x')] u^0(x) u^0(x') \, dx dx'$$
$$= m(x_0)^2 (x_0 - a) \cdot \nabla_x K(x_0, x_0) + o(1) \quad (7.20)$$

一方 $\rho^0_\psi(x,x') = -(n-2)\Gamma(x-x')$ in $B(x_0, R/2) \times B(x_0, R/2)$. 従って $\tilde{u}^0 = u\tilde{\varphi}$, $\tilde{\varphi} = \varphi_{x_0, R/2}$ を用いると, (7.19) 右辺第 1 項において

$$\rho^0_\psi(x,x') u^0(x) u^0(x') = -(n-2)\Gamma(x-x') \tilde{u}^0(x) \tilde{u}^0(x')$$
$$+ \rho^0_\psi(x,x')(1-\tilde{\varphi}(x)) \tilde{\varphi}(x') u^0(x) u^0(x')$$
$$+ \rho^0_\psi(x,x')(1-\tilde{\varphi}(x')) u^0(x) u^0(x') \quad (7.21)$$

この (7.21) 右辺第 2, 3 項は x, x' に関して対称である. 例えば第 3 項に対しては, $\left|\rho^0_\psi(x,x')\right| \leq C\Gamma(x-x')$, および

$$0 \leq \iint_{\Omega \times \Omega} \Gamma(x-x')(1-\tilde{\varphi}(x'))u^0(x)u^0(x')\,dxdx'$$
$$= \left\langle \Gamma * u^0, (1-\tilde{\varphi})u^0 \right\rangle$$

において $\left\|(1-\tilde{\varphi})u^0\right\|_\infty = o(1)$, $\left\|\Gamma * u^0\right\|_1 \leq C\left\|u\right\|_1 = O(1)$ であることを用いて

$$\iint_{\Omega \times \Omega} \Gamma(x-x')(1-\tilde{\varphi}(x'))u^0(x)u^0(x')\,dxdx' = o(1) \qquad (7.22)$$

(7.21)–(7.22) をまとめると

$$\frac{1}{2}\iint_{\Omega \times \Omega} \rho_\psi^0(x,x')u^0(x)u^0(x')\,dxdx'$$
$$= -\frac{n-2}{2}\iint_{\Omega \times \Omega} \Gamma(x-x')\tilde{u}^0(x)\tilde{u}^0(x')\,dxdx' + o(1) \qquad (7.23)$$

となる. (7.18)–(7.20) と (7.23) より, (7.17) は

$$\frac{n}{q+1}\int_\Omega w_+^{q+1}\varphi - \frac{n-2}{2}\iint_{\Omega \times \Omega} \Gamma(x-x')\tilde{u}^0(x)\tilde{u}^0(x')\,dxdx'$$
$$+ m(x_0)(x_0-a) \cdot \sum_{x_0' \in \mathcal{S}\setminus\{x_0\}} m(x_0')\nabla_x G(x_0, x_0')$$
$$+ m(x_0)^2(x_0-a) \cdot \nabla_x K(x_0, x_0) = o(1) \qquad (7.24)$$

に帰着される.

以下 $\gamma = 1 + \frac{1}{q} = 2 - \frac{2}{n}$ に対して

$$\mathcal{F}_0(u) = \frac{1}{\gamma}\int_{\mathbf{R}^n} u^\gamma - \frac{1}{2}\left\langle \Gamma * u, u \right\rangle$$

とおき, (7.13) の $u = u(x)$ は定義されていないところでゼロとする. (7.24) において

$$\frac{n}{q+1}\int_\Omega w_+^{q+1}\varphi = \frac{n-2}{\gamma}\int_\Omega u^\gamma \varphi = \frac{n-2}{\gamma}\int_\Omega \left(\tilde{u}^0\right)^\gamma + o(1)$$

であるから

$$o(1) = (n-2)\mathcal{F}_0(\tilde{\varphi}u) + m(x_0)(x_0-a) \cdot$$

$$\left(\sum_{x_0' \in \mathcal{S} \setminus \{x_0\}} m(x_0') \nabla_x G(x_0, x_0') + m(x_0) \nabla_x K(x_0, x_0) \right) \quad (7.25)$$

(7.25) において $a \in \mathbf{R}^n$ は任意なので右辺第 2 項はゼロ. 従って各 $x_0 \in \mathcal{S}$ に対して

$$\frac{m(x_0)}{2} \nabla R(x_0) + \sum_{x_0' \in \mathcal{S} \setminus \{x_0\}} m(x_0') \nabla_x G(x_0, x_0') = 0 \quad (7.26)$$

であり, 同時に

$$\mathcal{F}_0(\tilde{\varphi} u) = o(1) \quad (7.27)$$

も得られる.

(7.26) によって爆発点の位置決めができたので, bubble が衝突しないこと, すなわち常に $m(x_0) = m_*$ であることを示す. 空間 2 次元の (7.1) と異なり, この場合もスケーリングを使う. (7.11) の $w(x)$ に対するスケーリング (7.9) は, (7.13) で定める $u(x)$ に対しては $u_\mu(x) = \mu^n u(\mu x + x_0), \mu > 0$ で, このとき

$$\mathcal{F}_0(u_\mu) = \mu^{n-2} \mathcal{F}_0(u)$$

が成り立つ.

以下の爆発解析では添え字 k を復活する. 定理 7.2 の証明から, 各 $x_0 \in \mathcal{S}$ に対して $u_k = u_k(x), x \in B(x_0, 2R)$ の極大点 $x = x_k^0 \to x_0$ が存在する. スケーリング

$$\tilde{u}_k(x) = \mu_k^n u_k(\mu_k x + x_k^0), \quad \mu_k = u_k(x_k^0)^{-1/n} \to 0$$
$$\tilde{w}_k(x) = \mu_k^{n-2} w^k(\mu_k x + x_k^0)$$

に対し, 部分列と $\tilde{w} = \tilde{w}(x)$ が存在して

$$\tilde{w}_k \to \tilde{w} \quad \text{loc. unif. in } \mathbf{R}^n \quad (7.28)$$

かつ $\tilde{w} = \tilde{w}(x)$ は

$$-\Delta \tilde{w} = \tilde{w}_+^{\frac{n}{n-2}}, \quad \tilde{w} \leq \tilde{w}(0) = 1 \quad \text{in } \mathbf{R}^n, \quad \int_{\mathbf{R}^n} \tilde{w}_+^{\frac{n}{n-2}} < +\infty \quad (7.29)$$

を満たす. 全域解の分類定理から, (7.29) より $B = B(0, L), L \gg 1$ に対して

$$\tilde{w} = \tilde{w}(|x|), \quad \operatorname{supp} \tilde{w} \subset \overline{B}, \quad \int_{\mathbf{R}^n} \tilde{w}_+^{\frac{n}{n-2}} = m_*$$

である.

改めて
$$\hat{u}_k(x) = \mu_k^n (\tilde{\varphi} u_k)(\mu_k x + x_k^0) \tag{7.30}$$

とおく. (7.27) より
$$\mathcal{F}_0(\hat{u}_k) = \mu_k^{n-2} \mathcal{F}_0(\tilde{\varphi} u_k) \to 0 \tag{7.31}$$

一方 $\hat{w}_k(x) = \tilde{w}_k(x)$, $x \in \mu_k^{-1}(B(x_0, R/4) - \{x_0\})$ にワン・イェの定理を適用する. (7.28) と同様に部分列に対して
$$\hat{w}_k(x) \to \tilde{w} \quad \text{loc. unif. in } \mathbf{R}^n \tag{7.32}$$

(7.13), (7.32) より $\hat{u}_k \to \tilde{u} \equiv \tilde{w}_+^{\frac{n}{n-2}}$ loc. unif. in $\mathbf{R}^n$, $\nabla \tilde{w} = \nabla \Gamma * \tilde{u}$ が得られる.

これより $q = \frac{n}{n-2}$ に対して
$$\frac{n}{q+1} \int_{\mathbf{R}^n} \tilde{w}_+^q + \int \int_{\mathbf{R}^n \times \mathbf{R}^n} x \cdot [\nabla \Gamma(x - x')] \tilde{u}(x) \tilde{u}(x') \, dx dx' = 0$$

すなわち
$$\mathcal{F}_0(\tilde{u}) = \frac{1}{\gamma} \int_{\mathbf{R}^n} \tilde{u}^\gamma - \frac{1}{2} \langle \Gamma * \tilde{u}, \tilde{u} \rangle = 0 \tag{7.33}$$

また
$$\|\hat{u}_k\|_{L^p(\mathbf{R}^n)} \leq C_2, \quad p = 1, \infty \tag{7.34}$$

より
$$\|\Gamma * \hat{u}_k\|_{W^{2,p}(\mathbf{R}^n)} \leq C_3, \quad 1 < p < \infty \tag{7.35}$$

(7.34)–(7.35) より部分列に対して
$$\lim_{k \to \infty} \langle \Gamma * \hat{u}_k, \hat{u}_k \rangle = \langle \Gamma * \tilde{u}, \tilde{u} \rangle \tag{7.36}$$

が成り立つ.

(7.31), (7.33), (7.36) から $\lim_{k \to \infty} \int_{\mathbf{R}^n} \hat{u}_k^\gamma = \int_{\mathbf{R}^n} \tilde{u}^\gamma$. 従って

$$\hat{u}_k \to \tilde{u} \quad \text{in } L^\gamma(\mathbf{R}^n) \tag{7.37}$$

が得られる．

定理 7.2 の証明から $m(x_0) > m_*$ のときは bubble が衝突し，$u_k = u_k(x)$ の極大点 $x_k^1 \neq x_k^0$, $x_k^1 \to x_0$ と $r_k^0, r_k^1 \to 0$ が存在して

$$\lim_{k\to\infty} \int_{B(x_k^0, r_k^0)} u_k = \lim_{k\to\infty} \int_{B(x_k^1, r_k^1)} u_k = m_*$$
$$B(x_k^0, 2r_k^0) \cap B(x_k^1, 2r_k^1) = \emptyset$$

また $k \gg 1$ では u_k の台の x_k^0, x_k^1 を含む連結成分はそれぞれ $B(x_k^0, 2r_k^0)$, $B(x_k^1, 2r_k^1)$ に含まれる．これらのことを (7.30) で導入したスケーリングで表すと，$L' > L$, $x_k' \in \mathbf{R}^2$, $r_k' > 0$ が存在して

$$\lim_{k\to\infty} \int_{B(0,L')} \hat{u}_k = \lim_{k\to\infty} \int_{B(x_k', r_k')} \hat{u}_k = m_*$$
$$B(0, 2L') \cap B(x_k', 2r_k') = \emptyset \tag{7.38}$$

また $\hat{u}_k$, $k \gg 1$ の台の 0, x_k' を含む連結成分はそれぞれ $B(0, 2L')$, $B(x_k', 2r_k')$ に含まれ，$B(0, 2L')^c$ 上局所有界に $\tilde{u}_k \to 0$, 従って

$$\lim_{k\to\infty} |x_k'| = +\infty \tag{7.39}$$

である．

ここで次のスケーリング $\tilde{u}_k'(x) = (\mu_k')^n \hat{u}_k(\mu_k' x + x_k')$, $\mu_k' = \hat{u}_k(x_k')^{-1/n} \geq 1$ を用い，部分列に対して

$$\lim_{k\to\infty} \tilde{\mu}_k' = +\infty \tag{7.40}$$

が成り立つことを示す．実際

$$\mu_k' = \tilde{u}_k(x_k')^{-1/n} \approx 1 \tag{7.41}$$

の場合には $\tilde{u}_k'' = \tilde{u}_k'(\cdot + x_k')$ をとってワン・イェの定理を適用することができる．$0 \leq \hat{u}_k \leq \tilde{u}_k \leq C_4$ より部分列に対して $\tilde{u}_k'' \to \tilde{u}'' = (\tilde{w}'')^{\frac{n}{n-2}}_+$ loc. unif. in $\mathbf{R}^2$ で，$\tilde{w}'' = \tilde{w}''(x)$ は

$$-\Delta \tilde{w}'' = (\tilde{w}'')^{\frac{n}{n-2}}_+ \quad \text{in } \mathbf{R}^n, \quad 0 < \tilde{w}''(0) = 1 \leq \max_{\mathbf{R}^n} \tilde{w}'' < +\infty$$

$$\int_{\mathbf{R}^n} (\tilde{w}'')_+^{\frac{n}{n-2}} < +\infty$$

の解である．従って $\int_{\mathbf{R}^n} u'' = m_*$ であり, (7.41) から (7.38) 第 2 式において

$$r'_k \approx 1 \qquad (7.42)$$

とすることができる．

(7.39), (7.42), (7.38) 第 2 式より

$$\lim_k \int_{B(0,2L)^c} \hat{u}_k^\gamma \geq \lim_k \int_{B(x'_k, 2r'_k)} (\hat{u}'_k)^\gamma > 0 \qquad (7.43)$$

であるが, (7.43) は (7.37) に反する．従って (7.40) となり $\lim_{k\to\infty} \dfrac{u_k(x_k^0)}{u_k(x_k^1)} = +\infty$. 一方 x_k^0, x_k^1 を取り換えて議論すると $\lim_{k\to\infty} \dfrac{u_k(x_k^0)}{u_k(x_k^1)} = 0$ となり矛盾が得られる． □

(7.11) の境界上の爆発点は, (7.1) に対して用いた方法では完全に制御することができない．最初に $v = v_k \geq 0$ は強最大原理によって Ω 上 $v > 0$ としてよい．そこでその満たす方程式

$$-\Delta v = (v + w_\Gamma)_+^q, \ v > 0 \ \text{ in } \Omega, \qquad v = 0 \ \text{ on } \partial\Omega \qquad (7.44)$$

に対し moving plane 法を適用することを考える．実際, 状況は (7.1) と同様で, Ω が凸のときは境界に向かって頂点をもつ一様な形状で, k に依存しない単体の族 $A = \{T\}$ が存在して, A は $\partial\Omega$ の Ω 近傍を覆い, $v_k(x)$ は各 $T \in A$ 上でその $\partial\Omega$ に最も近い頂点において最大値をとる．次に第 1 固有関数 φ_1 を

$$-\Delta\varphi_1 = \mu_1\varphi_1, \ \varphi_1 > 0 \ \text{ in } \Omega, \qquad \varphi_1 = 0 \ \text{ on } \partial\Omega, \qquad \|\varphi_1\|_\infty = 1$$

によって定める．積分条件

$$\int_\Omega (v_k + w_\Gamma)_+^q \leq C_5$$

によって $\int_\Omega v_k \varphi_1 \leq C_6$ となり, 上記の空間的に一様な単調減少性によって $\{v_k\}$ について (7.4) が成り立つことがわかる．特に $x_0 \in \partial\Omega$ の近傍において $\partial\Omega$ が

凸であるときは x_0 は爆発点とはならない.

しかし (7.1) で Ω が凸でないときに有効であったケルビン変換は (7.5) については働かない. 実際, 空間次元 $n \geq 3$ のケルビン変換は

$$u(y) = |x|^{n-2}v(x), \quad y = x/|x|^2 \tag{7.45}$$

であり, このとき $\Delta_y u = |x|^{n+2}\Delta_x v$ となる. $x_0 \in \partial\Omega$ の外接球 B をとり, その中心を原点として変換 (7.45) を適用する, (7.44) は

$$-\Delta u = f(|y|, u) \geq 0 \quad \text{in } \tilde{\Omega}, \qquad u = 0 \quad \text{on } \partial\tilde{\Omega} \tag{7.46}$$

の形に変換される. (7.46) において $r \mapsto f(r, u)$ が単調非増加であれば moving plane 法が適用でき, u も同様に r について非増加であることが示される. しかし, (7.44) では $r \mapsto f(r, u)$ の単調性が成り立たない. 従って Ω が凸でないときは, v_k が境界に向かって一様に単調減少であるかどうかはわからない.

そこで $\{w_+^k\}$ の境界での爆発機構を解明することを目的として, 爆発解析を適用してみよう. 最初に第 1 bubble が境界上に発生したときの状況を考え

$$\exists x_k \to x_0 \in \partial\Omega, \quad w_+^k(x_k) = \max_\Omega w_+^k \to +\infty$$

とする. スケーリングによって $\tilde{w}^k(x) = \mu_k^{\frac{2}{q-1}} w^k(\mu_k x + x_k)$, $\mu_k^{\frac{2}{q-1}} w_+^k(x_k) = 1$ とすると $\mu_k \downarrow 0$. また $\tilde{\Omega}_k = \mu_k^{-1}(\Omega - \{x_k\})$ に対して

$$-\Delta \tilde{w}^k = (\tilde{w}_+^k)^q, \quad \tilde{w}^k \leq \tilde{w}^k(0) = 1 \quad \text{in } \tilde{\Omega}_k$$
$$\tilde{w}^k = \mu_k^{\frac{2}{q-1}} w_\Gamma^k \quad \text{on } \partial\tilde{\Omega}_k, \qquad \int_{\tilde{\Omega}_k} (\tilde{w}_+^k)^q \leq C \tag{7.47}$$

が得られる.

(7.47) において楕円型評価と開集合 $\{x \in \tilde{\Omega}_k \mid \tilde{w}^k(x) < 0\}$ において定符号調和関数のハルナック不等式を適用すると, 部分列に対して $\{\tilde{w}^k\}$ が局所一様収束することがわかる. 一方 $\tilde{\Omega}_k$ の $k \to \infty$ での極限領域は $\delta_k = \text{dist}(x_k, \partial\Omega)$ と μ_k との $k \to \infty$ の挙動で分類される. 実際, 部分列に対して

$$\lim_{k\to\infty}\frac{\delta_k}{\mu_k}=\beta\begin{cases}=0\\ \in \mathbf{R}_+\\ =+\infty\end{cases}$$

の 3 つの場合が起こりえる.

$\beta < +\infty$ の場合, 極限領域は半空間 H である. この場合は

$$\mu_k^{\frac{2}{q-1}} w_\Gamma^k = O(1)$$

であり $w \in C^2(H) \cap C(\overline{H})$ が存在して, 部分列に対して $\overline{H}$ 上局所一様に $\tilde{w}^k \to w$ かつ

$$-\Delta w = w_+^q,\ w \leq w(0) = 1 \quad \text{in } H, \qquad w = c \in \mathbf{R} \quad \text{on } \partial H$$
$$\int_H w_+^q < +\infty \tag{7.48}$$

が成り立つ. (7.48) において w を ∂H について偶拡張すると全域解 (7.10) が得られる. この解は最大点 $x = 0$ を中心として回転対称で, $r = |x|$ 方向に減少するので (7.48) は成り立たない. すなわち $\beta < +\infty$ は排除される. 一方 $\beta = +\infty$ のときは極限領域は全空間 $\mathbf{R}^n$ である. 従ってこの場合, 質量 m_* の bubble が境界上に発生する.

第 2 bubble 以降が境界上に発生したときのことを考察するためには, 境界条件のもとで境界の近傍で sup + inf 不等式を示す必要がある. この形の sup + inf 不等式が成り立つかどうかついては未解決である [154].

7.2 楕円型特異集合

定理 3.11 の証明で用いた等周不等式や共面積公式はもう少し粗い集合に対して拡張されている. 実際ルベーグ可測集合 $E \subset \mathbf{R}^n$ の開集合 $\Omega \subset \mathbf{R}^n$ に対する相対ペリメータは

$$P(E,\Omega) = \sup\left\{\int_E \nabla \cdot \psi \mid \psi \in C_0^\infty(\Omega)^n,\ \|\psi\|_\infty \leq 1\right\}$$

で定められる. ただし

$$\|\psi\|_\infty = \max_\Omega \left\{ \sum_{k=1}^n \psi_k^2 \right\}^{1/2}, \quad \psi = (\psi_1, \ldots, \psi_n)$$

とする. $P(E) = P(E, \mathbf{R}^n)$ として, $P(E) < +\infty$ となる可測集合 $E \subset \mathbf{R}^n$ を カチオポリ (Caccioppoli) 集合という. このとき有界変動関数[*2] $u = u(x)$ に対してジョージ (DeGiorgi) の等周不等式

$$P(E) \geq nc_n^{1/n} |E|^{1-1/n}$$

とフレミング・リシェル (Fleming-Rishel) の共面積公式

$$\int_{|u|>t} |Du| = \int_t^\infty P(\{x \mid |u(x)| > s\}, \Omega)\, ds$$

が成り立つ. ただし $c_n = \pi^{n/2}/\Gamma(1 + n/2)$ は n 次元単位球の体積である. これらの不等式を用いると, 解の特異集合の次元を評価することができる [130].

最初に $\Omega \subset \mathbf{R}^n$ を有界開集合, $\Sigma \subset \Omega$ をコンパクト集合, $1 \leq q < n$ としたとき, Σ の q-capacity を

$$\mathrm{Cap}_q(\Sigma) = \inf \left\{ \int_{\mathbf{R}^n} |\nabla f|^q\, dx \mid 0 \leq f \in \dot{W}^{1,q}(\mathbf{R}^n),\ \Sigma \subset \{f \geq 1\}^\circ \right\}$$

とする. ただし $\dfrac{1}{q^*} = \dfrac{1}{q} - \dfrac{1}{n}$ に対し $\dot{W}^{1,q}(\mathbf{R}^n) = \{f \in L^{q^*}(\mathbf{R}^n) \mid \nabla f \in L^q(\mathbf{R}^n)^n\}$ とする.

次に $\Omega \setminus \Sigma$ 上の調和関数 $u = u(x)$ に対し Σ が除去可能であるとは, Ω 上の調和関数 $\tilde{u} = \tilde{u}(x)$ が存在して $\tilde{u}|_{\Omega \setminus \Sigma} = u$ となることをいう. カールソン (Carleson) の定理 [23] によれば $\Omega \setminus \Sigma$ 上の任意の調和関数 $u \in L^\infty_{loc}(\Omega)$ に対して Σ が除去可能であるための必要十分条件は $\mathrm{Cap}_2(\Sigma) = 0$ となることであり, セリン (Serrin) の定理 [133] によって, $\mathrm{Cap}_s(\Sigma) = 0$ となる Σ は, 調和関数 $u \in L^q(\Omega \setminus \Sigma)$ に対して除去可能である. ただし $2 < s \leq n$ かつ $q > \dfrac{s}{s-2}$ とする.

これらの拡張もいくつか知られているが, 逆に Σ 上 $|u| = +\infty$ となる場合には $\mathrm{Cap}_2(\Sigma) = 0$ かつ $u \in L^{\frac{n}{n-2}}_w(\Omega)$ となる. ただし $L^p_w(\Omega)$, $1 < p < \infty$ は

[*2] Giusti [66] 第 1 章.

$$L_w^p(\Omega) = \left\{ v \in L_{loc}^1(\Omega) \mid \|v\|_{p,w} < +\infty \right\}$$

$$\|v\|_{p,w} = \sup \left\{ |K|^{-1+1/p} \int_K |v|\, dx \mid K \subset \Omega \text{ is a compact set} \right\}$$

で定められる Ω 上の弱 L^p 空間である．ナッシュ・モーザーの定理により，次の定理の仮定 (7.50) のもとで，$u = u(x)$ は $\Omega \setminus \Sigma$ 上局所ヘルダー（Hölder）連続となる [*3]．$\frac{n}{n-2}$ は前節でも現れた臨界指数であることに注意する．

定理 7.4 $\Omega \subset \mathbf{R}^n$, $n \geq 3$ を有界開集合，$\Sigma \subset \Omega$ をコンパクト集合，L は (3.45) で定められる微分作用素 $L = \sum_{i,j=1}^n \frac{\partial}{\partial x_i} a_{ij}(x) \frac{\partial}{\partial x_j} + c(x)$ で，係数は $a_{ij}, c \in L_{loc}^\infty(\Omega \setminus \Sigma)$, $c = c(x) \geq 0$ および

$$\sum_{i,j} a_{ij}(x) \xi_i \xi_j \geq |\xi|^2, \quad x \in \Omega \setminus \Sigma, \ \xi = (\xi_1, \ldots, \xi_n) \in \mathbf{R}^n \tag{7.49}$$

を満たすものとする．また $u = u(x) \in H_{loc}^1(\Omega \setminus \Sigma)$ は

$$Lu = 0 \quad \text{in } \Omega \setminus \Sigma \tag{7.50}$$

の解であり，$s_0 \geq 0$ が存在して $\Omega_s = \{ x \in \Omega \setminus \Sigma \mid |u(x)| > s \} \cup \Sigma$ は $s \geq s_0$ に対して常に開集合であり，Ω_{s_0} はその閉包が Ω に含まれ，かつリプシッツ境界 $\Gamma_0 = \partial \Omega_{s_0}$ をもつものとする．このとき $\mathrm{Cap}_2(\Sigma) = 0$, $u \in L_w^{\frac{n}{n-2}}(\Omega)$ が成り立つ．

【証明】 $\Omega_0 = \Omega_{s_0}$ とおく．仮定より $u \in H_{loc}^1(\overline{\Omega}_0 \setminus \Sigma)$ かつ

$$Lu = 0, \ |u| > s_0 \quad \text{in } \Omega_0 \setminus \Sigma, \qquad |u| = s_0 \quad \text{on } \partial \Omega_0 \tag{7.51}$$

また $\Sigma \subset\subset \Omega_s$, $s > s_0$ で，$\varphi_s = (\mathrm{sgn}\ u) \cdot \max\{s - |u|, 0\} \in H_{loc}^1(\overline{\Omega}_0 \setminus \Sigma)$ は

$$\varphi_s|_{\partial \Omega_0} = (\mathrm{sgn}\ u) \cdot (s - s_0), \qquad \varphi_s = 0 \quad \text{in } \Omega_s \setminus \Sigma$$

$$\nabla \varphi_s = \begin{cases} -\nabla u, & \text{in } \Omega_0 \setminus \overline{\Omega}_s \\ 0, & \text{in } \Omega_s \setminus \Sigma \end{cases}$$

[*3] Gilbarg and Trudinger [59] 第 8 章, Suzuki and Senba [147] 第 7 章.

を満たす. この φ_s を試験関数として (7.51) を適用する.
$$K = -\left\langle \frac{\partial u}{\partial \nu_L}, \operatorname{sgn} u \right\rangle_{H^{-1/2}(\Gamma_0), H^{1/2}(\Gamma_0)}, \quad \frac{\partial}{\partial \nu_L} = \sum_{i,j} \nu_i a_{ij} D_j$$
に対して
$$\sum_{i,j} \int_{\Omega_0 \setminus \Omega_s} a_{ij}(x) D_j u D_i u = (s - s_0) K - \int_{\Omega_0 \setminus \Omega_s} c(x) |u| (s - |u|) \quad (7.52)$$
が成り立ち, (7.49), $c \geq 0$, (7.52) から
$$\int_{\Omega_0 \setminus \Omega_s} |\nabla u|^2 \, dx \leq (s - s_0) K = o(s^2), \quad s \uparrow +\infty \quad (7.53)$$
が得られる.

ここで $s_1 > s_0$ に対し, $\chi = \chi(x) \in C_0^\infty(\mathbf{R}^n)$, $0 \leq \chi \leq 1$ は台が Ω_0 に含まれ, Ω_{s_1} 上 $\chi = 1$ である関数とすると $f_s = \frac{1}{s} \min\{|u|, s\} \chi \in H^1(\mathbf{R}^n) = W^{1,2}(\mathbf{R}^n)$ は
$$\Sigma \subset \{x \in \Omega_0 \mid f_s(x) = 1\}^\circ, \quad \nabla f_s = \begin{cases} \frac{1}{s} \nabla(|u|\chi), & |u| \leq s \\ \nabla \chi, & |u| > s \end{cases}$$
を満たす. 従って capacity の定義と (7.53) より $s \uparrow +\infty$ において
$$\operatorname{Cap}_2(\Sigma) \leq \int_{\mathbf{R}^n} |\nabla f_s|^2 = \frac{1}{s^2} \int_{\Omega_0 \setminus \Omega_s} |\nabla(|u|\chi)|^2 = o(1)$$
が成り立つ.

次に $u \in L_w^{\frac{n}{n-2}}(\Omega)$ を示す. 実際, (7.52) において写像
$$s \mapsto \int_{\Omega_0 \setminus \Omega_s} c(x) |u| (s - |u|)$$
は非減少であるから, 各 $s' > s_0$ に対して, 微係数の存在も含めて a.e. $s \in (s_0, s')$ において
$$\frac{d}{ds} \sum_{i,j} \int_{\Omega_0 \setminus \Omega_s} a_{ij} D_j u D_i u = -\frac{d}{ds} \sum_{i,j} \int_{\Omega_s \setminus \overline{\Omega}_{s'}} a_{ij} D_j u D_i u \leq K \quad (7.54)$$
となる. (7.54) から, $\mu(s) = |\Omega_s|$ に対して a.e. $s \in (s_0, s')$ において

7.2 楕円型特異集合 281

$$-\frac{d}{ds}\int_{\Omega_s\setminus\overline{\Omega}_{s'}}|\nabla u|\leq(-\mu'(s))^{1/2}\left(-\frac{d}{ds}\sum_{i,j}\int_{\Omega_s\setminus\overline{\Omega}_{s'}}a_{ij}(x)D_juD_iu\right)^{1/2} \quad (7.55)$$

を導出することができる．

実際 $s\in(s_0,s')\mapsto\int_{\Omega_s\setminus\overline{\Omega}_{s'}}|\nabla u|\,dx$ は非増加で，従ってほとんどいたるところ微分可能．さらに $h\downarrow 0$ において

$$\frac{1}{h}\left[\int_{\Omega_s\setminus\overline{\Omega}_{s'}}-\int_{\Omega_{s+h}\setminus\overline{\Omega}_{s'}}\right]|\nabla u|=\frac{1}{h}\int_{\Omega_s\setminus\Omega_{s+h}}|\nabla u|$$

$$\leq\left\{\frac{\mu(s)-\mu(s+h)}{h}\right\}^{1/2}\left\{\frac{1}{h}\int_{\Omega_s\setminus\Omega_{s+h}}|\nabla u|^2\right\}^{1/2}$$

$$\leq\left\{\frac{\mu(s)-\mu(s+h)}{h}\right\}^{1/2}\left\{\frac{1}{h}\sum_{i,j}\int_{\Omega_s\setminus\Omega_{s+h}}a_{ij}(x)D_juD_iu\right\}^{1/2}$$

$$=\{-\mu'(s)\}^{1/2}\left\{-\frac{d}{ds}\sum_{i,j}\int_{\Omega_s\setminus\overline{\Omega}_{s'}}a_{ij}D_juD_iu\right\}^{1/2}+o(1)$$

である．よって (7.55) が得られる．

一方ジョージの等周不等式とフレミング・リシェルの共面積公式を組み合わせると

$$nc_n^{1/n}\mu(s)^{1-1/n}\leq P(\Omega_s)=-\frac{d}{ds}\int_{\Omega_s\setminus\overline{\Omega}_{s'}}|\nabla u| \quad \text{a.e. } s\in(s_0,s') \quad (7.56)$$

不等式 (7.54)–(7.56) より

$$n^2c_n^{2/n}\leq -K\mu(s)^{-2(1-1/n)}\mu'(s) \quad \text{a.e. } s\in(s_0,s') \quad (7.57)$$

であるが，$\phi(\mu)=\frac{n}{n-2}\mu^{-\frac{n-2}{n}}$ を用いて (7.57) を書き直すと

$$c\equiv n^2c_n^{2/n}K^{-1}\leq\frac{d}{ds}\phi(\mu(s)), \quad \text{a.e. } s\in(s_0,s') \quad (7.58)$$

写像 $s\mapsto\phi(\mu(s))$ の単調性に注意して (7.58) を積分すると

$$\mu(s)\leq\left(\frac{n}{(n-2)\left(c(s-s_0)+\phi(\mu(s_0))\right)}\right)^{n/(n-2)} \quad s>s_0 \quad (7.59)$$

が得られる. (7.59) から $\mu(s)s^{n/(n-2)} = O(1)$, $s \uparrow +\infty$ となり, $u \in L_w^{\frac{n}{n-2}}(\Omega)$ が成り立つ. □

(7.52) より $c = 0$, $K \neq 0$ の場合は $u \notin H_{loc}^1(\Omega)$ となる. また $\mathrm{Cap}_2(\Sigma) = 0$ ならば $H^1(\Omega \setminus \Sigma) = H^1(\Omega)$ である [*4]. 定理 7.4 で最も重要な仮定は L 調和関数 u の特異集合 Σ が有界領域 Ω の中に閉じ込められていることにある. 同様の結果は準線形 [130] や放物型の場合 [149] にも知られている [*5].

7.3 双 対 法

場と粒子の双対性は本書下巻で詳しく述べる. 本節では楕円型理論との関係でポホザエフ等式とビリアル等式の同値性と, ボルツマン・ポアソン方程式の全域解全質量の導出法を扱う.

最初に半線形楕円型方程式に対するポホザエフ等式は次のように述べられる [*6].

定理 7.5 (ポホザエフ等式)　境界 $\partial\Omega$ が滑らかな有界領域 $\Omega \subset \mathbf{R}^n$ と連続関数 $f = f(s)$, $s \in \mathbf{R}$ に対して $v = v(x)$ は

$$-\Delta v = f(v) \quad \text{in } \Omega, \qquad v = 0 \quad \text{on } \partial\Omega$$

の滑らかな解であるとする. このとき $F(s) = \int_0^s f(s')ds'$ に対して

$$\int_\Omega nF(v) + \frac{2-n}{2}f(v)v \, dx = \frac{1}{2}\int_{\partial\Omega} \left(\frac{\partial v}{\partial \nu}\right)^2 (x \cdot \nu) \, d\sigma \tag{7.60}$$

が成り立つ.

本節では v, $u = f(v)$ をそれぞれ場のポテンシャル, 粒子密度とみてグリーン関数の対称性を用いた導出法を紹介する. (7.63) で $\Omega = \mathbf{R}^n$, $\psi = |x|^2$ とし

[*4]　Heinonen, Kilpeläinen, and Martio [72] 第 2 章.
[*5]　本書下巻第 1 章.
[*6]　他の形や応用は鈴木・上岡 [156] 1.2 節.

たものがビリアル等式の一種になる.

【定理 7.5 の証明】 $G = G(x, x')$ をディリクレ境界条件を備えた $-\Delta$ のグリーン関数, すなわち (1.105) で与えたものとして

$$v = \int_\Omega G(\cdot, x')u(x') \, dx' = f(u)$$

とおく. このとき $u\nabla v = \nabla F(v)$, 特に

$$\nabla \cdot (\nabla F(v) - u\nabla v) = 0 \tag{7.61}$$

が成り立つ.

(7.61) より, 滑らかな関数 $\psi = \psi(x)$, $x \in \overline{\Omega}$ に対して

$$0 = \int_\Omega \nabla \cdot (\nabla F(v) - u\nabla v)\psi \, dx = \int_{\partial\Omega} \left(\frac{\partial}{\partial\nu}F(v) - u\frac{\partial v}{\partial\nu}\right)\psi$$
$$- F(v)\frac{\partial \psi}{\partial \nu} \, d\sigma + \int_\Omega F(v)\Delta\psi + u\nabla v \cdot \nabla\psi \, dx \tag{7.62}$$

となる. u の境界条件と $F(0) = 0$ より (7.62) 右辺の境界積分は消滅し, 体積積分の第 2 項は $G(x, x')$ の対称性 $G(x', x) = G(x, x')$ によって

$$\frac{1}{2}\iint_{\Omega\times\Omega} \rho_\psi(x, x')u \otimes u \, dxdx'$$

と表される. ただし $u \otimes u = u(x, t)u(x', t)$ および

$$\rho_\psi(x, x') = \nabla\psi(x) \cdot \nabla_x G(x, x') + \nabla\psi(x') \cdot \nabla_{x'} G(x, x')$$

とする. 従って (7.62) は

$$\int_\Omega F(v)\psi \, dx + \frac{1}{2}\iint_{\Omega\times\Omega} \rho_\psi(x, x')u \otimes u \, dxdx' = 0 \tag{7.63}$$

を意味する. ここで

$$\int_\Omega \nabla\psi(x) \cdot \nabla_{x'} G(x, x')(-\Delta v(x')) \, dx' = \nabla\psi(x) \cdot \nabla v(x)$$

より (7.63) 左辺第 2 項は

$$\frac{1}{2}\iint_{\Omega\times\Omega} \rho_\psi(x, x')\Delta v(x)\Delta v(x') \, dxdx'$$

$$= \iint_{\Omega\times\Omega} [\nabla\psi(x)\cdot\nabla_x G(x,x')](-\Delta v(x'))(-\Delta v(x))\ dxdx'$$
$$= (\nabla\psi\cdot\nabla v, -\Delta v)$$
$$= -\int_{\partial\Omega}(\nabla\psi\cdot\nabla v)\frac{\partial v}{\partial\nu}\ d\sigma + \int_\Omega \nabla(\nabla\psi\cdot\nabla v)\cdot\nabla v\ dx$$

さらに右辺の境界積分に v の境界条件を適用すれば

$$\frac{1}{2}\iint_{\Omega\times\Omega}\rho_\psi(x,x')\Delta v(x)\Delta v(x')\ dxdx'$$
$$= -\int_{\partial\Omega}\left(\frac{\partial v}{\partial\nu}\right)^2\frac{\partial\psi}{\partial\nu}\ d\sigma + \sum_{i,j}\int_\Omega \psi_{ij}v_i v_j + \psi_i v_{ij}v_j\ dx \quad (7.64)$$

となる. ただし, 一般に $w_i = \dfrac{\partial w}{\partial x_i}, w_{ij} = \dfrac{\partial^2 w}{\partial x_i\partial x_j}$ とする.

(7.64) において

$$I_{ij} \equiv \int_\Omega \psi_i v_{ij}v_j\ dx = \int_{\partial\Omega}\psi_i\nu_i v_j^2\ d\sigma - \int_\Omega v_j(\psi_i v_j)_i\ dx$$
$$= \int_{\partial\Omega}\psi_i\nu_i v_j^2\ d\sigma - \int_\Omega \psi_{ii}v_j^2\ dx - I_{ij}$$

従って

$$\sum_{i,j}\int_\Omega \psi_i v_{ij}v_j\ dx = \frac{1}{2}\int_{\partial\Omega}\left(\frac{\partial v}{\partial\nu}\right)^2\frac{\partial\psi}{\partial\nu}\ d\sigma - \frac{1}{2}\int_\Omega(\Delta\psi)|\nabla v|^2\ dx$$

であり (7.64) は

$$\frac{1}{2}\iint_{\Omega\times\Omega}\rho_\psi(x,x')\Delta v(x)\Delta v(x')\ dxdx'$$
$$= -\frac{1}{2}\int_{\partial\Omega}\left(\frac{\partial v}{\partial\nu}\right)^2\frac{\partial\psi}{\partial\nu}\ d\sigma + \int_\Omega -\frac{1}{2}(\Delta\psi)|\nabla v|^2 + \sum_{i,j}\psi_{ij}v_i v_j\ dx \quad (7.65)$$

に帰着される. (7.63), (7.64), (7.65) をまとめると

$$\int_\Omega F(v)\Delta\psi + \sum_{i,j}\psi_{ij}v_i v_j\ dx$$
$$= \frac{1}{2}\int_{\partial\Omega}\left(\frac{\partial v}{\partial\nu}\right)^2\frac{\partial\psi}{\partial\nu}\ d\sigma + \frac{1}{2}\int_\Omega \Delta\psi|\nabla v|^2 \quad (7.66)$$

(7.66) で $\psi = |x|^2$ としたものが (7.60) である. $\square$

次に粒子密度を用いてチェン・リィの定理の一部を証明する．ただし，ここでは $v = v(x)$ は下巻で述べるスモルコフスキー・ポアソン方程式の弱定常解であればよいので，$v(x) = -4\log|x|$ のように特異性をもっていてもよい．証明で用いる (7.71) は技術的であり，時間に依存する場合も含めて詳細は下巻で示す．

定理 7.6　方程式 (2.24)，すなわち

$$-\Delta v = e^v \quad \text{in } \mathbf{R}^2, \qquad \int_{\mathbf{R}^2} e^v < +\infty$$

において常に $\int_{\mathbf{R}^2} e^v = 8\pi$ である．

【証明】　仮定より

$$w(x) = \frac{1}{2\pi} \int_{\mathbf{R}^2} \log \frac{1}{|x-x'|} \cdot e^{v(x')} dx' \tag{7.67}$$

は絶対収束して

$$|w(x)| \leq C(1 + \log(1 + |x|)). \tag{7.68}$$

を満たす．(2.28), (7.68) により，調和関数 $v - w$ に対してリュービルの定理が適用できて $v = w + \text{constant}$ が得られる．

ここで

$$u = e^v \tag{7.69}$$

は $\nabla u = u \nabla v = u \nabla w$ を満たすので

$$\nabla \cdot (\nabla u - u \nabla w) = 0 \quad \text{in } \mathbf{R}^2 \tag{7.70}$$

(7.67), (7.69), (7.70) により，前定理の証明で用いた対称化の方法を適用することができる．すなわち任意の $\varphi \in C_0^2(\mathbf{R}^2)$ に対して

$$\int_{\mathbf{R}^2} \Delta \varphi(x) \cdot u(x) \, dx + \frac{1}{2} \iint_{\mathbf{R}^2 \times \mathbf{R}^2} \rho_\varphi^0(x, x') u(x) u(x') \, dx dx' = 0$$

ただし

$$\rho_\varphi^0(x, x') = -\frac{1}{2\pi} \cdot \frac{(\nabla \varphi(x) - \nabla \varphi(x')) \cdot (x - x')}{|x - x'|^2}$$

とする．

滑らかな $c = c(s)$, $s \geq 0$ で

$$0 \leq c'(s) \leq 1, \quad -1 \leq c(s) \leq 0$$

$$c(s) = \begin{cases} s-1, & 0 \leq s \leq 1/4 \\ 0, & s \geq 4 \end{cases}$$

を満たすものをとり $\int_{\mathbf{R}^2} e^v \, dx = \int_{\mathbf{R}^2} u \, dx = m > 8\pi$ であるとする. このとき m で定まる $\delta > 0$ が存在して

$$\int_{\mathbf{R}^2} \left(c(|x|^2) + 1 \right) u(x) \, dx \geq \delta \tag{7.71}$$

が得られる.

定数 $\mu > 0$ を用いてスケーリング $u_\mu(x) = \mu^2 u(\mu x)$, $v_\mu(x) = v(\mu x) + 2\log \mu$ を導入すると $m = \int_{\mathbf{R}^2} u \, dx = \int_{\mathbf{R}^2} u_\mu$. 従って

$$\int_{\mathbf{R}^2} \left(c(|x|^2) + 1 \right) u_\mu(x) \, dx = \int_{\mathbf{R}^2} \left(c(\mu^{-1}|x|^2) + 1 \right) u(x) \, dx \geq \delta$$

であるが, 優収束定理によって

$$\lim_{\mu \uparrow +\infty} \int_{\mathbf{R}^2} \left(c(\mu^{-1}|x|^2) + 1 \right) u(x) \, dx = 0$$

となるので矛盾が発生する. □

文　献

1) R.A. Adams and J.J.F. Fournier, *Sobolev Spaces*, 2nd edition, Academic Press, Amsterdam, 2003.
2) G. Alessandrini, *Critical points of solutions of elliptic equations in two variables*, Ann. Scoula Norm. Sup. Pisa IV 14 (1987) 229-256.
3) H. Allen, *Algebraic Topology*, Cambridge Univ. Press, Cambridge, 2002.
4) T. Aubin, *Some Nonlinear Problems in Riemannian Geometry*, Springer, Berlin, 1998.
5) A. Bahri, Y. Li, and O. Rey, *On a variational problem with lack of compactness: the topological effect of the critical points at infinity*, Calc. Var. Partial Differential Equations 3 (1995) 67-93.
6) C. Bandle, *Isoperimetric inequalities for a nonlinear eigenvalue problem*, Proc. Amer. Math. Soc. 56 (1976) 243-246.
7) C. Bandle, *Isoperimetric Inequalities and Applications*, Pitmann, London, 1980.
8) S. Baraket and F. Pacard, *Construction of singular limits for a semilinear elliptic equation in dimension 2*, Calc. Vari. Partial Differential Equations 6 (1998) 1-38.
9) D. Bartolucci and C.-S. Lin, *Existence and uniqueness for mean field equation on multiply connected domain at the critical parameter*, Math. Ann. (to appear)
10) L. Bers, *Local behavior of solutions of general linear ellipitic equations*, Comm. Pure Appl. Math. 8 (1955) 473-496.
11) H. Brezis, *Functional Analysis, Sobolev Spaces and Partial Differential Equations*, Springer-Verlag, New York, 2011.
12) H. Brezis, Y.Y. Li, and I. Shafrir, *A sup + inf inequality for some nonlinear elliptic equations involving exponential nonlinearities*, J. Funct. Anal. 116 (1993) 344-358.
13) H. Brezis and F. Merle, *Uniform estimates and blow–up behavior for solutions of $-\Delta u = V(x)e^u$ in two dimensions*, Comm. Partial Differential Equations 16 (1991) 1223-1253.
14) H. Brezis and L.A. Peletier, *Asymptotics for elliptic equations involving critical growth*, Partial Differential Equations and Calculus of Variations, (I, F. Colombini, A. Marino, L. Modica, and S. Spagnolo, eds), Birkhäuser, Boston (1989) 149-192.
15) H. Brezis and W. Strauss, *Semi–linear second–order equations in L^1*, J. Math. Soc. Japan 25 (1973) 565-590.

16) Yu.D. Burago and V.A. Zalgaller, *Geometric Inequalities*, Springer Verlag, Berlin, 1988.
17) L.A. Caffarelli and A. Friedman, *Convexity of solutions of semilinear elliptic equations*, Duke Math. J. 52 (1985) 431-456.
18) L.A. Caffarelli, B. Gidas, and J. Spruck, *Asymptotic symmetry and local behavior of semilinear elliptic equations with critical Sobolev growth*, Comm. Pure Appl. Math. 42 (1989) 271-297.
19) E. Cagilioti, P.L. Lions, C. Marchioro, and M. Pulvirenti, *A special class of stationary flows for two–dimensional Euler equations: A statistical mechanics description*, Comm. Math. Phys. 143 (1992) 501-525.
20) E. Caglioti, P.-L. Lions, C. Marchioro, and M. Pulvirenti, *A special class of stationary flows for two–dimensional Euler equations: A statistical mechanics description, Part II*, Comm. Math. Phys. 174 (1995) 229-260.
21) D. Cao, S. Peng, and S. Yan, *Multiplicity of solutions for the plasma problem in two dimensions*, Adv. Math. 225 (2010) 2714-2785.
22) P. Cardaliaguet and R. Tahraoui, *On the strict concavity of the harmonic radius in dimension $N \geq 3$*, J. Math. Pures Appl. 81 (2002) 223-240.
23) L. Carleson, *Selected Problems on Exceptional Sets*, van Nostrand, Princeton, 1967.
24) D. Chae and O. Imanuvilov, *The existence of non–topological multivortex solutions in the relativistic selfdual Chern–Simons theory*, Math. Phys. 215 (2000) 119-142.
25) S.-Y.A. Chang, C.-C. Chen, and C.-S. Lin, *Extremal functions for a mean field equations in two dimensions*, Lectures on Partial Differential Equations (S.-Y.A. Chang, C.-S. Lin, and S.-T. Yau, eds.), International Press, New York, 2003, pp. 61-93.
26) S.Y.-A. Chang and P.-C. Yang, *Prescribing Gaussian curvature on S^2*, Acta Math. 159 (1987) 215-259.
27) S.Y.-A. Chang and P.-C. Yang, *Conformal deformation of metrices on S^2*, J. Differential Geometry 27 (1988) 259-296.
28) P.-H. Chavanis, *Generalized thermodynamics and Fokker–Planck equation: applications to steller dynamics and two–dimensional turbulence*, Physical Review E 68 (2003) 036108.
29) P.H. Chavanis, *Generalized kinetic equations and effective thermodynamics*, Banach Center Publ. 66 (2004) 79-101.
30) P.H. Chavanis and C. Sire, *Anomalous diffusion and collapse of self–gravitating Langevin particles in D dimensions*, Physical Review E 69 (2004) 016116.
31) P.-H. Chavanis, J. Sommeria, and R. Robert, *Statistical mechanics of two–dimensional vortives and collisionless stelalar system*, Astrophysical J. 471 (1996) 385-399.

32) C.-C. Chen and C.-S. Lin, *A sharp* sup + inf *inequality for a semilinear elliptic equation in* $\mathbf{R}^2$, Comm. Anal. Geom. 6 (1998) 1-19.
33) C.-C. Chen and C.-S. Lin, *Sharp estimates for solutions of multi-bubbles in compact Riemann surfaces*, Comm. Pure Appl. Math. 55 (2002) 728-771.
34) C.-C. Chen and C.-S. Lin, *Topological degree for a mean field equation on Riemann surfaces*, Comm. Pure Appl. Math. 56 (2003) 1667-1727.
35) J.T. Chen and W.A. Huang, *Convexity of capillary surfaces in the outer space*, Invent. Math. 67 (1982) 253-259.
36) W. Chen and C. Li, *Classification of solutions of some nonlinear elliptic equations*, Duke Math. J. 63 (1991) 615-622.
37) W. Chen and C. Li, *Prescribing Gaussian curvatures on surfaces with conical singularities*, J. Geom. Anal. 1 (1991) 359-372.
38) X. Chen, *Remarks on the existence of branch bubbles on the blowup analysis of equation* $-\Delta u = e^{2u}$ *in dimension two*, Comm. Anal. Geom. 7 (1999) 295-302.
39) K.-S. Cheng and C.-S. Lin, *On the asymptotic behavior of solutions to the conformal Gaussian curvature equations in* $\mathbf{R}^2$, Math. Anal. 308 (1997) 119-139.
40) S.Y. Cheng, *Eigenfunctions and nodal sets*, Comment. Math. Helv. 51 (1976) 43-55.
41) E.A. Coddington and N. Levinson, *Theory of Ordinary Differential Equations*, McGraw Hill Publishing, New York, 1955.
42) R. Courant and D. Hilbert, *Methods of Mathematical Physics*, Interscience Publishers, New York, 1961.
43) M.G. Crandall and P.H. Rabinowitz, *Bifurcation from simple eigenvalues*, J. Funct. Anal. 8 (1971) 321-340.
44) M.G. Crandall and P.H. Rabinowitz, *Bifurcation, perturbation of simple eigenvalues, and linearized stability*, Arch. Rational Mech. Anal. 52 (1973) 161-180.
45) M.G. Crandall and P.H. Rabinowitz, *Some continuation and variational methods for positive solutions of nonlinear elliptic eigenvalue problems*, Arch. Rational Mech. Anal. 58 (1975) 207-218.
46) D.G. de Figueiredo, P.L. Lions, and R.D. Nussbaum, *A priori estimates and existence of positive solutions of semilinear elliptic equations*, J. Math. Pure Appl. 61 (1982) 41-63.
47) M. del Pino, M. Kowalczyk, and M. Musso, *Singular limits in Liouville–type equations*, Calc. Var. 24 (2005) 47-81.
48) J.I. Diaz, *Nonlinear Partial Differential Equations and Free Boundaries, vol. 1, Elliptic Equations*, Pitman, London, 1985.
49) W. Ding, J. Jost, J. Li, and G. Wang, *Existence results for mean field equations*, Ann. Inst. Henri Poincaré, Analyse Non Linéaire 16 (1999) 653-666.
50) P. Esposito, M. Grossi, and A. Pistoia, *On the existence of blowing–up solutions for a mean field equation*, Ann. Inst. Henri Poincaré, Analyse Non Linéaire 22

(2005) 227-257.
51) P. Esposito, M. Musso, and A. Pisotia, *Concentrating solutions for a planar elliptic problem involving nonlinearities with large exponent*, J. Differential Equations 227 (2006) 29-68.
52) L.C. Evans and R.F. Gariepy, *Measure Theory and Fine Properties of Functions*, CRC Press, Boca Raton, 1992.
53) G. Faber, *Beweis, dass unter allen homogenen Membranen von gleicher Fläche und gleicher Spannung die kreisförmige den tiefsten Grundton gibt*, Sitzungsber. Bayer. Akad. Wiss. (1923) 169-172.
54) G.B. Folland, *Real Analysis – Modern Techniques and Their Applications*, Wiley, New York, 1984.
55) L. Fontana, *Sharp borderline Sobolev inequalities on compact Riemannian manifolds*, Comment. Math. Helvetici 68 (1993) 415-454.
56) N. Ghoussoub and D. Preiss, *A mountain pass principle for locating and classifying the mountain pass theorem*, Ann. Inst. Henri Poincaré, Analyse Non Linéaire 6 (1989) 321-330.
57) B. Gidas, W.-M. Ni, and L. Nirenberg, *Symmetry and related properties via the maximum principle*, Comm. Math. Phys. 68 (1979) 209-243.
58) B. Gidas and J. Spruck, *Global and local behavior of positive solutions of nonlinear elliptic equations*, Comm. Pure Appl. Math. 34 (1981) 525-598.
59) D. Gilbarg and N.S. Trudinger, *Elliptic Partial Differential Equations of Second Order*, Springer, Berlin, 1983.
60) F. Gladiali and M. Grossi, *Some results on the Gel'fand problem*, Comm. Partial Differential Equations 29 (2004) 1335-1364.
61) F. Gladiali and M. Grossi, *On the spectrum of a nonlinear planar problem*, Ann. Inst. H. Poincaré, Analyse Non Linéaire 26 (2009) 191-222.
62) F. Gladiali, M. Grossi, H. Ohtsuka, and T. Suzuki, *Morse index of multiple blow–up solution to the two–dimensional Gel'fand problem*, Comm. Partial Differential Equations 39 (2014) 2028-2063.
63) M. Grossi, *A nondegeneracy result for a nonlinear elliptic equation*, NoDEA Nonlinear Differential Equations Appl. 12 (2005) 227-241.
64) M. Grossi, H. Ohtsuka, and T. Suzuki, *Asymptotic non–degeneracy of the multiple blow–up solutions to the Gel'fand problem in two space dimensions*, Adv. Differential Equations 16 (2011) 145-164.
65) M. Grossi and F. Takahashi, *Nonexistence of muti–bubble solutions to some elliptic equations on convex domains*, J. Funct. Anal. 259 (2010) 904-917.
66) E. Guisti, *Minimal Surfaces and Functions of Bounded Variation*, Birkhäuser, Basel 1984.
67) R.D. Gulliver, II., *Regularity of minimizing surfaces of prescribed mean curvature*, Ann. Math. 97 (1973) 275-305.

68) Z.-C. Han, *Asymptotic approach to singular solutions for nonlinear elliptic equations involving critical Sobolev exponent*, Ann. Inst. Henri Poincaré, Analyse Non Linéaire 8 (1991) 159-174.
69) R. Hardt and L. Simon, *Nodal sets for solutions of elliptic equations*, J. Differential Geometry 30 (1989) 505-522.
70) P. Hartman and A. Wintner, *On the local behavior of solutions of non–parabolic differential equations*, Amer. J. Math. 75 (1953) 449-476.
71) P. Hartman and A. Wintner, *On the local behavior of solutions of non–parabolic differential equations, III*, Amer. J. Math. 77 (1955) 453-474.
72) J. Heinonen, T. Kilpeläinen, and O. Martio, *Nonlinear Potential Theory of Degenerate Elliptic Equations*, Clarendon Press, Oxford, 1992.
73) E. Hille, *Ordinary Differential Equations in the Complex Domain*, Wiley, New York, 1976.
74) B. Hoffman, *Ill–posedness and regularization of inverse problems – a review of mathematical methods*, In; *The Inverse Problem* (H. Lübbig, ed.), Akademie Verlag, Berlin, 1995.
75) C.W. Hong, *A best constant and the Gaussian curvature*, Proc. Amer. Math. Soc. 97 (1987) 737-747.
76) T. Itoh, *Blow–up of solutions for semilinear prabolic equations*, Solutions for Nonlinear Elliptic Equations, Kokyuroku RIMS 679 (1989) 127-139.
77) L. Jeanjean and J.F. Toland, *Bounded Palais–Smale mountain–pass sequence*, C. R. Acad. Sci. Paris Ser. I 327 (1998) 23-28.
78) G. Joyce and D. Montgomery, *Negative temperature states for two–dimensional guiding–centre plasma*, J. Plasma Phys. 10 (1973) 107-121.
79) T. Kan, *Global structure of the solution set for a semilinear elliptic problem related to the Liouville equation on an annulus*, Geometric Properties for Parabolic and Elliptic PDE's (R. Magnanini and S. Sakaguchi, eds) , Springer Verlag Italia, Roma, 2013.
80) B. Kawohl, *Rearrangements and Convexity of Level Sets of PDE*, Springer Verlag, Berlin, 1985.
81) J.L. Kazdan and F.W. Warner, *Integrability conditions for $\Delta u = k - Ke^{\alpha u}$ with applications to Riemannian geometry*, Bull. Amer. Math. Soc. 77 (1971) 819-823.
82) 小林昭七, 接続の微分幾何とゲージ理論, 裳華房, 東京, 1989.
83) E. Krahn, *Über eine von Rayleigh formulierte Minimaleigenschaft des Kreises*, Math. Ann. 94 (1924) 421-444.
84) 熊ノ郷準, 偏微分方程式, 共立出版, 1978.
85) T. Kuo, On C^∞-sufficiency of sets of potential functions, Topology 8 (1969) 167-171.
86) Y.Y. Li, *Harnack type inequality: the method of moving planes*, Comm. Math. Phys. 200 (1999) 421-444.

87) Y.Y. Li and I. Shafrir, *Blow–up analysis for solutions of* $-\Delta u = Ve^u$ *in dimension two*, Indiana Univ. Math. J. 43 (1994) 1255-1270.
88) C.-S. Lin, *An expository survey on recent development of mean field equation*, Discrete and Contin. Dyn. Syst. Ser. A 19 (2007) 387-410.
89) C.-S. Lin and C.-L. Wang, *Elliptic functions, Green functions and the mean field equations on tori*, Ann. Math. (2) 172 (2010) 911-954.
90) S.S. Lin, *On non–radially symmetric bifurcation in the annulus*, J. Differential Equations 80 (1989) 251-279.
91) P.L. Lions, *On Euler Equations and Statistical Physics*, Cattedra Galileiana, Pisa, 1997.
92) Z. Liu, *Multiple solutions for a free boundary problem arising in plasma physics*, Proc. Roy. Soc. Edinb. **144A** (2014) 965-990.
93) M. Lucia, *A deformation lemma with an application to a mean field equation*, Topol. Meth. Nonl. Anal. 30 (2007) 113-138.
94) A. Malchiodi, *Morse theory and a scalar field equation on compact surfaces*, Adv. Differential Equations 13 (2008) 1109-1129.
95) C. Marchioro and M. Pulvirenti, *Mathematical Thoery of Incompressible Nonviscous Fluids*, Springer Verlag, New York, 1994.
96) L. Ma and J.C. Wei, *Convergence of Liouville equation*, Comment. Math. Helv. 76 (2001) 506-514.
97) 増田久弥（編）, 応用解析ハンドブック, シュプリンガー・ジャパン, 東京, 2010.
98) N. Mizoguchi and T. Suzuki, *Equations of gas combustions: S–shaped bifurcation and mushrooms*, J. Differential Equations 134 (1997) 183-215.
99) J.L. Moseley, *Asymptotic solutions for a Dirichlet problem with an exponential nonlinearity*, SIAM J. Math. Anal. 14 (1983) 719-735.
100) J.L. Moseley, *A two–dimensional Dirichlet problem with an exponential nonlinearity*, SIAM J. Math. Anal. 14 (1983) 934-946.
101) J. Moser, *A sharp form of an inequality by N. Trudinger*, Indiana Univ. Math. J. 20 (1971) 1077-1092.
102) J. Mossiono, *Inégalités Isopérimetriques et Applications en Physique*, Hermann, Paris, 1984.
103) T. Nagai, T. Senba, and T. Suzuki, *Concentration behavior of blow–up solutions for a simplified system of chemotaxis*, Kokyuroku RIMS 1181 (2001) 140-176.
104) K. Nagasaki and T. Suzuki, *Asymptotic analysis for two–dimensional elliptic eigenvalue problem with an exponential non–linearity*, Asymptotic Analysis 3 (1990) 173-188.
105) K. Nagasaki and T. Suzuki, *Radial and nonradial solutions for the nonlinear eigenvalue problem* $\Delta u + \lambda e^u = 0$ *on annului in* $\mathbf{R}^2$, J. Differential Equations 87 (1990) 144-168.
106) Y. Naito, T. Suzuki, and Y. Yoshida, *Self–similarity in chemotaxis systems*, J.

Differential Equations 184 (2002) 386-421.
107) Z. Nehari, *On the principal frequency of a membrane*, Pacific J. Math. 8 (1958) 285-293.
108) C. Neri, *Statistical mechanics and the n-point vortex system with random intensities on a bounded domain*, Inst. Henri Poincaré, Analyse Non Linéaire 21 (2004) 381-399.
109) 小川卓克, 非線型発展方程式の実解析的方法, 丸善出版, 2013.
110) H. Ohtsuka, *A concentration phenomenon around a shrinking hole for solutions of mean field equations*, Osaka J. Math. 39 (2002) 395-407.
111) H. Ohtsuka, T. Sato, and T. Suzuki, *Asymptotic non-degeneracy of multiple blowup solution to the Liouville Gel'fand problem with non-constant coefficient*, J. Math. Anal. Appl. 398 (2013) 692-706.
112) H. Ohtsuka and T. Suzuki, *Palais-Smale sequence relative to the Trudinger-Moser inequality*, Calc. Var. Partial Differential Equations 17 (2003) 235-255.
113) H. Ohtsuka and T. Suzuki, *Local property of the mountain-pass critical point and the mean field equation*, Differential Integral Equations 21 (2008) 421-432.
114) E. Onofri, *On the positivity of the effective action in a theory of random surfaces*, Comm. Math. Phys. 86 (1982) 321-236.
115) L. Onsager, *Statistical hydrodynamics*, Suppl. Nuovo Cimento 6 (1949) 279-287.
116) R.S. Palais, *Critical point theory and the minimax principle*, Proc. Sympos. Pure Math. 15 (1968) 185-212.
117) C.S. Patlak, *Random walk with persistence and external bias*, Bull. Math. Biophys. 15 (1953) 311-338.
118) Å. Pleijel, *Remarks on Courant's nodal line theorem*, Comm. Pure Appl. Math. 9 (1956) 1408-1411.
119) M.H. Protter and H.F. Weinberger, *Maximum Principles in Differential Equations*, Springer Verlag, New York, 1984.
120) G. Pólya and G. Szegö, *Isoperimetric Inequalities in Mathematical Physics*, Princeton Univ. Press, Princeton, 1951.
121) P.H. Rabinowitz, *Minimax Methods in Critical Point Theory with Applications to Differential Equations*, Amer. Math. Soc. Providence RI, 1986.
122) X. Ren and J. Wei, *On a two-dimensional elliptic problem with large exponent nonlinearity*, Trans. Amer. Math. Soc. 343 (1994) 748-763.
123) O. Rey, *The role of the Green's function in a non-linear elliptic equation involving the critical Sobolev exponent*, J. Funct. Anal. 89 (1990) 1-52.
124) T. Ricciardi and T. Suzuki, *Duality and best contant for a Trudinger-Moser inequality involving probability measures*, J. Euro. Math. Soc. 16 (2014) 1327-1348.
125) T. Ricciardi and G. Zecca, *Blow-up analysis for some mean field equations involving probability measures from statistical hydrodynamics*, Differential Integral Equations 25 (2012) 201-222.

126) F. Riesz and B. Sz.-Nagy, *Functional Analysis*, Frederic Ungar, New York, 1955.
127) S. Sakaguchi, *Uniqueness of the critical point of the solutions to some semilinear elliptic boundary value problems in* $\mathbf{R}^2$, Trans. Amer. Math. Soc. 319 (1990) 179-190.
128) 坂上貴之, 渦運動の数理的諸相, 共立出版, 東京, 2013.
129) T. Sato and T. Suzuki, *Convexity and uniqueness of the solution to the Liouville equation*, Intern. J. Pure Appl. Math. 23 (2005) 1-21.
130) T. Sato, T. Suzuki, and F. Takahashi, *Vanishing p-capacity of singular sets for p-harmonic functions*, Electron J. Differential Equations 2011-67 (2011) 1-15.
131) K. Sawada and T. Suzuki, *Derivation of the equilibrium mean field equations of point vortex system and vortex filament system*, Theoretical and Applied Mechanics Japan 56 (2008) 285-290.
132) T. Senba and T. Suzuki, *Some structures of solution set for a stationary system of chemotaxis*, Adv. Math. Sci. Appl. 10 (2000) 191-224.
133) J. Serrin, *Local behavior of solutions of quasilinear equations*, Acta Math. 111 (1964) 67-78.
134) J. Serrin and H.F. Weinberger, *Isolated singularities of solutions of quasi–linear equations*, Amer. J. Math. 88 (1960) 258-272.
135) I. Shafrir, *A* sup + inf *inequality for the equation* $-\Delta u = Ve^u$, C.R. Acad. Sci. Paris 315 Série I (1992) 159-164.
136) I. Shafrir and G. Wolansky, *Moser–Trudinger and logarithmic HLS inequalities for systems*, J. Euro. Math. Soc. 7 (2005) 413-448.
137) C. Sire and P.H. Chavanis, *Thermodynamics and collapse of self–gravitating Brownian particles in D dimensions*, Phys. Rev. E 66 (2002) 046133.
138) G. Stampacchia, *Le probléme de Dirichlet pour les équations elliptiques de second ordre à coefficients discontinuous*, Ann. Inst. Fourier 15 (1965) 189-258.
139) M. Struwe and G. Tarantello, *On multivortex solutions in Chern–Simons–Higgs gauge theory*, Boll. Uni. Math. Ital. Sez. B (8) 1 (1998) 109-121.
140) T. Suzuki, *Introduction to geometric potential theory*, Functional–Analytic Methods in Partial Differential Equations (H. Fujita, T. Ikebe, and S.T. Kuroda, eds), Lecture Notes in Math. 1450, Springer Verlag, Berlin (1990) 88-103.
141) T. Suzuki, *Global analysis for a two–dimensional elliptic eigenvalue problem with exponential nonlinearity*, Ann. Inst. Henri Poincaré, Analyse Non Linéaire 9 (1992) 367-398.
142) T. Suzuki, *Some remarks about singular perturbed solutions for Emden–Fowler equation with exponential non–linearity*, Functional Analysis and Related Topics (H. Fujita, H. Komatsu, and S.T. Kuroda, eds), Lecture Notes in Math. 1540, Springer Verlag, Berlin (1993) 341-360.
143) T. Suzuki, *Semilinear Elliptic Equations*, Gakkotosho, Tokyo, 1994.
144) T. Suzuki, *Free Energy and Self–Interacting Particles*, Birkhäuser, Boston, 2005.

145) 鈴木貴, 数理医学入門, 共立出版, 東京, 2015.
146) T. Suzuki and K. Nagasaki, *On the non-linear eigenvalue problem* $\Delta u + \lambda e^u = 0$, Trans. Amer. Math. Soc. 309 (1988) 591-608.
147) T. Suzuki and T. Senba, *Applied Analysis – Mathematical Methods in Natural Science*, 2nd edition, Imperial College Press, London, 2011.
148) T. Suzuki and F. Takahashi, *Nonlinear Eigenvalue Problem with Quantization*, Handbook of Differential Equations, Stationary Partial Differential Equations 5 (M. Chipot, ed.), pp. 277-370, Elsevier, Amsterdam, 2008.
149) T. Suzuki and F. Takahashi, *Capacity estimate for the blow–up set of parabolic equations*, Math. Z. 259 (2008) 867-887.
150) T. Suzuki and R. Takahashi, *Degenerate parabolic equation with critical exponent derived from the kinetic theory, I. generation of the weak solution*, Adv. Differential Equations 14 (2009) 433-476.
151) T. Suzuki and R. Takahashi, *Degenerate parabolic equation with critical exponent derived from the kinetic theory, II. blowup threshold*, Differential Integral Equations 22 (2009) 1143-1172.
152) T. Suzuki and R. Takahashi, *Degenerate parabolic equation with critical exponent derived from the kinetic theory, IV. structure of the blowup set*, Adv. Differential Equations 15 (2010) 853-892.
153) T. Suzuki and R. Takahashi, *Degenerate parabolic equation with critical exponent derived from the kinetic theory, III. ε regularity*, Differential Integral Equations 25 (2012) 251-288.
154) T. Suzuki and R. Takahashi, *Critical blowup exponent to a class of semilinear elliptic equations with constraints in higher dimensions – local properties*, arXiv1412.2875.
155) T. Suzuki, R. Takahashi, and X. Zhang, *Extremal boundedness of a variational functional in point vortex mean field theory associated with probability measures*, arXiv1412.4901.
156) 鈴木貴, 上岡友紀, 偏微分方程式講義 – 半線形楕円型方程式入門, 培風館, 東京, 2005.
157) 鈴木貴, 山岸弘幸, 原理と現象 – 数理モデリングの初歩, 培風館, 東京, 2010.
158) G. Szegö, *Inequalities for certain eigenvalues of membrane of given area*, Arch. Rational Mech. Anal. 3 (1953) 343-356.
159) F. Takahashi, *Non-degeneracy of least-energy solutions for an elliptic problem with nearly critical nonlinearity*, Proc. Roy. Soc. Edinb. 140A (2010) 203-222.
160) 高崎金久, ツイスターの世界 – 時空・ツイスター空間・可積分系, 共立出版, 東京, 2005.
161) G. Talenti, *Elliptic equations and rearrangements*, Ann. Scuola Norm. Sup. Pisa IV 3 (1976) 697-718.
162) G. Tarantello, *Multiple condensate solutions for the Chern–Simons–Higgs theory*, J. Math. Phys. 37 (1996) 3769-3796.
163) G. Tarantello, *Selfdual Gauge Field Vortices*, Birhäuser, Boston, 2008.

164) C.H. Taubes, *Arbitrary N-vortex solutions to the first order Ginzburg–Landau equations*, Comm. Math. Phys. 72 (1980) 277-292.
165) R. Temam, *A nonlinear eigenvalue problem: the shape at equilibrium of a confined plasma*, Arch. Rational Mech. Anal. 60 (1975) 51-73.
166) 寺沢寛一（編），自然科学者のための数学概論，応用編，岩波書店，東京，1960．
167) N.S. Trudinger, *On imbedding into Orlicz space and some applications*, J. Math. Mech. 17 (1967) 473-484.
168) 辻正次，複素函数論，槙書店，1968．
169) G. Wang and D. Ye, *On a nonlinear elliptic equation arising in a free boundary problem*, Math. Z. 244 (2003) 531-548.
170) H.F. Weinberger, *An isoperimetric inequality for N-dimensional free membrane*, Arch. Rational Mech. Anal. 5 (1956) 533-536.
171) H.C. Wente, *The differential equation $\Delta x = 2H(x_u \wedge x_v)$ with vanishing boundary values*, Proc. Amer. Math. Soc. 50 (1975) 131-137.
172) H.C. Wente, *Counter example to a conjecture of H. Hopf*, Pacific J. Math. 121 (1986) 193-243.
173) V.H. Weston, *On the asymptotic solution of a partial differential equation with an exponential nonlinearity*, SIAM J. Math. Anal. 9 (1978) 1030-1053.
174) G. Wolansky, *On the evolution of self-attracting clusters and applications to semilinear equations with exponential non-linearity*, J. Anal. Math. 59 (1992) 251-272.
175) Y. Yang, *Solitons in Field Theory and Nonlinear Analysis*, Springer Verlag, New York, 2001.
176) D. Ye, *Une remarque sur le comportement asymptotique des solutios de $-\Delta u = \lambda f(u)$*, C.R. Acad. Sci. Paris 325-I (1997) 1279-1282.

索　引

あ 行

アボガドロ定数　179
安定な臨界点　162

ε 正則性　59

エムデン・ファウラー・リュービル変換　29
エントロピー　178
　　――極大　180
　　――生成　199
　　――生成最大原理　192, 199
　　ツァリス――　202
　　ボルツマン――　180, 200, 202

オイラーの運動方程式　170
オンサーガー　176, 178

か 行

ガウス曲率　17, 22
カオスの伝播　177
カオ・ペン・ヤンの定理　162
確定特異点　71
カチオポリ集合　279
渦度場方程式　172
ガリヤード・ニーレンバーグの不等式　155
カールソンの定理　279

気体定数　178
ギダス・ニィ・ニーレンバーグの定理　28, 268
逆温度　177
capacity　279
球面調和関数　35
球面導関数　16

強最大原理　119
共面積公式　18

クオの補題　111
グス・プライスの定理　144
グラッド・シャフラノフ方程式　266
グラディアリ・グロッシ等式　231
クラマース方程式　197
　　――（一般）　200
クラマース・モヤル展開　194
グリーン関数　40, 137
　　――（高次元）　269
　　――（対称性）　172, 283
グリーンの公式　19, 115
グリーンの第3公式　232
グロッシ・高橋の定理　46

ゲージ　206
ゲージ・シュレディンガー・チャーン・サイモンズ方程式　208, 210
ゲージ・シュレディンガー方程式　207, 212
ケルビン変換　43, 104, 226, 236, 277

固有値問題　108, 109
孤立系　174
concentration function　155
concentration lemma　155

さ 行

最大原理
　　――（調和）　56
再編理論　21, 121, 123
　　――（シュワルツ対称化）　122, 124
　　――（decreasing rearrangement）　122
　　――（バンドル対称化）　21, 34, 131

sinh・ポアソン方程式　190

自己双対ゲージ方程式　212
シャバニスの理論　198
ジャンジャン・トーランドの定理　147
シュレディンガー方程式　208

スターリングの公式　179
ストゥルヴェ・タランテッロの定理　144
スモルコフスキー・ポアソン方程式　205
スモルコフスキー方程式　198, 202
　　——（一般）　202

正準測度　175
節線　118
節領域　111
セリンの定理　279
漸近的非退化性定理　215

双 1 次レリッヒ等式　227
双対法　270
ソボレフの不等式　135
ソボレフの臨界指数　267
ソレノイダル条件　172

た 行

退化放物型方程式　203
　　——（スケーリング）　204
対称化　271
楕円型 L^1 評価　42
楕円型評価　43
タレンティの定理　123
ダンジョワ・ヤング・サックスの定理　148

チェ・イマヌビロフ評価　167
チェン・リィの定理　63, 286
チェン・リィの補題（concentration）　154
チャップマン・コルモゴルフの関係式　193

ディニ微分　149
ディリクレノルム　21
ディン・ヨスト・リィ・ワンの定理　153

デルピノ・コワルチック・ムッソの定理　161

等周不等式　17
　　——（アレクサンドルフ）　22
　　——（ジョージ）　279
　　——（セゲー・ワインバーガー）　121, 141
　　——（ネハリ）　17
　　——（バンドル）　20, 141
　　——（ファベル・クラーン）　120
　　——（ボル）　17
トゥルーディンガー・モーザー不等式　134
　　——（オノフリ）　137
　　——（改良）　154
　　——（多成分）　186
　　——（チャン・ヤン）　134
　　——（背景）　135
　　——（フォンタナ）　136
　　——（モーザー）　135
　　——（リーマン面）　136
特異極限　31, 48, 137
　　——（特異摂動）　138
　　——（凸領域）　47
トレース　110

な 行

流れ関数　171
ナッシュ・モーザーの定理　280

2 次モーメント　269
ニュートンの運動方程式　170, 205

熱力学的関係式　175

は 行

陪ルジャンドル方程式　33
バースの補題　111
ハーディ・リトゥルウッドの不等式　122
ハミルトニアン　40
　　——（一般形）　46
　　——（循環）　178, 240
　　——（第 1 量子化）　207

——（多強度系）180, 187
——（多重連結）162
——（多体系）174
——（電子）207
——（凸領域）46
——（爆発点の制御）40
——（非斉次）48, 100
ハミルトン系 174
——（点渦）173
ハミルトンの正準方程式 206
バラッケ・パカールの定理 70, 225
ハルトマン・ウィントナーの定理 114
ハルナック原理
——（球面調和）38
——（調和）61
ハルナック不等式
——（球面調和）37
——（調和）74, 277
パレ・スメール条件 145
パレ・スメール列 145
——（有界）157

非線形ゲージ・シュレディンガー方程式 209
非線形シュレディンガー方程式 208
ビリアル等式 204, 284

ファトゥの補題 62
フォッカー・プランク方程式 197
プライエルの定理 120
ブラウワーの不動点定理 157
プランク定数 179
フーリエ展開 70, 109
ブレジス・ペレティエの等式 49
ブレジス・メルルの定理 54
ブレジス・メルルの不等式 56
フレミング・リシェルの共面積公式 279

平均値の定理（調和）27
平均場方程式（決定分布）184
平均モーメント 195
閉鎖系 174

ベッセル関数 120
ペリメータ 278
ヘルムホルツの自由エネルギー 201
変分法
　エックランドの—— 144
　——（変形理論）144, 158

ポアソン方程式 203
ポアンカレ・ワーティンガーの不等式 143
ボイル・シャルルの法則 178
ボゴモルニィ方程式 212
ホップ補題 69
ポホザエフ（カズダン・ワーナー）等式 102
ポホザエフ等式 283
——（2次元）87
ポーリャ・セゲーの定理 123
ボルツマン定数 175, 179
ボルツマンの関係式 175
ボルツマン・ポアソン方程式 40, 47
——（一意性）128
——（スケーリング）53
——（全空間）63, 70, 283
——（特異摂動）167
——（平均場）12, 143
——（変数係数）48, 100
——（変分法）162
——（radial）29
——（リュービル・ゲルファント）12

ま行

マ・ウェイの定理 101
マクスウェル方程式 206
マスター方程式 192, 193

ミニ・マックス原理（固有値）20, 110, 241
ミニ・マックス（レーリー）原理 126

モース指数 239
——（拡張）239
モデル B 203
モーメント（展開）200

モリーの不等式　135
モンテルの定理　43

や 行

ヤコビの方法　119
山辺方程式　49

有界変動関数　279

ら 行

ラプラシアン（3次元）　33
ランジュバン方程式　195

リィ・シャフリエの定理　55
リィの評価　86
リュービル積分　15, 30, 34
　——（円環）　31
　——（円板）　31, 34
　——（特異摂動）　47

リュービルの定理（調和）　67
量子化とハミルトニアン制御定理　40

residual vanishing　74
レベル集合　64
レーリー原理　253
レーリー商　110, 121
レリッチ・コンドラコフの定理　110
レリッチ等式　228

ロジスティック方程式　30
ロバン関数　40, 173
　——（境界挙動）　40
　——（高次元）　269
　——（単連結）　137, 139, 140

わ 行

ワン・イェの定理　268

著者略歴

鈴木　貴（すずき　たかし）

1953 年　長野県に生まれる
1978 年　東京大学大学院理学系研究科修士課程修了
現　在　大阪大学大学院基礎工学研究科システム創成専攻数理科学領域教授
　　　　理学博士
主　著　Applied Analysis: Mathematical Methods in Natural Science, 2nd ed.
　　　　(Imperial College Press, 共著 2011)

大塚浩史（おおつか　ひろし）

1967 年　愛知県に生まれる
1997 年　東京工業大学大学院理工学研究科博士後期課程満期退学
現　在　金沢大学理工研究域数物科学系数学コース教授
　　　　博士（理学）

朝倉数学大系 8
楕円型方程式と近平衡力学系（上）
——循環するハミルトニアン——

定価はカバーに表示

2015 年 6 月 25 日　初版第 1 刷

著　者　鈴　木　　　貴
　　　　大　塚　浩　史
発行者　朝　倉　邦　造
発行所　株式会社　朝　倉　書　店

東京都新宿区新小川町 6-29
郵便番号　162-8707
電　話　03(3260)0141
ＦＡＸ　03(3260)0180
http://www.asakura.co.jp

〈検印省略〉

© 2015 〈無断複写・転載を禁ず〉　　中央印刷・渡辺製本

ISBN 978-4-254-11828-5　C 3341　　Printed in Japan

JCOPY　<(社)出版者著作権管理機構　委託出版物>

本書の無断複写は著作権法上での例外を除き禁じられています。複写される場合は、そのつど事前に、(社)出版者著作権管理機構（電話 03-3513-6969，FAX 03-3513-6979, e-mail: info@jcopy.or.jp）の許諾を得てください。